教育部高等学校地矿学科教学指导委员会
矿物加工工程专业规划教材

矿业环境工程

主　　编　林　海
副 主 编　李　晔　徐晓军　张　覃

中南大学出版社

内 容 简 介

  本书是在教育部高等学校地矿类专业教学指导委员会的指导下，根据高等学校本科矿物加工工程专业规范的要求，针对矿山开发和建设过程中存在的环境问题，编写的适合于矿物加工工程专业本科生使用的教材。

  本书结合环境工程的基本概念、原理和方法，重点介绍了矿业工程中存在的环境污染及其危害，阐述了矿业环境污染控制和治理的技术、设备与工程应用实践。内容主要包括矿山开采和矿物加工过程中大气、水、固体废物、噪声、热害等的污染及其防治以及矿山复垦等相关知识。根据矿业发展中的新问题，融入了环境保护与治理的新思路、新技术及新设备，突出了其实用性的特点。

  本书除作为高等学校矿物加工工程、采矿工程、矿物资源工程、环境工程等专业的教学用书外，也可供相关专业厂矿工程技术人员阅读参考。

图书在版编目(CIP)数据

矿业环境工程/林海主编 . —长沙:中南大学出版社,2010. 12
ISBN 978 - 7 - 5487 - 0056 - 2

Ⅰ. 矿... Ⅱ. 林... Ⅲ. 矿区环境保护 - 高等学校 - 教材
Ⅳ. X322

中国版本图书馆 CIP 数据核字(2010)第 135181 号

矿业环境工程

林 海 主编

□责任编辑	刘颖维 唐少军
□责任印制	易红卫
□出版发行	中南大学出版社
	社址:长沙市麓山南路 邮编:410083
	发行科电话:0731 - 88876770 传真:0731 - 88710482
□印 装	长沙市宏发印刷有限公司

□开 本	787×1092 1/16 □印张 16.5 □字数 407 千字
□版 次	2010 年 12 月第 1 版 □2019 年 7 月第 2 次印刷
□书 号	ISBN 978 - 7 - 5487 - 0056 - 2
□定 价	48.00 元

矿业环境工程

编 委 会

总序

　　"人口、发展与环境"是21世纪人类社会发展过程中的重要问题，矿物资源是人类社会发展和国民经济建设的重要物质基础。从石器时代到青铜器、铁器时代，到煤、石油、天燃气，到电能和原子能的利用，人类社会生产的每一次巨大进步，都与矿物资源利用水平的飞跃发展密切相关。

　　人类利用矿物资源已有数千年历史，但直到19世纪末至20世纪20年代，世界工业生产快速发展，使生产过程机械化和自动化成为现实，对矿物原料的需求也同步增大，造成了"矿物加工"技术从古代的手工作业向工业技术的真正转变，在处理天然矿物原料方面获得大规模工业应用。

　　特别是20世纪90年代以来，我国正进入快速工业化阶段，矿产资源的人均消费量及消费总量高速增长，未来发展的资源压力随之加大。我国金属矿产资源总量不少，但禀赋差、品位低、颗粒细、多金属共生复杂难处理，矿产资源和二次资源综合利用率都比较低。

　　矿物加工科学与技术的发展，需要解决以下问题。

　　（1）复杂贫细矿物资源的综合回收：随着富矿和易选矿物资源不断开采利用而日趋减少，复杂、贫细、难处理矿产资源的开发利用成为当前的迫切需要。

　　（2）废石及尾矿的加工利用：在选矿过程中，全部矿石经过碎磨，消耗了大量原材料和能源，通常只回收占总矿石质量10%～30%的有用矿物，大量的伴生非金属矿不仅未能有效利用，并且当作"废石"和"尾矿"堆存成为环境和灾害的隐患。

　　（3）二次资源：矿山、冶炼厂、化工厂等排出的废水、废渣、废气中的稀有、稀散和贵金属，废旧汽车、电缆、机器及废旧金属制品等都是仍然可以利用的宝贵的二次资源。由于一次资源逐步减少，二次资源的再生利用技术的开发无疑成了矿物加工领域的重要课题。

· 1 ·

（4）海洋资源：海洋锰结核、钴结壳是赋存于深海底的巨大矿产资源，除富含锰外，铜、钴、镍等金属的储量也十分丰富，此外，海水中含有的金属在未来陆地资源贫化、枯竭时，也将成为人类的宝贵资源。

（5）非矿物资源：城市垃圾、废纸、废塑料、城市污泥、油污土壤、石油开采油污水、内陆湖泊中的金属盐、重金属污泥等，也都是数量可观的能源资源，需要研发新的加工利用技术加以回收利用。

面对上述问题，矿物加工科技领域及相关学科的科技工作者不断进行新的探索和研究，矿物加工工程学与相邻学科的相互交叉、渗透、融合，如物理学、化学与化学工程学、生物工程学、数学、计算机科学、采矿工程学、矿物学、材料科学与工程已大大促进了矿物加工学科的拓展，形成各种高效益、低能耗、无污染矿物资源加工新知识、新技术及新的研究领域。

矿物加工的主要学科方向有：

（1）浮选化学：浮选电化学；浮选溶液化学；浮选表面及胶体化学。

（2）复合物理场矿物分离加工：根据流变学、紊流力学、电磁学等研究重力场、电磁力场或复合物理场（重力＋磁力＋表面力）中，颗粒运动行为，确定细粒矿物的分级、分选条件等。

（3）高效低毒药剂分子设计：根据量子化学、有机化学、表面化学研究药剂的结构与性能关系，针对特定的用途，设计新型高效矿物加工用药剂。

（4）矿物资源的生化提取：用生物浸出、化学浸出、溶剂萃取、离子交换等处理复杂贫细矿物资源，如低品位铜矿、铀矿、金矿的提取，煤脱硫等。

（5）直接还原与矿物原料造块：主要从事矿物原料造块与精加工方面的科学研究。

（6）复杂贫细矿物资源综合利用：研究选－冶联合、选矿、多种选矿工艺（重、磁、浮）联合等处理一些大型复杂贫细多金属矿的工艺技术和基础理论，研究资源综合利用效益。

（7）矿物精加工与矿物材料：通过提纯、超细粉碎、纳米材料制备、表面改性和材料复合制备等方法和技术，将矿物加工成可用的高科技材料。

现今的矿物加工工程科学技术与 20 世纪 90 年代以前相比，已有更新更广的大发展。为了适应矿业快速发展的形势，国家需要大批掌握现代相关前沿学科知识和广泛技术领域的矿物加工专业人才，因此，搞好教材建设，适度更新和拓宽教材内容对优秀专业人才的培养就显得至关重要。

矿物加工工程专业目前使用的教材，许多是在 20 世纪 90 年代前出版的教材基础上编写的，教材内容的进一步更新和提高已迫在眉睫。随着教育部专业教育规范及专业论证等有关文件的出台，编写系统的、符合矿物加工专业教育规范的全国统编教材，已成为各高校矿物加工专业教学改革的重要任务。2006 年 10 月在中南大学召开的 2006—2010 年地矿学科教学指导委员会（以下简称地矿学科教指委）成立大会指出教材建设是教学指导委员会的重要任务之一。会上，矿物加工工程专业与会代表酝酿了矿物加工工程专业系列教材的编写拟题，之后，中南大学出版社主动承担该系列教材的出版工作，并积极协助地矿学科教指委于 2007 年 6 月在中南大学召开了"全国矿物加工工程专业学科发展与教材建设研讨会"，来自全国 17 所院校的矿物加工工程专业的领导及骨干教师代表参加了会议，拟定了矿物加工专业系列教材的选题和主编单位。此后分别在昆明和长沙又召开了两次矿物加工专业系列教材编写大纲的审定工作会议。系列教材参编高校开始了认真的编写工作，在大部分教材初稿完成的基础上，2009 年 10 月在贵州大学召开了教材审稿会议，并最终定稿，交由中南大学出版社陆续出版。

本次矿物加工专业系列教材是在总结以注教学和教材编撰经验的基础上，以推动新世纪矿物加工工程专业教学改革和教材建设为宗旨，提出了矿物加工工程专业系列教材的编写原则和要求：①教材的体系、知识层次和结构要合理；②教材内容要体现科学性、系统性、新颖性和实用性；③重视矿物加工工程专业的基础知识，强调实践性和针对性；④体现时代特性和创新精神，反映矿物加工工程学科的新原理、新技术、新方法等。矿物加工科学技术在不断发展，矿物加工工程专业的教材需要不断完善和更新。本系列教材的出版对我国矿物加工工程专业高级人才的培养和矿物加工工程专业教育事业的发展将起到十分积极的推进作用。

形成一整套符合上述要求的教材，是一项有重要价值的艰巨的学术工程，决非一人一单位之力可以成就的，也并非一日之功即可造就的。许多科技教育发达的国家，将撰写出版了水平很高的、广泛应用的并产生了重要影响的教材，视为与高水平科学论文、高水平技术研发成果同等重要，具有同等学术价值的工作成果，并对获得此成果的人员给予的高度的评价，一些国家还把这类成果，作为评定科技人员水平和业绩和判据之一。我们认为这一做法在我国也应当接纳及给予足够的重视。

感谢所有参加矿物加工专业系列教材编写的老师，感谢中南大学出版社热情周到的出版服务。

王淀佐

2010 年 10 月

前　言

环境问题是新世纪全人类所面临的最重要问题之一。在矿业开发和矿物加工过程中，环境污染与破坏已引起了人们的高度重视。在高等学校为地矿类专业本科生开设矿业环境工程课程，是落实科学发展观，培养复合型人才，实现资源环境可持续发展战略的重要措施。

本书在查阅国内外大量科技文献资料的基础上，结合环境工程的基本概念、原理和方法，重点阐述了矿山环境工程中存在的主要问题及其解决的途径和措施。主要包括矿业大气污染及其防治、矿业水污染及其防治、矿业固体废弃物处理与资源化利用、矿业噪声污染及其控制、矿山土地复垦和生态修复、矿业热污染及其防治等内容。

本书是关于矿业环境污染控制与治理的专用教材，针对性和实用性强；根据现代矿业生产发展中的新问题，吸收融入了环境保护与治理的新思路、新技术及新设备，重点突出其实用性。

本书共8章。第1章绪论(由北京科技大学林海教授编写)；第2章矿业大气污染及其防治(2.1、2.2由河北理工大学李凤久教授编写，2.3、2.4、2.5、2.6、2.7由北京科技大学林海教授编写)；第3章矿业水污染及其防治(3.1、3.2、3.3由昆明理工大学徐晓军教授编写，3.4、3.5由武汉理工大学李晔教授编写)、第4章矿业固体废弃物处理与资源化利用(4.1、4.2、4.3由贵州大学张覃教授编写，4.4、4.5由武汉理工大学彭长琪教授编写)；第5章矿业噪声污染及其控制(由武汉理工大学杨红刚教授编写)；第6章矿山土地复垦和生态修复(由贵州大学张小武教授编写)；第7章矿井热污染及其防治(由昆明理工大学徐晓军、周平教授编写)；第8章矿业其他污染及其防治(由北京科技大学李正要博士编写)。

全书由林海教授统稿。在编写过程中得到了邹安华讲师、研究生陈京玉、石磊、薛秋玉、董颖博的大力帮助，在此表示感谢。

由于水平有限，书中不妥之处，恳请同行和读者批评指正。

编　者
2010 年 2 月于北京

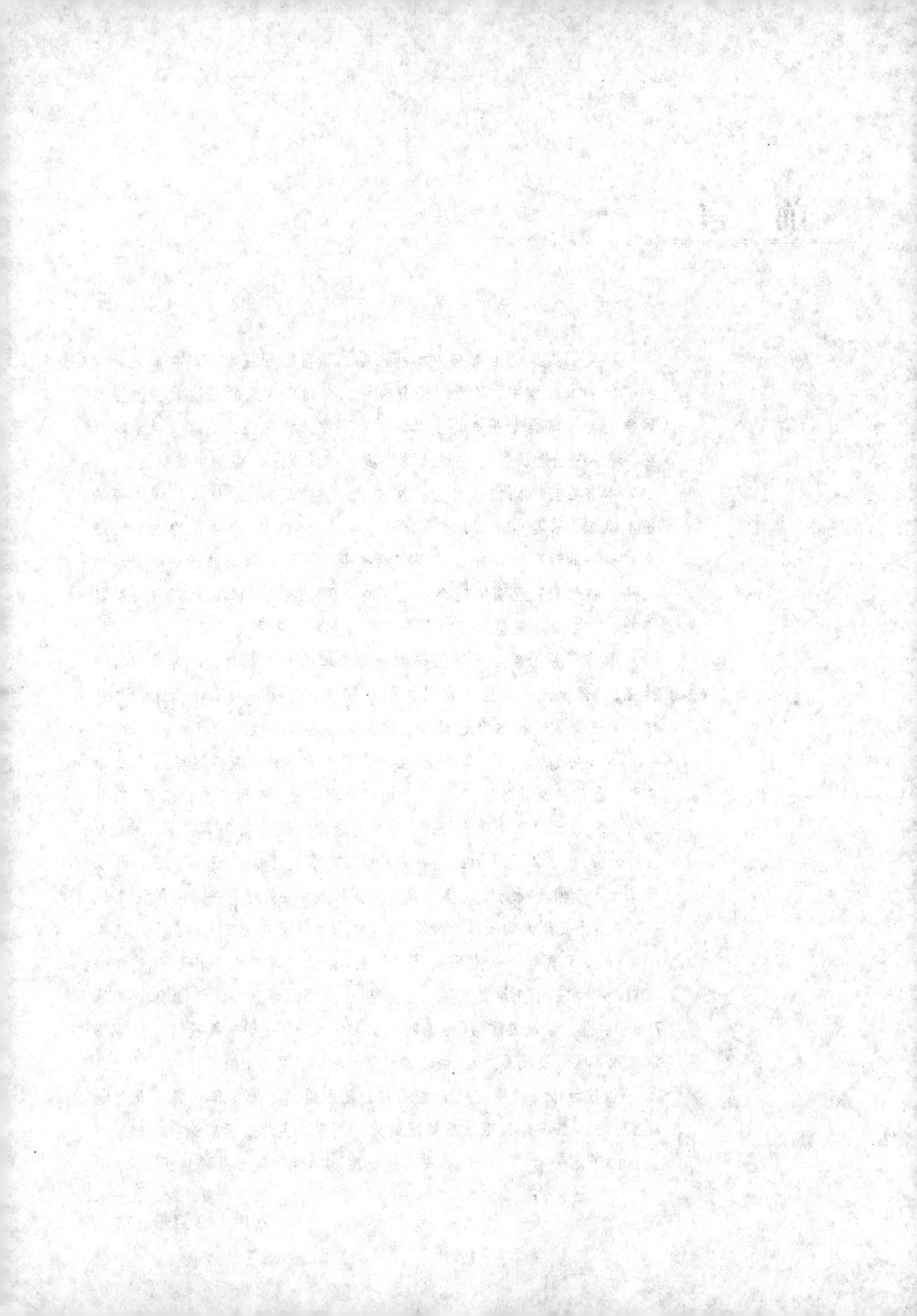

目　录

第1章 绪 论

内容提要：本章概述了环境与环境污染的基本概念，主要介绍了矿业发展过程中产生的环境污染问题及其危害，国内外矿业环境污染现状及治理技术，以及矿业环境污染治理的发展趋势。

1.1 环境与环境污染

1.1.1 环境

1. 环境的概念

"环境"一词，已广泛使用于政治、军事、经济、技术、日常生活等各个领域。环境是相对某一中心事物而言，它与中心事物相对而存在，随中心事物的改变而改变，与某一中心事物有关的周围事物，一般称为这个中心事物的环境。

地质学指的"环境"是地球形成与发展的环境；生物学指的"环境"是生物生存与发展的环境；环境科学所指的"环境"是指人类生存和发展的环境。"联合国环境规划署"、"联合国人类环境会议"，其中"环境"一词的内涵反映的正是环境科学所研究的这一特定环境，即人类环境。

人类环境，其中心事物是人类，是以人类为主体的围绕人类活动的一切客观事物的总和，即存在于"地球人类"周围客观世界的总和。对人类诞生、生存和发展有直接或间接影响的客观事物，称为人类生存与发展的环境，简称人类环境。

这些客观事物按其形态可归纳为两类：一类是物质的，一类是非物质的。人类环境的物质因素又可分为两种，一种是自然界存在的事物，它们不受人类影响，或人类诞生之前它们早已存在，通常称为自然环境。另一种是经过人类加工改造的人工物质环境。非物质的环境是指人类的社会环境，是人类数百万年发展历程中逐渐形成的人与人、人群与人群之间的错综复杂的关系。表述人类社会环境的词汇，可以让人们认识它的存在，如国家、联合国、民族、政治、军事、文化、宗教、法律、艺术等。

"生态环境"这个词汇表明其主体是地球上所有的生物，其环境是生物界周围的客观事物之总和。严格地说，不能将环境局限于地球，因为作为宇宙中的一个行星，地球与宇宙有能量和物质的交流，所以生态环境应是比地球更大的范围。不过，通常所说的环境，基本上可看作是在地球(包括地球大气层)范围内。

2. 环境要素及其属性

构成环境整体的各个独立的、性质不同而又服从总体演化规律的基本物质组分称为环境要素，也称为环境基质。环境要素分为两类：自然环境要素和社会环境要素。

自然环境要素包括水、大气、生物、土壤、岩石和阳光等。环境要素组成环境的结构单元，环境的结构单元又组成环境整体或环境系统。例如：由水组成水体，全部水体成为水圈；岩石组成地壳、地幔和地核，全部岩石和土壤构成岩石圈；由生物体组成生物群落，全部生物群落称为生物圈。阳光辐射到地表，产生辐射能，它是地球的主要能源。

社会环境是在人类社会发展中逐步形成的，对人类社会的存在和发展产生很大的影响和作用。社会环境包括物质性的要素和非物质性的要素。物质性的要素，如人工建造的住宅区建筑、机场、堤坝等。非物质的要素构成了人与人之间的相互关系，涉及政治、经济、文化等。

环境要素具有很多重要的属性，这些属性决定了各个环境要素间的联系和作用的性质，是人类认识环境、改造环境、保护环境的基本依据。第一，环境整体大于诸要素之和。也就是说某环境的性质，不等于组成该环境的各个要素性质之和，而是比这些要素的和复杂。第二，环境要素不是孤立的，而是相互联系，相互依存的。环境各个要素之间通过能量流相互作用，相互制约。另外，物质循环也使环境要素相互联系在一起。第三，环境质量的一个重要特征是最差限制律，即整体环境的质量不是由环境诸要素的平均状态决定的，而是受环境诸要素中那个"最差状态"的要素控制的，而其他要素虽然处于良好的状态，但是不能够补偿整体环境质量。第四，环境要素具有等值性。任何一个环境要素，对于环境质量的限制，只有当它们处于最差状态时，才具有等值性。第五，环境要素之间发生连锁反应。各个环境要素都在不断的发展变化中，在这个过程中，一个环境要素要受到其他要素的影响，同时也影响其他要素，这就是所谓的连锁反应。例如，二氧化碳浓度升高引起全球变暖，全球变暖导致飓风、泥石流、干旱、洪涝等一系列自然危害。这些自然现象之间是相互联系的，其中任何一种自然现象发生改变都会引起其他环境要素的变化，引起连锁反应。

3. 环境的类型

对于环境这个复杂的体系，目前尚未统一分类。一般可以按照环境的主体、环境的范围、环境的要素以及人类对环境的利用或环境的功能进行分类。

（1）按照环境的主体来分。这种分类方法有两种体系：一种是以地球人类作为主体，地球上其他的生物和非生物作为环境要素，称为人类环境。在环境科学中，一般采用这种分类法。另一种是以生物体作为环境的主体，不把人以外的生物看成环境要素，在生态学中，往往采用这种分类法。

（2）按照环境的范围来分。例如，把环境分为特定空间环境、车间环境、生活区环境、城市环境、区域环境、全球环境和星际环境等。

（3）按照环境要素的属性来分，可分为自然环境和社会环境两类。按主要的自然环境要素分，可分为大气环境、水环境、土壤环境、生物环境、地质环境等。社会环境一般按照人类对环境的利用或环境的功能再进行下一级的分类。也可以按照社会环境要素为主划分为不同的环境类型，如聚落环境、生产环境、交通环境、文化环境。

4. 环境的结构

众多的环境要素自然地组合在一起构成环境，各要素间的相互配置关系可看作多环境的结构。

自然环境是由大气圈、水圈、岩石（土壤）圈、生物圈构成的。大气圈有五个层次：对流层、平流层、中间层、暖层、逸散层。其中与人类关系最密切的是对流层，其次是平流层。离地面 1 km 以下部分为大气边界层，该层受地表影响较大，是人类活动的空间，大气污染主要发生在这一层。

天然水是海洋、江河、湖泊、沼泽、冰川等地表水、大气水和地下水的综合。由地球上的各种天然水与其中各种有生命和无生命物质构成的综合水体，称之为水圈。水资源通常是指淡水资源，而且是较易被人类利用的、可以逐年恢复的淡水资源。

地球是由地壳、地幔和地核三个同心圈层组成的，平均半径为 6 371 km。距地表以下几千米到 70 km 的一层，称为岩石圈。

生物圈是指生活在大气圈、水圈和岩石圈中的生物与其生存环境的总体。生物圈的范围包括从海平面以下深约 11 km 到地平面上约 9 km 的地球表面和空间，通常只有在这一空间范围内才能有生命存在。

社会环境结构基本上是指其物质性因素的配置关系。不同的配置形成了城市、乡村、工厂和农场，道路、港口和机场、旅游景点等。

5. 环境承载力

环境承载力又称环境承受力或环境忍耐力。它是指在某一时期，某种环境状态下，某一区域环境对人类社会、经济活动的支持能力的限度。人类赖以生存和发展的环境是一个大系统，它既为人类活动提供空间和载体，又为人类活动提供资源并容纳废物。对于人类活动来说，环境系统的价值体现在它能对人类社会生存发展活动的需要提供支持。由于环境系统的组成物质在数量上有一定的比例关系、在空间上具有一定的分布规律，所以它对人类活动的支持能力有一定的限度。当今存在的种种环境问题，大多是人类活动超过了环境承载力所造成的。当人类社会经济活动对环境的影响超过了环境所能支持的极限，即外界的"刺激"超过了环境系统维护其动态平衡与抗干扰的能力，也就是人类社会对环境的作用力已超过了环境承载力。因此，人们用环境承载力作为衡量人类社会经济与环境协调程度的标尺。

1.1.2 环境污染

由于人类的活动或自然原因引起环境质量恶化及生态系统失调，给人类的生活和生产造成不利的影响或严重的灾害，阻碍人类的生存和经济的持续发展，这种人与环境之间的相互对立、相互冲突、互不相容的现象，称之为环境问题。其中，环境污染是全球性的重要环境问题，主要是指温室气体过量排放造成的气候变化、臭氧层破坏、广泛的大气污染和酸雨、有毒有害化学物质的危害及其越境转移、海洋污染等。

按照污染的主要对象，环境污染可分为大气污染、水体污染、土壤污染以及生物污染等。

1. 大气污染

1) 概念

按照国际标准化组织(ISO)作出的定义，大气污染通常是指由于人类活动和自然过程引起某种物质进入大气中，呈现出足够的浓度，达到足够的时间，并因此危害了人体的舒适、健康和福利或危害了环境的现象。

2) 大气污染物

自然环境中污染物众多，目前对环境和人类产生危害的大气污染物有 100 种左右。其中影响范围广、具有普遍性的污染物有颗粒物质、二氧化碳、氮氧化物、碳氧化物、碳氢化物等。

2. 水体污染

1) 概念

水体主要是指河流、湖泊、沼泽、水库、地下水、海洋等的总称。水体分为陆地水体和海洋水体，陆地水体又分为地表水体和地下水体。水体污染是指污染物质排入水体，使其在水体中的含量超过了水体的本底含量和水体的自净能力，从而破坏了水体原有的用途。造成水体污染的原因有自然和人为两方面的原因。通常所说的水体污染，专指人为原因造成的污染。

2）水体污染物

使水体的水质、生物质、底泥质等恶化的各种物质称为水体污染物。水体中的污染物按其种类和性质一般可分为四大类，即无机无毒物、无机有毒物、有机无毒物和有机有毒物。水体污染物质主要有九大类：需氧有机物质、植物营养物、重金属、石油类、酚类、氰化物、热、酸碱及一般无机盐类、病原微生物和致癌物。

3. 固体废弃物污染

固体废弃物一般是指被丢弃的固体和泥状物质，以及从废水、废气中分离出来的固体颗粒等，简称废物。需要注意的一点是，废物并不是说这些物质在一切使用过程或一切使用方面都没有使用价值，而是说这些物质在某一使用过程中，或在某一方面没有使用价值。一些废物在另一使用过程中可能被用作原料或辅料。

固体废弃物的种类很多，主要有矿业固体废物、工业固体废物、放射性固体废物、农业固体废物、城市垃圾。

4. 土壤污染

由于具有生物毒性的物质或过量的植物营养元素进入土壤而导致土壤性质恶化和植物生理功能失调的现象，称为土壤污染。人类活动所产生的污染物质通过各种途径进入土壤，当其数量超过了土壤自身的容纳和同化能力时，土壤的性质、组成及性状等就会发生变化，并导致土壤的自然功能失调、土壤质量恶化、土壤的利用价值降低。

土壤污染物分为四类：化学污染物、物理污染物、生物污染物、放射性污染物。

5. 环境物理性污染

物理环境分为自然物理环境和人工物理环境。自然物理环境包括光环境、热环境、电磁环境、振动环境。人工物理环境包括声环境、振动环境、光环境、热环境、电磁环境、放射性环境。

1.2 矿业环境污染问题与危害

矿业是世界上仅次于农业的最古老和最重要的工业。因此矿业环境问题在过去长达700年的时间里一直存在。例如，烧煤引起污染的一个早期的例子出现于1257年，当时英国艾琳诺女王因烟雾之害而不得不离开诺丁汉城。

1.2.1 矿产资源开发对大气的污染

在矿石开采、加工及冶炼过程中，会产生大量的扬尘、废气，在这些扬尘及废气中往往含有大量的有害物质，污染大气。例如，黄金冶炼会产生大量的含 SO_2、NO_2 气体，如果是用汞提金，还会产生大量的汞蒸气。这些含有有害物质的扬尘和废气直接降落在地表或通过降水落在地表，对土壤造成污染。

1.2.2 矿产资源开发破坏水资源

矿山生产中用水量很大，许多生产工艺过程都需要用水，这就意味着需要排放大量工业废水，其中以采矿、选矿用水量较多，危害最为严重。全国每年采矿产生的废水、废液排放量约为 316 亿吨，占全国工业总排放量的 10%，但处理率仅有 4.23%，污染危害严重，不容忽视。除此之外，露天矿、尾矿、矸石等受雨水淋滤后排出的废水，以及矿区其他工业及生活排放的污水也是重要的污染源。

由于采矿对矿体的疏干，出现大面积疏干漏斗容易形成海水倒灌及土地砂化，使很多地方本来紧缺的水资源更加紧缺。在很多地方出现了使用多年的水井由于采矿而干枯的现象。而且采矿多是在生态环境较好的山地进行，矿体、矿渣中的有害元素通过淋溶进入地表水和地下水，污染水源。更为严重的是现在有些厂就地选矿，一些小汞碾、小氰化池沿河道建立，致使带有有害物质的废水、废渣直接排入河流，严重污染河水。河水补给地下水，造成地下水污染。例如，陕西潼关金矿区的一些民用水井重金属就超过了国家标准。

1.2.3 固体废物

无论是露天开采还是地下开采，都会产生大量的废渣，同时在选矿过程中又产生了大量的尾矿。我国是矿业大国，据不完全统计，矿业固体废物占全国工业固体废物的 85%，特别是采煤业居世界首位。国有重点煤矿堆积山累计 1 500 余座，仅矸石一项就有 30 亿吨，且其中有 300 余座自燃，虽经治理，仍有 145 座在自燃，排放大量煤尘、SO_2、CO、H_2S 等有毒有害气体和热辐射，污染大气产生酸雨，损害作物生长，污染地下水源，危害矿区人身安全。

1.2.4 矿产资源开发对生态环境的破坏

1. 土地资源

我国的土地总面积约 9.6 亿公顷，耕地面积只占全国土地面积的 1/10，平均每人只有耕地 0.07 公顷，不足世界平均数量的 1/3，随着工矿业的发展，土地破坏越来越严重，我国可耕地资源越来越少。

矿山开采占用、破坏大量的土地。全国因采矿累计占用土地约 586 万公顷，破坏土地 157 万公顷，且每年仍以 4 万公顷的速度递增（而矿区土地复耕率仅为 10%，比发达国家低 50% 多）。矿业废弃地面积迅猛扩增，大量耕地被侵占，破坏耕地面积 2 613 万公顷。仅国有煤矿矸石一项，占地就超过了 5 000 公顷。各类尾矿累计 25 亿吨，并以每年 3 亿吨的速度递增，不仅占用了大量土地，还对土地、水资源、大气、动植物等造成了严重污染与危害。

露天开采场占用土地相当可观。据推算，因露天开采每年破坏土地 0.7 万 ~1 万公顷，露天采矿场占地面积约占矿山破坏土地面积的 27%。尤其是在有色金属、黑色金属和建材矿山的开采中，露天开采是占主要的。郑州小关煤矿，矿山开采境内 80% 是耕地，矿山占地使相当于 4 500 个农业人口无地可种。露天开采不仅侵占大面积良田，破坏了原来稳定的土壤和植被，导致严重的水土流失，更令人堪忧的是，西部一些矿区露天开采形成的排土场与尾矿场甚至成了沙尘暴的主要沙源地。

矿区塌陷是破坏土地资源的一个重要因素。塌陷占地面积占矿山开发占地面积的比例很大，据测算，约达 39%。塌陷主要是由地下开采造成的，而我国矿山开采中，以地下开采为主，大约占矿业企业的 70 % 以上。据不完全统计，我国因采矿业造成的地面塌陷已达 333 500 万~400 200 万平方米，其中损坏耕地 862 710 万平方米，倒塌、损坏房屋 3 800 万平方米。塌陷灾害造成耕地绝产和半绝产，损失巨大。采矿塌陷不仅破坏了耕地，影响了农业生产的发展，而且破坏了地表地下水系，形成大面积的低洼区或沼泽地；对公路、铁路、桥梁、堤坝及城市基础设施也构成威胁。

环境污染造成土地质量下降，可用耕地减少。矿业废物是持久而且严重的污染源，根据一些模型推算表明，一些伴硫矿物矿石堆的酸性排水及重金属污染可持续 500 年之久，其尾矿的污染也会持续百年以上。

随着人口急剧增长及耕地日益减少，耕地的供需矛盾更加突出，矿山开发对土地资源的破坏问题应引起高度重视。

2. 矿产资源开发对森林、草地资源的破坏

我国每年因采矿被占用、破坏的森林面积已达 106 万公顷。据调查，矿山开发占用林地面积最多的四个省区依次为黑龙江、四川、山西和江西。我国现有森林面积为 1 134 亿公顷，但森林覆盖率仅为 13.19%。在 200 多个国家中，我国人均占有森林面积居世界的 136 位。我国应重视矿山开发占用、破坏森林的问题。

据统计，全国矿山开发占用草地面积为 2 613 万公顷。草地退化日趋严重，退化率由 20 世纪 70 年代的 16% 上升到目前的 37%，平均每年仍以 67 万公顷的速度递增，且仍呈发展趋势。因此，矿产资源开发加剧草场退化也是一个不容忽视的问题。

3. 矿产资源的开发对地表景观、地质遗迹的破坏

矿产资源开发对地表景观的破坏，主要表现为开发活动对自然景观、地貌、地形、地质遗迹、土地及地表植被的破坏，废物、粉尘等对地表景观、地质遗迹的污染和侵蚀。有些矿区位于名胜古迹之下，例如大同、太原地区的煤矿，地下的开采塌陷直接或间接威胁着名胜古迹。

1.2.5 矿产资源开发对环境的物理污染

1. 噪声

矿山作业会引起噪声公害。矿业中有三大噪声源：固定设备、矿山内部用的移动设备和外部运输设备。

2. 热污染

矿井热污染问题，在一般情况下是与其他污染同时存在的。目前我国有部分矿床，由于具有自燃倾向或处于热异常区以及属热水型矿井，其开采深度虽不大，但热污染问题已经较突出。高温使得井下作业环境条件差，不但影响到工人的健康，而且劳动生产率急剧下降，矿山为解决工作面热污染问题不得不采用特殊的通风措施。

3. 放射性污染

不以采铀为主要目的的非铀矿山(煤矿、金属矿和非金属矿)，其矿物组分中有微量的放射元素。在开采过程中，对矿工具有辐射危害。统计资料表明：氡对矿工的危害最大，是导致矿工肺癌的主要原因。因此，为了使井下环境不遭受放射性氡气及其子体的污染，保护矿山工人的生命安全和身体健康，对具有放射性危害的非铀矿山的辐射安全工作必须引起足够的重视。

1.3 国外矿业环境污染现状及治理技术

1.3.1 国外矿业环境污染现状

在过去的几十年中，加拿大的矿业一直呈现良好的发展势头。随着大规模探矿与开发，严重的环境问题开始浮出"水面"。在探矿阶段，砍伐树木、大兴土木、道路建设是最常见的大规模开发活动之一。燃料的使用常常导致对当地环境的影响。人类的活动诸如卡车、飞机的使用造成严重的噪音，同时也导致对生态环境的负面影响。勘探活动使用大量的润滑油也会造成不同程度的环境破坏。如果上述活动发生在河湖周围，由于钻井而淤积的淤泥将会危及水环境。加拿大的许多工业集中在五大湖区。科尔本城位于尼亚加拉大瀑布区，自1918年便开始进行镍的精炼加工，长期的精炼加工释放了大量的污染物，致使当地的土壤遭到了严重的破坏。

矿山开发带来的水污染问题日益突出，如 PT Kaltim Prima 煤矿（KPC）公司开采煤矿。该矿山位于 Balikpapan 以北约 200 km 处，地处印度尼西亚加里曼丹东海岸。其开采方式是利用卡车和铲车在常规露采作业中每年开采 1 150 万吨煤矿。存在的主要矿山环境问题是矿山酸性废水排放。产生废水的原因有现有废石堆淋滤生成矿山酸性废水；采矿作业期间出露的煤矿底板中富含黄铁矿物质，易形成酸性水。亨蒂金矿山是一个世界著名的、环境脆弱的矿山，也是自上世纪以来在塔斯马尼亚州开发的第一个金矿山。其主要矿山环境问题为采矿时挖出的泥炭堆放在从前水电设施建设所用的场地上，由此产生的有机物污染。Coeur d'Alene 矿业公司是一家金矿选厂，其尾矿中的氰化物对矿山环境造成很大的威胁。其主要表现为：对尾矿池中或其周围野生动植物及水文环境的威胁；氰化物泄漏引发的责任等。另外，国外矿业开发还带来了固体废物的污染问题。Jeebropilly 煤矿公司在澳大利亚昆士兰州 Ipswich 以西约 18 km 的 West Moreton 盆地经营一露天煤矿。该煤矿每年生产 100 多万吨煤供出口和本地市场用。该煤矿的主要环境问题是年产约 70 万吨的废料、固体废物的堆放产生的问题。其主要表现为：尾矿存放区会占去很大面积的土地，使这些土地今后无法用于生产；尾矿因固结差而很难进行复垦；用卡车运输粗粒废料需要专门的设备和劳力，操作费用昂贵；粗粒废料如果不正确处理，很容易自燃。总的来讲，国外矿业开发所带来的环境问题与我国类似，均存在不同程度的水、大气、固体废物以及物理污染问题，但是由于国外矿业立法比较健全，因此总体来说国外矿业环境质量较我国好。

国外环境科学研究中对矿山的治理提出了整体环境保护的概念。矿山整体环境保护的目的就是保证在矿山的开发和建设中合理地利用自然环境，防治环境污染和生态破坏，形成一个良好的矿山工作环境和生活环境，保障人民健康，保护自然环境和生态环境，促进经济良性发展。

1.3.2 国外典型矿业国家矿业环境恢复治理

澳大利亚、美国、英国、南非、加拿大等经济发达国家矿业历史悠久，在总结若干年的经验教训后对环境保护政策进行了调整，由先污染、后治理转为以预防为主，预防与治理相结合，总结和摸索出了一套可供发展中国家借鉴的，正确处理资源开发和环境协调发展的经验。

1. 澳大利亚

为了恢复和治理矿山的生态环境，澳大利亚的矿业公司依据州政府按相关程序审批的并签有协议的"开采计划与开采环境影响评价报告"，以崇尚自然、以人为本、原始恢复的理念，一边开采一边把开采结束的矿山进行恢复。第一，酸性废水的处理。在矿山开采的同时，也带来了地表水、地下水等的严重污染。处理酸性废水，最常用的措施是收集并加入碱性物质中和处理。这些碱性物质包括石灰石、石灰、苏打以及氧化锰等，随后将这些细金属沉淀物覆盖。另一种方法是被动系统，被动碱性产生系统被设计用来引入碱性物进入外排废水中，常用的有被动缺氧性石灰石导入系统、连续性碱性物产生系统和湿地处理系统。湿地是依靠大量的化学和生物过程以减少酸度和金属，它可以作为前两种方法的终极处理步骤而结合使用。第二，其他污染的治理。矿业公司在开采期间十分注意开采作业引起的粉尘、噪音、水污染与病菌对环境的影响以及对当地居民生活环境的破坏。为了把这些影响降到最低，对造成粉尘超标的工艺需重新设计。工程项目实施前对当地噪音要进行测量。工程实施后，大型车辆引起的尘土、震动和噪音如超过允许标准，要在矿区边的道路旁修筑堤坝，避免干扰居民，同时在矿区周围种植树木，平时采用洒水车降尘。为避免矿区外的有害野草、植物和牲畜病菌传入矿区，外区进入矿区的车辆必须主动到规定地点冲洗轮胎，选冶过程中严格防止水污染。第三，植被恢复。为了达到开采范围植物的原始恢复，在开采前，公司必须专门组织植被研究中心或社会中介机构对矿区的草本、灌木、藤本、乔木等植物的品种、分布、数量进行调查、分析，并收集本地的植物种子，包括把大的乔木进行计划性的迁移。在植物种植计划中，通过播撒种子帮助建立本地物种。矿业部门为此做了大量的工作，通过利用种植处理和储藏技术、选择播撒种植的时间、开发休眠终止技术以及各种工程措施，形成了低成本、高效率的种植播撒技术，使生态系统得到最大程度的恢复。第四，土地复垦。表土是否富有生命力对于矿山土地的恢复非常重要，对于植被生物链中不复存在的许多物种种子，土壤种植库常常是它们的唯一来源。表土还原是目前正在利用的一项技术，虽然并不都能直接将表土还原，但大多数矿山还是采用了这项技术，并最大程度的减少了堆放表土的时间。矿山在剥离表土时，考虑到下一步的复垦，须把适合于植物生长的腐殖土单独堆放，并把树木砍伐后无用的枝、叶破碎成小块，今后复垦时覆盖于表土上面，以减少水分蒸发，确保复垦植物的生长。第五，矿山环境治理的验收。验收可由政府主管部门根据矿业公司制定经审批的"开采计划与开采环境影响评价报告"而确定的生态环境治理协议书为依据，组织有关部门和专家分阶段进行验收。矿山生态环境治理验收的基本标准有三条，即复绿后地形地貌整理的科学性；生物的数量和生物的多样性；废石堆场形态和自然景观接近，坡度应有弯曲，接近自然。如果矿业公司对矿山生态环境治理得好，可以通过降低抵押金来奖励。

2. 美国

美国矿山环境治理的技术规范与要求大部分是以《复垦法》中的复垦要求为依据制定的，主要包括以下几方面：第一，遵循"原样复垦"的基本原则，要求按采矿前土地的地形、生物群体的组成和密度进行恢复。第二，固体废物堆放和填埋都要进行技术处理，防止可能发生的滑坡及填埋废物对水体的污染。第三，在矿产资源的勘探、开采、洗选和加工过程中产生的废水，必须经过厂矿自行对废水做出处理或将污水排入污水处理厂。第四，在土地复垦中，对复垦所需要的填充物做出具体的规定，如对填充物的密度（根据复垦后的土地用途而定）、填充物混合的比例、填充的高度、表土覆盖等都做出了具体要求，并有专门的技术管理部门负责检查监督。

3. 南非

对于矿山环境治理的技术规范问题，南非在涉及到环境保护的法律法规中做出了一些规定。根据法律法规的相关条例，矿业公司可以灵活制定适合自己环保管理的具体技术规范标准。在"三废"问题上，南非在《矿业和石油资源开采法》第四章矿业环境管理的四十二条中指出，废物的储存与堆积必须按照环境影响评价计划书中描述的方法措施来执行(以指定的方式堆放在指定的地点)。任何人都不得把废物暂时或长期地堆积在一些地方，除非这些地方是预先指定可储存堆积废物的区域。在《矿产资源政策白皮书》中提到每个矿山采掘出来的废渣废土都安排专场专人管理，并需要种植防止扬尘的草种。在地面变形问题和矿山闭坑问题上的规范与要求，在环境影响规划及环境影响评价报告书中做出具体规定，这些规定可根据实际情况进行适时的调整。

4. 加拿大

当矿山闭坑时要求着力于环境和安全两方面。矿山恢复是一个持续的工程，使由于开采而打乱的空气、土地、水、生物恢复到一个可接受的状态。矿山恢复的目标是要减少或阻止不利的长期的环境影响，创造一个自然的生态系统，接近于采矿活动之前的状态。矿区恢复在任何一个阶段都必须进行，勘探后、地表或地下采矿后、处理设备关闭后都要进行(恢复)。矿区恢复技术包括调迁或者拆毁建筑物和物理基础设施，闭坑，稳定地下工作，填土壤，处理尾矿和废水，植被恢复等。

1.4 我国矿业环境污染现状及措施

矿产资源开发活动产生大量的物质财富，促进了社会进步。但是由于不断改变和破坏矿区周围的自然环境而广泛、直接地影响生态系统平衡，影响和制约矿业经济的可持续发展。矿山环境问题包括采矿和选矿(初加工)过程中剥离覆盖层土壤和岩石、排放的废石堆和选弃的尾矿，加上矿产选冶、加工过程中生成的废气、废水、粉尘和废渣等，挤占大量土地和农田，污染矿山和选(冶)场周围的大气地表地下水和土壤环境；或因采矿、疏干排水引起或诱发地面塌陷、山体开裂、崩塌、滑坡和水均衡系统、地貌景观、遗迹破坏及水土流失、沙化等地质灾害。这些环境问题的产生又将严重制约经济的发展，甚至有的还因此抵消了经济发展成果。

可持续发展是矿业的关键，但矿业可持续发展的根本是解决好矿山环境问题。

1.4.1 我国矿业发展的三个阶段

我国的矿业发展大致经历了三个阶段：新中国成立后至20世纪80年代中期，大力发展矿业，"重开发，轻环保"；20世纪80年代中期到1996年矿业秩序整顿前，"国家、集体、个人一起上"和"大矿、小矿一起开"的政策误导，出现了"重开发、轻治理"，"只开发、不治理"的局面；1996年至今，实行"谁开发、谁保护；谁受益、谁治理；谁破坏、谁恢复"的生态环境保护新机制，但是乡镇和个体矿山对生态环境的破坏问题依然很严重。据地质矿产部门分析计算，至1996年底，中国各省市(台湾未进行统计)全部矿产累计探明储量潜在价值总值达985 148亿元，成为世界第二资源大国。全国国有矿山8 991座，非国有小型矿山、乡镇集体和个体小矿 22.13 万个。1996 年全国矿石总产量 420 000 万吨。至 2007 年已有各类矿山 124 930 处，其中，大型矿山 4 014 处、中型矿山 5 756 处、小型矿山和小矿分别有 59 446 处和 55 714 处；矿产品进出口贸易总额 4 748.27 亿美元，同比增长 23.6%。在矿业为国民经济发展做出了重大贡献的同时，矿区生态环境遭到了严重的破坏。

1.4.2 矿业开发带来的环境问题

1. 矿业开发对土地环境的影响

矿业开发对土地的破坏主要表现在以下几个方面：一是矿场（尤其是大型露采场）本身对土地的占用；二是废石、尾砂堆放侵占土地；三是因矿山开采引起的地面沉降；四是矿山开采造成土地的沙漠化。

矿业开发对土地的占用。全国现有大中型国有矿山 8 800 座，集体、个体矿山 28 万座。大中型矿山每个矿约占地 180 000 ~ 200 000 m²，小型矿山也要占地 100 000 m²。尤其是露天开采占用森林、草场、农田、山地，采矿剥离的废石选矿堆存的尾矿，地下开采中采空区的塌陷形成地面塌陷坑，积水等都占用了大量的土地。据统计，我国每年工业固体废物排放量中 85% 以上来自矿山开采。目前全国的采选固体废物堆存总量约 200 亿吨，并以每年约 9 亿吨的速度增加。

矿业开发对土地资源的破坏。据统计我国矿山直接破坏的森林累计达 10 000 km²，破坏的草场面积约 2 600 km²；在全国 20 个省区内，共发生采空塌陷 180 处以上，塌坑超过 1 595 个，塌陷面积大于 1 150 km²，造成地表植被、森林、建筑等被毁。现全国矿业开发占用和破坏的土地超过 20 000 km²，并以每年 200 km² 的速度增加，而其中得到开发利用的极少。

矿业开发对土地的污染。堆存的废石、尾矿经长期风吹雨淋，风化侵蚀，其中的大量微量元素污染周围的土地农田。其中包括有毒、有害物质，如汞、镉、镍、砷等元素，这些元素沉积于土壤农田。对于重金属对土壤污染的隐蔽性、长期性和不可逆转性必须引起足够的重视，它对生物圈的影响将是长远的。

无论是露天开采还是地下开采，都会产生大量的废渣，同时在选矿过程中又产生了大量的尾矿。据粗略统计，仅全国固体采矿、选矿每年产生的尾矿和排弃物超过 5 亿吨，各类固体废物累计存放约 70 亿吨，直接占用和破坏土地 17 000 ~ 23 000 km²，每年仍以 200 ~ 300 km² 的速度增加。大量的森林、草地、地质景观、地质遗迹被占用、破坏。

另外，采矿活动及堆放的废渣因受地形、气候条件及人为因素的影响，易发生崩塌、滑坡、泥石流等灾害。如废弃的尾矿堆积在尾矿库，这些尾矿库一般设置在山坡或沟谷内，在暴雨诱发下，容易发生坝体崩塌，导致泥石流。目前，很多乡镇个体矿山没有设置尾矿库，直接或间接向河道里排放尾矿，导致河道淤积，河床抬高，严重阻碍了汛期分洪。大部分尾矿库质量较差，潜在危险大，度汛能力弱。甚至在有的地方，直接将有毒有害尾矿渣倒入河中，既挤占了河道又污染了下游河水。加上地面塌陷、沙漠化等原因，我国矿业对土地资源造成的破坏巨大。

2. 矿业开发对水环境的影响

矿山生产活动一方面可以改变地下水的水文条件，导致地下水系的枯竭或转移；更为严重的是还常常造成大面积的水体污染。矿业活动过程中产生大量的矿坑水、废石淋滤水、选矿水、冶炼废水及尾矿池水等。

由于采矿对矿体的疏干，出现大面积疏干漏斗容易形成海水倒灌及土地沙化，使很多地方本来紧缺的水资源变得更加紧缺。矿区附近普遍出现了使用多年的水井由于采矿而干枯的现象。矿体、矿渣中的有害元素，通过多种途径进入地表水和地下水，污染水源。

其中各种金属矿山的废水以酸性为主，主要是由各种硫化物在地表氧化作用形成。酸性矿业废水常含有大量可溶性离子、重金属及有毒、有害元素（如铜、铅、锌、砷、镉、六价铬、汞、氰化物），危害严重。

更为严重的是某些矿山就地选矿，环保设施不到位，致使带有有害物质的废水废渣直接排入河流，严重污染河水，进而造成地下水污染。矿业开发产生的有害物质沉积在河流底泥中，很容易形成二次污染。

湖南某锰矿矿井排出含 Fe^{2+}、Mn^{2+}、SO_4^{4-} 含量极高的"黄水"，致使大面积农田受毒害；德兴铜矿形成大量金属离子浓度极高的废水，年排放量达 107 t，使德兴附近乐安江支流水质污浊，生物绝迹。水体污染不仅造成生态环境的破坏，对农牧渔业产生不良影响，而且会通过食物链危害人体健康。

3. 矿业开发对大气环境的影响

矿山开采中废气、粉尘排放产生大气污染和酸雨。主要污染物包括粉尘、SO_2、NO、CO、CO_2 等，尤其以 SO_2、粉尘的影响最严重。相比较而言露天开采对大气环境的影响比地下开采更为严重，钻孔、爆破、挖掘、运输等产生的扬尘，机械排出的废气对矿区的局部环境产生重大影响，特别是西北干旱地区扬尘的危害更加突出。

据测定，一个大型尾矿场扬出的粉尘可以飘浮到 10 km 以外，降尘量达 300 L/公顷，粉尘污染可使谷物减产近三成。粉尘所造成的尘肺病直接威胁矿工的生命与健康，而且还给国家与企业带来巨大的经济损失和不良的社会影响。据统计，我国各类矿山尘肺病患者占全国尘肺病人数的 75% 左右，约 31.40 万人。

煤炭采矿行业是产生大气污染的"大户"，废气排放量占全国工业废气排放量的 5.7%，煤炭企业的废气排放及一直困扰人们的煤田、煤矸石自燃排入大气的烟尘、二氧化硫、氮氧化物等，特别是二氧化硫的污染将形成酸雨。我国每年从烟囱排入大气的烟尘达 150 万吨以上，因二氧化硫污染导致我国酸雨地区面积占国土面积 30% 以上，甚至某些城市如长沙、赣州和宜宾等酸雨的出现频率达 90% ，已被列入世界两大酸雨区之一。酸雨危及地面作物，造成森林、草场、农作物大面积死亡。

4. 矿业开发对生态环境的影响

由于人类活动，近代物种灭绝速度比自然灭绝快 1 000 倍。目前，每年从地球上灭绝的物种有 6 万余种，世界上现存物种中，濒危动植物占 10%，中国则高出这一比例 5% ~10%，占 15% ~20%。这其中有自然环境的作用，但更多的是人类活动的结果，其中矿业开发毁坏了大量的草场、森林、农田，抢占了其他生物的生存空间，破坏了生物界的食物链，造成的污染将大量动植物推向了死亡的边缘，对动植物的灭绝起到了推波助澜的作用。由于生态失衡，也直接威胁到人类自身的生存和发展。

矿业开发对景观环境的影响。矿业活动，特别是露天开采（2001 年世界采矿业中露天开采占 89%，地下开采仅占 11%）大量破坏植被和山坡土体，产生的废石、废渣等松散物质极易使矿山地区水土流失。很多矿区在开发前为林区，由于采矿作业，表土、植被的剥离和毁坏，使矿区地表千疮百孔，废矿石堆林立，严重破坏了原有的地形地貌和自然生态景观。由于矿山开采，全国累计破坏森林 106 万公顷，破坏草地 23.6 万公顷。

一些矿山地处风景名胜、人文景观所在地或与古代遗址、古迹、文物毗邻，会在视觉上对风景区产生破坏；矿区的粉尘、酸雨将对古迹、文物产生很大的破坏作用；矿区爆破产生的震动、地下开采造成的地面塌陷等原因，均会对景观产生永久性的破坏，造成不可弥补的损失。

1.4.3 治理矿业环境污染的措施及对策

随着环境意识的日益增强，矿山环境保护同勘查、开采、冶炼、矿产品销售一样，被认为是矿产开发管理的重要组成部分。近年来，许多矿业国家纷纷修改矿业法规或制定专门的矿山环保法规，其主要目的一是改善投资环境，二是加强矿山环境保护。

(1)树立科学发展观，大力推进循环经济。长期以来，我国一直处于"高投入、高消耗、高污染"的粗放式发展模式之中。据中科院测算，2003年中国消耗了全球31%、30%、27%和40%的原煤、铁矿石、钢材、水泥，创造出的GDP却不足全球的4%。经济增长赖以资源的高消耗来实现，一定程度上导致资源供需的矛盾，也进一步加剧了生态环境问题。如果继续沿用粗放型的经济增长方式，不仅资源将难以为继，环境必将不堪重负。

走绿色矿业之路，通过新的工业化发展模式来达到人口、经济、环境的可持续发展将是我们的必然选择。

(2)依靠科技进步，减少废物排放，加强综合利用。无废或少废生产技术是矿业发展的重要标志之一，也是国内外矿山追求的共同目标。大力发展新的采、选、冶技术，将有可能最大限度地减少废物的产生。通过技术改造、技术创新，对矿山"三废"再利用，变废为宝，不仅可以减少对环境的负面影响，还将带给我们巨大的经济效益。

(3)加强法制建设，促进环保工作发展。国家在环境保护方面制定了一系列的法律、法规、法令及环境标准，以强制手段规范环保行为，如《环境保护法》《土地管理法》《矿产资源法》《土地复垦法》《固体废物污染防治法》《水污染防治法》《大气污染防治法》等，规定"谁污染，谁治理"、"谁开发，谁保护"。

(4)增加治理投入，恢复矿区生态环境。政府应加大专项投入用于废弃矿山生态环境恢复治理和土地复垦。同时，本着"谁开发，谁受益；谁污染，谁治理"的原则，责令相关矿山企业增加有效投入，恢复矿区生态环境。

(5)营造一种破坏环境可耻的舆论氛围。实现人和人、人和政府彼此监督。通过提高公民环保意识，促使政府、企业、个人相互监督，实现资源开发与环境协调发展。

1.5 矿业环境污染治理发展趋势

矿产资源是人类社会文明必需的物质基础。矿产资源的开发、加工和使用过程，不可避免地给生态环境和人身健康带来直接和间接、近期和远期、急性和慢性的不利影响。因此，矿业环境污染治理的主要问题就是要解决矿产资源开发所造成的生态破坏、环境污染。

矿业环境的治理工作必须以科学发展观为指导，进一步转化观念、转变思路，在生态保护和恢复的前提下，全方位地开展环境治理工作，开创新局面，迸发新的活力。其发展趋势如下所述。

1.5.1 走矿业可持续发展道路

20 世纪末期，随着全球性的人口增长、资源短缺、环境污染和生态恶化，人类经过对传统发展模式的深刻反思，开始探求经济社会与人口、资源、环境相协调的可持续发展道路。

矿业环境恢复治理仍是一个新的领域，仅依靠现有的经验和方法已无法解决这一问题，需要在思想、观念以及理论、技术方法等方面进行创新，逐步实现矿业环境恢复治理的科学化、规范化，实现矿业可持续发展。通过建立矿山环境监督管理和法律法规体系、经济手段、资源补偿费以及两权流转资金和地方、企业配套资金安排一批矿业环境恢复治理示范工程项目，取得典型经验，指导并推动全国工作。

实施可持续发展战略对于矿业提出了更高的要求。当今时代，人口急剧膨胀、资源过度消耗、环境严重恶化是人类面临的三大问题。保护环境、节约资源、实施可持续发展战略，已成为各国政府的共识。在我国，将保护环境、节约资源同控制人口一起列为三大基本国策，并将可持续发展作为一项重大战略来实施，中国政府也制定了《中国 21 世纪议程》，都对矿业提出了严格要求。实施可持续发展战略，要求矿业在开发过程中不仅提高资源利用率，减少资源损失与浪费；同时要搞好复垦，处理好废石、废水、废气，减少"三废"对生态环境的负面影响，坚持在保护中开发，在开发中保护，开发与保护并重的方针，实现开发与保护的双赢目标。这方面要求是很高的，实现"双赢"目标的任务也是非常艰巨的。

1.5.2 矿区生态系统规划与设计

要求对矿区矿产资源开发及其对自然、经济、社会的影响，做出科学准确的评价和预测。针对矿业开发的各个不同阶段，进行矿区生态系统的规划和设计，并保证其适时实施，以促进矿区生态环境的保护与生态恢复或重建的科学性和有效性。矿区生态系统规划与设计应该综合考虑矿区自然和人文各要素，应用景观生态学理论，结合各类自然和人文因子的时空分异规律，进行全面的区域生态系统规划与设计，明确矿区生态系统的生态功能分区和矿产资源开发各阶段的生态行动准则。

1.5.3 全面展开矿区环境地球化学的研究

环境地球化学理论和方法能够为矿区生态环境现状调查、诊断提供确切的依据，是促进矿区生态系统恢复与建设的重要手段。开展矿区环境地球化学研究工作，将有利于准确把握矿区生态环境状况，特别是水土资源状况，从而为矿区土地复垦和生态恢复建设选择合适的植物，减少矿区水土环境污染对人类生活的危害，合理确定矿区生态环境保护与生态系统建设方向和步骤。

1.5.4 矿区生态技术的发展

矿业生产生态工艺的应用，能够减少矿产资源开发利用过程中对矿区生态环境的破坏和对生态系统及其组成成分的危害。矿区生态恢复和建设技术的应用，能够使被改变或被严重破坏的矿区生态环境及其组成成分得到恢复利用。先进的矿业生态生产工艺，能够使矿产资源得到全面有效利用的同时，对生态环境危害最小，恢复最容易。先进的矿区生态恢复和建设技术，能够使破坏的矿区生态环境在尽量短的时间内得到全面有效的恢复。

1.5.5 循环经济将受到重视

循环经济是一种以资源的高效利用和循环利用为核心，以"减量化、再利用、资源化"为原则，以"低消耗、低排放、高效率"为基本特征，是一种物尽其用的经济发展模式，是对"大量生产、大量消耗、大量废弃"的传统增长模式的根本转变。从本质上讲，循环经济是一种生态经济，它要求运用生态学规律来指导人类社会经济活动。发展循环经济是解决我国资源短缺的重要途径，是转变经济增长方式的有效途径，是走新型工业化道路的重要措施。

1.5.6 资源化利用矿业工业废物出现新的局面

根据工业普查材料，我国有色金属矿产中共生、伴生矿种为 45 种，黑色金属矿产中共生、伴生矿种为 30 多种，煤炭中共生、伴生矿种为 20 余种。我国在矿产资源综合利用方面虽然取得了大的成效，但由于受技术经济因素的制约，矿产资源综合利用程度仍很低，大量共生、伴生矿物组分成为工业废料。矿业工业废物的这一特性决定了其作为二次资源的开发利用价值。视矿业工业废物为二次资源并进行开发利用是处理处置矿业工业废物的最有效途径之一，资源化利用矿业工业废物不仅可以解决由废物引起的一系列矿业环境问题，而且可以创造巨大的经济效益。

1.5.7 促进矿业全球化发展

加入 WTO 后，面对经济全球化和矿业全球化给中国矿业带来的机遇与挑战，为谋求在国际市场竞争中立于不败之地，中国矿业在发展战略上应该按照比较利益原则实行以建立中国全球矿产品供应体系为目标的、充分利用国内外两种资源、两个市场的双向发展战略。

(1)要尽快转变观念，提高对矿业全球化的适应能力，采用规范化的市场经济运行模式，提高我国矿业在国际市场上的竞争能力。中国矿业企业应加速实现由计划经济体制向市场经济体制的转变，按照市场经济规则运行。

(2)根据市场导向原则，从强化开采向适度开采转变，严格控制各矿种的开采总量，对违背市场规律的矿业企业进行盘整。矿山企业生产要有一定规模，要实行集约化经营，没有一定规模的生产，经营效益可能受到影响。

(3)顺应矿业全球化发展趋势，从封闭式开发向扩大开放转变，努力改善投资环境，提高获取国际矿业资本的竞争能力。要充分利用两种资源、两个市场，从基础设施建设和软环境两方面大力改善外商投资环境，积极吸收矿业资本和跨国矿业公司来我国投资开发矿业，促进我国矿业的发展。

(4)进行矿业产业结构、产品结构和技术结构的调整，加强安全生产管理，努力降低成本，提高产品在国际市场上的竞争能力。以建立现代企业制度为目标，依靠科技进步，减员增效，努力提高产品质量和降低产品成本，加强矿业企业的生产安全管理，减少事故的发生，确保企业良好的生产经营秩序，扩大在国际市场上的占有份额，并不断提高在全球中的竞争能力。

总之，中国矿业全球化发展的战略应适应全球经济一体化的发展趋势，在不同的发展时期应采取相应发展策略。

1.5.8 21 世纪中国矿业任重而道远

为了完成新世纪的历史使命，使我国矿业获得新的发展，在实施"双向发展战略"的同时，还必须在矿业开发指导方针上实现十个转变。

第一，要从主要依靠计划调控向以市场为导向转变。根据中央加速建立与完善社会主义市场经济体制的要求，中国矿业企业应加速实现由计划经济体制向市场经济体制的转变，按照市场经济规则来进行运行。在实行市场经济和经济全球一体化的新形势下，应以市场为导向，根据对区内外和国内外市场资源供需状况的预测，在调查清楚资源储量的基础上，发挥比较优势，开发市场需要的矿产资源。

第二，要从"重采矿，轻找矿"向勘查先行转变。矿业生产活动分矿产勘查和矿产开发两个大的阶段。勘查是开发的基础和前提，开发是勘查的继续和延伸，通过开发可使经勘查证实的矿产由资源效益转化为经济效益；没有经勘查证实可供开发的资源，矿山建设就无从谈起，开发就成为无米之炊。由此可见，两者之间的关系是"要采矿，先找矿"，这是矿业活动的客观规律。

第三，要从全面勘查开发向择优勘查开发转变。我国幅员辽阔，不可能在所有地区同时开展资源调查与开发工作，而应在总结以往工作经验的基础上，以地质条件最为优越的资源富集区为工作重点。

第四，要从强化开采向适度开发转变。矿山企业生产要有一定规模，要实行集约化经营，没有一定规模的生产，经济效益可能受到影响。因此，在有资源条件的前提下，适度地扩大生产规模是必要的。

第五，要从粗放式经营向集约化开发经营转变。目前，矿业开发过程中资源浪费大的重要原因之一，是矿业生产粗放式经营，一些中小型矿山尤其如此。因此，今后在矿业开发特别是西部大开发过程中，矿业开发一定要根据中央推进两个根本转变方针和建立现代企业制度的要求，深化改革，认真贯彻集约化经营方针，矿山企业走公司化、集约化、集团化之路，发挥规模经济效益，转换企业经营机制，建立与完善法人治理结构，深化劳动、人事、分配制度改革，不断提高管理水平，促进生产水平和资源利用水平的提高。

第六，要从以国有矿为主向多种所有制矿山共同发展转变。根据中央以公有制为主体、多种所有制经济共同发展的方针，在矿业方面也应贯彻国有矿与非国有矿共同发展的方针。从我国矿业和西部地区的实际出发，对于油气、核矿产原料等战略性资源和其他具有重要意义的大型矿产地仍应由国有矿山(油田)来开发经营。

第七，要从封闭式开发向扩大开放转变。我国矿产资源虽经半个世纪大规模的开发利用，但仍有相当的资源潜力可挖，特别是西部地区更是如此。

第八，要从"重开发，轻保护"向"开发与保护并重"转变。按照《中国21世纪议程》和可持续发展战略要求，21世纪我国矿业开发不能走过去的"重开发、轻保护"破坏环境与浪费资源的老路，而应实行"在保护中开发，在开发中保护""开发与保护并重"的方针。

第九，要从单一发展向多元发展转变。新世纪中国矿业发展不能走"单打一"老路。这里有两层意思。一是从开发矿种上打破过去部门分割旧体制下的"单打一"开采，而应对矿山企业范围内的矿产资源实行综合勘查，综合开发利用；二是在发展矿产采选主业的同时，发展矿业以外的非矿产业，贯彻矿业与非矿(产业)并举的多元发展方针。

第十，要从矿办社会向矿社分离转变。新世纪矿业开发要走新路，要用矿社分离的模式办矿。已有矿山企业要尽快通过深化改革，分离企业办社会的职能，新建矿山要同实施"小城镇，大战略"结合起来，从一开始就要把应由政府管的社会功能交给政府管理，从而使矿山企业轻装上阵，集中力量搞好矿业生产。

在新世纪已经到来的伟大时刻，回顾20世纪中国矿业的发展，确实取得了举世瞩目的辉煌成就。展望未来，中国矿业面临严峻的挑战和良好的机遇，任重而道远。为抓住机遇，迎接挑战，实现新的可持续发展战略，以便为实现第三步战略目标提供资源保障，为我国社会主义现代化建设作出更大贡献，必须坚持走"双向发展战略"之路，实现十大转变。

思考题

1. 简述环境的概念、要素及其属性。
2. 简述环境的分类及结构。
3. 简述环境承载力的定义，谈谈对环境承载力的认识。
4. 从大气、水体、固废、土壤、环境物理性污染四个方面，谈谈我国环境污染现状及解决方案。
5. 结合所学的专业知识，谈谈矿产资源对环境的危害。
6. 国外矿业环境污染现状如何？
7. 请列举某一个国家的矿业环境污染治理技术，并与我国现行技术比较。
8. 矿业是人类生存、经济建设和社会发展的重要基础，简述我国矿业发展历程。
9. 矿业发展的同时所引起的环境问题有哪些？详述其中一种。
10. 简述我国治理矿业环境污染的措施。
11. 矿业环境治理发展趋势有哪些？

第2章 矿业大气污染及其防治

内容提要：本章介绍了大气组成，大气污染的发生、类型和危害，大气污染物的监测，影响大气污染的因素等基础知识，阐述了矿井空气污染的来源、特点和防治技术，矿山粉尘的来源、性质、测定方法、危害及评价，并重点介绍了矿业开发中地下矿、露天矿和选矿作业中粉尘的控制方法、措施和装置，矿山有毒有害气体的防治技术，分别列举了防尘和防毒的工程实例。

2.1 概述

2.1.1 大气结构与组成

1. 大气的结构

大气圈与宇宙空间之间的界限很难准确划分，在大气污染气象学研究方面，常把大气圈的上界大气层定在 1 200 ~ 1 400 km，1 400 km 以外的称为宇宙空间。

大气的总质量约为 550 亿吨，大约是地球总质量的百万分之一。由于地心引力的作用，大气的密度随高度的增加而显著下降，因此大气质量垂直方向的分布是极不均匀的。大气的质量主要集中在下部，90% 集中在离地面 30 km 以下的范围内。根据大气气温的垂直分布、化学组成和运动规律，大气层被划分为五层：对流层、平流层、中间层、暖层和逸散层。

1）对流层

对流层处于大气圈的最底层，厚度为 8 ~ 17 km。对流层的厚度从赤道向两极递减，在低纬度地区为 17 ~ 18 km，中纬度为 10 ~ 12 km，高纬度地区为 8 ~ 9 km。对流层的质量占整个大气圈的 3/4。该层的特点是：气温随高度增加而降低；大气具有强烈的对流运动，高低层空气得以交换；气体密度大。

2）平流层

自对流层顶到 55 km 左右的范围是平流层。其下部气温稳定，在 30 ~ 35 km 高度以下，气温保持在 −55℃ 左右；上部气温随高度增加而增加，到平流层顶部可升至 −3℃ 以上。在高度 20 ~ 25 km 处，臭氧含量最高，通称为臭氧层。平流层的特点是：大气稳定；平流层内垂直对流运动很小，主要是因为该层气温上热下冷；大气透明度高，没有对流层中那种云、雨等现象，尘埃很少。

3）中间层

从平流层顶到 80 ~ 85 km 之间是中间层。该层的特点是：气温随高度的增加而下降，并有相当强烈的垂直运动。至中间层顶，气温可达 −92℃ 左右，在此会出现夜光云。

4）暖层（热成层）

从中间层顶到约 800 km 范围称为暖层（热成层）。该层空气密度很小，仅占大气质量的 0.05%。该层的特点是：气温随高度增高而普遍上升，温度最高可升至 1 200℃ 这一极大值；

空气十分稀薄，分子和原子可获得很高的动能，声波在这层不能传播；空气处于高度电离状态，具有导电性，能反射无线电波，从这一特征来说，又可称为电离层。电离层的存在是无线电波能绕地球曲面进行远距离传播的一个重要条件。

5）逸散层

该层是大气圈的最外层，高度达 800 km 以上。这一层的空气极为稀薄，几乎全部电离，且空气粒子的运动速度很高，可以摆脱地球引力而逸散到太空中。

在 80～85 km 以下的大气层中，大气运动以湍流扩散为主，大气中氮和氧的组成比例不变，称作均质大气层；在该距离以上大气层中，大气运动以分子扩散为主，气体组成随高度的变化而变化，称为非均质层。

2. 大气组成

自然环境中的大气通常由干燥洁净的混合气体、水蒸气和悬浮微粒三部分组成。除水蒸气和悬浮颗粒以外的大气称为空气。地面上干燥洁净的空气主要由 N_2、O_2、Ar 和 CO_2 四种气体组成，共占大气总容积的 99.996%。其他气体属于微量成分，含量不足 0.004%。海平面附近的干燥洁净空气的组成基本不变，其物理性质基本稳定。

大气中的悬浮微粒是由大气中的固体和液体颗粒状物质所组成。这些细小的微粒悬浮物会影响大气的能见度，削弱太阳的辐射强度。由于自然环境因素的不确定性，大气中悬浮微粒物的形状、密度、大小、含量、种类及粒径分布和化学性质总是在不断变化。同样，大气中水蒸气的含量也是变化的，它取决于时间、地理位置及气象条件如大气环流、气温等自然因素。大气中水汽含量虽然不大，但它却是构成各种天气现象，如云、雾、雨、霜、露等的主要因素。

干燥洁净大气中的 CO_2 和 O_3 含量虽然甚微，但其物理状况变化对大气温度和地球上生物的生存起着重要作用。随着工业革命的兴起和发展，燃料的大量使用和森林植被的严重破坏使大气层中的 CO_2 不断增加，打破了大气中 CO_2 平衡，气候逐渐变暖。O_3 是大气中的微量成分之一，它能够吸收掉大部分的太阳紫外辐射，保护地球生物免遭太阳紫外辐射的过度照射而引起伤害。近年来由于人类活动使大量的氮氧化合物和氟氯烃进入臭氧层，以及超音速飞机在臭氧层高度范围的飞行日益增多，使臭氧层遭到损耗和破坏，某些地区上空甚至出现臭氧空洞。

2.1.2 大气污染的发生及类型

1. 大气污染

自然界中局部的物质能转换和人类所从事的种类繁多的生活、生产活动，向大气排放出各种污染物，当污染物超过环境所能允许的极限（环境容量）时，大气质量就发生恶化，使人们的生活、工作、身体健康和精神状态，以及设备财产等直接地或间接地遭受破坏或受到恶劣影响，这种现象称之为大气污染。

2. 大气污染源

大气污染的来源极为广泛，为了满足污染调查、环境评价、污染治理等不同方面研究的需要，对人工源进行了多种分类。

1）按污染源存在形式划分

（1）固定污染源。排放污染物的装置所处位置固定，如发电厂、烟囱等。

（2）移动污染源。排放污染物的装置所处位置是移动的，如汽车、轮船等。

2）按污染物的排放形式划分

（1）点源。集中在一点或在可当作一点的小范围内排放污染物，如烟囱。

（2）线源。沿着一条线排放污染物，如公路上的汽车流。

（3）面源。在一个大范围内排放污染物。

3）按污染物排放的空间划分

（1）高架源。在距地面一定高度上排放污染物，如烟囱。

（2）地面源。在地面上排放污染物，如汽车、火车。

4）按污染物排放的时间划分

（1）连续源。连续排放污染物，如火力发电厂的排烟。

（2）间断源。间歇排放污染物，如工厂中间歇生产过程的排气。

（3）瞬时源。无规律地短时间排放污染物，如工厂的事故排放。

5）按污染物发生类型划分

（1）生活污染源。民用炉灶及取暖锅炉燃煤排放的污染物，焚烧城市垃圾的废气，城市垃圾在堆放过程中排出的二次污染物。

（2）工业污染源。主要包括工业用燃料燃烧排放的废气及工业生产过程的排气等。由工矿企业（火力发电厂、钢铁厂、有色冶金企业、造船厂等）排放出的污染物所造成的大气污染，其排放量最大的是煤和石油在燃烧过程中产生的煤粉尘、二氧化硫、一氧化碳和氮氧化物。据统计，每燃烧 1t 煤要排放 4~11 g 的煤粉尘，劣质煤比优质煤产生的粉尘量多 2~3 倍。

煤中含硫量 0.5%~5.0%，其中 80% 是可燃性的，在燃烧过程中被氧化为二氧化硫排出，余下的 20% 为非燃性的，被作为灰烬保留下来。

一氧化碳是在氧气不足的条件下煤和石油燃烧时的产物，氮氧化物是有机氮化合物燃烧时产生的，或是在高温条件下空气中的氮被氧化而生成的，主要是一氧化氮，有少量二氧化氮和其他氮氧化物。

采矿企业，特别是露天开采矿山造成的大气污染甚为严重，开采规模的大型化、高效率采矿设备的使用，以及开采向深部发展，使大气面临着一系列污染问题。

当前，大型金属露天矿穿孔设备采用牙轮钻机。若不采取除尘措施，对人体健康有危害的呼吸性粉尘（小于 5 μm）在风流作用下，可污染大片露天矿作业区。

金属露天矿挖掘装载设备主要是电铲。电铲的装车和转运作业是露天开采二次扬尘的主要原因，电铲装车时扬尘可使作业区下风方向的污染范围达 40 m 之远。

汽车运输是露天矿二次扬尘的又一个污染源，特别是路面不好的干燥地区，汽车运行时灰尘弥漫，严重地污染周围大气。

爆破工作产生的大量粉尘、一氧化碳和氮氧化物等有毒、有害气体在深凹露天矿往往很久不能扩散，粉尘和有毒气体结合形成的剧毒粉尘是导致矿工矽肺病的主要原因。

（3）农业污染源。农用燃料燃烧的废气，某些有机氯农药对大气的污染，施用的氮肥分解产生的 NO_x。

（4）交通污染源。交通运输工具燃烧燃料排放污染物。

汽车、飞机、火车等各类交通工具所排放出的含有一氧化碳、氮氧化物、碳氢化合物和铅等污染物的废气所造成的大气污染，是又一种类型的污染。

露天矿山汽车运输发展很快，载重量 200 t 甚至更大吨位的汽车已经正式投入使用。柴油机车运行时排气产生大量有毒、有害气体排入矿山大气中，污染作业环境。每台100 t级汽车排放有害烟气量为7~11 kg/h。在风流停滞区，汽车废气在太阳紫外光的作用下可形成一种光化学烟雾，对人类造成严重的危害，表2-1为汽车运行时各种污染物的排放量。

表2-1　汽车运行时各种污染物排放量

污染物名称	以汽油为燃料的小汽车/(g·L^{-1})	以柴油为燃料的载重汽车/(g·L^{-1})
铅化合物	2.1	1.56
二氧化硫	0.295	3.24
氧化碳	169	27
氮的氧化物	21.1	44.4
碳氢氧化物	33.3	4.44

3. 大气污染物

排入大气的污染物种类很多，按照其存在状态，可分为气溶胶状态污染物和气体状态污染物。

1) 气溶胶污染物

气溶胶污染物指由悬浮于气态介质中的固体或液体粒子所组成的空气分散系统。按其物理性质又分为粉尘、烟和雾。

(1) 粉尘。也称灰尘，尘埃。指悬浮于气体介质中的小固体粒子，能因重力作用发生沉降，但在一段时间内能保持悬浮状态。它通常是由于固体物质的破碎、研磨、分级、输送等机械过程，或土壤、岩石的风化等自然过程形成的。它是固态粒子的分散性气溶胶。

(2) 烟。它是固态粒子的凝聚性气溶胶，是熔融物质挥发后生成的气态物质的冷凝物。烟的产生是一种较为普遍的现象，如有色金属冶炼过程中产生的氧化铅烟、氧化锌烟和在核燃料后处理厂中的氧化钙烟等。粉尘与烟的界限难于划分，常统称为烟尘。

(3) 雾。它是液态粒子的凝聚性气溶胶，其粒径范围为1~100 μm。实际上，通常遇到的是既含有分散性粒子又含有凝聚性粒子的气溶胶。

上述的气溶胶污染物，当粒径大于10 μm时，称为降尘；粒径小于10 μm时，称为飘尘。

在我国的环境空气质量标准中，还根据粉尘颗粒的大小，将其分为总悬浮物和可吸入颗粒物。总悬浮颗粒物(TSP)是指能悬浮在空气中，空气动力学当量直径小于100 μm的颗粒物。可吸入颗粒物(PM$_{10}$)是指能悬浮在空气中，空气动力学当量直径小于10 μm的颗粒物。

2) 气体状态污染物

目前受到人们关注的有害气体有硫氧化物(SO_x)、氮氧化物(NO_x)、碳氧化物(CO_x)、臭氧(O_3)、碳氢化合物(C_mH_n)和氟化物(如HF)等。

(1) 硫氧化物。主要指二氧化硫(SO_2)和三氧化硫(SO_3)，是目前大气污染物中数量较大、影响面较广的一种气态污染物。它们大都是由燃烧含硫的煤和石油等燃料时产生的。黑色冶炼、有色冶炼、硫酸化工厂等生产过程也排放大量的硫氧化物。它与大气中的水雾结合在一起便形成硫酸烟雾。后者的毒性比SO_2大10倍，对人体、生物、建筑物的危害更大。

(2) 氮氧化物。氮和氧的化合物有N_2O、NO、NO_2、N_2O_3和N_2O_5，用氮氧化物(NO_x)表示。其中，大气污染物主要指NO和NO_2。NO的毒性不大，但进入大气中能缓慢地氧化为NO_2，其毒性为 NO 的 5 倍。当 NO_2 参与大气中的光化学反应，形成光化学烟雾后，其毒性更强。人类活动产生的氮氧化物主要来源于燃料的燃烧过程、机动车和柴油机的排气，其次是生产和使用硝酸（HNO_3）的工厂、氮肥厂、有机中间体厂及黑色和有色金属冶炼厂等排放的气体。

（3）碳氧化物。二氧化碳（CO_2）和一氧化碳（CO）是各种大气污染物中发生量最大的一类污染物。我国居民普遍采用小炉灶，排放的 CO 含量很高。工业炉窑，如高炉、平炉、转炉和冲天炉等，也排放一定量的 CO。国外则主要来源于汽车尾气，其中含有 4% ~ 8% 的 CO。

CO 是无色无味的窒息性气体，CO 与血红蛋白的结合能力比氧大 200 倍，空气中存在 0.1% 的 CO 就能阻止 50% 的血红蛋白与氧结合。

当燃料在足够氧的条件下燃烧时产生 CO_2，高浓度 CO_2 的积累可导致麻痹中毒，甚至死亡。CO_2 含量超过 6% 时，将威胁人的生命安全。随着地球上 CO_2 浓度的增加，产生"温室效应"，使全球气温升高，生态系统和气候发生变化，目前各国政府已经开始进行控制。

（4）碳氢化合物。碳氢化合物的主要危害是在臭氧等的存在下，与原子 O、O_2、NO 等能发生一系列复杂的光化学反应，生成诸如臭氧、过氧乙酰硝酸酯（PAN）等氧化物以及甲醛、酮、丙烯醛等还原性物质。这些污染物能在太阳光的照射下产生浅蓝色烟雾，称为光化学烟雾，它的毒性比 NO_2 要强烈得多。

（5）氟主要以 HF 的形式存在于空气中，有时也以 SiF_4 的形式存在。在潮湿的空气中，后者缓慢地转变为 HF。冶炼工业中的钢铁厂和电解铝过程、化学工业的磷肥和氟塑料生产过程等都排放氟。

2.1.3　大气污染的危害

1. 对人体的危害

大气污染物对人体产生危害的途径主要有三条：表面接触、摄入含污染物的食物和水、吸入被污染的空气，其中以第三条途径最为严重。大气污染物对人体的危害主要表现如下。

有毒金属粉尘和非金属粉尘（铬、锰、镉、铅、汞、砷等）进入人体后，会引起中毒性死亡。

当大气中 SO_2 的年平均体积分数为 0.05×10^{-6} 时，呼吸器官受损伤；大气中 SO_2 体积分数大小是衡量大气污染程度的重要指标之一。

NO_2 对人体的呼吸系统有损害，在体积分数为 0.12×10^{-6} 时，人便闻到臭味；在体积分数为 16.9×10^{-6} 时，作用 10 min，会增加呼吸道阻力和刺激眼睛；在 150×10^{-6} 时，可能出现致命的肺气肿。当 NO_2 与其他污染物共存时，如与 SO_2 和 O_3 进行光化学反应时，其毒性更大。

臭氧体积分数在 0.2×10^{-6} 以下时，对人体无明显影响；体积分数在 $(0.3 \sim 1.0) \times 10^{-6}$ 时，对咽喉有刺激，使呼吸道阻力增加；体积分数为 $(1 \sim 2) \times 10^{-6}$ 时，会损害中枢神经系统，并使肺功能下降。臭氧对人的嗅阈值是 0.02×10^{-6}。

苯及其同系物是一种常见的污染物，其中，苯的毒性最强，对造血器官与神经系统损害最为显著。

多环芳烃（PAH_S）则是毒性更强的污染物，其中含有许多致癌物质。例如，酚对皮肤、黏膜有强腐蚀性，对呼吸器官有强刺激作用，对肺、心、肝和肾脏均有影响。

氟对眼睛及呼吸器官有强烈刺激作用，浓度高时，可引起肺气肿和支气管炎。

铅蒸气产生于有色金属的冶炼、蓄电池、橡胶等生产过程。铅进入人体后，多蓄积于肝脏中。无机铅中毒可使四肢肌肉麻痹、面色苍白，有机铅中毒会引起造血器官和神经系统错乱。

汞蒸气产生于汞矿的冶炼和使用汞的生产过程。汞是一种剧毒物质，通过呼吸道和肠胃进入人体，或皮肤直接吸收而中毒，表现为消化系统和神经系统的病症。

2. 对植物的危害

大气污染对农林生产有相当大的影响，常常因此造成巨大的经济损失。最常遇到的毒害植物的气体有二氧化硫、臭氧、氟化氢、氯化氢及氮氧化物等。

大气中二氧化硫的含量过高，特别当其转变为硫酸烟雾时，对植物的损害较大。二氧化硫会妨碍植物的叶面气孔进行正常的气体交换，影响光合作用，并对叶面有腐蚀作用，致使叶面出现失绿斑点，甚至全部枯黄，严重者可引起植物全部死亡。

氟化物对植物的危害，几乎完全来自大气，出现的症状与 SO_2 相似。不同之处是氟化物的危害不发生在"功能叶"上，而对幼芽、幼叶的影响最大。症状出现在叶边和叶脉间，危害后几小时出现萎蔫现象。

臭氧等强氧化剂对植物有很大损伤。例如，臭氧体积分数超过 $(0.08 \sim 0.09) \times 10^{-6}$ 时，烟草"生理斑点病"发生频率增大；达到 0.11×10^{-6} 时，100% 发病；至 0.165×10^{-6} 时，烟草严重受害。

二氧化氮对植物的影响与二氧化硫相似，浓度高时也能引起植物伤害；浓度低时，可增高叶片中叶绿素含量，但长期暴露，会使幼叶衰老和脱落。研究表明，番茄暴露在二氧化氮体积分数 $(0.15 \sim 0.26) \times 10^{-6}$ 下 10～19 天，其干重减轻。

氯气和氯化氢是化学工业经常排出的气体，对厂区四周农田有较大影响。氯离子的强烈水合作用，能引起碳水化合物代谢平衡和蛋白质合成的破坏，影响植物产量和质量。氯化物过量时，由于光氧化作用，促使叶绿素破坏，叶片坏死；少量时，叶片失绿。

3. 对局部天气和全球性气候的影响

1) 温室效应加剧

大气中的温室气体如 CO_2、N_2O、甲烷、氟氯烃、O_3 等，允许太阳辐射的能量穿过大气到达地表，同时防止地球反射的能量逸散到天空。这些气体的作用如一个温室的罩子，其结果使低层大气变暖，因此称温室效应。

如果温室效应被加强的话，就可能引发全球变暖。近几十年来，平流层中 O_3 在减少，而对流层中的 O_3 在增加，年增长率为 2%～3%。

温室气体增加的同时，海水温度也随之增加，这将使海水膨胀，造成海平面抬高。此外，由于极地增温，冰雪融化，海平面抬升，将使世界上沿海许多大城市受到威胁。另外，人类活动引起的气候变暖，必然将引起全球生态系统变化。

2) 臭氧层被破坏

地球上空的平流层中有一臭氧层，有"地球保护伞"之称。但这一天然屏障正在遭到严重破坏。臭氧层的破坏，主要是氟氯烃与氮氧化物引起的。一个氟氯烃分子分解生成的氯离子可以分解近十万个臭氧分子。

由于臭氧层遭到破坏，太阳紫外线对地球辐射增强。强烈的紫外线辐射能引起白内障和皮肤癌，还能降低人体的抵抗能力，抑制人体免疫系统的功能，使许多疾病发生；还会使农作物和微生物受损，杀死海洋中的浮游生物，伤害生物圈的食物链及高等植物的表皮细胞，抑制植物的光合作用和生产速度；强烈的紫外线辐射还将引起各种材料的巨大损失。

3）酸雨蔓延

酸雨通常是指 pH 低于 5.6 的酸性降水。在我国酸雨的危害也很严重，随着工业化的扩大，酸沉降的空间尺度在增加。

酸雨的危害主要有：

（1）造成森林生态系统衰退和森林衰败。许多国家受酸雨影响的森林面积在 20%～30% 以上。

（2）造成土壤酸化，土壤酸化可使一些有毒的金属离子溶出，这些离子可使人体致病，如水中铝离子浓度的增加并在人体中累积可使人类发生早衰和老年痴呆症。

（3）酸雨导致生物多样性减少，如当水中 pH 小于 4.8 时，鱼类就会消失。

（4）酸雨严重损害建筑材料和历史古迹。全世界每年生产的钢铁中，约有 10% 是被腐蚀掉的。

2.1.4 大气污染物排放标准及监测技术

1. 大气环境质量标准

我国《环境空气质量标准》（GB 3095—1996）是根据《中华人民共和国环境保护法》《中华人民共和国大气污染防治法》及国际先进标准而制定的，并于 1996 年 10 月 1 日开始实施，取代了我国 1982 年制定的《大气环境质量标准》（GB 3095—82）。该标准规定了 SO_2 等 10 种污染物的浓度限值，将空气质量功能分为三类，环境空气质量标准分为三级。各级标准对 10 种污染物的浓度限值见表 2-2。该标准是在全国范围内进行环境空气质量评价的准则、管理的依据。

表 2-2 各项污染物的限制

污染物名称	取值时间	质量浓度限值			质量浓度单位（标准状态）
		一级标准	二级标准	三级标准	
二氧化硫	年平均	0.02	0.06	0.10	mg/m³
	日平均	0.05	0.15	0.25	
	1h 平均	0.15	0.50	0.70	
总悬浮颗粒物（TSP）	年平均	0.08	0.20	0.30	
	日平均	0.12	0.30	0.50	
可吸入颗粒物（PM_{10}）	年平均	0.04	0.10	0.15	
	日平均	0.05	0.15	0.25	
氮氧化物	年平均	0.05	0.05	0.10	
	日平均	0.10	0.10	0.15	
	1h 平均	0.15	0.15	0.30	
二氧化氮	年平均	0.04	0.04	0.08	
	日平均	0.08	0.08	0.12	
	1h 平均	0.12	0.12	0.24	
一氧化碳	日平均	4.00	4.00	6.00	
	1h 平均	10.00	10.00	20.00	
臭氧	1h 平均	0.12	0.16	0.20	

续表 2-2

污染物名称	取值时间	质量浓度限值			质量浓度单位（标准状态）
		一级标准	二级标准	三级标准	
铅	季平均 年平均	1.50 1.00			μg/m³
苯并[α]芘 B[α]P	日平均	0.01			
氟化物	日平均 1h平均	7① 20			
	月平均 植物生长季平均	18② 1.2②	3.0③ 2.0③		μg/(dm²·d)

注：①适用于城市地区；②适用于牧业区和以牧业为主的半农牧区，蚕桑区；③适用于农业和林业区。

2. 大气污染物综合排放标准

《中华人民共和国大气污染物综合排放标准》(GB 16297—1996)规定了33种大气污染物的排放限值，同时规定了标准执行中的各种要求。该标准适用于现有污染源大气污染物排放管理，以及建设项目的环境影响评价、设计、环境保护设施竣工验收及其投产后的大气污染物排放管理。

3. 大气污染物监测技术

常规监测项目，通常是那些已规定了容许水平或已列入环境标准的项目。

1）大气本底监测

大气本底监测是大气污染监测的重要组成部分。

所谓大气本底污染是指远离城镇和工业区而不受局部污染影响的大气平均污染状况。长时期监测的结果可以为阐明大气污染总的趋势和推测未来出现的污染水平提供重要的数据。

世界气象组织的大气本底污染监测站包括基准站、区域站和陆地站（又称扩大的区域站）。不同类型的站有其不同的功能和监测项目，见表 2-3。一般一个站占地约 50 m×50 m，当然所选的站点应具有代表性，其监测结果是否具有实际价值很大程度上取决于站点位置的选择。

表 2-3 不同类型本底监测站的功能和项目

监测站类型	气象尺度	分辨率		监测项目	主要功能
		时间	空间		
区域站	中尺度	数日	20~500 km	浑浊度、降水化学成分（SO_4^{2-}、Cl^-、NH_4^+、NO_3^-、Mg^{2+}、Na^+、K^+、Ca^{2+}、碱度、重金属、电导率和 pH）	提供监测站所在区域有关大气成分的长期变化情况

续表 2 - 3

监测站类型	气象尺度	分辨率		监测项目	主要功能
		时间	空间		
陆地站	次大尺度	数月	500 ~ 3 000 km	浑浊度、降水化学成分(同上)、CO_2和其他气体污染物	提供较区域站范围更大地区的大气成分的长期变化情况
基准站	大尺度	数年	>3 000 km	CO_2、SO_3、H_2S、NO_x、NH_3、CO、CH_4、O_3、浑浊度、微粒、重金属、降尘	提供对天气和气候具有重要意义的大气环境的长期变化情况

2)监测网点的设置

从不同类型污染源排放出污染物的排放特征、迁移和扩放特性是不同的。只有当对这些特性有深刻的了解时,才能为某种目的而正确地选择采样点。

主要考虑的因素有:污染源的相对位置、受体的位置、源排放的速率和动态、气象因素、人口分布、土地利用规划、已知的空气污染地域和已颁布的污染物环境标准等。

由固定空气采样站或环境监测站而构成的环境监测网在许多国家得到了发展,其特征是具有连续采样连续监测的功能。因而能获得较为真实的平均浓度,也可以发现事故性污染。可是这种采样站的投资很高,设置的数量不可能太多,对于区域性较大面(例如一个城市)监测是有效的,所采集的样品仅属于第一类,并不能代替其他类型的样品。

美国环境保护局(EPA)曾颁布了空气采样点数量的下限标准,它以被监测区域的优先权大小分为三级,区域的优先权一经确定即可按区域人口总数和所选用的分析方法按表 2 - 4 给出的标准确定空气采样站的最低数量。

需要特别指出的是,国外所推荐的这些采样点设置标准,由于制定环境质量标准所遵循的原则不同,监测手段的自动化程度亦有所差别,在国内应用时需谨慎,不宜机械地套用。

3)测定大气污染物的适用方法和仪器

(1)监测项目。一般来说,大气监测项目有灰尘、SO_2、HC(碳氢化合物)、CO、NO_x和臭氧等。此外,还根据有关地区污染源的情况增加一些项目(如其他有毒气体和放射性元素等),以及影响污染物扩散的气象因素(如风向、风速、气温、气压、雨量、相对湿度等)和光化学烟雾有关的太阳辐射、能见度等。

(2)监测工作所采取的方法和应用的技术,对监测数据的正确性和反映污染状况的及时性有重要的影响。近年来监测技术朝着快速、灵敏、连续自动的监测网络化方向发展。由间断测定改为连续测定,以人工操作变为自动化仪器分析,甚至已成功地应用激光雷达、红外照相、地球监测卫星等进行环境监测工作。

表 2－4 美国 EPA 推荐的空气采样站的推量

区域级别	污染物	测定方法	区域人口	空气采样站的最低数
I	飘尘	大容量采样器（每 6 d 采集 24 h）	$< 10^5$	4
			$10^5 \sim 10^6$	$(4 + 0.6)/10^5$ 人
			$10^6 \sim 5 \times 10^6$	$(7.5 + 2.25)/10^5$ 人
		纸带采样器	$> 5 \times 10^6$	$(12 + 0.16)/10^5$ 人
			—	$1/2.5 \times 10^5$ 人；最多 8 个
	二氧化硫	副玫瑰苯胺法气体鼓泡吸收管（每 6 d 采集 24 h）	$< 10^5$	2
			$10^5 \sim 10^6$	$(2.5 + 0.5)/10^5$ 人
			$10^6 \sim 5 \times 10^6$	$(6 + 0.15)/10^5$ 人
			$< 5 \times 10^6$	$(11 + 0.05)/10^5$ 人
		副玫瑰苯胺法（连续采样）	$< 10^5$	1
			$10^6 \sim 5 \times 10^6$	$(1 + 0.5)/10^5$ 人
			$> 5 \times 10^6$	$(11 + 0.05)/10^5$ 人
	一氧化碳	非分散红外法（连续采样）	$< 10^5$	1
			$10^6 \sim 5 \times 10^6$	$1 + 0.15/10^5$ 人
			$> 5 \times 10^6$	$6 + 0.05/10^5$ 人
	光化学氧化剂	化学发光法（连续采样）	$< 10^5$	1
			$10^6 \sim 5 \times 10^6$	$(1 + 0.15)/10^5$ 人
			$> 5 \times 10^6$	$(6 + 0.05)/10^5$ 人
	二氧化氮	雅克布斯－霍克萨比色法（每 14 d 连续采样 24 h）	$< 10^5$	3
			$10^5 \sim 10^6$	$(4 + 0.6)/10^5$ 人
			$> 10^6$	10
II	飘尘	大容量采样器（每 6 d 采集 24 h）	—	3
	二氧化硫	纸带采样器（每 2 h 采集一次）	—	1
		副玫瑰苯胺法（每 6 d 采集 24 h）	—	3
III	飘尘	大容量采样器（每 6 d 采集 24 h）	—	1
	二氧化硫	副玫瑰苯胺法（每 6 d 采集 24 h）	—	1

　　然而，就目前情况而论，现有的分析方法在当前的环境监测工作中仍然占有重要的地位，表 2 - 5 列举了一些重要的分析方法及其特性，供选择方法时参考。

表 2 - 5　一些重要分析方法及其特性

特性 ＼ 方法	中子活化	原子吸收	比色法	火焰光谱	荧光法	质谱法	容量法	X 光荧光法	极谱法	电弧发射光谱
灵敏度/g	$(10-8) \sim (10-18)$	$(10-8) \sim (10-12)$	$10-8$	$10-8$	$(10-6) \sim (10-8)$	$10-8$	$(10-3) \sim (10-5)$	$10-8$	$(10-8) \sim (10-9)$	$10-8$
最小取样量	10 mg	50 mg	1 g	20 mg	1 g	10 μ	1 g	1 g	1 g	1 mg
准确度	好	好	中	好	好	中	好	中	中	差
精密度	好	好	中	好	好	中	好	好	好	差
常见分析范围	宽 30～50	金属元素	宽 1	金属元素	窄	宽	Ca、Cl、K、N	Z<氖的元素	窄	金属元素
每次分析元素数目	30～50	1	1	1	1	70	1	50	1～4	50
干扰情况	少	有	有	有	有	可能	有	有	有	严重
玷污情况	无	有	有	有	有	有	有	无	有	有
分析速度	从秒到几周	分	小时	分	小时	分	小时	小时	小时	小时

　　环境监测所用分析仪器大体可以分为三类：一类是小型轻便的携带仪器，其特点是轻便、准确、灵敏，适于监测站单项分析和野外监测。另一类是实验室用的仪器，这类仪器具有精密、复杂的特点，可测定多种有毒物质，如原子吸收分光光度计能测 70 多种金属元素，气相色谱仪可测几十种甚至上百种有机化合物。这些仪器各有特长，互相补充，适于大试验室或科研单位使用。第三类就是多项或单项自动连续监测装置，如水质综合监测仪可测几十个项目，是专门用于环境监测的，大都采用上述色谱、光谱、电化学等原理设计的综合装置。可同时装置在固定的或流动的监测站中进行工作。此外还配有电子计算机数据处理系统，可按评价方法报出污染情况，测试仪器见表 2 - 6。

表 2 - 6　测定大气污染物的适用方法和仪器

化 合 物	测 试 仪 器（方法）	
含硫化合物	①红外气体分析器	②溶液电导率或气体分析器
	③分光吸收光度法	④气相色谱仪
	⑤质谱仪	⑥电位滴定法
氮氧化合物	①红外气体分析器	②比色气体分析器
	③分光吸收光度法	④化学发光法
	⑤质谱仪	⑥紫外吸收光度法
氯气	直接吸光光度法	
氟化氢	荧光光度法	

续表 2-6

化 合 物	测 试 仪 器 (方法)	
臭 氧 过氧化物	①紫外气体分析器 ③分光吸收光度法 ⑤气相色谱仪	②比色气体分析器 ④质谱仪 ⑥电位滴定法
一氧化碳 二氧化碳	①红外气体分析器　②气相色谱仪　③质谱仪 ④比色法气体分析器　⑤电池电量计检测仪	
烃类(碳氢化合物)	①气相色谱仪　②红外气体分析器　③质谱仪	
金属及金属化合物(如汞 蒸气,四乙基铅等)	①原子吸收分光光度仪　②X射线荧光光谱仪 ③发光分光光度法　④极谱仪　⑤质谱仪 ⑥分光吸收法　⑦气相色谱仪	
粉尘、煤尘	①质量测定式　②散射光式　③诱光式 ④粉尘记数器　⑥粒子分析器	

4)微机与环境监测

微机是数据分析的工具,因而可与实验室仪器配合,成为环境监测的手段。许多适用于污染监测的分析技术可与计算机连接,如X光荧光法、微波光谐和核磁共振。微机由于体积小、价格低,可适用于许多环境条件而得到采用。

2.1.5 影响大气污染的因素

在这里着重讨论影响大气污染物扩散的气象因素。

1.风

空气在水平方向上的运动叫做风。风有风向、风速。风向是指风吹来的方向,风速就是单位时间内风所走的路程,一般以 m/s 表示。最高风向频率的下风地区受污染的次数最多。因此,在工业企业设计中必须注意使居住区位于排放有害气体、粉尘等企业的上风向以减少污染。风速也会影响大气污染物的扩散、稀释的速度。一般情况而言,大气中污染物的浓度与污染物总排放量成正比,而与平均风速成反比。若风速增大一倍,则下风向有害气体浓度就将减少一半,这将有利于污染物的稀释扩散。

2.大气湍流

湍流是流体流动的一种类型。湍流的流体运动方向、强度和速度都呈无规则的、迅速的变化。而大气的湍流其风向多变,速度时大时小,强度也变化多端。但它却是影响大气污染物稀释、扩散的主要因素。

3.逆温层

地球表面上方大气温度随高度变化的情况影响大气的稳定状况,与大气污染物能否扩散有着密切的关系。

气温垂直递减率是指在地表上方沿着其垂直方向,高度每上升 100 m 时气温的变化值。对于标准大气来说,对流层的上、中、下各层的气温垂直递减率值略有不同,整个对流层平均值为 0.6℃/100 m。但是实际上,在邻近地球表面的低层大气中,气温的垂直变化情况要比标准大气状况复杂得多,如在夜间,地表向空间辐射能量,近地表的气层温度下降,地表冷却,即紧靠冷地面的那层空气的温度要低于其上层空气的温度,这就产生了逆温现象。到白天,太阳出来之后,随着地表被晒热,这种逆温现象才消失。这种大气层温度的分布与标准情况下相反的状况,称为逆温,出现逆温的大气层称为逆温层。特异的地形也能促使逆温层的形成,如在盆地或山谷地带。夜里,山坡散热快,地表温度下降,地表变冷,形成一层密度较大的冷空气,这层冷空气顺着斜坡向下滑动,最后聚集在盆地或山谷内。比较轻的暖空气升至上层,出现高度上升,温度也上升的情况,形成了地形逆温。由于水平气流受到山头的阻挡,而垂直方向又受到逆温层限制,很难使大气发生上下对流,污染的空气难以扩散,其结果往往产生严重的空气污染,如比利时马斯河谷事件,就是这些因素起了决定性作用。

逆温层的厚度不一,可有几十米甚至几百米,像无形的盖子一样,阻止近地面空气上升,污染物在近地表部分停滞,逐渐积累,加剧了大气污染的危害。

4. 大气稳定度

大气稳定度是指气层稳定的程度,即大气中某一高度的一团空气在垂直方向上稳定的程度。它是影响大气稀释能力的一个重要气象因素。

概括地说,大气温度垂直递减率越大,大气越不稳定,有利于大气中污染物的扩散,而大气温度垂直递减率越小,大气越稳定。

由于大气污染状况与大气稳定度有着密切关系,从图2-1列出的三种烟囱排烟类型可以比较直观地表示出大气稳定度对污染物扩散的影响。

(1)波浪型。多出现于太阳光较强的晴朗天气的中午,大气处于不稳定状态。对流强烈,烟云在上下左右方向上摆动很大,扩散速度快,对污染源附近居民有一定影响,但一般不会造成烟雾事件。

(2)扇型(或长带型)。多出现于天气不是很晴朗的早晨和夜晚,出现逆温

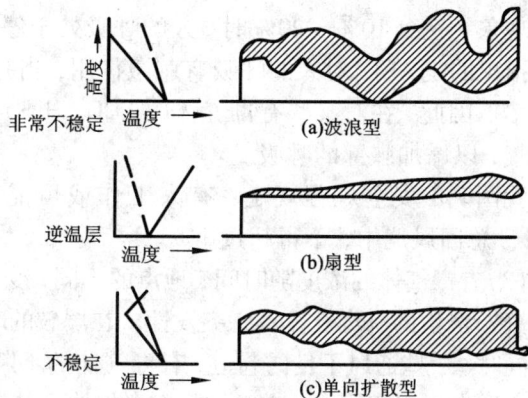

图2-1　大气稳定性与烟型的关系

层,大气处于稳定状态,烟云在水平方向上扩散缓慢,而在垂直方向上扩散速度很小。烟云可传送到较远的地方,遇到山地或高层建筑物阻挡时,污染物不易扩散,逆温层下污染物聚集,易形成该地区的污染。

(3)单向扩散型。其中包括上扬型和下扩型,现就图示下扩型为例说明。

此种类型多发生在早晨,日出以后地面低层空气因日照而升温变热,使逆温自下而上逐渐破坏,但上部仍持续逆温,上方大气处于稳定状态,下方处于不稳定状态,使烟囱排出的烟云上升到一定程度就受到逆温层阻挡,烟云只能向下部扩散,使污染源附近地区污染物浓度很高,有可能引起空气污染事件。

2.2 矿井空气污染与防治

2.2.1 矿井空气污染来源和特点

1. 矿井空气污染的特点

地下采矿是在有限的井巷空间中进行。井巷狭窄，与地表相通的孔道为数不多，矿井内外空气不易对流。因此，采矿过程产生的各种污染物对矿内空气的污染是严重的，其危害是使生产工人中毒和得职业病。矿内空气污染的特点主要表现在：

（1）氧含量降低。矿内有机物和无机物的氧化、人员呼吸、各种燃烧过程等都直接消耗氧气并生成其他有害气体，使矿内空气中氧的含量降低。

当空气中氧气减少到17%时，人们从事紧张工作会感到心跳加快和呼吸困难；减少到15%时，会失去劳动能力；减少到10%～12%时，会失去理智，时间稍长对生命就会有严重威胁；减少到6%～9%时，会失去知觉，若不急救就会死亡。

我国矿山安全规程规定，矿内空气中氧含量不得低于20%。

（2）二氧化碳含量增高。当空气中 CO_2 浓度达到5%时，人就会出现耳鸣、无力，呼吸困难等现象。达到10%～20%时，人的呼吸处于停顿状态，失去知觉，时间稍长就有生命危险。值得指出的是，CO_2 对人的呼吸有刺激作用，当肺气中二氧化碳增加2%时，人的呼吸量就增加一倍。因此，在对某些有毒气体（如 CO，H_2S）中毒人员急救时，最好先使其吸入含5% CO_2 的氧气，以增加肺部的呼吸。

我国矿山安全规程规定：有人工作或可能有人到达的井巷，二氧化碳含量不得大于0.5%，总回风流中，不得超过1%。

（3）有毒气体的浓度随时间、地点的不同，变化很大，易发生中毒死亡事故。采矿某些工序（如爆破）产生的有毒气体具有突发性。在爆破的时候，某些巷道内空气中的有害成分浓度相当高。同时，一些通风不良的巷道，有毒气体的不断积累亦会使其浓度达到使人中毒的程度，人们就会发生中毒事故。矿内常见的有毒气体及其使人体中毒的主要症状如表2-7所示。

表 2-7 矿内主要有毒气体及人体中毒时的主要症状

有毒气体名称	中毒时的主要症状	矿山安全规程规定的最高容许浓度（体积比）
一氧化碳（CO）	耳鸣、头痛、头昏、心跳、呕吐、感觉迟钝和丧失行动能力。严重时，呼吸停顿，出现假死（面颊有红斑，嘴唇呈桃红色）	0.002 4%
二氧化氮（NO_2）	眼、鼻、喉产生炎症和充血、咳嗽、吐黄痰、指甲和头发变黄、呼吸困难、呕吐、肺水肿	0.000 25%
硫化氢（H_2S）	脸色苍白、流唾液、呼吸困难、呕吐、四肢无力，甚至抽筋、瞳孔放大	0.000 66%
二氧化硫（SO_2）	眼睛红肿、咳嗽、喉痛、易引起急性支气管炎及肺水肿	0.000 7%
氨（NH_3）	流泪、咳嗽、头眩、手指尖发黄等	0.02 mg/L

当井下人员遇有毒气体中毒或缺氧时,应立即组织抢救,以便及早脱离危险,保障其生命安全。

中毒时的急救措施有以下一些:

①立即将中毒者移至新鲜空气处或地表。

②将患者口中一切妨碍呼吸的东西如假牙、黏液、泥土除去,将衣领及腰带松开。

③使患者保暖。

④为促使患者体内毒气洗净和排除,给患者输氧。当 CO、H_2S 中毒时,最好在纯氧中加 5% 的 CO_2,以刺激呼吸中枢神经,增强呼吸能力,促使毒气排除体外。当 SO_2 和 NO_2 中毒进行人工呼吸时,应特别注意,因为患者中毒后会引起肺水肿,因此应尽量避免对患者肺部的刺激,以免加剧肺部浮肿;特别是 NO_2 中毒时,只能用拉舌头的人工呼吸法刺激神经引起呼吸,并在喉部注入碱性溶液($NaHCO_3$,小苏打)以减轻肺水肿现象。

⑤H_2S 中毒时,用浸有氯水的棉花或手帕,放在患者的嘴或鼻旁,或者给患者喝稀氯水溶液,利用药物解毒。

(4)粉尘浓度大,且金属矿山中粉尘中游离的二氧化矽含量一般较高。井下工作人员长期吸入含尘高的井下空气会患矽肺病。矽尘是井下空气污染最严重的问题。

(5)空气温度高,无日光辐射,气候条件差。

(6)某些金属矿井下空气存在放射性气体,或从岩石中散发出些有毒有害气体。

2. 矿内主要有害气体的来源

1)炸药爆炸产生的炮烟

井下常用的炸药由碳、氢、氧、氮四种元素组成。

炸药的爆炸生成物主要是一氧化碳和氮氧化物(主要是 NO_2)。如果将爆破后产生的 NO_2,按 1 L NO_2 折合成 6.5 L CO 计算,则 1 kg 炸药爆炸产生的有害气体(相当于 CO 量)为 80~120 L。

炸药爆炸产生的有害气体量主要与下面因素有关:

(1)炸药的成分。炸药中碳、氢和氧元素在化合时会出现三种情况:正氧平衡、负氧平衡、零氧平衡。当炸药成分具有负氧平衡时,炸药中可燃物氧化不完全产生较多的一氧化碳。炸药中含氧过多,易使其少量的氮氧化成 NO_2。零氧平衡时,炸药中可燃物氧化完全,理论上不产生有毒气体。因此,在配制炸药时,应使其具有零氧平衡或接近零氧平衡的成分。

(2)炸药的细度。有毒气体的生成量不仅取决于炸药的组成成分,而且与各成分的加工细度有关,如表 2-8 所示。

表 2-8　细度不同的炸药产生的有毒气体量

炸药组成	细　度/mm		有毒气体生成量/$(L \cdot kg^{-1})$		
	硝铵	梯恩梯	一氧化碳	氧化氮	总计(折合为 CO)
硝铵 88%	0.5	0.5	12.5	31.6	217.9
梯恩梯	0.25	0.25	11.3	20.5	144.6
	0.15	0.10	11.6	14.0	102.6
	0.15	0.05	13.7	9.8	77.4

由上表可以看出，炸药粉末加工细，会减少有毒气体生成量。

（3）岩石种类。同种炸药在不同岩矿中使用，产生的有毒气体量不一样（见表2-9）。这可能是由于岩矿参与了炸药的化学反应，或者起了某种触媒作用而引起的。

表2-9 相同炸药在不同矿种爆破时有毒气体生成量

炸药使用地点	有毒气体生成量/(L·kg^{-1})		
	CO	NO$_2$	总量（换算成CO）
煤矿	6.8	16.1	111.3
磷矿	21.5	1.06	28.4
铁矿	34.6	17.6	148.1
铜矿	30.5	9.6	93.0

2）硫化矿石的氧化和自燃

硫化矿物，如黄铁矿（FeS$_2$）、黄铜矿（CuFeS$_2$）、闪锌矿（ZnS）等，在干空气中氧化时产生大量的SO$_2$；黄铁矿、石膏（CaS）等矿物水解时生成硫化氢；在含硫矿岩中进行爆破、硫化矿尘爆炸会产生大量的SO$_2$和H$_2$S。

3）井下柴油机废气

柴油机工作时产生的有害物主要有氧化氮、一氧化碳、醛类和油烟等。

4）井下火灾

当井下失火引起坑木燃烧时会产生大量一氧化碳。因此，井下失火时，往往造成大量伤亡事故。

2.2.2 矿井空气污染防治技术

目前国内外净化有害气体的方法归纳起来主要有五种：吸收法、吸附法、催化转化、燃烧法、冷凝法。本节仅对这些净化方法的基本原理作简要介绍。

1. 冷凝法

冷凝法适用于回收蒸气状态的有害物质，特别是回收高浓度的有机溶剂蒸气、汞、砷、硫、磷等物质。其原理是利用物质在不同温度下具有不同的饱和蒸气压及不同物质在同一温度下具有不同的饱和蒸气压这一性质来冷却气体，使处于蒸气状态的有害物质冷凝成液体，因而从废气中分离出来。

该法的优点是：所需设备和操作条件比较简单，回收的物质比较纯净。因此，冷凝回收常常用于吸附、燃烧等净化方法的前处理，以减轻这些方法的负荷；或预先除去影响操作腐蚀设备的有害成分以及用于预先回收某些可以利用的物质；此外，还适用于处理含有大量水蒸气的高温空气。冷凝回收所用的设备是接触冷凝器、表面冷凝器等。

2. 吸收法

吸收法是用水、水溶胶或水溶液来吸收废气中的有害物质或蒸气的方法。

通常用的液体吸收法有水吸收法、碱液吸收法以及采用其他吸收剂的吸收方法。

水吸收法通用于处理易溶于水的有害气体，如氯化氢、氨、二氧化硫、二氧化氮、氟化氢、二氧化碳、氯气等。

水吸收率与吸收温度有关。一般随着吸收温度增高,吸收效率下降。当废气中有害物质含量很低时,水吸收率很低;这时则需采用其他高效吸收剂。

碱液吸收法用来处理能和碱液发生化学反应的有害气体,如二氧化硫、氮氧化物、氟化氢、硫化氢等。常用的碱液有碳酸钠、氢氧化钠、氨水等。

3. 吸附法

吸附法是利用多孔性固体吸附剂吸附废气中的有害物质于固体表面,从而使废气得以净化的方法。常用的吸附剂有活性炭、分子筛、氧化铝及硅胶等,其物理性质见表 2 - 10。

当吸附剂工作一段时间后,就会逐渐失去吸附能力,净化有害气体的效率降低,这时则需要解吸。经过解吸后的吸附剂,必须通过一定的活化处理再生,才能恢复其吸附活性。

影响吸附效果的因素很多,但主要是吸附剂性质(如吸附剂的种类、表面积)、吸附湿度、被吸附污染物的浓度及通过吸附层的气流速度等。

吸附剂主要用于吸附低浓度的污染物质,或回收废气中的有机蒸气及其他污染物,如表 2 - 11 所示。

表 2 - 10　常用吸附剂的物理性质

性　质	吸附剂				
	活性炭		硅胶	活性氧化铝	分子筛
	粒状	粉状			
真密度/$(g \cdot cm^{-3})$	2.0 ~ 1.2	1.9 ~ 2.2	2.2 ~ 2.3	3.0 ~ 3.3	1.9 ~ 2.5
粒密度/$(g \cdot cm^{-3})$	0.6 ~ 1.0		0.8 ~ 1.3	0.9 ~ 1.9	0.9 ~ 1.3
充填密度/$(g \cdot cm^{-3})$	0.35 ~ 0.6	0.15 ~ 0.6	0.5 ~ 0.85	0.5 ~ 1.0	0.55 ~ 0.75
孔隙度/%	0.33 ~ 0.45	0.45 ~ 0.75	0.4 ~ 0.45	0.4 ~ 0.45	0.32 ~ 0.42
细孔容积/$(g \cdot cm^{-3})$	0.5 ~ 1.1	0.5 ~ 1.4	0.3 ~ 0.8	0.3 ~ 0.8	0.4 ~ 0.6
比表面积/$(m^3 \cdot g^{-1})$	700 ~ 1 500	700 ~ 1 600	200 ~ 600	150 ~ 350	400 ~ 750
平均孔径/nm	1.2 ~ 3.3	1.5 ~ 4.0	2.0 ~ 12.0	4.0 ~ 15.0	0.3 ~ 1.0
比热容/$(J \cdot g^{-1} \cdot ℃^{-1})$	0.8 ~ 1.05		0.8 ~ 1.05	0.8 ~ 1.25	
流速范围(气)/$(m \cdot min^{-1})$	6 ~ 36		7 ~ 30	7 ~ 30	<36

表 2 - 11　用吸附法可除去的污染物

吸附剂种类	污染物
活性炭	苯、甲苯、二甲苯、丙酮、乙醚、甲醛、煤油、汽油、光气、醋酸乙酯、苯乙烯、氯乙烯、恶臭物质、H_2S、Cl_2、CO、SO_2、NO_2、CS_2、CCl_4、$CHCl_3$、CH_2Cl_2
浸渍活性炭	烯烃、胺、酸雾、硫醇、SO_2、Cl_2、H_2S、HF、HCl、CH_3、Hg、HCHO、CO
活性氧化铝	H_2S、SO_2、C_nH_m、HF

续表 2 – 11

吸附剂种类	污 染 物
浸渍活性氧化铝	HCHO、Hg、HCl（气）、酸雾
硅胶	NO_x、SO_2、C_2H_2
分子筛	NO_x、SO_2、CO、CS_2、H_2S、NH_3、C_nH_m
泥煤、褐煤、风化煤	恶臭物质、NH_3
浸渍泥煤、褐煤、风化煤	NO_x、SO_2、SO_3、NH_3
焦炭粉粒	沥青烟
白云石粉	沥青烟
蚯蚓粪	恶臭物质

4. 催化转化法

利用催化作用将废气中的有害物质转化成各种无害的化合物，或者转化为比原来存在状态易于除去的化合物的方法称为催化转化法。

根据催化反应的性质，催化法可分为催化氧化法和催化还原法。催化氧化法指在催化剂作用下，废气中的有害物质能被氧化为无害物质或更易处理的其他物质。

催化还原法系指在催化剂作用下，用一些还原性气体（如甲烷、氢、氨等）将废气中的有害物质还原为无害物质。如含氮氧化物的废气在催化剂作用下可被甲烷、氢、氨等还原为氮气。

5. 燃烧法

燃烧法是利用废气中某些有害物质如 CO 和沥青烟气可以氧化燃烧的特性将其燃烧变成无害物质的方法。燃烧净化不能收回废气中所含的原有物质，只是把有害物质烧掉，或者从中回收利用燃烧氧化后的产物，另外，根据条件也可以回收燃烧过程中产生的热量。

燃烧净化法主要用于含有有机溶剂蒸气及碳氢化合物的废气的净化处理。这些物质在燃烧过程中被氧化成二氧化碳和水蒸气。燃烧净化的方法有直接燃烧和催化燃烧两种。

2.2.3 工程应用实例

1. 工业气体净化实例

实例 1 某厂干法氧化铝吸附法净化电解车间含氟烟气。

1）概述

该厂主要采用干法氧化铝吸附剂处理含氟废气，其电解系列有两个烟气净化系统，每个净化回收系统主要由两根排烟干管、28 台布袋过滤器、4 台排烟机和一座 35 m 高的烟囱吸附管道（指主烟道末端、新鲜氧化铝加料口至布袋过滤器入口处的管段等组成）。

2）工艺流程

处理装置主要包括集气和净化两部分，如图 2 – 2 所示。

集气部分主要包括电解槽密闭罩、排烟干管、等截面烟箱和排烟支管。

电解槽密闭罩由 38 块铝合金罩板组成；两个大面用 30 块斜坡式罩板密闭；两个小面共

有 8 块罩板,其中 4 块为直角三角形罩板。

排烟干管长为 39 m,每栋厂房有一条,它同 52 台电解槽的排烟支管相连接,为了使各槽中间等量排烟,排烟干管由 9 节变径管组成(管径为 600 ~ 2 431 mm,从远及近,由小变大)。等截面烟箱在电解槽中间上方。为了达到均匀地排烟,在烟箱的四侧壁上开孔(孔径依距出口的远近由小变大)。排烟支管直径为 600 mm,它使电解槽上方的等截面排烟箱与厂房外的排烟干管相连。为了不使烟尘在支管内沉降积存,支管与干管相连接的水平夹角为 42.1°。支管还装有气动控制的碟阀,用以调节排烟量。此外,支管还设有两段直径 600 mm × 300 mm 的石棉管与电解槽绝缘。

净化部分的主要设备由三部分组成:一是供料部分;二是净化和过滤部分;三是空气动力部分。主要设备如表 2 - 12 所示。

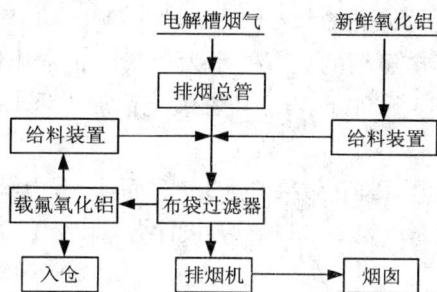

图 2 - 2　吸附法净化含氟废气工艺流程图

表 2 - 12　主要设备

	设备名称	单位	数量	设计参数
供料部分	氧化铝贮库	座	2	容量 800 t
	载氟氧化铝贮仓	座	2	容量 500 t
	氧化铝日用仓	座	2	容量 30 t
	载氟氧化铝日用仓	座	2	容量 30 t
	斗式提升机	台	4	25 t/h
	冰晶贮仓	座	2	30 t
	氟化铝贮仓	座	2	15 t
	电磁振动给料器	台	4	能力 5 t/h
	回转给料器	台	4	能力 20 t/h
净化和过滤部分	布袋过滤器	台	56	F276.5 m²/台
	排烟机	台	8	压力 3 950 Pa;流量 2 940 m³/min
	烟囱	座	2	高度 35 m
空气动力设备	无油空压机	台	4	压力 0.8 MPa,流量 111 m³/min,功率 100 kW,入口压力 0.8 MPa
	压缩空气干燥器	台	4	压力 10 500 Pa,流量 11 m³/min
	高压鼓风机	台	6	流量 500 m³/min 功率 19 kW

工艺控制主要是控制电解槽的集气效率,氧化铝(含循环氧化铝)的加入量以及布袋过滤器的阻力等。

3）净化效果

电解槽的集气效率为98%，正常作业单槽排烟量为 6 000 m³/h，更换阳极时单槽排烟量达到 15 000 m³/h。新鲜氧化铝加入量 18.81 t/h；循环氧化铝加入量 60 t/h；布袋过滤器阻力 168～2 000 Pa。

干法净化效果包括3个方面：一是电解槽的集气效率；二是吸附净化效率；三是吨铝向大气排氟的总量。表 2-13 所列为设计指标和交工验收实测值。从表中数据可以看出，实际效果好于设计值。

表 2-13 设计指标与交工验收实测值

项目名称	设计指标	验收值
集气效率/%	98	98.21
净化效率/%	99	99.23
烟囱排氟浓度/(mg·m⁻³)	1.5	1.29
天窗排尘浓度/(mg·m⁻³)	1.0	0.97
吨铝排氟量/kg	0.6	0.5

2. 脱硫技术应用实例

实例1 某厂高速平流简易石灰石—石膏湿法烟气脱硫工程

1）概述

该厂脱硫装置安装于 12#，300 MW 机组锅炉尾部，设计处理烟气量为 600 000 m³/h，相当于锅炉排烟量的 2/3，设计脱硫效率大于 80%，处理后再与 11# 锅炉未处理的约 600 000 m³/h 烟气混合升温后经烟囱排放。

12# 锅炉是进口的 1 025 t/h 塔式低倍复合循环锅炉，锅炉燃煤量为 137.7 t/h。该锅炉配有两台进口的四电场静电除尘器，除尘效率为 99%，11#、12# 锅炉合用一座 210 m 高的烟囱。

烟气中 N_2 为 77.39%，O_2 为 5.77%，CO_2 为 12.9%，其他的参数见表 2-14。

表 2-14 烟气状态参数

项 目		FGD 装置入口	FGD 装置出口
烟气量/(m³·h⁻¹)	湿法	600 000	647 440
	干法	576 000	580 670
水分/%		4.0	10.3
烟尘浓度/(mg·m⁻³)		500	<500
烟气温度/℃		140（最大170）	饱和温度
$\varphi(SO_2)$		$2\,000\times10^{-6}$	400×10^{-6}
装置出口水雾量/(mg·m⁻³)		<150	

36

FGD（flus gas desalfurization，燃煤烟气脱硫）主要设计参数如表 2-15 所示。

表 2-15　FGD 设计参数

石灰石用量			石膏			排水		风压/kPa	
纯度/%	粒度（>95%通过）	用量/（t·h⁻¹）	纯度	含水率	产量				
>90	0.15 mm	4.64	>85	<15	8.26	27.23	<5 000	25.935	3.99

烟气脱硫装置设计脱硫率大于 80%，最低稳定负荷为 50%，设计烟气量、最大负荷变化为 2%/min。

2）烟气脱硫系统

FGD 装置布置分为南北两区，之间相距约 80 m，管道相连。南区为吸收区，包括吸收塔，吸收浆液循环泵，脱硫风机，排浆泵，氧化罗茨风机，石膏浆输送机，钢烟道及支架等构筑物，占地约 46 m×32 m，吸收塔区占地 16 m×32 m。北区为吸收机制备区，布置有控制楼，脱水机室，石灰石制粉设备，各类输送泵，制浆池及管道等，占地 53.5 m×20 m。两区共占地 2 542 m²。

脱硫工艺流程如图 2-3 所示，主要由吸收供应系统、烟气系统、SO₂吸收系统、脱硫石膏回收系统等组成。

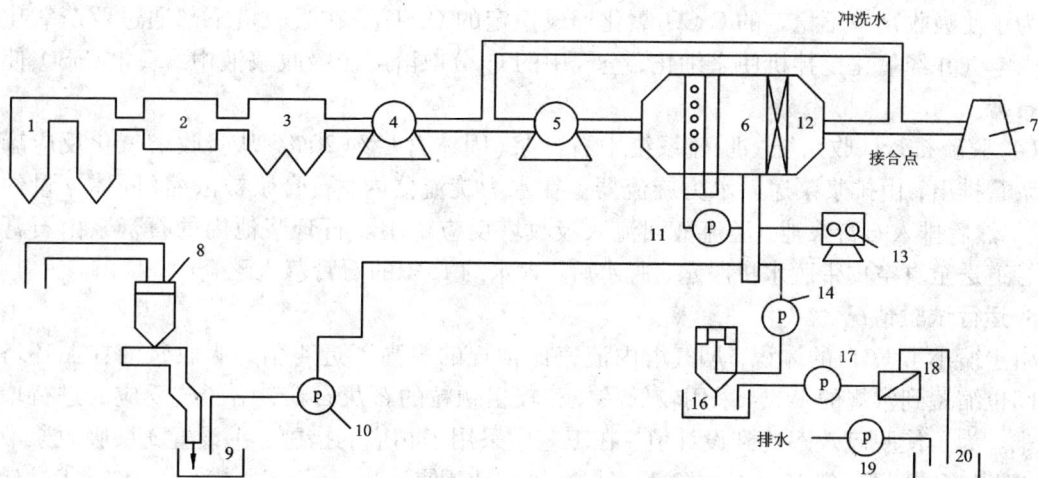

图 2-3　脱硫工艺流程

1—锅炉；2—空气预热器；3—电除尘器；4—引风机；5—脱硫风机；
6—吸收塔；7—烟筒；8—吸收剂仓；9—吸收剂灰浆槽；
10—吸收剂灰浆供给泵；11—循环泵；12—除雾器；13—氧化用鼓风机；14—析出泵；
15—灰浆分离器；16—石膏浆槽；17—石膏浆泵；18—石膏脱水机；19—排水泵；20—脱水机排水槽

（1）吸收供应系统。脱硫装置块状石灰石为吸收剂原料，直径约 50 mm 的石灰石先进入破碎机进行初破碎至 6 mm 以下，再由斗式提升机送入球磨机前的中间料斗。然后，球磨机磨细的石灰石粉由刮板输送机提升到选粉机，在这里进行粗细粒分选后，符合设计要求（0.15 mm）95% 通过的石灰石粉输送到石灰石粉仓贮存，而分选出来的粗粒由给卸料阀送回球磨机重新磨制。

石灰石粉仓中的石灰石粉给卸料阀和自动计算给料器送入制浆池，与进入池内的工业补充水混合，由立式搅拌机搅拌制成石灰石浆液（固体含量约为2%）备用。通常，根据与排烟中的SO_2及应所需的消耗量，由吸收剂供浆泵向吸收塔供浆，并根据吸收塔吸收浆液pH调整其供给流量。

（2）烟气系统。12#锅炉的一部分烟气从两台引风机出口烟道分别引入脱硫增压风机入口前的水平烟道，经过卷帘式挡板门进入脱硫风机。该脱硫系统采用一台双吸离心式脱硫增压风机，用来克服脱硫系统的阻力，烟气脱硫风机升压后，经过烟道进入脱硫吸收塔。洗涤脱硫后的低温烟气经两级除雾器在这里除去雾滴后进入主烟道，与12#锅炉的其余未处理的高温烟气混合，最终由烟筒排入大气。当脱硫系统出现故障或检修停运时，烟气可经12#锅炉原烟道旁路进入烟囱排放。

（3）SO_2吸收系统。该脱硫装置吸收塔由水平装置的喷淋吸收段和氧化反应罐组成，具有冷却、除尘、吸收与氧化反应等多种功能。其脱硫机理如下：锅炉烟气在吸收塔入口处以$7 \sim 12$ m/s的流速通过喷淋段。在喷淋段，氧化反应罐内的吸收剂浆液由浆液循环泵输入吸收塔两侧的浆液母管—喷淋联箱分化管—水平三段雾化喷嘴，对流经的烟气进行洗涤净化，并使烟气降至饱和温度，经气液接触，烟气中的SO_2溶解于浆液中，并与$CaCO_3$反应，洗涤液由喷淋段底部流入氧化反应罐内，补充进来的新鲜石灰石在酸性矿浆中被离解，使吸收剂浆液的酸性得到中和。

为了使吸收剂中不稳定的$CaSO_3$氧化形成稳定的$CaSO_4$，在吸收塔下部通过罗茨氧化风机鼓入空气并经氧化搅拌机使之细化，空气中的O_2分散溶解于吸收浆液中，氧化$CaSO_3$使之形成石膏。

（4）脱硫石膏回收系统。脱硫系统中石膏浆（固体含量约20%）从吸收塔氧化反应罐底部排浆管排出，由排浆泵送入水力旋流器。在水力旋流器内，石膏浆被浓缩（固体含量约为40%），然后排入石膏浆池，溢流液回流入吸收塔反应罐中。石膏浆池内的石膏浆由石膏浆泵经管道送至真空皮带脱水机脱水，脱水后，含水约15%的石膏落入贮仓中。

3. 运行试验情况

由于缩小了FGD的体积，烟气塔内流速比常规的提高了近4倍。吸收浆液在循环塔停留时间也缩短到常规的1/3。采用较低品位和较粗颗粒的石灰石粉，给脱硫反应的进行增加了困难。为了使脱硫效率达到设计值，在工艺中采用了相应的措施：①设置3层吸收浆液喷嘴；②使L/G值提高到15左右；③适当提高钙硫比，使石灰石设计过剩率为10%；④过量鼓入氧化空气，并剧烈搅拌，从而可以加速$CaSO_3$彻底氧化以及二水石膏品位的析出；⑤控制循环槽吸收浆液低pH进行。

该脱硫装置完成性能确认试验后，其结果如表2-16所示。

表 2-16 设计值和试验结果对比

项目		设计值	试验结果	
			移交性能试验	第一次性能试验
处理烟气流量/ (m³·h⁻¹)	装置入口(湿)	600 000	601 000	596 000
	装置入口(干)	576 000	568 000	573 000
	水分(%)	4.0	5.6	3.9
	出口	647 440	643 000	640 000
	出口	580 670	567 000	579 000
	水分	10.3	11.4	9.6
烟气温度/℃	装置入口	140	135	126
	装置出口	饱和温度	47	44
$\varphi(SO_2)$	入口	$2\,000 \times 10^{-6}$	$1\,429 \times 10^{-6}$	$1\,435 \times 10^{-6}$
	出口	400×10^{-6}	240×10^{-6}	247×10^{-6}
脱硫率/%		80	83.2	82.8
烟尘浓度/ (mg·m⁻³)	入口	500	270	63.4
	出口	<500	10.3	6.2
装置出口需水量/(mg·m⁻³)		<10	9~17	10~18
石灰石	纯度/%	90	92.7	93.7
	粒度(0.15 mm 通过率)/%	>95	93.3	98.3
石膏	纯度/%	>85	86	87.9
	含水率/%	<15	14.3	12.1
排水	排水量/(t·h⁻¹)	27.23	26.6	27.3

2.3 矿山粉尘来源及危害

2.3.1 矿山粉尘来源与分类

1. 矿尘的来源及接触途径

粉尘的来源十分广泛,它决定于粉尘的接触机会和行业。在各种产生粉尘的作业场所都可能接触到不同性质的粉尘,如在采矿、开山采石、建筑施工、铸造、耐火材料及陶瓷等行业,主要接触的粉尘是以石英为主的混合粉尘;石棉开采、加工制造石棉制品时接触的是石棉或含石棉的混合粉尘等;焊接、金属加工、冶炼时以接触金属及其化合物粉尘为主。

一般来说,粉尘是能够较长时间成浮游状态存在于空气中的一切固体微小颗粒。生产过程中散放出的大量粉尘称为生产性粉尘。矿山粉尘就属于这类粉尘,它是矿井在建设和生产过程中所产生的各种岩石和矿石微粒的总称。

煤矿粉尘系煤尘、岩尘和其他有毒有害粉尘的总称。根据现场调查，煤矿井下的粉尘主要来自采煤、掘进、运输等作业场所。煤矿在生产、贮存、运输及巷道掘进等各个环节中都会向井下空气中排放大量的粉尘。尤其在风速较大的作业场所，粉尘排放量猛增，据资料统计，有些矿区排向井下空气的煤矿粉尘是煤炭产量的 1.6% 以上。

2. 矿尘的分类

矿尘除按其成分分为煤尘和岩尘外，还可以有很多种不同的分类方法。

1) 按矿尘粒径划分

(1) 粗尘。粒径大于 40 μm，相当于一般筛分的最小粒径，在空气中极易沉降。

(2) 细尘。粒径为 10 ~ 40 μm，在明亮的光线下，肉眼可以看到，在静止空气中加速沉降运动。

(3) 微尘。粒径 0.25 ~ 10 μm，用光学显微镜可以观测到，在静止空气中作等速沉降运动。

(4) 超微尘。粒径小于 0.25 μm，要用电子显微镜才能观察到，在空气中作扩散运动。

2) 按矿尘性质分类

(1) 无机性粉尘。根据来源不同，又可分为金属性粉尘(如铁、锡、铅、铜、锰等金属及其化合物粉尘)、非金属矿物粉尘(如石英、石棉、滑石、煤等)、人工合成无机粉尘(如水泥、玻璃纤维、金刚砂等)。

(2) 有机性粉尘。又可分为植物性粉尘(如木尘、烟草、棉、麻等)、动物性粉尘(如畜毛、羽毛、角粉等)、人工有机粉尘(如农药、有肌纤维等)。

(3) 混合性粉尘。两种以上不同性质的粉尘同时存在称混合性粉尘，这种粉尘在生产中最为常见。

3) 按矿尘成因划分

(1) 原生矿尘。在开采之前因地质作用和地质变化等原因而生成的矿尘，它存在于煤体和岩体的层理、节理和裂缝之中。

(2) 次生矿尘。在开掘、装载、转运等生产过程中，因破碎煤岩而产生的矿尘，是煤矿井下矿尘的主要来源。

4) 按矿尘存在状态划分

(1) 浮游矿尘。悬浮于矿井空气中的矿尘，简称浮尘。

(2) 沉积矿尘。从矿井空气中沉降下来的矿尘，简称落尘。

浮尘和落尘在不同风流环境下可以互相转化。矿井防尘的主要对象是悬浮于空气中的矿尘，所以一般所说的矿尘就是指这种状态的矿尘。

5) 按矿尘粒子是否进入肺泡划分

(1) 呼吸性粉尘。粉尘粒子能随呼吸进入人体肺泡，直径一般小于 10 μm。

(2) 非呼吸性粉尘。粉尘粒子被呼吸道阻留，不能随呼吸进入人体肺泡，粒子直径一般大于 10 μm。

6) 按矿尘粒子折光度不同划分

(1) 可见性粉尘。肉眼可见，粉尘粒子直径大于 10 μm。

(2) 显微性粉尘。显微镜可观察，粒子直径为 0.25 ~ 10 μm。

（3）超显微粉尘。只有在超显微镜下（如电子显微镜）才能看到，粒径一般小于 0.25 微米。

7）按矿尘中游离的 SiO_2 含量划分

（1）硅尘。含游离 SiO_2 在 10% 以上的矿尘，它是引起矿工肺病的主要因素，岩尘一般均为硅尘。

（2）非硅尘。含游离 SiO_2 在 10% 以下的矿尘，煤尘一般均为非硅尘。

2.3.2 矿山粉尘性质与测定方法

1. 矿尘的性质

1）矿尘的物质组成

矿尘的化学成分基本上与原岩矿相同，但从粉尘总体来看，矿尘中也混入了因生产工具磨损而形成的金属尘粒，以及润滑油雾、灯烟等。

由于矿尘中各物质组分的物理化学性质不同，矿尘中各化学成分的比例与原岩矿中的有所不同。例如，容易粉碎的硬度小的物质组分，以及密度较小的和不容易被水湿润的物质成分，在矿尘中所占比例可能大于岩矿中该类物质的比例。悬浮矿尘中游离二氧化硅的含量一般低于矿岩中的含量，因为游离二氧化硅主要来源于石英，它是硬度最大的一种岩石。

2）矿尘的粒度与分散度

矿尘的粒度指矿尘颗粒的大小。由于其尺寸极小，故在测定中以"微米"（μm）为度量单位，用尘粒的直径或投影的定向长度来表示颗粒的大小。

矿尘的分散度是指矿尘中各粒径的尘粒所占总体质量或数量的百分数。前者称为质量分散度；后者称为数量分散度。它反映了被测地点粉尘粒度的组成状况。

矿尘组成中小颗粒所占百分数大，即分散度高，对人体的危害性大。矿井中矿尘的分散度大致是：大于 10 μm 的占 2.5% ~ 7%；5 ~ 10 μm 的占 4% ~ 11.5%；2 ~ 5 μm 的占 22.5% ~ 35%；小于 2 μm 的占 46.5% ~ 60%。

3）矿尘的比表面积

矿尘比表面积指单位质量的矿尘的总表面积。同一质量的矿尘其分散度越高（即微小颗粒所占百分比大），则比表面积越大。所以，矿岩被碎成细微的颗粒后，它们的比表面积会成千上万倍的增加。比表面积增大时，矿岩的物理化学活性也随之增高。例如比表面积增大，尘粒在溶液中的溶解度增大；比表面积愈大，尘粒与空气中氧的反应也就愈剧烈，可能发生矿尘的自燃和爆炸；比表面积愈大，尘粒表面空气中气体分子的吸附能力也会增大。

4）矿尘的湿润性

矿尘的湿润性决定于尘粒的成分、大小、荷电状态、温度和气压等条件。一般来说，吸水性随压力增加而增加，随温度上升而降低，随尘粒变小而减小。

粉尘易被水所湿润的称为亲水性粉尘；否则，称为疏水性粉尘。

有些粉尘吸水后形成不溶于水的硬垢，称为水润性粉尘。

5）矿尘的爆炸性

一定粒度的某些粉尘，当其在空气中的浓度达到一定值时，在有明火、电火花或其他高温热源存在条件下可能燃烧或形成爆炸。凡能燃烧的粉尘都具有爆炸危险性，如煤尘、泥炭尘、钙粉、铝粉、木粉等，当空气中氧与可燃性粉尘达到完全反应时，爆炸最强烈，如果粉尘浓度过大，则因氧气供应不足，不易引起爆炸；反之，如粉尘浓度过低，则因尘粒间距太远，由反应产生的热量不足以引起爆炸。对于煤尘来说，含尘量为 112 ~ 500 g/m³ 时，认为是最危险的爆炸浓度，而爆炸最强烈的浓度为 112 g/m³。含硫大于 10% 的硫化矿尘，发生爆炸浓度范围是 250 ~ 1 500 g/m³。

细微粉尘具有很大的比表面积，故它能很快地与氧结合而产生爆炸。实践表明，粒径为 70 ~ 100 μm 范围内的爆炸性粉尘最易发生爆炸，具有巨大比表面积的极细粉尘，在爆炸发生之前就已缓慢氧化完毕，故不能形成有力的爆炸。试验证明，只有当温度达到引燃矿尘的温度时才会形成爆炸。硫化矿尘的引燃温度是 435 ~ 450℃，煤尘为 700℃。应该指出，含挥发分达 30% ~ 35% 的煤尘最易发生爆炸，而含挥发分大于 60% 的煤尘却无爆炸危险。

6）矿尘的光、热特性

在单向光线照射下，有的粉尘，如金、银、水银等尘粒，离开光源运动。有的粉尘，如硫、硒、碘等尘粒迎向光源运动。粉尘在光线照射下产生的上述运动叫做光致迁移。碳黑、铁粉、氧化铬等物质的尘粒吸收光线的能力强，显示出强的光致迁移性质。

悬浮尘粒对光能会发生散射、反射和吸收，其效果的大小与尘粒的形状、大小、颜色和照射光的波长等因素有关。当一定波长的光通过含有粒度等于或大于该光波长的尘粒的空气时，则主要由于尘粒对光的散射而使光强减弱。

悬浮尘粒在温度场中总是向温度降低的方向运动。粉尘的这种热致迁移现象在日常生活中也可见到，例如，点燃煤油灯时，烟尘总是沉落在灯罩的内壁上；装有暖气片的房间，在暖气片相对的壁面上落尘较多等。

7）矿尘的荷电性及比电阻

悬浮于空气中的矿尘粒子，特别是高分散度的矿尘，通常带有电荷。它是由于破碎时的摩擦、粒子间撞击或放射照射、电晕放电作用等原因而带电的。矿尘的荷电量主要取决于矿岩的化学成分和与其接触的物质。矿尘荷电后，异性荷电矿尘相互吸引、黏着、凝结，增大尺寸而加速沉降；同性电荷矿尘由于排斥作用，增加飘浮于空气的相对稳定性。同时，带电尘粒也较易沉积于支气管和肺泡中，并影响吞噬细胞作用的速度，增加对人体的危害性。

粉尘的导电性可用粉尘的电阻率表示，称为粉尘的比电阻 ρ，由下式计算

$$\rho = \frac{V}{j\delta} \qquad (2-1)$$

式中：ρ——比电阻，$\Omega \cdot m$；

   V——通过粉尘层的电压，V；

   j——通过粉尘层的电流密度，A/cm；

   δ——粉尘层厚度，cm。

8）矿尘的电化学性质

矿尘的电化学性质主要指矿尘的溶解度、pH 化学活性、表面电性、电导率、降解和残留、防腐等。矿尘水溶液 pH、电导率的大小是矿尘溶解、电离、水解粒子综合作用的指标。矿尘在水介质中的 pH、电导率比值与其粒度成正比关系，但粒度在不同矿尘间有差异，以多孔状矿尘较为明显。

矿尘 pH、电导率是矿物表面的特征值，反映其溶解度、化学活性、表面电性、降解和残留、防腐等方面的行为趋势。电导率的大小主要与溶液中带电粒子的多少、种类、电荷大小以及溶

液的温度等因素有关。物质溶液的 pH、电导率可反映其在水相体系中的化学活性和水质特性。由矿尘自身溶解电离和水解的离子引起的电导率越大，其化学活性也越大。另外，水中矿物迁移、沉淀、反应、产物以及地表水矿物含量、水网水质检测均以矿物的 pH、电导率为重要研究数据。在开放体系中，由于矿尘溶解、电离、水解平衡的破坏和转移，其电势的性质和绝对值会发生变化。在设计化学湿法除尘器时，粉尘的电化学性质应加以考虑。

9）粉尘的凝并性

爆破后工作面空间粉尘浓度急剧下降，是与粉尘凝并性能有关的。作类似布朗运动并带有异号电荷的微粒相互吸引，凝并成较粗的粒子，在重力的作用下分离出来。运动中相遇的湿润粒子，也会彼此凝集成粗颗粒而沉降下来。可见，给予粒子不同电荷，或加入有助于凝聚的湿润剂，都有助于尘粒的凝并。气流中的尘粒与水滴碰撞、高频声波和超声波场中悬浮尘粒的相互碰撞也有利于尘粒凝并，分离出来。

2. 矿尘测定

1）矿尘浓度测定

（1）粉尘浓度表示方法。粉尘浓度表示方法有两种：一种以单位体积空气中粉尘的颗粒数（颗/cm³），即计数表示法；另一种以单位体积空气中粉尘的质量（mg/cm³），即计重表示法。

（2）粉尘浓度测定仪器。测定粉尘浓度的仪器有两种：一是采用过滤原理的各种计重粉尘采样器；二是采用光电、β 射线吸收和光散射等原理的快速直读式粉尘浓度测定仪。其中，光散射原理是国际上公认的较为

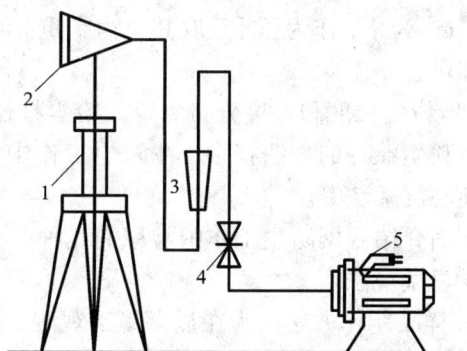

图 2 - 4　滤膜测尘系统

1—三角支架；2—滤膜采样头；3—转子流量计；

4—调节流量螺旋夹；5—抽气泵

成熟的粉尘传感技术。计重粉尘采样具有测量精确等优点，在当前国内外的粉尘测量中仍占有相当的地位，在我国则占有主导地位。本书以计重粉尘采样器中的粉尘计重滤膜测尘法为例，详细介绍其测定方法。

（3）全尘计重滤膜测尘法。其原理和工作内容如下所述：

①滤膜测尘法原理。滤膜测尘装置如图 2 - 4 所示，由滤膜采样头、流量计、调节装置和抽气泵组成。当抽气泵开动时，工作区的含尘空气通过采样头被吸入，粉尘被阻留在采样头内的滤膜表面，根据滤膜的增重和采样的空气量，就可以计算出空气中粉尘的浓度

$$S = \frac{W_2 - W_1}{Q_N} \tag{2-2}$$

式中：S——工作面粉尘浓度，mg/m³；

　　　W_1，W_2——采样前后滤膜质量，mg；

　　　Q_N——标准状态下的采气量，m³。

②测定工作。具体包括以下 4 个方面：

A. 在作业场所合理选择和布置测点。选择粉尘测定位置的总原则是，把测点布置在尘源的回风侧粉尘扩散得较均匀地区的呼吸带。

B. 准备滤膜工作。包括干燥、称重和装滤膜三部分。干燥是将使用的滤膜存于玻璃干燥

器中。称重是用感量为万分之一克的分析天平进行滤膜称重，并进行编号记录质量，为初重。因滤膜荷电有引力作用，应注意环境清洁。装滤膜是将滤膜装入滤膜夹，并将直径 40 mm 的滤膜平铺，直径 75 mm 的滤膜折成漏斗形安装，装好后要检查有无不牢，漏缝现象，完好时，装入样品盒备用。

C. 采样。应在工人的呼吸带高度采样，距底板约 1.5 m。采样位置应在工作面附近下风侧风流较稳定区域选取。一般情况下采样头方向应迎向风流。采样开始时间：连续产尘点应在作业开始后 20 min 采样，阵发性产尘与工人操作同时采样。应使所采粉尘量不少于 1 mg，对于小号滤膜不大于 20 mg。一般采样流量为 10 ~ 30 L/min，采样时间不少于 20 min。

D. 粉尘浓度计算。采样后的滤膜连同夹具一起放在干燥器中，称重时取出，受尘面朝上，用镊子取下滤膜，向内对折 2 ~ 3 次，用原先称重的天平称出初重。如测点水雾大，滤膜表面有小水珠，必须干燥 30 min 后再称重，称重后再干燥 30 min，直到前后两次质量差不大于 0.2 mg 为止，作为恒重，取其值为末重。计算粉尘浓度，按式 2 - 2 计算，取值到小数点后一位即可。

（4）粉尘粒度和粒度分布测定。粉尘粒径的测定为测尘技术中一个重要的组成部分。由于测定粉尘粒径的方法很多，在防尘工作中采用的方法也很多，如显微镜法、液相沉降法、气相离心沉降法等。

下面介绍我国防尘工作中常用的几种方法：

①显微镜法。

A. 样品制作方法。为在显微镜下观测，需将试样粉尘均匀地分布于玻璃片上。样品的制作需细致，并注意样品的代表性。制作方法有两类：

a. 干式制样法，包括冲击采样法和干式分散法。冲击采样法是利用打气筒把一定量的含尘空气经窄缝高速冲击于玻璃片，使粉尘沉积其上，为防止粉尘逸散，常涂一层黏性油于玻璃片上。此法可直接从空气中取样。干式分散法是用毛笔笔尖将已准备好的试样黏附后，轻轻地均匀弹落在玻璃片上，为防止飞扬，玻璃片上需要涂一层黏性油。

b. 湿式制样法，包括滤膜涂片法、滤膜透明法和切片法。滤膜涂片法是将取样后的滤膜放于瓷坩埚或其他小器皿中，加 1 ~ 2 mL 醋酸丁酯溶剂，使滤膜溶解并搅拌均匀，然后取一滴，加在盖玻璃片上的一端，再用另一玻璃片推片制成样品，1 min 后形成透明薄膜，即可观测。操作简单，适于滤膜测尘，样品可以长期保存。滤膜透明法是将采样后的滤膜受尘面向下平铺于盖玻璃片上，然后在样品中心部位滴一小滴二甲苯，二甲苯向周围扩散并使滤膜成透明薄膜，数分钟后即可观测，若滤膜积尘过多，就不便观测。切片法是将已制备好的试样分散于树脂中，固结后切成薄片进行观测。

B. 观测。显微镜放大倍数的选择：粉尘的粒径分布若范围较窄，可用一个倍数观测，一般选用物镜放大倍数为 40 倍，目镜放大倍数为 10 ~ 15 倍，总放大倍数为 400 ~ 600 倍。对微细粉尘可用更高的放大倍数。

C. 测定。将准备好的样品放于载物台上进行观测，用目镜测微尺度量尘粒大小，一般取定向径。观测方法常有两种：一种是在一个固定视野内测量所有尘粒，尘粒过密时容易混杂。另一种是以目镜刻度尺为基准，凡是在刻度尺范围内的即计测，然后向一个方向移动样品，继续计测。度量粒径可按分散度划分的粒级范围计数。观测时对尘粒不应有选择，每一样品计测 200 粒以上。可用血球计数器分挡计数，较为方便。

D. 测定结果整理。根据测定要求划分出分散度的粒级范围，一般划分为：$< 2 \mu m$，$2 \sim 5 \mu m$，$5 \sim 10 \mu m$，$10 \sim 20 \mu m$，$> 20 \mu m$，每一粒级范围取其平均值为该粒级的代表粒径。$< 2 \mu m$ 粒级，因为一般显微镜最小观测到 $0.5 \mu m$，其代表粒径按 $1.25 \mu m$ 计算；$> 20 \mu m$ 粒级，如数量很少，即不再划分，并取 $20 \mu m$ 作为代表粒径或按实际平均粒径计算。根据需要，计算出数量分散度(pn)、质量分散度(pw)、质量累计分布(R)等。

②沉降分析法。沉降分析法可分为液体沉降和气体沉降两大类。液体沉降有移液管法、压力法、密度计法、沉降天平法、离心沉降法、比浊沉降(浊度)法等；气体沉降有氮气沉降分析法、气流沉降法等。这里简述沉降天平法和移液管法。

A. 沉降天平法。沉降天平形式很多，其工作原理是，不同粒度粉尘在液体介质中的沉降速度不同。如图 2-5 所示，天平的一盘悬吊在粉尘悬浊液内一定深度 H 处，盘上粉尘沉降量逐渐增加，天平逐渐倾斜，当盘上累计尘量达一定值时(如 $10 \sim 20$ mg)，天平横梁倾斜最大，此时通过自动机构使天平杠杆随时恢复平衡。测量并记录盘上粉尘的累计质量随时间的变化就可以计算粉尘的粒度组成。平衡装置有电磁式和光电式两种，均有自动记录机构，它能直接绘出沉降曲线，按此曲线可以算出粉尘的粒度分布。

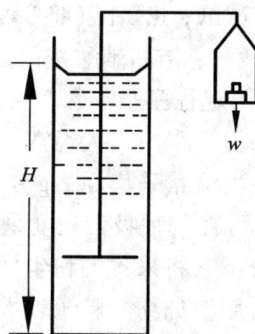

图 2-5　沉降天平法

B. 移液管法。移液管法的工作原理与沉降天平法相同，即在液体介质温度(μ 为常数)一定时，同种粉尘的沉降速度随直径增加而增加。如图 2-6 所示，在搅拌均匀的粉尘悬浊液中 $t = 0$ 时，尘粒均匀分布，经时间 t_1 后($t_1 = H/V_1$)，粒径大于和等于 d_1(其沉降速度为 V_1，d_1 由沉降公式求得)的尘粒会全部沉入 A—A′线以下。同理，经过 t_2，t_3，t_4……时刻后，粒径分别大于或等于 d_2，d_3，d_4……的尘粒，依次都沉降在 A—A′线以下。如果按计算好的 t_1，t_2，t_3，t_4……的规定时间，在 A—$A′$断面上吸取一定量的悬浊液(通常为 10 mL)，则第一次吸取的液中已不存在粒径大于 d_1 尘粒，第二次吸取的液中已无粒径大于 d_2 的尘粒，这两次悬浊液中粉尘质量的差，就是粒径介质 $d_1 \sim d_2$ 间的尘粒质量。根据悬浊液中原始的含尘浓度，即可算出不同粒径尘粒的质量百分数。

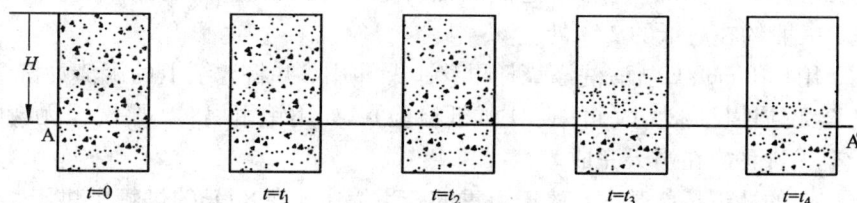

图 2-6　尘粒沉降图

2) 粉尘中游离二氧化硅含量的测定

游离二氧化硅是指没有与金属及金属氧化物接合的二氧化硅，常以结晶形态存在。测定游离二氧化硅的方法有矿物学法、物理方法和化学方法。物理方法中有差热法、X 射线折射法和红外光谱分析法。化学方法也有多种，其中焦磷酸法较为实用，操作简单，分析较快。

下面以焦磷酸法为例，详细介绍其测定方法。

（1）焦磷酸法的原理及所需器材、试剂。

①原理。在245～250℃的温度下，焦磷酸能溶解硅酸盐及金属氧化物，而对游离二氧化硅几乎不溶。因此，用焦磷酸处理样品后，所得残渣质量即为游离二氧化硅的量，以百分数表示。

②器材与试剂。锥形烧瓶(50 mL)；量筒(25 mL)；烧杯(200～400 mL)；玻璃漏斗；温度计(0～360℃)；电炉(可调)；高温电炉(附温度控制器)；瓷坩埚或铂坩埚(25 mL 带盖)；坩埚钳；干燥器(内盛变色硅胶)；分析天平(感应量为0.0 001 g)；玛瑙研钵；定量滤纸(慢速)；pH 试纸；焦磷酸(将85%的磷酸加热到沸腾至250℃不冒泡为止，放冷，贮存于试剂瓶中)；氢氟酸；结晶硝酸铵；盐酸。

（2）测定程序及步骤。

①采样。采集工人经常工作地点呼吸带附近的悬浮粉尘。按滤膜直径为75 mm 的采样方法以最大流量采集0.2 g 左右的粉尘，或用其他合适的采样方法进行采样；当受采样条件限制时，可在其呼吸带高度采集沉降尘。

②分析。将采集的粉尘样品放在(105±3)℃电热恒温干燥箱中烘干2 h，稍冷，贮于干燥器中备用。如粉尘粒子较大，需要玛瑙研钵研细至手捻有滑感为止。

准确称取0.1～0.2 g 粉尘样品于50 mL 的锥形瓶中。

样品中若含有煤、其他碳素及有机物的粉尘时，应放在坩埚中，在800～900℃下灼烧30 min 以上，使碳及有机物完全灰化，冷却后将残渣用焦磷酸洗入锥形瓶中，若含有硫化物(如黄铁矿、黄铜矿等)，应加数克结晶硝酸铵于锥形瓶中。

用量筒取15 mL 焦磷酸倒入锥形瓶中，摇动，使样品全部湿润。

将锥形瓶置于可调电炉上，迅速加热到245～250℃，保持15 min，并用带有温度计的玻璃棒不断搅拌。

取下锥形瓶，在室温下冷却到100～150℃，再将锥形瓶放于冷水中冷却到40～50℃，在冷却过程中，加50～80℃的蒸馏水稀释到40～50 mL，稀释时一边加水，一边用力搅拌混匀。

将锥形瓶内容物小心移于烧杯中，再用热蒸馏水冲洗温度计、玻璃棒及锥形烧瓶。把冲洗液一起倒于烧杯中，并加蒸馏水稀释至150～200 mL，用玻璃棒搅匀。

将烧杯放在电炉上煮沸内容物，趁热用无灰滤纸过滤(滤液中有尘粒时，需加纸浆)，滤液勿倒太满，一般约在滤纸的2/3 处。

过滤后，用0.1 mol/L 盐酸洗涤烧杯再移于漏斗中，并将滤纸上的沉渣冲洗3～5 次，再用蒸馏水洗至无酸性反应为止(可用 pH 试纸检验)，如用铂坩埚时，要洗至无磷酸根反应后再洗3 次。上述过程应在当天完成。

将带有沉渣的滤纸折叠数次，放于恒重的瓷坩埚中，在80℃的烘箱中烘干，再放在电炉上低温灰化。灰化时要加盖并留一小缝，然后放入高温电炉(800～900℃)中灼烧30 min，取出瓷坩埚，在室温下稍冷后，再放入干燥器中冷却1 h，称至恒重并记录。

（3）粉尘中游离二氧化硅含量的由下式计算

$$w[\mathrm{SiO_2(F)}] = \frac{m_2 - m_1}{G} \times 100\% \qquad (2-3)$$

式中： $w(\mathrm{SiO_2(F)})$ ——游离二氧化硅的含量，%；

m_1——坩埚质量，g；

m_2——坩埚加沉渣质量，g；

G——粉尘样品质量，g。

（4）粉尘中含有难溶物质的处理。

①当粉尘样品中含有难以被焦磷酸溶解的物质时（如碳化硅、绿柱石、电气石、黄玉等），则需用氢氟酸在铂坩埚中处理。

②向铂坩埚内加入数滴 1∶1 硫酸，使沉渣全部湿润。然后再加 40% 的氢氟酸 5～10 mL（在通风柜内进行），稍加热，使沉渣中游离二氧化硅溶解，继续加热蒸发至不冒白烟为止（防止沸腾），再在 900℃下灼烧，称至恒重。

③处理难溶物质后游离二氧化硅含量的计算

$$w\left[\,SiO_2(F)\,\right] = \frac{m_3 - m_2}{G} \times 100\% \tag{2-4}$$

式中：　m_3——经氢氟酸处理后坩埚加沉渣质量，g；

其他符号含义同前。

（5）磷酸根的检验方法。

①原理。磷酸和钼酸铵在 pH = 4.1 时，用抗坏血酸还原生成蓝色。

②试液的配置。

A. 醋酸缓冲溶液（pH = 4.1）：取 0.025 mol/L 醋酸钠溶液、0.1 mol/L 醋酸溶液等体积混合；

B. 1% 抗坏血酸溶液（保存于冰箱中）；

C. 钼酸铵溶液：取 2.5 g 钼酸铵溶于 100 mL 的 0.05 mol/L 硫酸中（临时配置）。

③检测方法。测定时分别将上述 B 和 C 两溶液用上述 A 溶液各稀释 10 倍；取 10 mL 滤液加上述溶液各 4.5 mL 混匀，放置 20 min，如有磷酸根则显蓝色。

2.3.3　矿山粉尘的危害与评价

1. 矿山粉尘的危害

矿山粉尘的危害是多方面的。高浓度的悬浮粉尘使大气能见度降低；某些悬浮粉尘在适当条件下会爆炸，危害安全生产，沉落在物体表面的粉尘能加速机器、仪表的运转部件磨损、脏污仪器设备及其他物体。工业区的大量排尘，可导致大范围内空气、土壤、水体的污染。矿尘给人们生理卫生上带来的不良后果，始终是矿山环境保护工作中最为关心的一个问题。

人的呼吸器官是一个良好的过滤器、分级器。粉尘粒径不同，进入呼吸器官的深度也不同（见表 2—17）。大于 10 μm 的尘粒，在重力和惯性碰撞作用下，被阻留在鼻腔和上呼吸道的黏膜层中，之后随痰排出体外；5～10 μm 的尘粒进入呼吸道后，大部分沉积在气管和支气管中，只有很少一部分能到达并沉积在肺泡。沉积在肺组织的粉尘，其直径以小于 2 μm 的居多。2～5 μm 的石英尘粒多为棱角尖锐的长方体，这些会更快地在肺内沉降下来，是危害最大的尘粒。据研究，吸入粉尘质量的 75% 沉积在呼吸系统中，其中的 12.5% 沉积在肺部。

表 2-17 粉尘粒径与深入器官的关系

粒径/μm	深入器官深度
<0.2	深入肺部,但随气呼出,然而肺中仍有发现
0.2~5	容易吸入肺内,并储集
5~10	很少吸入肺内,吸入后储集
10~50	阻留在上呼吸道中
>50	同上

在含较粗颗粒大气中长期呼吸,会使呼吸道黏膜中积聚过量粉尘,引起咳嗽;一些金属矿尘和毒性粉尘,如铅、镉、镍、砷、汞等,无论是黏附在皮肤或吸入体内,长期下去会使人们慢性中毒。某些种类粉尘甚至具有致癌作用,资料证实:某些金属矿山和冶炼厂附近居民的肺癌发病率比其他地区的肺癌发病率高出数倍;放射性粉尘更会对人们肌体造成严重损害。不同种类的粉尘引起不同名称的尘肺病:煤尘(煤肺病),石棉尘(石棉尘肺病),二氧化矽矿尘(矽肺病)。

矽肺病是金属矿山最为严重的一种职业病。当人们呼吸含尘空气时,大于 25 μm 的矿尘,被鼻腔的弯曲通道和湿润黏膜阻滞停留在鼻腔内,未被阻留的大部分矿尘黏在呼吸道的蠕动表皮上,在咳嗽时排出体外,其余进入肺部。当较小的矿尘进入肺部细胞以后,在肺细胞内有种吞噬细胞,它具有吸收异类物质和细菌的能力,而将矿尘吞噬排出体外。但当含有游离 SiO_2 的矿尘存在时,吞噬细胞的正常机能受到破坏,也就不能将含有 SiO_2 的矿尘吞噬排出体外,这样矿尘便蓄积在肺泡内或存集于小血管和小支气管周围的淋巴组织中。而后,由于矽尘溶解而生成有毒物质——矽酸胶体溶液,它能使细胞蛋白质凝固,引起肺泡、肺泡壁、肺门淋巴结、支气管与血管周围纤维组织增生,成堆的纤维组织聚集形成大小不等的结节,引起组织炎性反应,便逐渐形成小支气管周围及肺泡周围组织的纤维性矽结节,继而使肺失去弹性而硬化,破坏肺的正常功能,使人的呼吸越来越困难,而后发生气喘、胸痛等病症。矽肺的发病比较缓慢,通常在接触矽尘 5~10 年,甚至 15~20 年以上才发病,但在高浓度矽尘下作业 1~2 年内也可能发病。

2. 矿山粉尘的评价

对呼吸性粉尘危害程度的评价有多种方法。呼吸性粉尘指通过人体呼吸作用能够到达肺泡,并引起尘肺,直径小于 7.1 μm 的粉尘粒。而大于 7.1 μm 的粉尘粒在人体呼吸过程中停留在鼻腔、咽喉、支气管的表面上,能够排出体外,这些粉尘为非呼吸性粉尘。

过去,我国一直使用全粉尘浓度卫生标准和瞬时、定点、大流量的环境浓度采样的方法来评价作业环境粉尘危害。该方法所测到的粉尘数量既包括了能进入人体肺泡的呼吸性粉尘,也包括了不能到达肺泡的非呼吸性粉尘,不能分清严重危害作业人员身体健康的呼吸性粉尘数量。而呼吸性粉尘监测通过采样头的分离作用,能把大于 7.1 μm 和小于 7.1 μm 的粉尘分开,能相对准确地反映出呼吸性粉尘的接触剂量,用它来评价作业场所粉尘的危害程度是科学合理的。

根据危害指数确定不同级别的评价方法是国外采用的一种先进的合理评价方法。接尘工人群危害因素归纳起来有 6 项,即粉尘浓度、SiO_2(F)含量、分散度、工人接尘时间肺通气量、接尘累计时间和接尘人数。根据《矿山个体呼吸性粉尘测定方法》的规定所测定的粉尘浓度值是呼吸性粉尘时间加权平均浓度，这就包含了分散组成和累计接尘时间两个因素。粉尘浓度这项指标一般不直接采用浓度值，而是采用测定浓度值超过允许浓度标准值的多少倍作为指标，即采用超标比作危害指标。由于允许浓度标准采用《作业场所空气中呼吸性岩尘接触浓度管理标准》(LD41—92)，该标准按 $SiO_2(F)$ 含量不同分为 7 档浓度标准，浓度超标比这一危害指标包含了游离 $SiO_2(F)$ 含量这一影响因素。

我国劳动部批准发布了《矿山个体呼吸性粉尘测定方法》等 4 项劳动和劳动安全强制性行业标准，自 1993 年 7 月 1 日起实施，名称和代号如下：

(1)《矿山个体呼吸性粉尘测定方法》LD 38—92

(2)《作业场所空气中呼吸性煤尘接触浓度管理标准》LD 39—92

(3)《呼吸性粉尘个体采样器技术条件》LD 40—92

(4)《作业场所空气中呼吸性岩尘接触浓度管理标准》LD 41—92

2.4　地下矿防尘技术

2.4.1　产尘点及粉尘特点

几乎矿山的各个生产环节，如凿岩、爆破、装运、破碎等，都会产生粉尘，如不加以防护，将会造成很大的粉尘污染。本节着重介绍井下各种作业的产尘点。

1. 凿岩产尘点

凿岩产尘量的大小与矿岩的物理力学性质、凿岩速度、同时工作的凿岩机台数、岩屑中细微颗粒所占比例和被捕获的程度、钎头形状以及炮眼深度和方向等许多因素有关。在其他条件相同情况下，标准化湿式凿岩的产尘量最小。

凿岩产尘的特点是产尘是连续的，随凿岩时间的延长，空气中的粉尘不断积累，浓度越来越高。

2. 爆破产尘点

爆破作用将矿岩粉碎，在冲击波的作用下将矿尘抛掷并悬浮于空气中。爆破作业产生的粉尘特点是瞬时产尘量最大，在爆破的瞬间产尘量可达数千至数万毫克/米³，以后随着时间的延长逐渐下降，放炮后粉尘的浓度通常在数十毫克/米³ 的范围内。虽然高粉尘浓度空气的维持时间较短，但是若不采取有效防尘措施，爆破数小时后，巷道内空气粉尘浓度仍比正常时高 10 ~ 20 倍。此外，爆破产生的粉尘，其表面吸附爆破生成的有毒有害气体，对人体危害更大。

爆破产尘量的大小取决于爆破方法、炸药消耗量的多少、炮眼深度、爆破地点落尘量的多少、工作面矿岩和空气潮湿情况以及矿岩的物理力学性质。

3. 装运产尘点

矿岩在装载、运输和卸载的过程中，由于矿岩之间相互的碰撞、冲击、摩擦以及矿岩与铲斗、车箱的相互碰撞、摩擦而产生粉尘。测定表明，若不采取防尘措施，人工装岩时空气粉尘浓度可达 $700 ~ 800\ mg/m^3$，机械装岩时，可达千余毫克/米³。装岩时产生的粉尘，特点是其粒径较粗，易于沉降，但其中呼吸性粉尘的绝对含量较高，必须采取有效的防尘措施。

装运产尘量的大小与矿岩的润湿程度、装岩方式以及矿岩的物理力学性质等因素有关。随着装运作业机械化程度的提高，其产尘量将越来越大。

4. 溜矿井装、放矿产尘点

溜矿井是金属矿井下主要产尘区之一，特别是多中段开采时尤为突出。

溜井放矿时由于矿石、矿石与格筛、矿石与井壁间互相冲撞、摩擦而产生大量粉尘。据资料统计：溜井产尘量在数毫克/米^{3}到数十毫克/米^{3}之间，有的可达数百毫克/米^3。其产尘量的大小取决于：矿车体积（矿石量）、连续作业的矿车数、溜井高度、面积、矿石的湿度及矿岩的物理力学性质。

溜井产生粉尘的特点是在卸矿时，由于矿石加速下降，空气受到压缩，此受压空气带着大量粉尘流经下部中段出矿口向外泄出而污染矿井空气。当矿石经溜井下落时，在矿石的后方又产生负压。此时，在卸矿口将产生瞬间入风流，造成风流短路。当主溜井多中段作业时，很有可能造成风流转向。

5. 井下破碎硐室

破碎硐室是井下产尘最集中的地方。因为在此要进行大量、连续的矿石粉碎工作，以满足箕斗提升设备对矿石粒度的要求。其产尘量可达数百至上千毫克/米^3，其中小于5 μm的粉尘约占90%。

破碎硐室往往靠近提升主井，主井又常作为进风井，特别是采用抽出式通风的矿山，主井形成负压，矿尘会影响风流质量。

6. 其他产尘点

其他作业如工作面放顶、喷锚作业、挑顶刷帮、干式充填等地点均产生较多的粉尘。

2.4.2 防尘技术

大量粉尘，尤其是小于7 μm的呼吸性粉尘，能较长时间悬浮于作业环境空气中。工人长期吸入呼吸性粉尘，能引起尘肺病，严重危害职工的身体健康，因此必须采取有效措施加以控制。本节重点介绍目前各种应用在矿山中的防尘技术，并探讨当前国内外新的防尘技术装备、技术手段的防治尘效果。

1. 湿式凿岩

湿式凿岩是抑制凿岩时粉尘的重要措施。即凿岩时，将具有一定压力的水送入炮眼底，冲洗凿岩产生的粉尘，其除尘效率可达90%左右。

根据供水方式不同，湿式凿岩可分为中心供水与旁侧给水两种。我国矿山广泛采用中心供水湿式凿岩，压力水通过水针冲洗湿润岩体将粉尘湿润捕获。它具有结构简单，操作方便的优点，其主要缺点是会产生压气混入水中的充气现象，以及排气中产生较多的油雾及水雾。

旁侧给水是从机头旁侧利用供水外套直接供水给钎杆中心孔，它有效地克服了中心供水的缺点，提高了钻眼速度和润湿粉尘的能力。但存在钎尾加工较复杂，要求较高，容易折断以及漏水等问题，近年来随着技术的进步，旁侧给水得到了进一步推广。

湿式凿岩防尘措施存在的主要问题，是由于压气作用使钻眼岩浆雾化，造成粉尘的二次飞扬，这部分粉尘约占工作面粉尘总量的50%～60%。目前，湿式凿岩防尘仍侧重于控制炮眼内粉尘的逸出。

2. 干式凿岩捕尘

对于某些不宜用水的矿床、水源缺乏或难以铺设水管的地方，以及冰冻期较长的露天矿，为降低凿岩的产尘量，可采用干式凿岩捕尘。干式凿岩捕尘可分为两类：孔口捕尘和孔底捕尘。

孔口捕尘是将孔口捕尘或者捕尘塞套在钎杆上，使孔口密闭，在压力引射器产生负压作用下，将粉尘从炮孔经抽尘软管送入过滤器，净化后排入大气。但孔口捕尘装置较难密闭，捕尘效果不够理想，图 2-7 为孔口捕尘罩结构示意图。

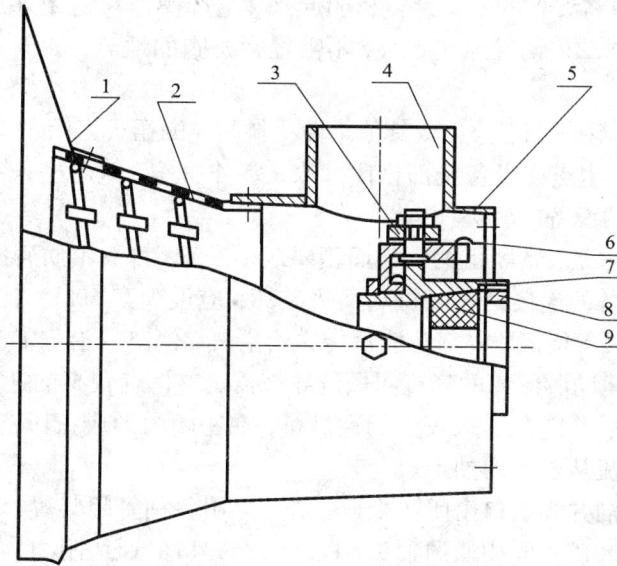

图 2-7　孔口捕尘罩结构示意图

1—裙边；　2—弹性封口罩；　3—万向节；　4—导尘管接头；　5—外壳；
6—腔体密封；　7—旋转外套；　8—锁紧螺母；　9—橡胶套

孔底捕尘分为中心抽尘与旁侧抽尘两种，中心抽尘的工作原理是：在引射装置的负压作用下，孔底粉尘经钎杆中心孔和凿岩机的导尘管、导尘胶管，将炮孔内的粉尘吸入干式捕尘器，大颗粒碰撞于挡板后沉降，细微粉尘则为捕尘器内滤袋所阻留，使其净化后排入大气。旁侧抽尘干式凿岩机的机头由转动套筒和机头套筒等部分组成，凿岩时产生的粉尘，在引射器产生的负压作用下被吸入钎杆中心孔，经钎尾侧孔、环形槽、机头导尘管、导尘胶管进入干式捕尘器。

3. 喷雾降尘

矿井中，压力水源比较方便，而且喷雾设备简单，安装容易，投资少，且有一定的除尘效果，所以喷雾除尘被广泛采用，主要应用在爆破时除尘、净化风源、矿岩装运作业以及溜井、漏斗、矿仓、井下破碎硐室等产尘地点。

喷雾的降尘原理是利用浮游于空气中的粉尘及水滴的惯性，使水滴以一定的速度进入含尘空气，在水滴所经过的道路上占据一定的空间。水滴越多，占据的空间就越大。此时含尘水流围绕水滴而流动，但是由于惯性作用，风流中的粉尘往往走与风流流向相垂直的方向而横跨过水滴所经过的道路。这样，粉尘便与水滴相碰撞，并被水滴所捕获，达到降尘的目的。

4. 密闭抽尘

用密闭装置把产尘设备和产尘点与周围空间隔离，是控制粉尘扩散、飞扬创造必要条件的普遍采用的有效防尘技术。

根据所用产尘设备的类型和作用，密闭可分为：

(1)整体密闭。将产尘点的全部或大部分区域密闭起来，人员在密闭外操作，通过密闭上的观察孔监视设备运转。整体密闭适用于产尘面积较大，诱导风流较强，机械振动较大的设备。井下破碎机、翻笼等多采用这种密闭形式。

(2)局部密闭。只将设备的产尘部分密闭起来，生产操作在密闭外进行。这种密闭方式适合于产尘强度不高，罩内诱导风流不大，不需经常检查的地点，如干式凿岩孔口密闭抽尘就属于这类。

(3)半严密密闭。用帆布、橡皮或其他柔性材料制成的裙板密闭工作孔和作业点。

(4)密闭室。将产尘点或设备全部密闭起来，室外操作，但可进入室内检修。适用于散尘面积大，检修频繁的设备。

对密闭的主要要求是，密闭上的孔口面积要最小，密闭设置不妨碍操作，不降低生产率；密闭本身及密闭与设备的连接处不因振动而遭破坏；应设观察窗口。产尘点或设备密闭后，因矿石下落、设备运转等原因，将部分能量传递给空气，使空气沿岩矿运动方向作直线或旋涡运动，空气由此而运动所形成的气流叫做诱导气流，它具有较高的速度，在其直接作用方向上具有较大的正压，并因此带入较大的空气量，在密闭内形成正压，使罩内气尘外逸，所以应把这部分诱导风流从密闭内抽走。

国内外在矿山的溜井卸矿口密闭防尘，主要是采用各种密闭装置，使溜井系统形成一个密闭空间或成为只与卸矿中段相通的独头，以增大溜井口的通风阻力，防止冲击风流和粉尘大量外逸，卸矿口的密闭方法有井门式密闭、井盖式密闭、井罩式密闭和井帘式密闭等。实践表明，这种措施可使作业地点的空气粉尘浓度由 $5 \sim 20$ mg/m^3 降低到 2 mg/m^3 以下，它适用于作业量较少、产尘不大的溜井。而在产尘量大，诱导风量亦强的溜井，单靠密闭和喷雾洒水不能达到防尘要求，需要同时采取抽尘净化。

5. 通风除尘

矿井通风使用的扇风机，按结构分为离心式与轴流式两种。轴流式风机与离心式风机相比，它的效率较高，调整方便，但噪音大。一般多用轴流式风机。

同时，通风系统也是一个需要考虑的重要因素，决不能单纯地强调矿床开采而不能很好地通风，以致通风系统难以建立。目前，在国内外的矿山中主要有以下通风系统：

1)压入式风机与除尘器联用的混合式通风系统

一种方法是将高效除尘器与压入式风机串联，工作面含尘空气净化后排出，这样可加大压入的风量，以加速排尘过程。另一种方法是将除尘器与抽出式风机串联，吸入的含尘空气经净化处理后，直接排出的净化空气可供继续使用。

2)接力式通风系统

将压气引射器悬挂在距工作面 $1 \sim 2$ m 处用作抽出式通风，污风用胶布风筒送至抽出式风筒的入风口进行接力式输送，避免了抽出式风筒末端由于距工作面太近而受到爆破冲击波和飞石的破坏现象。

3）利用循环风的混合式通风系统

在混合式通风系统中，可加大压入风量，造成工作面循环风。这样，不仅提高了工作面的风量和风速，而且还加强了风流对粉尘的冲洗混合和排除的作用。

4）应用射流附壁效应的通风系统

根据射流附壁效应原理，使来自压入式圆形风筒的空气射流沿着弧形凹槽被引向工作面。这样风筒可远离工作面，不易遭受爆破作用的破坏，特别是导风凹槽在巷道内占据空间极少，不会妨碍工作面设备的正常运行，能大幅度提高压入风筒出口气流的射程，使工作面风流量大大增加。

5）爆堆通风

利用崩落岩石空隙形成风流通路而进行工作面通风。这种通风方法由于受到矿石块度、粒度以及采矿方法的限制，使其应用范围受到很大限制。在矿井的通风防尘方面，瑞典、日本等国家着重研制低噪声局部风机，使工人能在较舒适的作业环境中工作。供生产作业面使用的除尘器品种较多，可根据各种条件加以应用。

6. 锚喷防尘

喷射混凝土支护是 20 世纪 50 年代初期发展起来的一种支护方法，在矿山已得到了广泛应用。但这种支护方法带来了严重的粉尘危害问题，有的产尘量高达 600 mg/m³ 以上。锚喷支护时，以喷射机运转上料时粉尘浓度最大，在喷射机械手附近，拌料和下料时的粉尘浓度也较高。

世界各国关于锚喷防尘的研究方向有如下几个方面：研制高效、低尘、坚固、耐用的喷射机；将人工操作变为半自动操作和自动操作；研究与喷射工艺配套的高效、移动灵活的除尘器；研究无尘拌料机，采取定点下料工艺和除尘器净化含尘空气；改干料为潮料；采用双水环喷枪或双水环异径葫芦喷枪；戴防尘帽和防尘口罩；采用喷射机械手；加强通风防尘；增加料管长度；严格控制作业气压和最佳输送距离。

7. 荷电水雾除尘

工业粉尘在多数情况下都带有电荷。将水雾预先荷电，使之带上与粉尘所带电荷极性相反的电荷，就能借助水滴与尘粒间的静电引力加速尘粒在水滴表面的附着凝并，从而提高水雾的除尘效率。

荷电水雾除尘技术在美、英、加拿大和日本被广泛用于抑制阵发性尘源。为了探讨荷电水雾在矿山井下除尘技术中应用的可行性，南方冶金学院在模型巷道中进行了用荷电水雾净化井下含尘风流的试验研究。试验结果表明，荷电水雾的带电极性和大小对其除尘效率有较大的影响。水雾充分荷上有利极性的电荷后，对滑石粉、水泥粉、萤石粉和铜矿石粉的捕集效率都有明显的提高。在喷水压力为 392.4 kPa、水雾荷电电压为 35 kV 的条件下，正荷电水雾捕集水泥粉和萤石粉的效率比普通水雾提高 30% 左右；负荷电水雾捕集滑石粉和铜矿石粉的效率比普通水雾分别提高 40% 和 25%。荷电水雾捕集滑石粉的效率随水滴荷电量和喷水量的增加成线性上升。

8. 其他技术

除了上述基本的防尘技术外，高压静电除尘技术、作业面循环净化除尘技术也在金属矿山中有了初步的应用和发展；随着科技手段的不断发展，湿式过滤除尘技术、溜井密闭抽尘技术也有了新的提高和改进。

2.4.3 工程应用实例

云南锡业集团(控股)有限责任公司(以下简称云锡)是世界著名的锡生产、加工基地,在世界锡行业中排名第一。同时,云锡各矿的防尘工作也走在前列。所以这里主要介绍云锡溜井防尘技术。

云锡各矿普遍采用多中段开采、溜井转运矿岩,每个矿山都有几条主溜井,为了便于运输,几条溜井常集中布置在一个区域,形成溜井群,溜井群易形成交叉污染。多中段卸矿高溜井的防尘,尤其是溜井的防尘,情况复杂,难度很大。从云锡各矿 1983 年测尘资料来看溜井卸矿口的粉尘浓度普遍超过允许标准,最高达 76.2 mg/m³。

云锡马拉格矿主溜井有 4 条,即铅矿、锡矿、石渣及硫化矿溜井,各溜井相距 10 ~ 20 m。均为斜溜道结构,垂直多中段卸矿。溜井的设计断面为 1.8 m × 1.8 m,卸矿闸门设在 1730 中段。

各主溜井在每个中段有两个卸矿口,即一个侧卸式矿车卸矿口和一个前翻式矿车卸矿口。4 条溜井共有 22 个卸矿口。

为解决溜井防尘问题最初采取了一些措施:溜井群侧翼掘有断面为 1.8 m × 1.8 m 的专用排尘井;在距 1870、1840、1810、1780 各中段水平上或下 5 m 处,掘有与 4 条溜井相通的排尘副巷,副巷与排尘井及各中段平巷相通;在排尘井口附近装有一台 50A 风机;部分卸矿口建了密闭门或盖,有前翻式卸矿口防尘门 12 个,侧卸式矿车卸矿口防尘盖板 1 个。

这些防尘措施,对降低卸矿口粉尘浓度起一定的作用,但未能达到预期效果。经过研究,对马拉格矿的溜井群的防尘措施进行了改善:

(1)对于斜溜道多中段卸矿的溜井,在不改变溜井结构及卸矿方式的前提下,利用平行溜井互为缓冲空间的措施。

(2)在排尘井与副巷或平巷之间只保留一个通道,为了解决 22 个卸矿口防尘风量偏小的问题,在改为集中排风后,用 2 台 KFT-12 风机串联运转。

(3)卸矿口的密闭采用侧卸式矿车卸矿口的密闭井盖。

采用改进措施后,先是在溜井情况较为简单的黄茅山采选区红旗坑的 3#、4# 溜井进行相关试验。

黄茅山红旗坑 3#、4# 溜井系统是两条平行溜井,相距约 15 m。溜井卸矿水平下部有两条检查溜井的联络道,联络道与溜井和检查井相通。试验之前,先将溜井在其他中段的卸矿口密闭,设想 4# 溜井放矿时产生的冲击风流,通过联络道进入 3# 溜井,起到减弱冲击风流的作用。在联络平巷中设测点 A,在联络道中设测点 C,试验联络道畅通与堵塞时,溜井冲击风流的情况:联络道堵塞时只测 A 点;联络道畅通时,同时测定 A 点与 C 点。测定表明,当上部水平放矿时,A 点的冲击风流的流量在联络道畅通时为堵塞时的 26.7%;联络道畅通时,C 点的最大冲击风量比 A 点的最大瞬间冲击风量高 16.7 倍。试验结果说明,利用各溜井互为缓冲空间,减弱溜井群的冲击风流是可能的。

在黄茅山 3#、4# 溜井的预备试验中,在测点 A 处,安装 1 台 11 kW 的局扇带、1 台湿式旋流除尘器,开动局扇,使 4# 溜井上部中段卸矿口处于局扇的负压作用区,风流经卸矿口进入,防止粉尘外溢。当 4# 溜井放矿时,产生的冲击风流大部分经联络道进入 3# 溜井,放矿停止后,风流经联络道返回 4# 溜井。测定结果,4# 溜井放矿时,下部中段卸矿口的粉尘浓度比无局扇抽风时降低 50%。

由此，对马拉格矿的溜井群，可将各中段平巷之间的通道密闭，使副巷只与 4 条溜井直接相通，防止进入副巷的含尘风流直接冲入运输平巷，形成溜井互为缓冲空间的条件，并扩大溜井与各副巷通道口以降低溜井风流进入副巷的阻力。

对溜井防尘措施进行改进后，马拉格矿形成了新的溜井防尘系统。各卸矿口的风流稳定地流向溜井，溜井冲击风流冲入运输平巷的情况明显减少。在 23 个卸矿口中，有 22 个卸矿口的粉尘浓度低于 2 mg/m³，粉尘指标合格率达到 95.6%。改进后的措施很好地解决了原先防尘措施效果差的原因。

（1）利用平行溜井互为缓冲空间的措施，可将某条溜井放矿时产生的冲击风流引入其他溜井并设法使它回到放矿溜井，把冲击风流控制在溜井内，从而达到减弱冲击风流的危害。

（2）只保留一个通道是为了集中抽风，发挥排尘风机的作用。马拉格矿溜井排尘风机作用不大的原因是抽风点分散，致使粉尘危害最严重的中段，抽风量却最小。

（3）侧卸式矿车卸矿口的密闭井盖是一种新型的梯形井盖，下口小，上口大，井盖与井口线接触，从结构上增强井盖的强度，气密性好，用风动马达启闭，使用效果较好。

2.5　露天矿防尘技术

露天矿的粉尘飞扬比井下更严重。这是由于露天矿的大气风速比井下巷道高，特别是干旱炎热地区或干旱季节，加上地面无植被覆盖时，风沙大，风流速度也大。露天矿区风速一般为 3~4 m/s，有时高达 6~7 m/s。经研究表明，在特大型设备周围，空气粉尘浓度可达几千毫克/米³，使用汽车运输、钻机、岩石切割机和大型挖掘机的露天矿中，整个大气的含尘量也达几十毫克/米³。

有色金属矿山还会产生含铅、汞、铬、砷、锑等有毒粉尘，这些毒性粉尘不仅危害肺，还危害人体的神经系统、肝脏、胃肠、关节以及其他器官，导致特殊性的职业病发生。因此，必须加强露天矿的通风防尘工作。

2.5.1　粉尘来源与性质

1. 爆破和二次破碎大块过程

露天矿爆破，尤其是炸药用量几吨以上的大爆破，会产生大量的一氧化碳、氮氧化物等有毒有害气体和粉尘。有毒气体和粉尘结合形成剧毒粉尘，是导致矽肺病的主要原因之一。

2. 穿孔（深孔）和钻眼过程

钻机是露天矿主要生产设备，也是矿山较严重尘源。若不采取措施防治，呼吸性粉尘（小于 5 μm）在风流作用下，会污染大片作业区。

3. 电铲推土机铲运机和装载机等装载及卸载过程

露天矿挖掘装载设备主要是电铲，电铲的装车和转运作业是露天开采二次扬尘的主要原因。

4. 电机车、汽车、皮带运输机装卸载及输送过程

汽车运输时，路面扬尘往往是全矿最大的粉尘污染源，占全矿产尘量的 70%~90%。距路边 5 m 处，空气中含尘浓度可高达 750~800 mg/m³，行驶中的自卸汽车司机室内，粉尘浓度可达 610 ~ 1 510 mg/m³。

5. 矿岩机械破碎及筛分过程

在破碎矿石工艺流程中,从矿石卸入粗破碎机直至进入选厂磨机,机械运动部分传给粒子的动能作用以及空气同物料一起流动,使粉尘与空气混合物扩散作用,粉尘向工作区逸散。筛分类尘源是振动筛工作时产生的粉尘。破碎厂房的矿物性粉尘颗粒一般为不规则的,粒度分布不均匀。

6. 其他来源

由于裸露矿岩和废石堆的自然氧化、风化和地面风的作用也将产生大量粉尘。

露天采矿场具有产尘源多、产尘量大、空气含尘浓度高等特点。此外,露天采矿场粉尘还具有分散度高的特点。前苏联统计资料显示,露天采矿场直径小于 10 μm 的粉尘占粉尘总量的 90%;我国白银露天矿深部实测数据显示,直径小于等于 5 μm 的粉尘占总量的 86.3%,小于 10 μm 的占 95.2%。

2.5.2 防尘技术

1. 爆破防尘技术

有色金属露天矿一般都要进行大爆破,在进行爆破作业时,产尘强度大,爆破时的尘柱可达数十米高,爆破瞬间产尘量可达数千至数万毫克/米³,是影响矿区环境的主要污染源。更要引起注意的是在露天矿爆破中会产生大量的一氧化碳、氮氧化物等有毒有害气体和粉尘。有毒气体和粉尘结合形成剧毒粉尘,防治这部分尘毒是爆破防尘作业中的重中之重。

爆破尘毒污染的控制方法分为通风防尘毒、工艺防尘毒和湿式防尘毒三种方法。

通风防尘毒是应用最早且行之有效的方法,但通风只能起到稀释、转移污染物的作用,而且由于露天矿范围大,开采深度逐渐增加等原因,通风防尘的应用范围受到限制。

工艺防尘毒主要包括保证堵塞长度、采用孔底起爆装置、控制炸药的包装材料、完善炸药配方、采用高台阶挤压爆破或松动爆破等。这些方法应用于矿山,起到了降低爆破尘毒产生量的作用。

湿式防尘毒近几年发展较快,方法也越来越多,主要有充水药室爆破、水塞爆破、用胶糊填塞炮孔、爆破区洒水、泡沫覆盖爆区、使用喷雾器实现人工降雨、人工降雪、表面活性剂溶液降尘毒等。

利用泡沫覆盖爆区、富水胶冻炮泥降尘毒以及表面活性剂溶液降尘毒已成为降低爆破尘毒产生的一个重要途径。

泡沫药剂由起泡剂、稳定剂和水等组成,在寒冷地区还有适量的防冻剂。泡沫覆盖爆区降低尘毒是在装药和安装好起爆网络后,用发泡器发生的 100 倍以上的空气–机械泡沫,吹送到爆破区段。泡沫层厚度为 0.3 ~ 1.5 m,爆破 1 m³ 矿岩的泡沫消耗量为 0.06 ~ 0.16 m³。泡沫防尘毒一般多用于气候炎热、水源不足的地区,降尘毒效率可达 40 % 以上,通风时间可缩短 2/3 ~ 3/4。

富水胶冻炮泥由水、水玻璃、硝酸铵、硫酸铜等组成。在酸性盐、硝酸铵和 Cu^{2+} 的作用下,水玻璃发生水解和电离,形成硅胶,放置一段时间后,硅溶胶自动形成凝胶即富水胶冻炮泥。用富水胶冻炮泥填塞炮孔,在爆破瞬间,有毒气体和粉尘与富水胶冻炮泥微粒接触,发生复杂的物理、化学反应,减少尘毒的产生。同时在爆破后一段时间内,也能使尘毒量明显下降。实验表明，用富水胶冻炮泥填塞炮孔与用砂土填塞相比，有毒气体下降可达 70% 以上，粉尘下降达 90% 以上。

在水中加入表面活性剂形成表面活性剂溶液，用其堵塞炮孔能明显减少爆破尘毒的产生。表面活性剂单体和助剂的不同，其降尘毒效果有很大差别。在实验室通过测试表面活性剂溶液的表面张力、对粉尘的沉降速度、润湿速率和在硐室内进行爆破对比试验，得到了两种降尘毒效果较优的配方。用这两种配方进行的工业试验表明：有毒气体和粉尘产生量均下降 60% 以上。

2. 露天矿运输路面扬尘防治技术

汽车路面扬尘造成露天矿严重的粉尘污染，其产尘量的大小与路面状况、行驶速度和季节干湿等因素有关。减少露天矿路面扬尘的根本途径是保证路面的结构及施工质量，并加强日常维护；使用永久性的水泥混凝土路面。

目前，露天矿路面的防尘措施主要有：洒水车洒水或沿路铺设的洒水器向路面洒水；喷洒钙、镁等吸湿性盐溶液；用乳液等抑尘剂处理路面、路面表层中渗入粉状或粒状氯化钙。

洒水是目前国内矿山使用最广泛的一种防尘措施，它具有简便及防尘效果较好的优点，但在炎热季节，由于水分蒸发很快，必须频繁洒水，这样浪费大量人力、物力，还可能因路面养护不善而恶化路况。在冬季洒水因造成路面冰冻而不能使用。

使用钙、镁吸湿性盐水溶液或单独用氯化钙撒洒软质路面可使洒水降尘效果和作用时间大为增加。研究表明，不下雨时，10% ~ 30% 的氯化钙溶液可使空气含尘量在 2 ~ 5 昼夜内降到允许范围内，而 40% ~ 60% 浓度的氯化钙溶液能维持 10 昼夜或更久一些。但是使用吸湿性盐水溶液会对轮胎或金属零部件有强烈的腐蚀作用，易被雨水冲掉而且抑尘成本比水高几倍到几十倍。

几年来，乳液抑尘剂处理路面得到了应用，取得了很好的效果。抑尘剂处理路面作用时间长，原料来源广泛，制作、喷洒方便，成本低，无二次污染。

高效的抑尘剂多呈粉状，按一定配比加水调制后以人工或机械的方式均匀喷洒于作业面上，可使路面、料场或地表的扬尘量减少 95%，实施区域内的粉尘浓度低于 2 mg/m^3，喷洒 1 次的有效防尘期为 20 ~ 60 d。其综合成本低于洒水降尘方法。

我国本溪钢铁公司南芬露天矿用氯化钠溶液作抑尘剂进行工业试验。气温 -20℃ 下，每公斤水加氯化钠 300 g，可防水结冰，喷洒路面后空气中粉尘浓度下降至原来的 1/3。平均耗水量为 0.95 kg/m^2，盐耗费 0.05 元/m^2，最短洒水周期为 5 ~ 7 昼夜。

3. 抑制钻机及浅眼凿岩工作时的粉尘

钻机的产尘强度仅次于运输装备，占生产设备总产尘量中第二位。在没有防尘措施的条件下，工作面平均粉尘质量浓度达每米^3 上百毫克。钻机防尘措施主要有干式捕尘、湿式除尘及干湿联合除尘三种方法。

1）干式捕尘

干式捕尘是将除尘器安装在钻机口进行捕尘，多级旋风除尘器组成的除尘系统效果较好。露天矿干式捕尘的除尘设备通常采用旋风除尘器和袋式除尘器。

旋风除尘器利用含尘气流作旋转运动产生的离心力，将尘粒从气体中分离并捕集下来的装置。它具有结构简单、没有运动部件、造价便宜、除尘效率较高、维护管理方便以及适用面宽的特点，对于收集 5 ~ 10 μm 以上的尘粒，其除尘效率可达 90% 左右。

袋式除尘器是一种高效除尘器，它是利用纤维织物的过滤作用进行除尘的，主要用于过滤 1 μm 以下的粉尘，当入口含尘浓度大于 5 g/m³，粗粒粉尘较多时，最好采用两级除尘；它不适宜于处理含有油雾、凝结水和粉尘黏性大的含尘气体。

2）湿式捕尘

湿式除尘主要采用风水混合法除尘，即利用压气动力把水送到钻孔底部，在钻进和排渣过程中湿润粉尘，形成潮湿粉团或泥浆，排至孔口密闭罩内或用风机吹到钻孔旁侧。

亚轮钻机的湿式捕尘可分为钻孔内和钻孔外除尘两种。钻孔内除尘主要采用气—水混合除尘法。该法又可分为风水接头式和钻孔内混合式，前者是采用高压水箱将水送入主钎杆内，通过冲击器进入孔底，使炮孔底部岩粉变成泥浆排出孔外；后者则是提高钻杆送入风水混合物至眼底，冲洗岩粉变成泥浆排出孔外。钻孔外除尘主要是通过对含尘气流喷水，并在惯性力作用下使已凝聚的粉尘沉降。在高寒区使用湿式捕尘时要注意防冻。此外，现在也有湿润剂和泡沫的湿式除尘法。

3）干湿联合除尘

干湿联合除尘是将干式捕尘和湿式除尘联合起来使用的一种综合除尘方式，越来越多的矿山开始采用这种除尘方式，取得了明显效果。

4. 铲装过程的防尘

电铲也是露天开采的主要设备之一，其产尘强度与矿石的密度、湿度以及铲斗附近的风速等有关。据测定微风时电铲工作场地附近粉尘平均浓度达 31 mg/m³，司机室平均浓度为 20 mg/m³，干燥季节且有自然风流时，司机室内最高粉尘浓度 38 mg/m³，而室外则超过 40 mg/m³，所以应该加强卸装作业中的防尘工作。

铲装作业的基本防尘措施：一是喷雾洒水作业，二是对司机室密闭净化。增加矿岩湿度是防止粉尘飞扬，降低空气含尘量的有效方法。装载硬岩，采用水枪冲洗最为合适，挖掘软而易起尘的岩土时，则采用洒水器为佳。

预先湿润爆堆是很有效的防尘措施。如果在电铲装矿前 30 min 进行，可取得良好的防尘效果，又不影响作业。大冶铁矿采用农用喷雾装置湿润岩、矿堆，使平均粉尘浓度由 21 mg/m³ 降低到 1.3 mg/m³。喷洒装置布置见图 2-8。

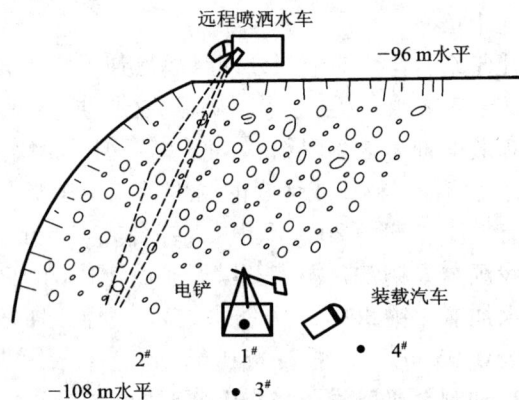

图 2-8　喷洒装置布置

装载时喷洒水是在铲装作业的同时利用喷雾器向作业地带喷雾洒水。这种方法设备简单、使用方便、效果较好。为了提高普通喷雾的效果，特别是呼吸性粉尘的降尘效果，还可采用以下措施：

（1）利用声波技术。利用声波发生器产生的高频高能波，使尘粒之间、尘粒与水雾之间产生声凝聚效应，从而提高水雾对尘粒的捕集效率。

（2）利用荷电水雾。利用水雾粒子与尘粒间的静电相互作用来提高捕尘效率。

（3）利用磁化水喷雾。水经磁化后，其表面张力、吸附能力溶解能力增加，同时水的雾化程度提高，还提高了水与尘粒的接触能力与机会。

此外，根据工作面主导风流方向和邻近尘源位置，正确选择工艺方法和合理布置设备也是防治铲装作业粉尘的一个很重要的措施。

5. 废石堆覆盖

矿山废石堆、尾砂池是严重的粉尘污染源，尤以干燥、刮风季节为甚。

因此在扬尘物料表面喷洒覆盖剂是一种有效的防尘措施。喷洒的覆盖剂和废石间具有黏结力，互相渗透扩散，在化学键和物理吸附下，废石表面形成薄层硬壳，可防风吹、雨淋、日晒而扬尘。

据研究，在非工作面和工作平盘上表面不受破坏的地段喷洒 0.01% ~ 0.1% 的聚丙乙烯酰胺清液。浓度 0.03%、喷洒量为 3 L/m² 时，对粉尘的黏结效果最佳。在湿度大于 40% ~ 50% 的地区，亦可用氯化钠溶液喷洒台阶及边坡表面。喷洒 4.2 L/m² 的 6% 的氯化钙溶液的岩石，如不受机械破坏，在 7 ~ 8 昼夜中可使粉尘处于黏结状态。

2.5.3　工程应用实例

铜山矿位于黑龙江省嫩江县北部，矿山始建于 1958 年，于 1970 年着手在三矿沟区 Ⅱ 号矿带 Ⅴ 号矿体设计施工，采用露天，平硐溜井开拓系统，它具有基建时间短，运输设备少，运距短，基建投资少等优点，但是通风防尘方面存在一些问题，特别是板式给矿机卸矿除尘较为突出。

板式给矿机卸矿除尘，采用卸矿时喷雾洒水。投产以来，除尘效果很差，作业场所粉尘浓度大大超过国家标准，给矿机卸矿时，作用场所粉尘浓度随卸矿时间不断上升，患有矽肺病的工人逐年递增。

根据以上情况，铜山矿又采取了加强卸矿时喷雾洒水，通风时采取调整风机位置，加大风机容量。通过以上措施，作业场所粉尘浓度有所下降，但还是达不到国家标准。

为进一步降低粉尘浓度，消除平硐粉尘危害，铜山矿山采取了以下措施：

(1) 预湿润。为避免放矿时产生大量粉尘，在矿石未进溜井前采取湿润措施(矿岩爆破后人工洒水)。

(2) 喷雾洒水。为使溜井内矿岩始终保持潮湿状态，特别是干燥季节必须对采场溜井口内喷雾洒水。

(3) 通风除尘。加强对平硐通风系统的维护管理，提高矿井有效风量率，使硐内粉尘能尽快稀释和排除。

(4) 个体防护。要求所有接触粉尘作业的人员必须佩戴防尘口罩。

通过以上措施，大幅度降低了板式给矿机卸矿时的粉尘浓度，粉尘合格率由原来的 63.5% 上升到 80%，改善了作业环境。

实践证明，露天矿平硐溜井除尘，只靠通风和卸矿时喷洒雾水很难达到理想效果。因为水对微细粉尘捕获率不高，水雾最小粒径 20 μm 以上，而微细的呼吸性粉尘在采取湿润措施，这样就能大大减少微细粉产生，特别是采场矿岩爆堆洒水，不但解决了电耙除尘，降低采场空气含尘量，而且还解决了采场溜井口，排土场及板式给矿机卸矿时除尘问题，但爆堆洒水耗水量较大，到了枯水季节，水量有限，可只在采场溜井口设喷雾洒水装置，这就必须考虑采掘机械室空气净化措施，保证设备操作人员不受粉尘危害。

采场溜井口和采场爆堆洒水，虽然大幅度降低了作业场所粉尘浓度，但并没有根除粉尘危害，矿岩装卸过程中相互摩擦碰撞，会产生微细粉尘，危害操作人员。因此，湿工作业必须与个体防护等措施结合起来，才能达到最佳效果。

2.6 矿物加工过程防尘技术

2.6.1 粉尘来源及特点

矿物加工过程主要的产尘点有破碎作业、筛分作业、矿石转运作业等处，车间内部及厂区的风扬飘尘也是粉尘的重要来源。微细的粉尘受气流作用散布于空气中而呈悬浮状态，严重的损害工人的健康和厂区的环境卫生。并且尘粒落在机器部件上，将会增加磨损，缩短机器的使用期限，这是很不利的。同时粉尘中带走了有用矿物，造成很大的经济损失。

1. 破碎筛分的粉尘来源及特点

破碎筛分作业是将大块矿石破碎后，经筛分将矿石分级成适当粒度的成品矿石。根据各作业点产生粉尘的特点，可分为：

(1)机械类尘源，如矿石破碎作业；

(2)筛分类尘源，是振动筛工作时产生的粉尘。

破碎筛分产生的粉尘特点：①颗粒一般不规则，粒度分布不均匀，且细颗粒粉尘比例大。不同的作业产生的粉尘的分散度也不同，表2-18为矿石破碎作业中粉尘分散组成。②矿石中含有大量的游离 SiO_2，表2-19为部分矿石及岩石中游离 SiO_2 的含量。粉尘中游离 SiO_2 的含量依矿物组成而定，一般为矿石中游离 SiO_2 的63%~83%。③矿物性粉尘都具有不同的润湿性、黏附性、破损性、荷电性等。④部分矿物粉尘还具有爆炸性，表2-20为部分矿物粉尘的爆炸浓度下限，易爆粉尘的粒径越小、越干，越易发生爆炸事故。

表2-18 矿石破碎过程中粉尘分散度($w/\%$)

粒径	>40 μm	40~30 μm	30~20 μm	20~10 μm	<10 μm
粗碎	42.0	13.0	11.5	10.6	22.9
中碎	25.5	13.5	36.0	7.5	17.5
细碎	75.0	15.0	2.5	2.5	5.0

表2-19 部分矿石及岩石中的游离 SiO_2

矿物名称	游离 SiO_2 含量/%	矿物名称	游离 SiO_2 含量/%
花岗岩	68.9	铅锌矿	5~15
萤石	17.16	煤矿石	47.0~78.3
闪长石	53.7	石英斑岩	69
赤铁矿	0.5~10	片麻岩	64.4
石灰石	1.58	方解石	0.03

表 2 −20 部分矿物粉尘的爆炸浓度下限

矿物名称	爆炸下限/$(g \cdot m^{-3})$
煤粉	114.0
硫矿物	13.9
页岩粉	58.0
泥炭粉	10.1

2. 矿石转运作业的粉尘来源及特点

在矿石的转运工艺中，皮带运输机是主要设备之一。皮带运输机在运行中粉尘的产生来源有以下几点：

(1)主要是来自上、下段皮带衔接处和运输皮带向贮料仓或加工设备的投料口，由于上段和下段皮带运输机和皮带运输机与投料口之间有一定落差，当物料落下时产生大量粉尘。

(2)其次是在皮带运行时，由于皮带的振动和物料与空气的摩擦也会产生一部分粉尘。

(3)此外还有地面、墙壁、设备上积尘的二次飞扬。

皮带运输机产生粉尘特点：粉尘分散度高，产尘点多，尘量大。同时也具备破碎筛分产生粉尘的特点。

3. 其他

在干燥操作过程中以及干法选矿时，都有粉尘伴随发生。

尾矿库中弃土、尾矿等废物的堆积，经受风吹日晒，特别是尾矿的干滩表面逐渐变干，在风力的作用下可能发生起尘。尾矿库粉尘也是矿物加工过程中粉尘污染的主要污染源之一。

2.6.2 粉尘控制技术

治理粉尘污染首先要消灭污染源，减少粉尘污染物的产生环节，阻隔粉尘的扩散途径，其次是控制二次污染及加强个人防护。

1. 减少破碎筛分的污染源

改进造成多次扬尘的不合理的生产工艺，淘汰污染严重的生产设备，应用新工艺、新设备简化破碎筛分的作业环节，减少粉尘源。减少卸料物流的高差和倾角，尽可能设置隔流设施，在保证物料流动顺畅的前提下降低物料的流速，以减少粉尘的飞扬。

提高破碎筛分的机械化和自动化程度，对产生粉尘源的设备及地点实现整体密闭，避免粉尘的扩散，也是使新建及改造设计的破碎筛分实现清洁生产的根本保证。

2. 综合除尘方法

(1)加强扬尘设备的密封。

(2)多种除尘工艺及设备综合除尘。破碎筛分各个作业环节产生的粉尘的粒度分布不尽一致，采用单一的除尘方法一般不能取得良好的除尘效果。针对破碎筛分产生粉尘的特点，加强对产生粉尘的设备及作业环节进行有效的密封的同时，采用多种收尘工艺、多种除尘设备综合收尘是破碎筛分治理粉尘污染，实现清洁生产的最佳途径。

实践证明，对于粒度分散性较大，尤其是微细颗粒粉尘含量较高的矿物性粉尘，采用各种袋式除尘器集中收尘是一种行之有效的收尘方法。经验表明，根据不同的矿石性质、不同的生产工艺流程，采用静电除尘、蒸汽除尘、文丘里除尘器、旋风除尘器等多种除尘方法综合除尘，降尘防污效果显著。在使用各种除尘设备的同时充分使用湿式除尘。

应用综合除尘技术不但可以提高除尘效果，还能降低通风除尘的能耗，减少运营费用。

（3）减少二次扬尘污染。二次扬尘是选矿厂粉尘污染的重要来源，也是造成周边环境污染的主要原因。减少二次扬尘的主要途径是：①在车间及作业场地进行喷雾（水）及水洗除尘，降尘效果显著。②收尘系统回收的粉尘应及时有效地处理，避免粉尘的无组织排放，造成二次扬尘。③减小车间内及作业场地的空气流动。④加大厂区的绿化范围，因为植被具有良好的滞尘和阻尘作用。

3. 加强个人防护，避免粉尘危害

尽管采用多种收尘方法进行除尘，使选矿厂作业区域的粉尘浓度显著降低，接近或达到国家卫生标准，但空气中仍然有部分粉尘。工人长期吸入低浓度粉尘，经过累积也将危害身体健康。因此，提高工人的自我保护意识，加强个人防护，减少操作工人在粉尘环境中的暴露时间，是选矿厂劳动保护的主要工作之一。一般常采用的个人防护措施是佩带各种类型的防尘口罩。

4. 除尘器简介

1）旋风除尘器

旋风除尘器是应用广泛的一种离心除尘器装置，它是利用含尘气流作旋转运动产生的离心力，将尘粒从气体中分离并捕集下来的装置。旋风除尘器与其他除尘器相比，具有结构简单、没有运动部件、造价便宜、除尘效率较高、维护管理方便以及适用面宽的特点，对于收集 $5 \sim 10~\mu m$ 以上的尘粒，其除尘效率可达90%。

旋风除尘器的结构与原理：如图 2-9 所示，一般旋风除尘器由筒体、锥体和排出管三部分组成。含尘气流沿圆筒切线方向进入后，沿外壁向下旋转到圆锥底，这股气流叫外涡旋，外涡旋到达锥底后沿圆筒轴部作上旋运动，最后由排出管排放，这股气流叫内涡旋。内、外涡旋的旋转方向相同。气流旋转运动时，尘粒受到惯性离心力作用，

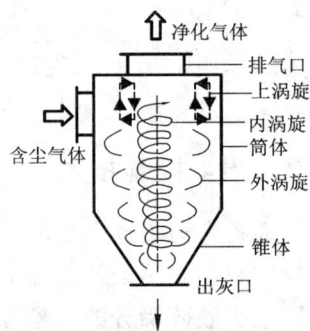

图 2-9　普通旋风除尘器

向外壁运动，抵达外壁后在气流和重力作用下，沿外壁下落到灰斗。以高速从顶盖下部进入的气流，使顶盖下方的压力降低，导致携带细微粉尘的一股气流从外壁上升后，沿排出管外壁下降进入排出管，这股气流叫上涡旋。

影响旋风除尘器性能的因素主要有：

（1）气流的进口速度 v_o。v_o 增大，除尘效率就高，但 v_o 不能过大，否则会扬起已分离的粉尘；

（2）筒体的直径 D 和排出管直径 d_p。当切向速度相等时，D 越小，除尘效率越高。通常取 $D \leqslant 800~mm$；内涡旋范围的大小随排除管直径 d_p 的减小而减小，有利于提高除尘效率，但 d_p 不能太小，否则阻力太大，一般 $d_p = (0.5 \sim 0.6)D$。

（3）筒体和锥体。筒体和锥体的总高过大，对提高除尘效率没有实际意义，因为总高过大，尘粒由外涡旋进入内涡旋的机会增大。一般，总高度以 5 倍为宜。在锥体部分，由于其

断面不断减小，尘粒达到外壁的距离也不段减小，因而气流切线速度不断增大，有利于粉尘分离。现代的高效旋风除尘器一般采用$(2.8 \sim 2.85)D$。

（4）除尘器灰斗的严密性。严密性越好，除尘器效率越高。

2）湿式除尘器

湿式除尘器的结构和除尘原理：除尘器结构如图 2 – 10 所示，主要由上下导流叶片、脱水器、水箱、轴流风机、排浆阀和注水孔等组成。其除尘过程是含尘气体由进风口进入除尘器转弯向下的导流叶片冲击水面，较大的尘粒由于惯性作用落入水箱中，而较小的尘粒随气流以较高速度通过上导流叶片间的弯曲通道时，与激起的大量水滴充分碰撞而被捕获沉降。含尘含水的气流又在离心力的作用下，在除尘器内壁和上下导流叶片上形成一定厚度的水膜，将尘粒捕集下降。再由脱水器除掉气流中的水滴水雾后，经轴流风机排出到巷道中；其除尘机理主要是气流中的尘粒与液面和雾化液滴之间产生惯性碰撞、截留、扩散等作用。总之，这种除尘器具有水浴、水滴、离心力产生的水膜等三种除尘功能，因而可得到较高的降尘效率。经测定降尘器的总降尘效率在 98% 以上，呼吸性粉尘的除尘效率也达 90% 以上。

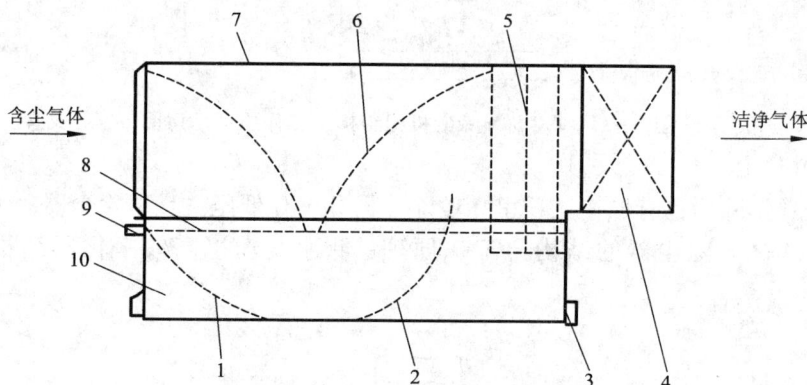

图 2 – 10　湿式除尘器结构示意图

1、2—下导流叶片；　3—排浆阀；　4—轴流风机；　5—脱水器；
6—上导流叶片；　7—外壳；　8—水面；　9—注水孔；　10—水箱

3）CCJ/A 型冲激式除尘器

CCJ/A 型冲激式除尘器就是新开发的锥形漏斗排泥浆高效除尘器。它具有允许入口含尘浓度高（100 g/m³）且净化一定黏性的粉尘而不会堵塞等优点。按处理风量的能力分 8 种规格，处理风量从 4 300 ~ 72 500 m³/h。广泛适用于发电、煤炭、冶金、化工、铸造、建筑等行业其净化非纤维性、无腐蚀性的温度不高于 300 ℃ 的含尘气体。

结构由通风机、除尘器、清灰装置、水位自动控制装置、管路等组成。

除尘原理如图 2 – 11 所示，含尘气体进入除尘器，气流转变向下冲击于水面，部分较大的尘粒落入水中。当含尘气体以 18 ~ 35 m/s 的速度通过上下叶片间的 S 形通道时，激起大量的水花，使水气充分接触，绝大部分微细的尘粒混入水中，使含尘气体得以充分的净化。经由 S 形通道后，由于离心力的作用，获得尘粒的水又返回漏斗。净化后的气体由分雾室挡水板除掉水滴后经净气出口和通风机排出除尘机组，泥浆经漏斗的排浆阀连续或定期排出。新水则由供水管路补充。

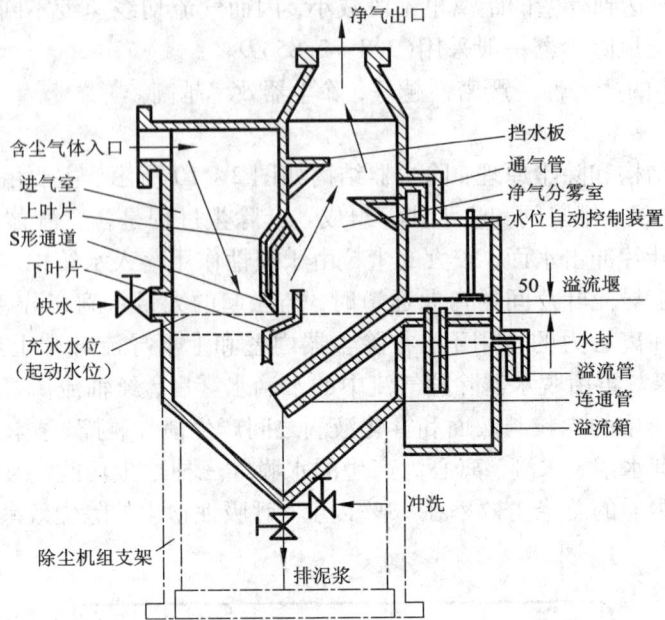

图 2 – 11　CCJ/A 除尘机组结构及工作原理示意图

4）文丘里除尘器

常见的文丘里除尘器有低速文丘里高效除尘器和 WC 低压文丘里除尘器。

低速文丘里高效除尘器的结构与工作原理：低速文丘里高效净化器结构如图 2 – 12 所示。

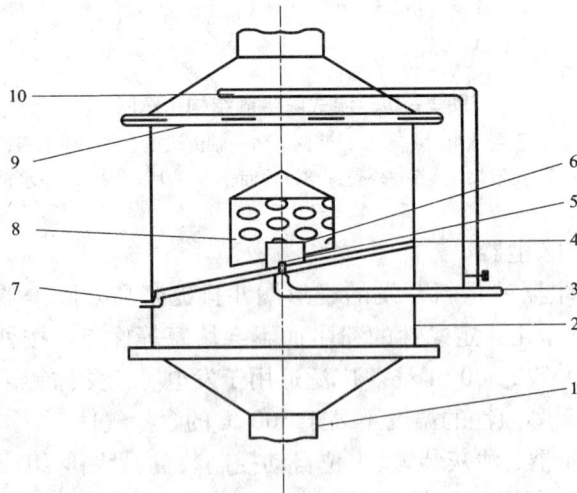

图 2 – 12　低速文丘里高效除尘器结构

1—进风管；　2—进水管；　3—筒体；　4—孔板；　5—喷嘴；

6—喉管；　7—排水管；　8—帽罩；　9—除雾器；　10—喷水管

WC 低压文丘里除尘器由两个主要部件组成：装有文丘里管和旋风筒的上箱体和设有沉淀箱、卸尘装置的下箱体。其原理是：经文丘里管的含尘气体从供水箱流出，沿文丘里管壁堰流而下的水接触。在喉口外因气流速度增高使水飞溅而形成细小的水滴，灰尘因与水滴碰撞而被水捕集或因凝聚成较大的尘粒而直接投入沉淀箱的水面。较少的颗粒则由气体带入旋风筒再次捕集。旋风筒同时起脱水作用。

5) 集尘罩

集尘罩的形式很多，按其工作原理可分为密闭罩、外部集尘罩、柜式集尘罩、槽边集尘罩、接受式集尘罩、吹吸式集尘罩等基本类型。其中常用的是密闭罩和外部集尘罩。

密闭罩是把产尘设备局部或全部密闭起来的一种集尘罩。与其他类型集尘罩相比，密闭罩的特点是所需要的抽风量最小，控制效果最好，且不受车间内横向气流干扰。一般只要工艺条件允许，应优先考虑选用。密闭罩随工艺设备及其配置的不同，可将其分为局部密闭罩，整体密闭罩和大容量密闭罩(密闭小室)。

外部集尘罩之伞形集尘罩是在工矿企业中应用十分广泛的一种局部集尘罩。通常安装在尘源的上方。伞形集尘罩罩口离尘源越近，侧面围档的程度越高，则集尘效果越好。

6) 袋式除尘器

袋式除尘器是过滤式除尘器的一种，目前广泛应用于各个除尘领域。袋式除尘器是用棉、毛或人造纤维等织物做成直径 125～500 mm、长约 2 m 的许多过滤袋组装而成，它是一种高效的干式除尘器，对粒径 0.5 μm 粉尘除尘效率可达到 98%～99%。袋式除尘器的工作原理是利用惯性碰撞、截留、扩散、筛滤以及粉尘与滤料间可能存在的异号电荷的静电作用等除尘机理的综合作用来分离粉尘的。

常用的袋式除尘器有简易清灰袋式除尘器、机械清灰除尘器、脉冲喷吹袋式除尘器和回转式逆吹扁袋除尘器。

7) 静电除尘器

静电除尘早已在冶金、火电厂、水泥及化工等部门获得广泛应用。静电除尘优点是：除尘效率高，对粒径 1～2 μm 粉尘的除去效率达 98%～99%；适于高温(500 ℃以下)、高湿烟气净化；阻力小(100～200 Pa)；电耗低，处理大烟量时经济效果更好。缺点是：设备较大，占地面积大，钢材用量大，设备费大，技术要求高，对处理粉尘的比电阻有一定要求。此外，净化气体的起始含尘量不超过 30 g/m³ 为宜，否则应预除尘。

电除尘器按集尘极的形式可分为极式和管式两类；按气体流动方向可分立式和卧式两类；按尘粒荷电和收集空间位置可分为单区电除尘器和双区电除尘器；按清灰方式可分为干式和湿式电除尘器。

近年来，将静电与其他除尘机理寓于一台除尘装置中，以提高除尘设备性能，在俄、美、德、日本等国都进行了许多研究。俄罗斯很早就研究了静电旋风除尘方法。在普通的袋式除尘器之前设置一个管式静电除尘器，或一台电离器，预先捕集部分粉尘后，进入袋式过滤装置，据说对 0.1 μm 的超细粉尘的效率高达 99.99% 以上。静电与袋式过滤除尘的结合，对细微粉尘的捕集、降低阻力、减少清灰次数和延长滤袋的使用寿命都有明显的效果。

2.6.3 工程应用实例

云南驰宏锌锗股份有限公司是国有大型企业，属中国 100 家有色金属冶金企业之一，2005 年通过对矿山和选矿厂进行了环境保护、节能技术改造。

新建一座 2 000 t/d 的现代化选矿厂，并利用老厂的部分设施。对硫化矿和混合矿分别进行选别。

混合矿选矿工艺采用两段法工艺。第一段选硫化矿;第二段选氧化矿。其过程仍然是碎矿、磨矿、浮选、脱水。

选矿厂主要产尘点有破碎、筛分、转运站、精矿库、石灰乳制备等处,均采取了除尘措施:

在颚式破碎机给料处、破碎机落料处设有吸风罩,设计风量为 1 000 m³/h,选用高效除尘机组 SX - 12 型一台。

在圆锥破碎机上部排风、下部及至皮带上设有吸风罩,设计风量为 1 000 m³/h,选用高效除尘机组 SX - 12 型一台。

振动筛上部、筛下料至皮带上、筛上料至皮带上设有吸尘罩,设计风量为 2 000 m³/h,选用高效除尘机组 SX - 16 型一台。

运转站上、下部皮带处设有吸尘罩,设计风量为 1 000 m³/h,选用高效除尘机组 SX - 12 型一台。

设两座直径为 12 m 的粉尘仓,用可逆皮带卸矿。矿仓开口用胶带密封,矿仓设有吸风罩,设计风量为 2 000 m³/h,选用高效除尘机组 SX - 16 型一台。

石灰卸料处及下部给料处设有吸尘罩,设计风量为 2 000 m³/h,选用高效机组 SX - 16 型一台。

在充填系统中,水泥、石灰储存和输送产尘点设有吸尘罩,设计风量分别为 2 000 m³/h,选用 24ZC - 300A 型 57 m² 机械回转反吹风布袋除尘器两台。

上述产尘点除尘后,收下的物料全部返回各自的物料系统,气体经高于厂房的排气筒排入大气,外排气体粉尘的质量浓度小于 120 mg/m³,符合《大气污染物综合排放标准》(GB16297—1996)中二级标准的要求。

浮选药剂制备车间产生的含药剂气体,采用局部排气系统及时排除有害气体,以保持厂房内的空气卫生。这部分气体较少,有害物质浓度低,排除后经过大气扩散稀释,厂址周围无人烟,对周围环境影响较少。

2.7 矿山毒气防治技术

2.7.1 矿山毒气来源与性质

1. 有毒有害气体来源

由于在矿山生产过程中大量使用炸药及采用柴油机作为设备动力等,炸药爆炸时剧烈的物理化学反应会产生大量的有毒有害气体;柴油设备尾气也是重要的污染源之一;矿区运输(主要是汽车)尾气中的有害物质也可造成矿区的污染。此外矿区燃烧产生的有害物质均可构成矿区的污染。

1)爆破毒气

炸药的爆炸产物中,以气体为主,主要有 CO_2、H_2O、CO、NO_2、NO、O_2、N_2、SO_2、H_2S 等,习惯上称为炮烟。其中的 CO、氮化物(NO、NO_2 等)、H_2S 都是有毒有害气体。

2)柴油设备尾气污染

柴油设备所排出的尾气成分很复杂,是一种混合物,有下列成分:

（1）氮氧化物（NO_x）。包括一氧化氮、二氧化氮、四氧化二氮、五氧化二氮及硝酸。

（2）含氧碳氢化合物。包括甲醇、甲醛、乙醛、丙醛、丙烯醛、丁醛、丙酮和酚等。

（3）低分子碳氢化合物。

（4）硫的氧化物。二氧化硫、三氧化硫。

（5）碳氢化合物。一氧化碳、二氧化碳。

（6）油烟、油雾、碳烟、杂环、芳烃化合物及苯并[a]芘。

以上有毒有害物质以 NO、NO_2、CO、醛类及油烟含量较高且毒性大，其中 NO_x 及 CO 为主。

3）硫化矿的氧化和自燃

硫化矿物，如黄铁矿（FeS_2）、黄铜矿（$CuFeS_2$）、闪锌矿（ZnS）等，在干空气中氧化时产生大量的 SO_2。黄铁矿、石膏（CaS）等矿物水解时生成硫化氢。

4）井下火灾

当井下失火燃烧引起坑木燃烧时，会产生大量一氧化碳。

2. 有毒有害气体种类及性质

有毒气体污染大气环境，对职工及附近居民的身心健康造成危害，对附近森林、农作物生长也有危害作用。矿山常见的有毒有害气体主要有以下几种：

（1）硫氧化物。主要为二氧化硫，它是一种无色、有强烈硫磺味及酸味的气体，易溶于水，比空气重，常存在于巷道底部，对眼睛有强烈刺激作用。井下二氧化硫主要来源于硫化矿的氧化自燃，硫化矿尘的爆炸以及井下橡胶制品（电缆、电线）的燃烧等。二氧化硫与水蒸气接触后生成硫酸，对呼吸系统有腐蚀作用，使喉咙及支气管发炎，呼吸麻痹，严重时引起肺气肿。当空气中二氧化硫的体积分数为 0.000 5% 时，嗅觉器官能闻到刺激味；二氧化硫的体积分数为 0.002% 时，有强烈的刺激作用，可引起头疼和喉痛；二氧化硫的体积分数为 0.05% 时，引起支气管炎和肺水肿，短时间内就可致人死亡。

（2）氮氧化物。炸药爆炸及柴油设备排放的尾气中都含有大量的一氧化氮和二氧化氮，一氧化氮极不稳定，遇空气中的氧即转化为二氧化氮。二氧化氮是一种棕色、有强烈窒息性的气体，易溶于水生成腐蚀性很强的硝酸。所以它对人的眼睛、鼻子等呼吸道和肺部组织有强烈腐蚀破坏作用，危害最大的是破坏肺部组织，引发肺水肿。

（3）一氧化碳。CO 为无色、无臭、无味的气体，微溶于水，化学性质不活泼，但体积分数为 13% ~ 75% 时能引起爆炸。CO 对人体最大的危害是使人体中毒，当空气中的 CO 体积分数为 0.4% 时，人在很短的时间内就会"煤气中毒"。CO 的剧毒在于它与血红蛋白的亲和力比 O_2 与血红蛋白的亲和力大 250 ~ 300 倍，导致缺氧。空气中 CO 达到 0.1% 时，就能阻止 50% 的血红蛋白与氧结合，当浓度为 0.09% 作用 1 h 时，人体中枢神经系统就出现中毒现象，头痛，眼睛发直；当浓度达到 0.12% 以上，作用 1 h 能使神经麻痹，失去知觉，直至发生生命危险。

（4）二氧化碳。CO_2 是无色、略带酸臭味的气体，其相对密度为 1.52，是一种较重的气体，不易与空气中的其他气体均匀混合，故常积存于巷道底板，在静止的空气中明显分界。CO_2 对人的呼吸有刺激作用，当空气中 CO_2 浓度增大时，氧的浓度降低，可以引起缺氧窒息。

（5）硫化氢。硫化氢是一种无色、有腐蛋味的气体，易溶于水。通常情况下 1 体积的水可溶解 2 体积的硫化氢，故硫化氢常积存于巷道积水中。当空气中含量达 4.3% ~ 44.5% 时，会爆炸燃烧。硫化氢有强烈的毒性,能使血液中毒,对眼睛黏膜及呼吸道有强烈刺激作用。当空气中的硫化氢的体积分数达到0.01%时,人就能闻到气味、流唾液、流清鼻涕;其体积分数达到0.05%时,持续0.5~1 h,会引起严重中毒;当其体积分数达到0.1%时,在短时间内就会有生命危险。

(6)铅及其化合物。在有色金属冶炼、蓄电池等生产过程中有铅蒸气排出,汽油中掺合的四乙基铅亦随汽车废气排入大气。铅蒸气及铅化合物进入人体后多积集在肝脏组织中。无机铅的中毒可使四肢麻痹,面色苍白;有机铅中毒能引起造血器官损害和神经系统错乱等病症。在有色金属矿山环境中,铅中毒一般为慢性中毒,应引起重视。

(7)汞蒸气。汞矿冶炼和用汞的生产中都有汞蒸气排出。它是剧毒物质。急性中毒虽不多见,但慢性中毒却不可忽视,中毒者主要表现为消化系统和神经系统的病症,可能由于消化器官和肾脏组织的损害而导致死亡。

(8)碳氢化合物。包括烷烃、烯烃和芳烃,挥发性烃及其衍生物及多环芳烃。丙烯醛、甲醛对眼睛有刺激作用,单纯的烃,如乙烯,其浓度为$0.01\% \times 10^{-6}$时,对植物作用几小时就会损害植物。多环芳烃是毒性更大的污染物,蒽对人体也有影响,其衍生物是一些不同强度的致癌物质。酚对皮肤、黏膜有强腐蚀性,对呼吸器官有很强的刺激作用,对肺、肝、肾脏均有不良影响。

(9)氡气。Rn是一种无色、无味、无臭的放射性气体,它的质量密度为9.73 g/L,是目前已知最重的气体。Rn属于惰性气体,很不活泼;能溶于水、油等液体,尤其易溶于脂肪;能被固体物质所吸附;有强扩散性;具有衰变性,Rn是由镭衰变来的,而自身又能继续衰变产生一系列的子体。Rn对人体主要危害源于其放射性,Rn衰变过程中所放出的α、β、γ射线能使物质产生电离与激发作用,引发人体内发生反应,使其代谢功能发生障碍。医学界研究已经证明,氡及其子体辐射是矿工患肺癌的主要原因。

2.7.2 矿山防毒技术

1. 有毒有害气体防治技术

有毒有害气体常以分子状态混合在烟气中,应根据污染物物理、化学性质,并考虑经济效益和实际可行选择净化方法。对有毒有害气体的净化处理方法有冷凝法、吸收法、吸附法、催化转化法、燃烧法五种(详见2.2.2节所述)。

总的来说,对具有氡危害的放射性及对有放射性物质的矿山,氡的防治与其他污染物的防治的基本手段是相同的。即最大限度的控制污染源的排放量,在氡及其子体的传播途径上控制污染物的浓度及个体防护。

(1)采矿方法方面的考虑。采矿方法造成的总射气面积大(包括崩落矿石的暴露面积),则该法的氡析出量也大;回采工作面崩落的矿石体积越大,储存的矿石量越多、时间越长,则该采矿方法产生的氡量越多;正在回采的矿块和相邻矿块或巷道,以及采空区或崩落区之间出现空气动力联系时,该方法的氡析出量就高。

氡从矿岩暴露面析出,与矿岩节理、裂缝的发育程度密切相关。因此,在地压大的地方,可采用混凝土砌柱支护巷道;在地压小而裂隙节理发育的巷道壁面上,喷射加水玻璃的混凝土层,或喷涂沥青、硫酸木质素、聚氨醋泡沫等,都是较好的防氡措施。我国试用过在物面上喷涂偏氯乙烯共聚乳液的方法,取得了降低氡析出率70%的效果,这种方法操作简便,成膜性好、无毒、无刺激气味、黏合牢固、价格便宜，适用于氡析出率较高的巷道。

（2）排氡通风。主要手段有：①选择合理的通风方式。这里所指的通风方式系指扇风机的工作方式。根据矿床及矿山具体条件，正确合理选择通风方式是铀矿山和非铀矿山排氡通风的关键。通风方式有抽出式通风、压入式通风和混合式通风。近几年混合式通风在许多矿山被广泛使用。研究表明，采用一台或多台风机工作的压－抽方式，在正、负压分布合理的情况下，是能保证入风免受或少受氡污染的。②合理调整井下通风压力分布。③建立和完善通风系统。在风路布置上应注意以下几点：保证入风风质良好；尽量减少通风空间的氡析出量和氡的体积析出率；注意减少通风死角；消除自然风压的干扰；缩小通风体积；分区通风。④密闭采空区及废旧巷道。

（3）其他防氡措施。防止氡对井下工作人员的危害的措施是多方面的。除通风措施以外，采用个体防护、防氡覆盖、净化等措施，也是防氡的重要手段。

①个体防护。工作者佩戴高效防尘口罩；清除表面污染，包括下班后换衣和沐浴；在井下不进食，不吸烟；定时体检；凿岩、转载和运输设备的司机室设置空调过滤设备密闭，使操作人员与含氡空气隔离。此外，缩短工人接触含氡空气环境的时间，劳动组织合理化以及工人定期轮换等，对预防氡害都有重要作用。

②防氡覆盖。是指在氡析出率比较高的岩矿体表面，覆盖一层不透气的材料，可以使氡析出率降低70%以上。

③净化法。多含氡子体的空气进行净化处理，能进一步降低空气中的氡子体α潜能，从而减少对人体的危害。已有的净化方法包括机械过滤法和静电降尘法。净化措施目前还很难普遍推广，而且仅能使用于局部地区，对于主要污染源的采空区及岩石裂隙，目前还缺乏有效的净化办法。

2. 预防炸药爆炸毒气产生的措施

（1）采用孔底起爆技术。孔底起爆技术是近年来出现的一种新技术，已在国内许多地下金属矿山推广应用。使用该方法起爆，可使炸药反应完全程度提高，从而降低毒气量。

（2）合理选择炸药类型。选择与本矿山矿岩性质相吻合的工业炸药，避免炸药爆炸后，爆炸气体与矿岩中的某些元素相互作用而生成一些有毒有害气体，如 SO_2、H_2S、CO 等。

（3）控制炸药的包装材料。不同的包装材料对爆炸产物中有害气体种类和数量会产生很大的影响。

（4）使用合格起爆器材。使用质量可靠的雷管、导爆索、继爆管和导爆管等起爆器材，避免炸药的半爆和爆燃。

（5）研制新型炸药和完善现有炸药配方。对于配制混合炸药，要尽量使炸药组分的化学活性相同或相近，这样反应速度相差不大，分解产物就可能充分相互作用，从而降低毒气量。

（6）采用水封爆破。若采用水封爆破，在爆破时将产生水雾，这样可以降低 CO 的浓度。

（7）保证合理的堵塞长度。除选用合适的堵塞材料外，需要一个合理的堵塞长度。炮孔堵塞质量高，会减少未反应或反应不充分的炸药颗粒从装药表面抛出反应区，从而降低炸药爆炸产生的毒气量。

（8）爆破时喷洒碱液。在爆破作业时，喷洒碱液，可以降低炸药爆炸产物中的氮化物的浓度。

金属矿山在控制爆破毒气时，一方面要考虑减少炸药产生毒气，另一方面应考虑多种预防毒气产生的措施，同时还要有防止爆破毒气事故的补救措施。只有这样，才能保障井下生产工人的作业安全和身心健康。

3. 柴油机废气净化措施

对柴油废气的治理主要从三方面着手，即废气净化、加强通风和个体防护。

1）废气净化

废气净化可分为机内净化和机外净化，前者是控制污染源，降低废气生成量；后者是进一步处理生成的有害物质。

机内净化可以从以下几方面入手：合理选择机型；喷油延迟；预喷射法（将少量柴油预先喷射）；水喷射法；增加气阀重叠时间；增压中冷（进气增压，后有冷却）；选用高标号的柴油；严格维修保养，保证柴油机完好率；严禁超负荷运转、尽量避免满负荷运转。

机外净化主要有四种：①水洗法，废气中的二氧化硫、三氧化硫、二氧化氮、醛类及少量 NO_x 可溶于水，因此可采用水洗法来去除，还可消除部分黑烟。②催化法，利用各种催化剂将废气中的 CO、碳氢化合物、含氧碳氢化合物催化氧化成无毒的 CO_2 和水。③再燃烧法，利用再燃净化器把柴油机排出的废气送入燃烧仓进行二次燃烧可净化 CO。④废气再循环利用法，把柴油机汽缸中燃烧室排出的废气一部分与空气混合后再循环到汽缸中二次燃烧。在实际工作中，只用一种方法往往不能达到要求，故应几种方法综合使用。

2）加强通风

在目前的技术条件下，柴油机的废气经过机内外的净化后仍无法达到国家标准，因此矿井的通风是必要的，应建立完善的、有效的通风系统。

3）个体防护

个体防护是指通过佩戴各种各样的防护面具以减少吸入人体有害量的一项补救措施。

个体防护的用具主要有防尘口罩、防尘风罩、防尘帽、风尘呼吸器等，其目的是使佩戴者能呼吸净化后的清洁空气而不影响正常操作。

个体防护不能完全取代其他防毒措施，减尘才是首要的。但是目前我国生产技术有限，部分矿井尚达不到国家规定的卫生标准，故采取一定的个体防护措施也是必要的。

2.7.3 工程应用实例

近年来，湖南宝山矿北部铅锌银矿区在采矿过程中会产生一种高温有毒有害气体，该气体呈白雾状，有臭鸡蛋味，特别刺鼻、刺喉、刺眼睛。经湖南有色冶金劳动保护研究院中心实验室测定，有毒气体的主要成分是 H_2S、CO、SO_2（有毒有害气体含量见表 2-21），严重危害到职工安全及身心健康。2005 年 7 月，-70 m 中段 828、814 采场产生的有毒气体导致上部两个中段部分停产；2006 年 3 月，-70 m 中段 814 采场产生的有毒气体导致北部矿区及牛栏冲矿区停产达 1 个月，直接经济损失 120 多万元。

表 2-21　2005 年 7 月 27 日北部检测结果及意见

采样地点	CO 气体检测结果/(mg·m^{-3})	SO$_2$ 气体检测结果/(mg·m^{-3})	H$_2$S 气体检测结果/(mg·m^{-3})	环境条件/℃
-70 m 中段 812 采场上	7.98	33.75	23.63	20
812 采场下	3.42	1.14	1.39	20
812 采场下	4.56	102.96	31.97	20
812 采场入口	2.28	4.86	未检出	20
斜井口	125.4	2	未检出	20
-30 中段斜井口	36.48	1.43	未检出	20
808 石门	2.28	58.06	未检出	20
806 石门	12.54	5.48	1.39	20
812 石门	17.1	102.96	9.73	20
804 石门	38.76	14.01	未检出	20
检测结论	-70、-812 采场超标点 3 个	超标点达 60%	812 采场 H$_2$S 超过国家最高允许浓度 2~3 倍(最高允许浓度为 10 mg/m^3)	

形成有毒有害气体的主要成因有:

(1)北部铅锌银矿床的铅锌银矿石 95% 为黄铁铅锌硫化矿石,平均含硫达 20.57%。因此在开采过程中,接触空气后氧化产生大量 SO$_2$,同时放热,形成高温,严重时出现自燃现象。

(2)部分铅锌银矿石的形成与碳酸盐化关系密切。仔细观察,在产生高温有毒气体的采场,矿岩接触带中有油泥层(富含烃类),在小部分矿石中,硫里边夹杂着点点黑色的油泥。

(3)由于北部铅锌银矿床的铅锌银矿体高硫化、碳酸盐化,同时在开采过程中矿石堆积量大时,聚积了高温和水蒸气,这些直接导致了硫化氢 H$_2$S 的形成。碳酸盐 - 硫酸盐在烃类(以 $\sum$CH 代表,即油泥巴)或有机物(以 C 代表)参与下,高温还原而形成硫化氢,其形成可由以下公式概括:

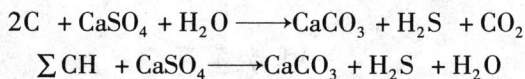

$$2C + CaSO_4 + H_2O \longrightarrow CaCO_3 + H_2S + CO_2$$

$$\sum CH + CaSO_4 \longrightarrow CaCO_3 + H_2S + H_2O$$

由此产生大量的有毒有害气体,有高温水蒸气、大量的 SO$_2$、严重超标的 H$_2$S,还有爆破作业中产生的 CO。2006 年 3 月,最严重时,白雾状毒气充满了整个北部矿区。

(4)在北部铅锌银矿区,还有部分矿体由于没有碳酸盐化,或碳酸盐化微弱,硫化物矿与高温水蒸气作用生成极少量的 H$_2$S。

(5)产生有毒气体的最直接原因是开采过程中大量堆积矿石,尤其是堆积了含有油泥巴的矿石。只有矿石大量堆积,才会产生形成 H$_2$S 所必须要求的高温。其次,在矿堆上洒水也是产生有毒气体的因素之一,特别是在正产生有毒气体的矿堆上洒水,好比是火上浇油。

有毒有害气体预防与治理措施有:

(1)认清危害,加强研究。H$_2$S 是一种神经毒气,亦为窒息性和刺激性气体,人在接触体积分数大于 700×10^{-6} 的硫化氢时就能产生急性中毒,并能迅速导致死亡。因此在开采矿体前,先要弄清矿体的地质情况,看是否有形成硫化氢的必需条件,在探矿过程中,需要对矿石取样化验,确定矿石地质特征。

（2）设计专用回风通道。2005年7月，−70 m中段828、814采场产生的有毒气体导致上部两个中段部分停产后，利用废置老巷道设计了一条专用回风通道并在年底施工完成。到2006年3月有毒气体更严重时，正是这条专用回风通道发挥了作用，才能有条件集中力量出空肇事矿石，断绝毒气源。必须继续完善北部矿区系统通风，形成独立回风通道；在采场设计中，必须保证通风和行人的安全完备，防止意外的发生；同时，作为一种紧急预案，需要继续完善专用回风通道（见图2−13）。

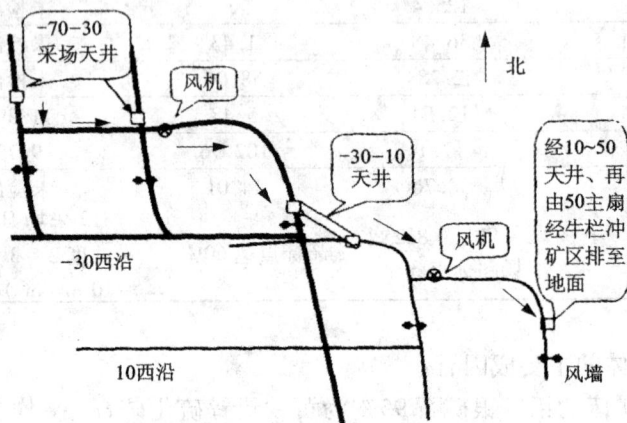

图2−13　专用回风通道示意图

（3）改变采矿方法。对具有产生H_2S条件的矿体，最根本的预防和治理措施是改变采矿方法，不堆积矿石。根据矿体状态和生产的需要，宝山矿现在一般采用留矿法和向上多水平回采事后充填法，采场都需要留矿堆积形成作业平台，以方便继续向上回采。这是一个大的安全隐患，必须引起高度重视。改变采矿方法是一个技术与生产上，生产与安全上，生产与环境上需要协调解决的新课题。

思考题

1. 矿山大气污染物有何特点？
2. 简述矿尘具有的性质。
3. 矿山粉尘所引发的职业病主要有哪些？各有什么症状？
4. 结合所学知识及相关资料，你认为地下矿防尘技术还将会有什么新的发展？
5. 阐述露天矿的粉尘来源。
6. 结合所学知识，你认为露天矿山在今后的防尘工作中还有什么地方需要完善？
7. 矿物加工过程的主要产尘点有哪些，分别具有哪些性质？
8. 对于粉尘污染源的控制都有哪些技术？
9. 在综合除尘技术中应注意哪些方面，试举例说明。
10. 简述一种除尘器的工作原理及特点。
11. 简述矿山毒气的来源及有毒有害气体的种类与性质。

12. 简述有毒有害气体的防治技术。
13. 简述预防炸药爆炸毒气产生的措施。
14. 简述柴油机废气净化措施。
15. 结合所学知识，查阅相关资料，谈谈你对矿山毒气防治技术发展前景的看法。

第 3 章   矿业水污染及其防治

内容提要：本章介绍了水体污染、水体自净、水质指标及排放标准等基本知识，阐述了矿业废水的污染特点、来源和危害，矿业废水中的有机、无机、油类、固体、生物等各种污染物的性质，重点介绍了矿业废水的物理、化学、物化、生物等处理方法及再生回用技术以及相应的处理设备，并分别列举了采矿排水、选矿废水、尾矿库排水、湿法冶金废水等典型矿业废水处理及回用的工程实例。

3.1   概述

3.1.1   水体污染与水体自净

1. 水体污染

水体污染，又称为水污染，是指污染物进入河流、湖泊、海洋或地下水等水体后，其含量超过了水体的自净化能力，使水体的水质和水体底质的物理化学性质或生物群落组成发生变化，从而降低了水体的使用价值和使用功能的现象。1984 年颁布的《中华人民共和国水污染防治法》中为"水污染"下了明确的定义，即水体因某种物质的介入而导致其化学、物理、生物或者放射性等方面特征的改变，从而影响水的有效利用，危害人体健康或者破坏生态环境，造成水质恶化的现象称为水污染。

水体污染是当前世界上突出的环境问题之一，不少国家的河流、湖泊、海湾和地下水出现了严重污染。目前已有 80 个国家的约 20 亿人缺水，因此，对江河、湖泊、海洋等地面水体污染控制，保护世界水质量是当前一个迫切需要解决的问题。

当今世界现代工农业的高速发展带来了一些无法预料的污染物质。工矿企业生产和城市生活过程中排出的工业废水和城市生活污水数量迅猛增加，许多工业废水和生活污水未经处理直接排入水体，必然引起水体的严重污染。目前全球使用的化学药品超过 6 万种，其中 70% 可能对健康有害，确认存在于饮用水中的 700 种化学药品可能引起癌症、不孕症、神经系统和免疫系统失调等方面的疾病。世界性水污染造成的水资源短缺和"水质型"缺水已成为各国环保部门以及从事环境保护的技术人员长期关注的问题。震惊世界的日本公害病"水俣病"和"痛痛病"就是饮用水被汞和镉污染所致。在中国的 660 多个城市中，有 360 个城市缺水，110 个城市严重缺水，40 个城市极度缺水。同时，中国的水污染十分严重，有 46.5% 的河流受到了污染，77% 的污废水未经处理就直接排放。

水污染有两类：一类是自然污染；另一类是人为污染，当前对水体危害较大的是人为污染。人为污染产生的主要来源有：①未经处理而排放的工业废水是重要污染源，具有量大、面广、成分复杂、毒性大、不易净化、难处理等特点。②未经处理而排放的生活和医疗污水，其特点是含氮、磷、硫多，致病细菌多。③大量使用化肥、农药、除草剂的农田污水，有关资料表明，在 1 亿公顷耕地和 220 万公顷草原上，每年使用农药 110.49 万吨；④矿山废水。随着矿业的不断发展，采矿、选矿等生产及辅助工艺均需使用或产生大量的水，若不对这些废水进行处理，就会给周围自然水体造成严重污染。

水污染根据污染物杂质的不同又可分为化学性污染、物理性污染和生物性污染三大类，见表 3 – 1。

表 3 – 1　水体污染中的主要污染类型

类　型		主要污染物	危　害
化学性污染	有机	油、染料、合成洗涤剂、卤代烃、酚、羟酸、糖类、各种化学有机物等	使水中溶解氧减少，溶解盐类增加，水的硬度变大，酸碱度发生变化及水中含有剧毒物质；造成水体自净能力降低，产生严重腐蚀作用，破坏水产资源和生态系统；危害人类的身体健康等
	无机	酸、碱、重金属盐、磷、氮、氰化物、硫化物、各种油、放射性物质等	
物理性污染	漂浮物	泡沫、浮垢、木片、树叶	导致水中溶解氧减少，有机物分解速度加快，水中氧的消耗增大。造成浮生植物的光合作用减少，水温上升，有毒物毒性增加，破坏鱼类生存条件，危害人类的健康
	悬浮物	砂粒、泥浆、尾砂、金属细粒、火山灰、橡胶粒、纸胶屑、固体污染物、细菌尸体	
	热污染	温排水	
生物性污染	微生物类	细菌、原生动物、真菌、藻类、病毒	造成水源的污染，对人体危害极大，引起病原微生物的传播，很容易引起疾病的蔓延与传染
	致病性藻类	由高营养化引起过度繁殖、腐烂耗氧的藻类	

2. 水体自净

进入水体中的污染物质，随时间和空间的推移，由于物理、化学和生物的作用，污染物质浓度逐渐降低，使水体环境部分地或完全地恢复原状。广义的水体自净是指在物理、化学和生物作用下，受污染的水体逐渐自然净化，水质复原的过程。狭义的水体自净是指水体中微生物氧化分解有机污染物而使水体净化的作用。由于稀释、扩散、混合、挥发和沉淀等作用，使污染物质浓度降低，属物理净化；由于氧化还原，酸、碱反应，分解、化合、吸附和凝聚而使污染物质浓度降低，属化学净化；由于生物活动（如通过细菌的作用），使复杂的化合物逐渐氧化、分解而引起污染物质浓度降低，属生物净化，它们同时发生，相互影响，共同作用。

但特定地区、一定时间内水体的自净能力是有限的。研究和正确运用水体自净的规律，采取人工曝气或引水冲污稀释等辅助措施，强化自净能力，是减少或消除水体污染的途径之一。同时，在确定允许排入水体的污染物量时，水体的自净能力也是一个重要的决策因素。水体的自净能力一般可用环境容量来表示。

3.1.2　矿业废水的污染特点

在矿山范围内，从采场、选厂、尾矿坝、废石场和生活区等地点排出的废水统称为矿山或矿业废水。矿井水、选矿厂和洗煤厂污水是矿山废水的主要来源。据统计，若不考虑回水利用，每产 1 t 矿石，废水排放量为 1 m³ 左右；生产 1 t 原煤从井下排出废水 0.5 ～ 10 m³ 不等，最高可达 60 m^3。而且有些矿山关闭后，还会有大量的废水继续污染矿区环境。矿山废水排放量大，持续性强，并含有大量的重金属离子、酸和碱、固体悬浮物、各种选矿药剂，在个别矿山废水中甚至还含有放射性物质等。矿山废水常呈灰黑色、浑浊、水面浮有油膜，并散发少量的腥臭、油腥味，并且化学耗氧量大，细菌总数和大肠菌群含量较大。矿业废水不经处理就外排会对环境造成特别严重的污染。

矿业废水的污染物有混入或溶解于水中的某些药剂、液体和固体，污染可分为矿物污染、有机物污染和细菌污染，主要为有机物和无机物污染。矿物污染有砂、泥颗粒、矿物杂质、粉尘、溶解盐、酸和碱等；有机物污染有煤炭颗粒、油脂、生物生命代谢产物、木材及其他物质的氧化分解产物。从性质上，矿业废水中的污染物通常可分为物理性、化学性和生物性污染物三大类。物理性污染物包括悬浮物、热污染和放射性污染，其中放射性污染危害最大，但一般存在于局部地区。化学性污染物包括无机和有机污染物。生物性污染物主要为细菌。在我国当前水资源严重匮乏的形势下，矿业废水的污染显得尤为突出，其特点主要表现在以下几个方面：

（1）废水排放量大，持续时间长。

（2）废水污染范围大，影响范围广。

（3）矿山废水成分复杂，浓度变化大。

根据我国 2000 年重点调查工业企业污染数据，目前矿业废水的产生与处理情况具有如下特点：①矿业的平均用水消耗和废水排放系数高于整体工业平均水平，矿业的废水治理水平稍高于整体工业平均水平。②除 Hg、Cr(Ⅵ)、COD 和石油类外，矿业废水各项污染物的平均排放浓度普遍超标。③废水处理水平表现出随企业规模自大到小，在地域分布上自东向西依次降低的特点。④大型、国有矿产企业的用水消耗系数大，小型、乡镇企业、私营和集体企业的废水治理水平低。⑤从国外选矿废水的处理现状来看，废水回用率在 70% ~100%，一般在 70% ~80%。

3.1.3　矿业废水的来源与危害

1. 矿业废水的来源与危害

矿业废水的来源有露天及地下开采过程中的矿坑排水、采矿生产用水、废石场淋滤水、选矿厂废水及尾矿坝废水等，其中矿坑排水、采矿生产用水和选矿废水是矿业废水的主要来源。矿山废水的产生、损耗与循环利用见图 3 – 1。

1）露天矿坑水与降水产生的废水

（1）露天矿坑水。天降雨水、雪水是露天矿坑水的主要来源，它们同时会将大气和矿坑中的污染物，如大气中 SO_2、烟尘和矿坑中的矿物微粒等带入积水中而造成污染。

（2）降水淋滤与渗流污染。主要为露天矿石堆和废石场淋滤水。露天矿石堆和废石场在雨水冲刷下发生风化、分解、溶滤等不同程度的物理、化学、生化反应，使水体中含有不同程度的悬浮物、溶解物、重金属离子及放射性物质。对于含硫化物的露天矿，由于受空气中氧和水分的不断氧化分解作用生成硫酸盐类物质，尤其是当降雨侵入废石堆后，从矿石和废石堆中就会渗流出大量的酸性水，污染地表水体。

（3）废水渗透与渗透污染。矿山废水或选矿废水排入尾矿库后，通过土壤及岩石层的裂隙渗透而进入含水层，造成对地下水的污染。同时，尾矿库中的废水还会发生地表渗透造成

```
①地下水流入 ┐                              ┌ ①渗入地下
②雨水        ├──→ [矿山] ──→              │
③径流水      │                            └ ②蒸发
④防尘用水    ┘
                    │
              矿井矿坑排水
                    │
                    ↓
                                           ┌ ①泥浆耗水
                                           │ ②蒸发
             [废水处理净化池] ──→           │ ③渗透水
                                           │ ④渗流水
                                           └ ⑤废水外排
                    │
                    ↓
                                           ┌ ①矿山绿化
          废水矿山选厂回用 ──→ [矿山]        │ ②降尘洒水
                                           └ ③矿山防尘用水
①新水补充 ──────────→ [选厂] ──→ 产品耗水
                    │
                    ↓
               尾矿泥浆
                    │
                                           ┌ ①蒸发
                                           │ ②沉淀泥浆含水
①降雨   ┐                                  │ ③渗透水
        ├──→ [废水处理池及尾矿库] ──→      │ ④渗流水
②径流水 ┘                                  │ ⑤径流水
                                           └ ⑥废水外排
                    │
                    ↓                      ┌ ①选厂绿化
选厂循环回用水 ←── 净化后废水及澄清水 ──→   │ ②废水外排
                                           └ ③降尘洒水
```

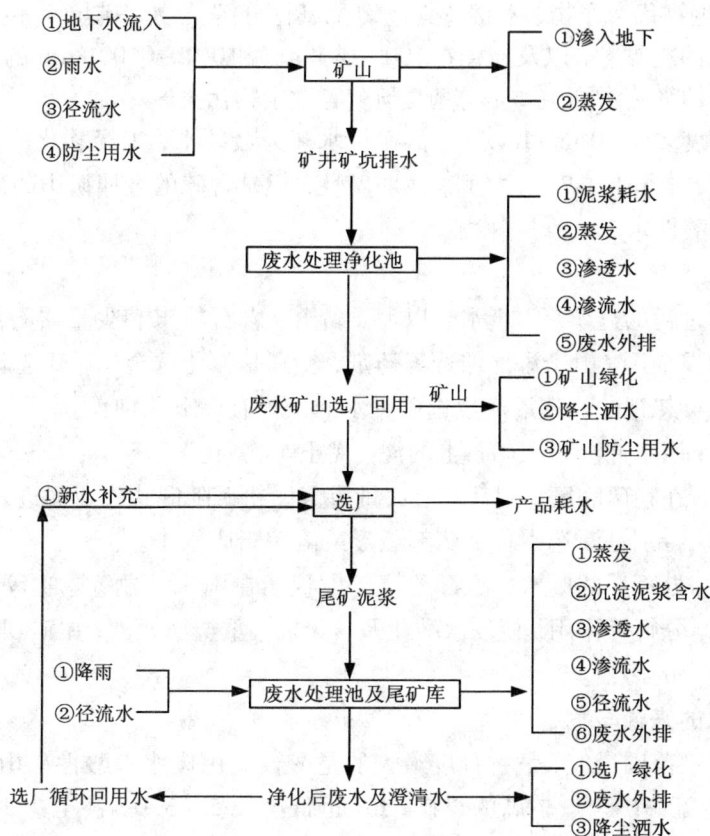

图 3 – 1   矿山废水的产生、损耗与循环利用示意图

地表水的污染。

（4）雨水冲刷与径流污染。露天矿采矿和运输过程道路建设会剥离表土，破坏地表植被，边坡矿岩和矿区大量含矿物的泥沙受雨水冲刷流失，造成水蚀和水土流失现象。因此，降雨等地表水流会夹带大量悬浮物、胶状物、酸性盐类进入水体并使水质发生酸化。

2）矿坑水

地下矿坑水又称为矿井水，矿井涌水量主要取决于矿区地质、水文地质特征、地表水系的分布、岩层土壤性质、采矿方法以及气候条件等因素，主要为地下水及老窿水涌入巷道，采矿生产工艺形成的废水，地表降水通过裂隙、地表土壤及松散岩层或其他与井巷相连的通道流入井下的水。

沿井巷流动的地下矿坑水和采矿用水所形成的矿坑水，溶解和掺入了各种可溶物质和各种固体微粒、油类、脂肪及微生物等，会使地下水的成分发生显著变化。

矿坑水中常见的离子有 SO_4^{2-}、Cl^-、HCO_3^-、Ca^{2+}、Mg^{2+}、Na^+、K^+ 等数种；微量元素有钛、砷、镍、铍、钍、铁、铜、银、锶、锡、碲、锰、铋等。可见，矿坑水是含有多种污染物质的废水，其被污染的程度和污染物种类对不同类型的矿山是不同的。

矿坑水污染可分为矿物污染、有机物污染及细菌污染，在某些矿山中还存在放射性物质污染和热污染。矿物污染有砂泥泥粒、矿物杂质、粉尘、溶解盐、酸和碱等。有机污染物有煤炭颗粒、油脂、生物代谢产物、木材及其他物质氧化分解产物。矿坑水不溶性杂质主要为大于 $100 \sim 0.1\ \mu m$ 的粗颗粒，以及粒径在 $100 \sim 0.1\ \mu m$ 和 $0.1 \sim 0.001\ \mu m$ 的固体悬浮物和胶体悬浮物。矿井水的细菌污染主要是霉菌、肠菌等微生物污染。

矿坑水的总硬度多在 30 mg/L 以上，故矿坑水多为最硬水，未经软化是不能用作工业用水的。通常，矿坑水的 pH 在 7 ~ 8 之间，属弱碱性，但是含硫的金属矿山的矿坑水中，H^+ 和 SO_4^{2-} 较多，大都是酸性水。

3）选矿厂废水

对于物理分选过程的选矿厂，废水是以泥、黏土、岩石粉末和少量岩石为主体的混悬物质。但对于浮选和提金厂，由于添加浮选等药剂，特别是氰化选金厂，其选矿厂废水对水域、土壤的污染也是不可忽视的。选厂产生选矿废水的工段有以下几种：

（1）水洗工段。用水冲洗附在矿石上的泥、黏土等物质。

（2）碎磨工段。在粉碎和磨矿过程中，大量重金属粉矿随湿式作业而进入水体。

（3）选矿工段。特别是浮选中各种药剂悬浮或溶解于废水中。

（4）其他。浓缩处理后的废水；矿石及精矿堆积场在雨水冲刷、风吹等作用下，粉矿流失，矿石发生氧化、分解等作用，使废水酸化及含金属、重金属元素；尾矿坝溢流或干涸后经受风吹雨淋而造成水的污染。

2. 矿山酸性水的来源与危害

矿山废水中污染范围最广、危害程度最大的是酸性矿山废水。酸性矿山废水的 pH 一般为 4.5 ~ 6.5，某些硫铁矿含量较高的煤矿，pH 可低至 2.5 ~ 3.0，甚至达 2.0，同时还含有铜、铅、锌、镉等重金属离子。

酸性废水的形成主要通过以下三个途径：①矿床开采过程中，大量的地下水渗流到采矿工作面，这些矿坑水排至地表，成为酸性废水的主要来源。②矿山生产过程中排放的大量含有硫化矿物的废石和尾矿，在露天堆放时不断与空气和水蒸气接触，生成金属离子和硫酸根离子，当遇雨水或堆置于河流、湖泊附近，所形成的酸性水会迅速大面积扩散。③矿石加工过程中，若采用添加酸性药剂的选矿作业流程，所排放的废水是酸性废水和有害物质的主要来源。

（1）在干燥环境下，硫化物与氧起反应生成硫酸盐和二氧化硫，如

黄铁矿氧化：

$$FeS_2 + 3O_2 = FeSO_4 + SO_2$$

黄铜矿氧化：

$$4CuFeS_2 + 14O_2 = 4CuO + 4FeSO_4 + 4SO_2$$

闪锌矿氧化：

$$2ZnS + 3O_2 = 2ZnO + 2SO_2$$

在潮湿环境中，SO_2 在 H_2O 的作用下生成 H_2SO_4：

$$2FeS_2 + 2H_2O + 7O_2 = 2FeSO_4 + 2H_2SO_4$$

（2）硫酸亚铁在硫酸和氧的作用下生成硫酸铁，在此过程中细菌的生物作用会大大加速

这个过程：

$$4FeSO_4 + 2H_2SO_4 + O_2 = 2Fe_2(SO_4)_3 + 2H_2O$$

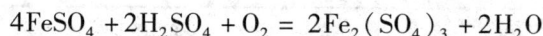

(3)生成的硫酸铁溶液与水作用生成氢氧化铁沉淀和 H_2SO_4：

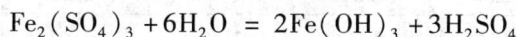

$$Fe_2(SO_4)_3 + 6H_2O = 2Fe(OH)_3 + 3H_2SO_4$$

因为硫酸铁可与硫化铁反应，进一步促进氧化，并加速酸的形成：

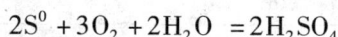

$$Fe_2(SO_4)_3 + FeS_2 = 3FeSO_4 + 2S^0$$

$$2S^0 + 3O_2 + 2H_2O = 2H_2SO_4$$

由上述反应可知：硫化矿物在 O_2 和 H_2O 的作用下生成含有硫酸盐及各种重金属的酸性废水，特别是矿山废水中存在氧化铁硫杆菌、氧化亚铁硫杆菌等微生物时，在微生物的作用下，会加速硫化矿物的氧化过程和酸性废水形成的速率，矿山废水水质的酸化倾向也就更加严重。

矿山酸性废水流入江河湖泊造成水生生物的死亡，抑制或阻止细菌及微生物的生长，破坏生态平衡，妨碍水体的自净。污染的水体流经农田造成作物枯萎死亡，从而使农作物减产，甚至变为不耕之地。矿山酸性废水对选厂及井下排水设备(水泵、管路、金属构件)及井下轨道产生严重腐蚀；排入河流，引起 pH 的变化，对船舶、水闸、堤坝、沟管、桥梁和混凝土结构均产生一定的腐蚀作用，尤其是废水中所含的重金属离子大多有毒，如不处理直接进入水体，会对人和水中生物造成极大的危害。

3.2　矿业废水的主要污染物

3.2.1　有机污染物

废水中的有毒有机化学污染物主要是指苯酚、硝基物、多氯联苯、多环芳烃、有机农药、合成洗涤剂等。矿山废水池和尾矿库中植物的腐烂，可使废水中有机成分含量很高。选厂浮选药剂以及分析化验室排放的废水中含有酚、甲酚、萘酚等有机物，它们对水生生物极为有害。

有机污染物排入水体后，会使水体中的物质组成发生变化，破坏原有的物质平衡。如果排入水体的有机污染物超过环境容量时，有机污染物超过了水体的自净能力，水体将出现由于缺氧而产生的一系列污染现象。

3.2.2　无机污染物

水中的化学污染物包括酸碱污染物、营养物质污染物、有毒污染物和放射性物质等。

矿山酸性废水主要来源于矿坑水、废石堆淋滤液等，其对环境的污染可归结为酸性废水和重金属离子两个方面。矿山酸性废水污染程度与酸性废水产量、pH、金属离子种类及价态、浓度有关。我国几个矿山井下和废石场废水中的 pH 和有害物质含量(见表 3-2)很好的说明了这一点。

表 3 – 2 我国几个矿山废水中 pH 及有害元素含量

项 目		矿 山					
		湘潭锰矿	凹山铁矿	丁家铜矿	东乡铜矿	大冶铁矿	潭山硫铁矿
pH		3 ~ 3.8	1.7	2 ~ 3	1.8 ~ 4.2	4 ~ 5	2 ~ 3
有害元素含量/(mg · L^{-1})	总酸度	4 000 ~ 5 000		506			
	SO$_4^{2-}$		7789				4 120
	Cu^{2+}			20 ~ 80	4.2 ~ 27.2	170 ~ 400	
	Fe^{3+}		465		18 ~ 4 711		
	Fe^{2+}		9.1		7.8 ~ 5 033		
	总铁	10 ~ 25		10 ~ 800			926
	Mn^{2+}	600 ~ 800					
	Mg^{2+}	200 ~ 300					

矿山碱性废水主要产生于浮选作业,矿石进行浮选时为获取最佳的分离效果,需要对矿浆进行 pH 的碱性调整,由此而产生的废水通常呈碱性。随着浮选作业过程所添加的药剂等的不同,碱性废水含有的污染物也不同。

1)营养物质污染物

营养物质污染物主要是指氨氮和磷。在人类活动的影响下,生物所需的氮、磷等营养物质大量进入河流、湖泊、海湾等缓流水体,引起水体富营养化,导致藻类和其他浮游生物迅速繁殖,水体溶解氧量下降,水质恶化,鱼类及其他生物大量死亡。磷矿的开采与加工排放的废水含有较高浓度的磷。浮选中采用氨(胺)盐作为浮选剂时,排放的选矿废水也会含有较高的浓度的氨氮。

2)氰化物

矿山产生含氰化物废水的主要工艺有多金属矿石浮选时采用含氰抑制剂、金矿浸出时采用氰化物。氰化物是剧毒污染物,一般人只要误服 0.01 g 左右的氰化钠或氰化钾就会死亡。当水中 CN$^-$ 含量达 0.3 ~ 0.5 mg/L 时便可使鱼类死亡。

3)重金属污染

矿山废水中主要有汞、铬、镉、铅、镍、银、铋、锌、铜、钴、锰、钛、钒、钼等,特别是汞、铬、镉、铅、镍、银危害更大,为第一类污染物。如汞进入人体后被转为甲基汞,在脑组织内积累,破坏神经功能,无法用药物治疗,严重时能造成全身瘫痪甚至死亡。

4)氟化物

萤石矿排放的废水中含有较高浓度的氟化物,毒性很大。

3.2.3 油类污染物

油类污染物主要来自含油废水。水体含油达 0.01 mg/L 就可使鱼肉带有特殊气味而不能食用。油膜还能附在鱼鳃上,导致鱼类呼吸困难,甚至窒息死亡;在含油废水的水域中孵化的鱼苗,多数产生畸形,易于死亡。含油污染物对植物也有影响,妨碍通气和光合作用,使水稻、蔬菜减产，甚至绝收。除石油开采外，选厂含油类浮选药剂以及矿山和选厂机械设备维修和清洗时产生的废水常含油类污染物。

3.2.4　固体污染物

水中固体污染物质的存在形态有悬浮状态、胶体状态和溶解状态三种。呈悬浮状态的固体物质是指粒径大于 100 nm 的杂质，通常称为悬浮固体物。悬浮固体物包括未溶解的污染物颗粒、有机碎物、泥浆、砂石、油污、微生物等，它们悬浮或分散于水中。在锅炉、热交换器和其他水处理设备中会因沉降而形成沉积物或黏泥。

悬浮固体污染物中，颗粒较重的大多数是泥沙类无机物，以悬浮状态存在于水中的泥沙类无机物，在静置时会自行沉降；较轻的污染物颗粒常浮在水面上，多为动植物腐败而产生的有机物质。悬浮物还包括浮游生物(如蓝藻类、硅藻类)及微生物。

胶体状态的污染物是指粒径大致在 1～100 nm 之间的杂质。胶体杂质多数是高分子有机胶体和黏土类无机胶体。高分子有机胶体是分子量很大的物质，一般是水中的植物残骸经过腐烂分解的产物，如腐殖酸、腐殖质等。黏土性无机胶体则是造成水质混浊的主要原因。

胶体污染物杂质具有两种明显的特性，一种是由于胶体的比表面积很大，因而吸附大量离子而带有电性，使胶体之间产生电性斥力而不能互相黏结，胶体污染物颗粒始终能稳定在微粒状态而不能自行下沉。另一种是由于胶体对光线的散射作用而导致混浊现象。

3.2.5　生物污染物

水中微生物的类型最常见的为细菌、真菌类和藻类。

细菌有两类。一类是异养菌，需靠有机物维持生存。另一类为自养菌，利用无机物而生存。

真菌类是一种简单的异养性生物，与藻类不同，它不能进行光合作用，生长在阳光难抵达的地方。对于矿山废水，除矿山酸性废水和生物浸出废水外，其他废水生物污染物一般很小。

藻类是光合性植物，它们以单一细胞或长链细胞群存在。藻类的危害为：生长在冷却塔填料上的藻类会阻塞流水孔，影响冷却效果；藻类尸体会阻塞管道，降低水流量，增加泵的能耗；藻及其尸体助长黏泥的产生，助长菌类的生长。

3.3　水质指标与废水排放标准

3.3.1　水质指标

衡量水质好坏的标准和尺度，称为水质指标。同时针对水中存在的具体杂质或污染物，提出了相应的最低数量或浓度的限制和要求，即水质的质量标准。这些水质指标和水质标准是根据保障人体健康、保护鱼类和水生资源，满足工农业用水要求而提出的。水质指标项目繁多，可以分为三大类：①物理性指标，包括温度、色度、嗅味、浑浊度、悬浮固体等；②化学性指标，如 pH、溶解氧(DO)、化学需氧量(COD)、生化需氧量(BOD)、氨氮、总磷、重金属、氰化物、多环芳烃，各种农药等；③生物学指标，包括细菌总数、总大肠菌群数等。

1. 物理指标

1）固体物质

水中的固体物质包括悬浮固体和溶解性固体两大类。悬浮固体也称悬浮物质，是指悬浮于水中的固体物质，是反映水中固体物质含量的一个常用的重要水质指标，常用 SS 表示，单位 mg/L。在水质分析中，将水样过滤，凡不能通过滤器的固体颗粒物称为悬浮固体。

溶解固体也称溶解物，是指溶解于水的各种无机物质和有机物质的总和。在水质分析中，是指将水样过滤后，将滤液蒸干所得到的固体物质。

2）浊度

水中含有的细砂、泥土、有机物、无机物、浮游生物等悬浮物和胶体物都可以使水体变得浑浊而呈现一定浊度。在水质分析中规定 1 L 水中含有 1 mg SiO_2 所构成的浊度为一个标准浊度单位，简称 1 度。水中浊度是衡量水是否受到污染的重要标志之一。

3）温度

水温是最常用的重要水质物理指标之一，由于水的许多物理特性、水中进行的化学过程和微生物过程都同温度有关，所以它经常是必须加以测定的，通常用刻度为 $0.1℃$ 的温度计测定。

4）臭味

臭味是判断水质优劣的感官指标之一。臭味的表示方法现行是用文字描述臭的种类，用强、弱等表示臭的强度。比较准确的定量方法是臭阈法，即用无臭水将待测水样稀释到接近无臭程度的稀释倍数表示臭的强度。这一指标主要用于生活饮用水，是判断适合饮用与否的重要指标之一。

5）色泽和色度

色度是指废水所呈现的颜色深浅程度。色度有两种表示方法：一是采用稀释倍数法，将废水按一定的稀释倍数，用水稀释到接近无色时的稀释倍数。二是采用铂钴标准比色法，规定在 1 L 水中含有氯铂酸钾（K_2PtCl_6）2.49 mg 及氯化钴（$CoCl_2 \cdot 6H_2O$）2.00 mg 时，也就是在 1 L 水中含铂（Pt）1 mg 及钴（Co）0.5 mg 时所产生的颜色深浅为 1 度。

水的颜色可用表色和真色来描述。表色为未经静置沉淀或离心的原始水样的颜色，用定性文字描述。如废水和污水的颜色呈淡黄色、黄色、棕色、绿色、紫色等。真色为除去悬浮杂质后的水，由胶体及溶解杂质所造成的颜色。水质分析中一般对天然水和饮用水的真色进行定量测定。饮用水在颜色上加以限制，规定色度小于 15 度。

6）电导率

电导率又称比电导。电导率表示水溶液传导电流的能力，间接表示了水中溶解盐的含量。电导率的大小同溶于水中的物质浓度、活度和温度有关。电导率用 K 表示，单位为 S/cm 或 $1/(\Omega \cdot cm)$。

2. 化学指标

1）一般指标

（1）pH。水的 pH 是常用的水质指标之一，表示水中酸、碱的强度。天然水的 pH 一般在 7.0~8.5。

（2）酸碱度。酸碱度是水的一种综合特性的度量，只有当水样中的化学成分已知时，它才被解释为具体的物质。

水的酸度以 $CaCO_3$ 计，用 mg/L 表示，一般测定的酸度数值大小与所用指示剂和滴定终点的 pH 有关。水的酸度是水中给出质子物质的总量，可反映水源水质的变化情况。酸度包括强无机酸(如 HNO_3、HCl、H_2SO_4 等)、弱酸(如碳酸、醋酸、单宁酸等)和水解盐(如硫酸亚铁和硫酸铝等)。

水的碱度是水中接受质子物质的总量，水中碱度也以 $CaCO_3$ 计，用 mg/L 表示。水的碱度包括水中重碳酸盐碱度(HCO_3^-)、碳酸盐碱度(CO_3^{2-})和氢氧化物碱度(OH^-)。水中的 HCO_3^-、CO_3^{2-} 和 OH^- 三种离子的总量称为总碱度。一般天然水中只含有 HCO_3^- 碱度，碱性较强的水含有 CO_3^{2-} 和 OH^- 两种碱度。

(3)硬度。水的硬度一般定义为 Ca^{2+}、Mg^{2+} 离子的总量。硬度可分别表述为总硬度、碳酸盐硬度和非碳酸盐硬度。

由 $Ca(HCO_3)_2$、$Mg(HCO_3)_2$ 及 $MgCO_3$ 形成的硬度为碳酸盐硬度，又称暂时硬度，由 $CaSO_4$、$CaCl_2$、$MgSO_4$、$MgCl_2$ 和 $Mg(NO_3)_2$ 等形成的硬度为非碳酸盐硬度，又称永久硬度。

(4)总含盐量。总含盐量又称矿化度、全盐含量，表示水中各种盐类的总和，总含盐量对农业用水尤其灌溉用水影响较大，总含盐量过高会导致土壤的盐碱化。

2)有机污染物综合指标

在环境监测中，一般是从各个不同侧面反映有机物的总量。总需氧量(TOD)、溶解氧(DO)、化学需氧量(COD)、生化需氧量(BOD)、总有机碳(TOC)、有机碳(OC)、高锰酸盐指数(COD_{Mn})等为有机污染物综合指标。这些综合指标在水处理、水质分析中有着重要意义，可作为水中有机物总量的水质指标而得到广泛应用。各耗氧参数在数值上的关系为：$TOD > COD > OC > BOD_5$。

(1)总需氧量。总需氧量(TOD)是指在特殊的燃烧器中，以铂为催化剂，在 900℃ 温度下使一定量水样汽化，其中有机物燃烧，再测定气体载体中氧的减少量来作为有机物完全氧化所需要的氧量。TOD 的测定与 BOD、COD 的测定相比，更为快速简便，其结果也比 COD 更接近于理论需氧量。

(2)生化需氧量。生物化学需氧量(BOD)，又称生化需氧量，是指在有氧、温度、时间都一定的条件下，微生物在分解氧化水中有机物的过程中所消耗的溶解氧量，单位为 mg/L。BOD 越大表示水中能被微生物消化降解的有机物浓度越高。

微生物在分解有机物过程中，分解作用的速度和效果与温度和时间直接相关。在 20℃ 条件下，一般需要 10～20 d 才能完成。为了使测定的 BOD 值有可比性，在水质分析中，规定将水样在 20℃ 条件下培养 5 d 后测定水中溶解氧消耗量作为标准方法，测定结果称为 5 日生化需氧量，以 BOD_5 表示；如果测定时间是 20 d，则结果称作 20 d 生化需氧量(也称完全生化需氧量)，以 BOD_{20} 表示。生活污水的 BOD_5 约为 BOD_{20} 的 70%。

(3)化学需氧量。化学需氧量(COD)，又称化学耗氧量，是指在一定条件下，用强氧化剂氧化水中的有机物质所消耗的氧量，是一项重要的水质指标。常用的氧化剂有重铬酸钾和高锰酸钾，相对应的是重铬酸钾指数(COD_{Cr})和高锰酸盐指数(COD_{Mn})。一般 COD_{Mn} 用于测定地表水、饮用水。

(4)总氮和有机氮。总氮(TN)是一个包括从有机氮到硝态氮等全部含氮量的水质指标。称 NH_3 和 NH_4^+ 为氨氮，NO_2^- 为亚硝酸氮，NO_3^- 为硝酸氮。

有机氮是表示水中蛋白质、氨基酸、尿素等含氮有机物总量的一个水质指标，有机氮在有氧的条件下进行生物氧化，可逐步分解为 NH_3、NH_4^+、NO_2^-、NO_3^- 等形态，这几种形态的含氮量均可作为水质指标分别代表有机氮转化为无机物的各个不同阶段。

(5)总有机碳。总有机碳(TOC)的测定方法与上述 TOD 的测定类似，是用燃烧法测定水样中总有机碳元素量来反映水中有机物的总量。国际上通常以 TOC 来表示废水中有机污染物浓度。

(6)溶解氧(DO)。溶解氧(DO)指溶解在水中的分子氧，单位为 mg/L。一般 DO 低于 4 mg/L 时鱼类就会窒息死亡。当水源被有机物污染后，由于好氧菌的作用而使其氧化，从而消耗氧，水中溶解氧不断减少，甚至接近于零，这种情况下厌氧菌就会大量繁殖，使有机物腐败，水变黑发臭。DO 值越大，水体自净能力越强。

3)有毒物质指标

有毒物质是指水中含有能够危害人体健康和水体中的水生生物生长的某些物质。有毒物质可分为无机和有机毒物。对人体健康危害较大的有毒物质有氰化物、甲基汞、砷化物、镉、汞、铜、锌、铅、六价铬等。

3. 生物指标

水质生物指标主要有细菌总数、大肠菌数、病原菌和病毒等。

(1)细菌总数。细菌总数是指 1 mL 水中所含有各种细菌的总数。

(2)大肠菌群数：大肠菌数是指 1 L 水中所含大肠菌群的数目。

3.3.2 水质标准

水质标准实际上是水的物理、化学和生物学的质量标准。水质标准分为国家正式颁布的统一规定标准和企业标准。前者是要求各个部门、单位和企业等都必须遵守的具有指令性和法律性的规定；后者虽不具法律性，但对水质提出的限制和要求，在控制水质、保证产品质量方面具有积极的参考价值。

1)生活饮用水卫生标准

(1)无感官性不良刺激或不愉快的感觉，如饮用水除浊度、色度、嗅和味等符合标准外，对水中由氯消毒形成氯代酚而引起强烈臭味的挥发酚类化合物规定要求 <0.002 mg/L 等。

(2)水中有害或有毒物质的浓度小于规定值，对人体健康不产生毒害和不良影响。

(3)流行病学上安全可靠，生活饮用水中不应含有各种病源细菌、病毒和寄生虫卵。我国饮用水中规定细菌总数不超过 100 个/mL，大肠菌群不超过 3 个/mL，出厂水游离性剩余氯不应低于 0.3 mg/L 等。

2)工业用水水质要求

工业行业和种类繁多，对其用水要求也不尽相同，共同要求是水质必须能保证产品质量和生产正常运行。除饮用水外，工业用水主要有生产技术用水、锅炉用水和冷却水。各种工业用水通常由行业自身做出规定和要求。例如，人造纤维、造纸、纺织和染色用水对水色度要求分别为 15 度、15~30 度、10~12 度和 5 度。

3)农业与渔业用水水质要求

农业用水主要是灌溉用水，约占地球用水的 70%。如果水的含盐量过高，会导致土壤盐碱化。因此，我国规定对非盐碱土农田的灌溉用水总含盐量小于 1 500 mg/L。

渔业用水需保证鱼类的正常生存、繁殖外，还要防止因水中有毒有害物质通过食物链在鱼体内的积累、转化引起鱼类死亡，或者食用有毒有害水产品对人类自身造成健康损害。

3.3.3 废水排放标准

废水排放标准是根据环境质量标准，并考虑技术经济的可能性和环境特点，对排入环境的废水浓度所做的限量规定。我国污水排放标准分综合标准和部门、行业排放标准两种。综合排放标准主要依据《污水综合排放标准》(GB 8978—1996)的规定。该标准适用于排放污水和废水的一切企、事业单位。工业废水中有害物质最高容许排放浓度分两类：

第一类污染物，指能在环境或动植物体内蓄积，对人体健康产生长远不良影响的污染物。含有这类有害污染物质的污水，不分行业和污水排放方式，也不分受纳水体的功能类别，一律在车间或车间处理设施排出口取样，尾矿库出水口不能作为排出取样口。其最高允许排放量必须符合表 3-3 的规定。

表 3-3　第一类污染物最高允许排放量

污染物	最高允许排放浓度/$(mg \cdot L^{-1})$
总汞	0.05
烷基汞	未检出
总镉	0.1
总铬	1.5
六价铬	0.5
总砷	0.5
总铅	1.0
总镍	1.0
3、4-苯并芘	0.000 03

第二类污染物，指其长远影响小于第一类污染物质的，在排污单位排出口取样，其最高允许排放量必须符合表 3-4 的规定。

为了保证矿区环境不受污染和危害，矿区排放的废水还必须符合国家《工业企业设计卫生标准》的规定。

表 3-4　第二类污染物最高允许排放量

项目	标准分级及标准值		
	一级标准	二级标准	三级标准
pH	6~9	6~9	6~9
色度(稀释倍数)	80	100	—

续表 3-4

项 目		标准分级及标准值		
		一级标准	二级标准	三级标准
污染物浓度/（mg·L^{-1}）	悬浮物	100	250	400
	生化需氧量（BOD）	60	80	300
	化学需氧量（COD）	150	200	500
	石油类	15	20	30
	动植物类	30	40	100
	挥发物	1.0	1.0	2.0
	氰化物	0.5	0.5	1.0
	硫化物	1.0	2.0	2.0
	氨氮	25	40	—
	氟化物	15	15	20
	磷酸盐（以P计）	1.0	2.0	—
	甲醛	2.0	3.0	—
	苯胺类	2.0	3.0	5.0
	硝基苯类	3.0	5.0	5.0
	阴离子合成洗涤剂	10	15	20
	铜	0.5	1.0	2.0
	锌	2.0	5.0	5.0
	锰	5.0	5.0	5.0

3.3.4 矿业废水水质监测

1. 矿山废水水质监测的目的和方法

水质监测的目的包括：①掌握矿山废水污染物现状及其影响和发展规律。②为污染源管理提供依据。③为分析判断事故原因、危害及采取对策提供依据。④为国家政府部门制定环境保护法规、标准和规划，为全面开展环境保护管理工作提供有关数据和资料。⑤为开展水环境质量评价、预测预报及进行环境科学研究提供基础数据和手段。

监测分析方法应遵循的原则和要求：灵敏度能满足定量要求；方法成熟、准确；操作简单；抗干扰能力好；其分析方法应采用国家统一的标准分析方法。

制定水质监测方案首先需明确和具体地规定监测的目的，确定监测项目，以此选择分析方法，前后统一，使监测数据具有可比性。根据排放特点、自然环境条件等情况，确定采样路线、采样设备、采样地点、方法、时间和频次等。另外，对监测结果尽可能提出定量要求，包括监测项目结果的表示方法、有效数字的位数及可疑数据的取舍等。

2. 矿山废水的采样方法

1）水样类型

（1）瞬间水样。适用于流量不固定、不连续流动、污染物最高值与最低值都变化的情况。

（2）混合水样。在同一采样点上的，以时间、流量或体积为基础，按照已知的比例（间隔或连续的）混合的水样。

（3）综合水样。从不同采样点同时采得的瞬时水样混合成的一个综合水样。

2）采样时间和频率的确定

矿山废水的流量和水中污染物的浓度随着生产情况经常会发生变化，待测矿山废水的水质是不均匀的，而且随时间和地点而不断发生变化，必须根据企业的实际情况确定采样时间和频率。对于连续稳定生产车间的排污口，可在一个生产周期内采平均水样和定时水样；对连续不稳定生产车间，可根据排放量的大小，在一个生产周期内按废水流量比例采样，混合均匀后测平均浓度。对生产无规律的车间，根据排污的实际情况采样，并且要求一个生产周期采样不少于 5 次。对通过废水调节池停留相当长时间后再排污的矿山废水，可采用瞬时采样法一次采样。如发生事故高浓度排放，应及时采样作为事故排放处理，以便与正常采样相区别，在节假日或生产不正常或停产检修期间，应停止采样。在任何情况下，采样都必须杜绝发生人为稀释的现象。采样量一般水样为 0.5 ~ 1.0 L，全分析水样不少于 3.0 L，底泥样品一般为 1 ~ 2 kg。

3）采样点的确定

对于一般在管道或渠、沟排放，截面积比较小，不需设置断面直接确定采样点位。在车间或车间设备的废水排放口设置采样点监测第一类污染物，这些污染物主要包括汞、镉、砷、铅和它们的无机化合物，六价铬的无机化合物，有机氯和强致癌物质等；在工厂废水总排放口布设采样点监测第二类污染物，主要有悬浮物、硫化物、挥发酚、氰化物、非第一类金属化合物、有机磷、石油类、硝基苯、苯胺类等，根据具体污染物而定。

对于河流，应在河流的不同区段（清洁区段、污染区段及净化区段）选择采样断面和布置采样点，并将采样点分为基本点、污染点、对照点和净化点。基本点应设在河流的清洁区段（参照断面/背景断面），即其入口或矿区以外的下游河段；污染点应设在河流污染特定区段（控制断面），以控制和掌握矿区造成的污染程度；对照点应设在河流的发源地，或是矿区的上游区段，以便和污染点进行对比；净化点应设在矿区的下游区段（削减断面/净化断面），以检查水体自净作用。同时，河流水质采样点还应考虑河面的宽度和深度、河流的流量、污染状况等条件，采用单点布设法、断面布设法、三点布设法、多断面布设法等具体布置方法进行采样。对于湖泊水库，原则相同，在进出口汇合区布置采样点，并按技术规范要求在湖泊水库中根据湖泊水库功能、不同水流状态等具体情况布置采样点。

矿区内采样点的确定可根据图 3-2 所示的采样监测点来进行，同时要充分考虑矿区内采样点的选择应具有代表性。另外，凡是矿山生产和废水排放可能影响到的水体，都要布点采样监测。为了使生产用水符合标准，还应设置生产用水监测点，如图 3-2 中的 *A* 点。为了检查废水排放的污染程度，应设置废水排放控制点，如图 3-2 中的 *B* 点。为了检查与对比水源的污染程度，还应设置水源监测点（参照点/背景点），如图 3-2 中的 *C* 点所示。

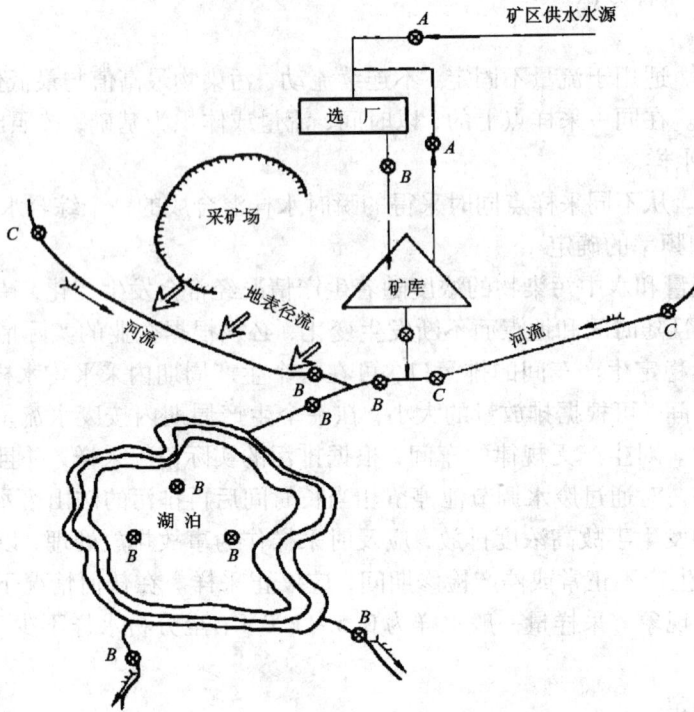

图 3-2　矿区水体监测采样点布设略图

4）采样设备和方法

一般可根据水体的性质采用不同的设备和方法采集水样。采样设备常用的有单层采样器、急流采样器（河流）、有机玻璃采样器（湖泊水库）、双瓶采样器、直立式采样器（DO）、泵式采样器、塑料手摇泵采样器、固定式自动采样装置等。图 3-3 给出了单采样瓶示意图。

矿山废水采样，采样前首先应了解产生废水的采选工艺过程，掌握水质、水量的变化规律、废水的成分和流量，然后再根据实际情况和分析目的，采用不同的采样方法分别采集平均水样、平均比例水样以及高峰期排放水样等。如果废水的排放流量比较稳定，只需采集一昼夜的平均水样即可，即每隔相同的时间取等量废水混合成分析水样。如果废水的排放流量不稳定时，则要采集一昼夜内的平均比例水样，即流量大时多取，流量小时少取，把每次取得的水样倒在清洁的大瓶中，取样完毕后，将大瓶中的水样充分混合，从中取出 0.5~3 L 作为分析水样。

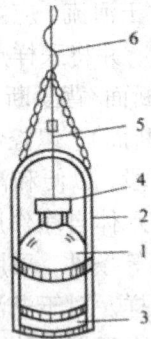

图 3-3　单采样瓶示意

1—采样瓶；2—金属框架；
3—铅块；4—瓶塞；
5—系瓶塞的细绳索；
6—吊采样瓶的绳索

5）样品保存

样品保存要求避免容器吸附或玷污水样，要求容器材料化学性能稳定、杂质含量低。如硼硅玻璃、聚乙烯（常用）、石英、聚四氟乙烯（昂贵）容器等。样品运输过程容器应用塞子塞紧、封口，盛水器避免外部污染，装箱避免震动碰撞流失样品，冷藏样品需隔热容器并加入制冷剂，冬季玻璃瓶需防冻；样品运输以 24 h 为最大允许时间。

采样和分析的时间间隔愈短愈好，尽量减少待测组分变化。水样在保存期内其成分有可能发生变化,如溶解氧逸散、悬浮物沉淀、pH 改变及有机物或无机物发生氧化等。因此,样品保存过程应尽量避免或减缓生物化学作用和氧化还原作用,减少挥发损失,避免沉淀吸附或结晶物析出引起的组分变化。水样的保存时间,要求清洁水样不超过 72 h,轻污染水样不超过 48 h,重污染水样不超过 12 h。

采集水样后,应尽快进行化验与分析,最大限度地缩短存放期,防止水样变化而造成的损失。对于温度、pH 及透明度等指标,应在现场进行直接测定。对于不能在现场进行直接测定的项目,应采用相应的水样保存方法进行保存。水样保存方法主要有冷藏冷冻法(在 5℃ 以下)、加入化学试剂法(酸、碱、生物抑制剂、氧化或还原剂)和其他措施(过滤、固定法)。

3. 矿业废水的流量测定

废水流量测量参数有水位(m)、流速(m/s)和流量(m^3/s)等水文参数,测定的主要方法有:

(1)流量堰计量法。流量堰测定法在明渠或满流排水段设流量堰进行计量,可分为矩形堰测定法、帕歇尔水槽测定法两种。由于流量堰计量法具有测定准确、便于维护等优点,最适合矿山废水处理系统的流量测定。

(2)水表计盘法。工业上所用的水表有浮子流量计、磁力流量计、流速仪等测定法。

(3)容量测定法。它是一种利用容量器和秒表记时换算流量的方法,适用于小流量和间歇性排放的情况。

(4)估算法。估算法用水泵运行所持续时间和额定率估算废水流量的方法。这也是工矿企业目前最常用的方法之一,但数据有波动,误差很大,泵体的新旧、维护操作技术的高低均会影响流量值的大小,目前正在被流量堰计量法所替代。

(5)推算法。这种方法适用于非满流排水渠(管)。它是通过测定沿程两个固定点间一个漂浮物的漂流时间,计算流速来求流量的方法。测出水流深度后,可得到断面积,从直接测定出的表面流速可以估算出断面的平均流速;如果是层流,平均流速约为表面流速的 0.8 倍。

矿业废水中的悬浮物多为矿物颗粒,悬浮物含量的测定方法是首先将一定质量的含悬浮矿物颗粒的矿业废水放在干燥箱中,也可先过滤对滤饼进行干燥,以 105~120℃ 的温度烘干至恒重,称重后得出固体物质的质量,固体物质的质量与悬浮物总质量之百分比即为废水中悬浮物的百分含量。

4. 矿业废水中物理性水质指标的测定

矿业废水中物理性水质指标包括温度、色度、臭味、浊度等。

(1)温度。水温测量应在现场进行。常用的测量仪器有水温计、深水温度计、颠倒温度计和热敏电阻温度计。温度计法测量范围为 -6~41℃,用于表层水温度的测量。颠倒温度计法用于测量深层水温度,一般装在颠倒采水器上使用。

(2)浊度。浊度是衡量矿业废水的重要参数之一,可用来表示废水中矿物悬浮颗粒物含量的多少,有时可用浊度来控制化学絮凝剂的投加量。矿业废水的浊度可采用目视比浊法、分光光度法(浊度仪)进行测定。

(3)色度。测定水的色度的方法有两种,一种是铂钴比色法,一种是稀释倍数法。两种方法应独立使用,一般没有可比性。

(4)臭味。浮选厂使用的某些浮选药剂会使废水带有明显的臭味。臭味比较准确的定量方法是定性描述法的臭阈法,即用无臭水将待测水样稀释到接近无臭程度的稀释倍数表示臭味的强度，并按(臭强度等级表)划分的等级报告臭强度。

5.矿业废水中的无机物的测定

矿业废水中无机污染物主要有氢离子、氢氧根离子、重金属离子、硫化物、氯化物、氟化物等。

(1)pH测定。矿业废水的pH测定方法与常规测定水的pH方法相同，主要有玻璃电极法(电位法)和比色法(试纸法)。

(2)电导率。水的电导率与其所含无机酸、碱、盐的浓度有一定关系，浓度较低时，电导率随浓度增大而增加。该指标常用于推测水中离子的总浓度或含盐量，表示水中电离性物质(离子)的总浓度。可用电导仪进行测定。

(3)重金属离子的测定。测定废水中重金属离子的含量，既能掌握废水的重金属离子污染程度，也可确定其处理方法或采取回收工艺的经济合理性。

其中汞的测定采用冷原子吸收分光光度法和高锰酸钾－过硫酸钾消解双硫腙分光光度法。镉等元素的测定方法有原子吸收分光光度法(也可测Cu、Pb、Zn等)等。铅的测定广泛采用原子吸收分光光度法和双硫腙分光光度法，也可以用阳极溶出伏安法和示波极谱法。铜的测定采用二乙氨基二硫代甲酸钠(DDTC)萃取分光光度法和新亚铜灵萃取分光光度法。锌的测定方法常用的有原子吸收分光光度法、双硫腙分光光度法、阳极溶出伏安法和示波极谱法。铬的测定方法常用的有二苯碳酰二肼分光光度法(适用于铬含量较少时)和硫酸亚铁铵滴定法。砷的测定方法有新银盐分光光度法(硼氰化钾－硝酸银分光光度法)、二乙基二硫代氨基甲酸银分光光度法(总砷的测定)和原子吸收分光光度法等。

(4)硫化物的测定。水中硫化物包括溶解性的硫化氢(H_2S)、硫氢根离子(HS^-)和硫离子(S^{2-})、酸溶性的金属硫化物以及不溶性的硫化物，通常所测定的硫化物是指溶解性的及酸溶性的硫化物。硫化物的测定方法有对氨基二甲基苯胺分光光度法、碘量法、电位滴定法、离子色谱法、极谱法、库仑滴定法、比浊法等，前三种方法应用较广泛。

(5)氰化物的测定。氰化物包括简单氰化物、络合氰化物和有机氰化物。测定方法有容量滴定法、分光光度法(比色法)和离子选择电极法。当氰化物的含量在1 mg/L以上时，采用硝酸银容量法比较适宜；氰化物的含量在1 mg/L以下时，采用比色法为佳。

(6)氟化物的测定。有氟离子选择电极法、氟试剂分光光度法、离子色谱法和硝酸钍滴定法等方法，其中前两种应用广泛。对于污染严重的生活污水和工业废水，以及含氟硼酸盐的水均要进行预蒸馏；清洁的地面水、地下水可直接取样测定。

(7)磷的测定。磷包括正磷酸盐、缩合磷酸盐和有机结合的磷酸盐等。测定方法有钼锑抗分光光度法和氯化亚锡分光光度法等。

(8)含氮化合物的测定。含氮化合物包括氨氮、亚硝酸盐氮、硝酸盐氮、有机氮和总氮。

氨氮是指以游离氨(也称非离子氨)和离子氨形式存在的氮。测定方法有纳氏试剂分光光度法、水杨酸－次氯酸盐分光光度法、电极法和容量法。

亚硝酸盐氮可采用N－(1－萘基)－乙二胺分光光度法和离子色谱法测定。硝酸盐氮的测定方法有酚二磺酸分光光度法、镉柱还原法、戴氏合金还原法、离子色谱法、紫外分光光度法和离子选择电极法等。

凯氏氮是指以基耶达(Kjeldahl)法测得的含氮量，它包括氨氮和在此条件下能转化为铵盐而被测定的有机氮化合物。凯氏氮的测定要点是取适量水样于凯氏烧瓶中，加入浓硫酸和催化剂(硫酸钾)加热消解,将有机氮转变为氨氮,然后在碱性介质中蒸馏出氨,用硼酸溶液吸收,以分光光度法或滴定法测定氨氮含量。

总氮包括有机氮和无机氮化合物(氨氮、亚硝酸盐氮和硝酸盐氮,是衡量水质的重要指标之一。测定方法有加和法(分别测定有机氮、氨氮、亚硝酸盐氮和硝酸盐氮的量,然后加和之)、过硫酸钾氧化 – 紫外分光光度法、仪器测定法(燃烧法)。

6. 矿业废水中的有机物测定

矿业废水中的有机物测定大致可归纳为综合指标法和单项测定法两大类,综合指标法主要是测定水中溶解氧(DO)、生化需氧量(BOD_5)、化学需氧量(COD)以及总有机碳(TOC)等。单项测定法主要是测定选矿药剂含量等。

(1)溶解氧(DO)的测定。一般直接用溶解氧测定仪(隔膜电极法)进行直接测定。

(2)生化需氧量(BOD_5)的测定。BOD_5的测定方法与溶解氧的测定方法相同,所不同的是先在采集的水样中按标准和要求加入一定量的生物营养培养基,并在生化培养箱中20℃培养5 d。测定采样时的溶解氧(DO)和培养5 d后的溶解氧(DO),两者之差即为BOD_5。也可直接用BOD测定仪测定。

(3)化学需氧量(COD)的测定。COD测定方法有酸性高锰酸钾法、碱性高锰酸钾法、重铬酸钾法及库仑滴定法等,其中,酸性和碱性高锰酸钾法适用于污染较轻的地表水样COD的测定;重铬酸钾法适用于污染较重的COD测定。重铬酸钾法适用于测定矿山废水。

(4)总需氧量(TOD)的测定。总需氧量(TOD)的测定,是在特殊的燃烧器中,以铂为催化剂,在900℃的温度下,使一定量的水样汽化,并与载体(氧气)共同燃烧,把燃烧过的气体脱水后,送入氧化锆或检氧装置中,测定剩余氧,载体中氧的减少量即为水样中能被氧化物质完全氧化时所需要的氧量(TOD)。

(5)总有机碳(TOC)的测定。总有机碳现在广泛应用的测定方法是燃烧氧化 – 非色散红外吸收法。测定原理是:采用红外线二氧化碳分析仪,测定水中的CO_2含量。由CO_2量与水样中含碳量成正比关系,可测得水体中总碳(TC)的含量。

(6)矿物油的测定。矿物油测定的方法有质量法、非色散红外法、紫外分光光度法、荧光法、比浊法等。

3.4 矿业废水处理技术与设备

3.4.1 矿业废水处理技术与方法

1. 矿山废水污染控制

为了解决矿山废水造成的危害,必须采取各种措施和方法,严格控制废水排放,减少废水对周围环境的污染。

控制废水的基本原则是:

(1)改革生产工艺,尽量减少废水排放量。污染物质是从一定的工艺过程产生出来的,因此,改革工艺以杜绝或减少污染物的排放是最根本、最有效的途径。如选矿厂生产可采用无毒药剂代替有毒药剂,选择污染程度小的选矿工艺,可大大减少选矿废水中的污染物质。

(2)循环用水,一水多用。采用循环供水系统,使废水在一定的生产过程中多次重复利用，既能减少废水排放，减轻环境污染，又能减少新水补充，节省水资源，解决日益紧张的供水问题。如矿山电厂、压气站用水和选矿厂废水循环利用等。特别是选矿厂废水循环利用，还可回收废水中残存的药剂及有用矿物，既节省用药量，又提高了有用矿物的回收率。

（3）化害为利，变废为宝。工业废水的污染物质，大都是生产过程中进入水中的有用元素以及能源物质。排放这些物质不仅造成环境污染，而且造成了很大损失，若加以回收，便可变废为宝，化害为利。

2. 废水处理的基本方法

废水处理通常可分为三级：一级处理也称预处理，即采用物理方法处理，使废水初步净化，主要处理对象是水中的大颗粒悬浮物。采用的分离设备一般为格栅、沉砂池及沉淀池等。二级处理是在一级处理的基础上，再进行生物化学处理，其处理对象是废水中的胶体状和溶解有机物。采用的方法有活性污泥法、生物膜法和生物塘法等好氧生物处理和厌氧生物处理等。通过生化处理后，水中可降解的有机物去除率可达 90% 以上，固体悬浮物可降低 90% ~ 95%。经二级处理后的水，可供工业回用。三级处理亦称高级处理、废水深度处理，主要处理对象是水体中难以降解的金属离子、高碳化合物以及水体中的病毒、细菌等。常用的方法有吸附法、离子交换法、反渗透法以及消毒法等。经三级处理后的水，可作饮用水。

矿业废水的来源和成分比较复杂，一般要经过实验研究后，再确定其处理方法。处理方法可分为物理处理法、化学处理法、物理化学处理法和生物处理法。

1）物理处理法

这种方法比较简单，主要是通过沉淀、过滤、浮选（或气浮）等物理手段，除去废水中的悬浮固体物质。属于这种类型的方法主要有：

（1）筛滤法。筛滤法是废水处理工艺中常采用的方法。主要是筛滤废水中的大颗粒物质，以防废水在排放过程中损坏排水设备，如水泵、管道、阀门等。其设置方法是在废水流入水池前，在进口沟道中安置格栅，以筛滤废水中大颗粒物质，主要设备是格栅和筛网。

（2）过滤法。过滤法是使废水通过多孔滤料，进一步降低固体悬浮物的处理方法。过滤法有四种，它们的作用是：重力过滤法可去除浓度较低的固体悬浮物质；真空过滤法能使浓度较高的泥浆脱水；压力过滤法可除去水中的微小固体颗粒；离心过滤法主要去除废水中的胶体微粒。一般根据废水具体情况和处理要求选择处理工艺，主要设备机械有过滤机和滤池。

（3）沉淀法。一般废水经过筛滤法处理，除去较大的固体颗粒后，可用沉淀法除去废水中粒径在 10 μm 以上的可沉固体物。沉淀法主要设备是沉砂池和沉淀池。根据固体悬浮物质的浓度高低、固体颗粒絮凝特性，分为三种沉降类型。

① 自由沉降，即颗粒之间互不聚合，单独进行沉降，因而在沉降过程中颗粒的物理性质（大小、形状、密度）均不发生任何变化，如沉砂池中砂粒的沉降。

② 絮凝沉降，即沉降颗粒产生附聚，颗粒密度及其沉降速度也随之变化。

③ 区域沉降，即颗粒形成一种绒体，大块面积地沉降，并与液相有明显的界面。

（4）气浮法。常用于分离废水中的脂肪、油类、纤维及与介质密度相近的固体颗粒。

气浮时要求气泡的分散度高、量多，有利于提高气浮的效果。泡沫层的稳定性要适当，既便于浮渣稳定在水面上，又不影响浮渣的运送和脱水。常用的产生气泡的方法有两种：

①机械法。使空气通过微孔管、微孔板、带孔转盘等生成微小气泡。

②压力溶气法。将空气在一定的压力下溶于水中，并达到饱和状态，然后突然减压，过饱和的空气便以微小气泡的形式从水中逸出。目前污水处理中的气浮工艺多采用压力溶气法。

2）化学处理法

通过化学反应的作用来分离并回收废水中的污染物质，或改变污染物的性质，使其变成无害。它的处理对象主要是污水中无机的或有机的（难于生物降解的）溶解物质或胶体物质。常用的化学处理法有化学混凝法、中和法、化学沉淀法和氧化还原法。

（1）化学混凝法。对于粒径分别为 1 ~ 100 nm 和 100 ~ 10 000 nm 的胶体粒子和细微悬浮物，由于布朗运动、水合作用，尤其是微粒间的静电斥力等原因，能在水中长期保持悬浮状态，所以处理时须向废水中投加化学药剂，使得废水中呈稳定分散状态的胶体和悬浮颗粒聚集为具有沉降性能的絮体，这叫做混凝，然后通过沉淀去除。这样的处理方法为混凝法。

混凝包括凝聚和絮凝两个过程。凝聚指胶体脱稳并聚集为微小絮粒的过程；絮凝是指微絮粒通过吸附、卷带和桥连而形成更大的絮体的过程。

混凝处理工艺包括混合（药剂制备与投加）、反应（凝聚、絮凝）和絮凝体分离（沉淀）三个阶段，絮凝沉淀池一般有分开式和综合式。

常用的混凝剂有硫酸铝、聚合氯化铝等铝盐，硫酸亚铁、三氯化铁等铁盐，以及有机合成高分子絮凝剂等。近年来，国内外广泛采用无机聚合高分子絮凝剂，如聚合硫酸铁、聚合碱式氯化铝等作为凝聚剂，它们具有凝聚颗粒大、沉降速度快、用量小、成本低等优点，效果显著。

混凝法在废水处理中可以用于预处理、中间处理和深度处理的各个阶段。它除了除浊、除色之外，对高分子化合物、动植物纤维物质、部分有机物质、油类物质、微生物、某些表面活性物质、农药、汞、镉、铅等重金属都有一定的去除作用，应用十分广泛。其优点是设备费用低，处理效果好，管理简单；缺点是要不断向废水中投加混凝剂，运行费用较高。

（2）化学沉淀法。化学沉淀法是指向废水中投加某些化学药剂（沉淀剂主要是碱和硫化物），使之与废水中溶解态的污染物直接发生化学反应，形成难溶的固体生成物，然后进行固液分离，从而除去水中污染物的一种处理方法。

废水中的重金属离子（如汞、镉、铅、锌、镍、铬、铁、铜等）、碱土金属（如钙和镁）及某些非金属（如砷、氟、硫、硼）均可与碱或硫化物反应生成溶度积较小的沉淀物，并可通过化学沉淀法去除，某些有机污染物亦可通过化学沉淀法去除。

化学沉淀法的工艺过程通常包括：

①投加化学沉淀剂，与水中污染物反应，生成难溶的沉淀物而析出；

②通过凝聚、沉降、气浮、过滤、离心等方法进行固液分离；

③泥渣的处理和回收利用。

化学沉淀的基本过程是难溶电解质的沉淀析出，其溶解度大小与溶质本性、温度、盐效应、沉淀颗粒的大小及晶型等有关。在废水处理中，根据沉淀—溶解平衡移动的一般原理，可利用过量投药、防止络合、沉淀转化、分步沉淀等提高处理效率，回收有用物质。

（3）中和法。主要是利用化学方法调节废水的酸碱度，使其呈中性。金属矿山的酸性废水大多数采用石灰或石灰石处理。

酸性废水的中和处理法最常用的是投药中和法和过滤中和法。

①投药中和法。最常用的是投加碱性药剂石灰，价廉、原料普遍、易制成乳液投加。但投加石灰乳的劳动条件差，污泥较多且脱水困难，仅在酸性废水中含有金属盐类时采用。另

外，还可采用苛性钠、碳酸钠和氨水为碱性药剂，具有组成均匀、易于储存和投加、反应迅速、易溶于水且溶解度高等优点，但价格高。

②过滤中和法。用中和滤池进行，用耐酸材料制成，内装碱性滤料。主要碱性滤料有石灰石、大理石和白云石。酸性废水由上而下或由下而上流经滤料层得以中和处理。

过滤中和法操作管理简单，出水 pH 稳定，沉渣量少，只有废水体积的 0.1% 左右。

（4）氧化还原法。通过药剂与污染物的氧化还原反应，把废水中有毒害的污染物转化为无毒或微毒物质的处理方法称为氧化还原法。

废水中的有机污染物（如色、嗅、味、COD）及还原性无机离子（如 CN^-、S^{2-}、Fe^{2+}、Mn^{2+} 等）都可通过氧化法消除其危害，而废水中的许多重金属离子（如汞、镉、铜、银、金、六价铬、镍等）都可通过还原法去除。

投药氧化还原法的工艺过程及设备比较简单，通常只需一个反应池，若有沉淀物生成，尚需进行固液分离及泥渣处理。

3）物理化学处理法

该法是利用物理化学的原理和化工单元操作以去除水中的杂质，它的处理对象主要是废水中无机的或有机的（难以用生物降解的）溶解物质或胶体物质，尤其适用于杂质浓度很高的废水（用作回收利用）或是杂质浓度很低的废水（用作废水的深度处理）。主要处理方法有吸附法、离子交换法、膜析法（包括渗析法、电渗析法、反渗透法、超滤等）、萃取法等。

（1）吸附法。吸附法处理废水是利用一种多孔性固体材料（吸附剂）的表面来吸附水中的溶解污染物、有机污染物等（称为溶质或吸附质），以回收或去除它们，使废水得以净化。

在废水处理中常用的吸附剂有活性炭、磺化煤、木炭、焦炭、硅藻土、木屑和吸附树脂等。以活性炭和吸附树脂应用最为普遍。一般吸附剂均呈松散多孔结构，具有巨大的比表面积。其吸附力可分为分子引力（范德华力）、化学键力和静电引力三种。水处理中大多数吸附是上述三种吸附力共同作用的结果。

由于吸附剂价格较贵，而且吸附法对进水的预处理要求高，因此多用于给水处理中。

吸附法处理装置有固定床、移动床和流化床三种。

吸附剂吸附饱和后必须经过再生，把吸附质从吸附剂的细孔中除去，恢复其吸附能力。再生的方法有加热再生法、蒸汽吹脱法、化学氧化再生法（湿式氧化、电解氧化和臭氧氧化等）、溶剂再生法和生物再生法等。

（2）离子交换法。借助固体离子交换剂与溶液中离子的置换反应除去水中有害离子的处理方法叫做离子交换法。

离子交换是一种特殊的吸附过程，是可逆性化学吸附，其反应可表达为

$$RH + M^+ \rightleftharpoons RM + H^+$$

式中： R——离子交换剂；

M——交换离子；

RM——与 M 交换后的离子交换剂，称作饱和交换剂。

离子交换剂有无机和有机两大类。无机离子交换剂有天然沸石和合成沸石（铝代硅酸盐）等。有机离子交换树脂的种类很多，可分为强酸阳离子交换树脂（只能进行阳离子交换）、弱酸阳离子交换树脂、强碱阴离子交换树脂（只能进行阴离子交换）、弱碱阴离子交换树脂、螯合树脂（专用于吸附水中微量金属的树脂）和有机物吸附树脂等。

树脂的交换容量耗尽到交换床流出的离子浓度超过规定值，称为"穿透"。此时必须将树脂再生。再生是交换反应的逆过程。再生前先对交换床进行反冲洗以去除固体沉积物。然后树脂与再生剂作用(阳树脂采用盐溶液 NaCl 或酸溶液 HCl、H_2SO_4，阴树脂一般用碱溶液 NaOH、$NH_3 \cdot H_2O$)将被吸附的离子置换出来，使树脂恢复交换能力。经过再生后的树脂用水清洗，去除残留在树脂内的再生剂。

(3)膜析法。膜析法是利用薄膜来分离水溶液中某些物质的方法的统称。根据提供给溶液中物质透过薄膜所需要的动力，膜析法有扩散渗析法、反渗透法、超滤和电渗析法。

①扩散渗析法。

扩散渗析法是利用具有特殊性质的交换膜(如阴离子交换膜只允许阴离子通过)来分离收集废水中的某种离子的处理方法。图 3-4 为钢铁厂处理酸洗废水的扩散渗析槽示意图。槽内装设一系列间隔很近的阴离子交换膜，把整个槽子分隔成两组相互为邻的小室。一组小室流入废水，另一组小室流入清水，流向是相反的。由于阴离子交换膜的阻挡作用，废水中只有硫酸根离子较多地透过薄膜进入清水小室。这样就在一定程度上分离了酸洗废水中的硫酸和硫酸亚铁。

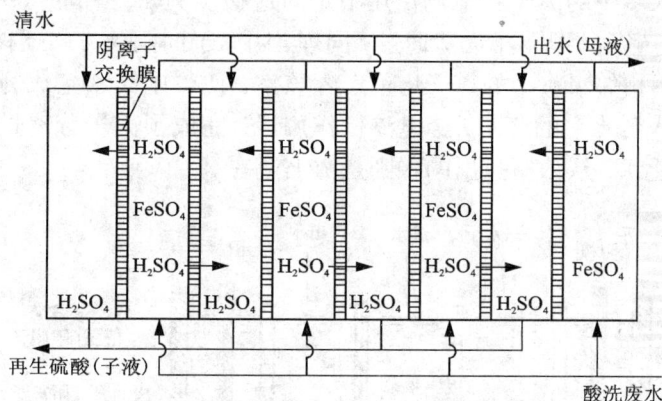

图 3-4　扩散渗析槽示意图

②反渗透法。

如果将纯水和某种溶液用半透膜隔开，水分子就会自动地透过半透膜到溶液一侧去，这种现象叫"渗透"，如图 3-5(a)所示。在渗透进行过程中，纯水一侧的液面不断下降，溶液一侧的液面不断上升。当液面不再变化时，渗透便达到了平衡状态。此时两侧液面之差称为该种溶液的"渗透压"。

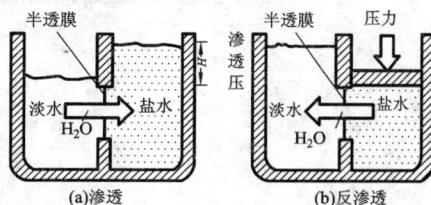

图 3-5　渗透与反渗透

在废水处理中，在废水一侧施加大于渗透压的压力(一般压力为 2.5~5 MPa)，可使废水中的水分子反向透过半透膜并进入稀溶液一侧，污染物被浓缩排出。这种处理方法称为反渗透法，如图 3-5(b)所示。

在废水处理中，反渗透法主要用于去除与回收重金属离子，去除盐、有机物、色度以及放射性元素等。目前在水处理领域内广泛应用的半透膜有醋酸纤维素膜和聚酰胺膜两种。常用的反渗透装置有管式、螺旋卷式、中空纤维式及板框式等。渗透水可重复利用。

③超滤。

超滤与反渗透法相似。但超滤膜的微孔孔径比反渗透的半透膜大，为 0.005~1 μm。超滤所分离的溶质一般为相对分子质量在 500 以上的大分子和胶体，这种液体的渗透压较小，故超滤的操作压力仅为 0.1~0.7 MPa。

超滤的基本原理是在压力作用下，废水中的溶剂和小的溶质粒子从高压侧透过膜进入低压侧。大分子和微粒组分被膜阻挡，废液逐渐被浓缩排出。

在废水处理中，超滤主要用于分离有机的溶解物，如淀粉、蛋白质、树胶、油漆等。它与活性污泥法相结合，将形成一种新型的废水处理工艺。

④电渗析法。

电渗析法是在直流电场的作用下，利用阴阳离子交换膜对溶液中阴阳离子的选择透过性（即阳膜只允许阳离子通过，阴膜只允许阴离子通过），使得溶液中的电解质与水分离，以达到脱盐目的的一种水处理方法。

电渗析槽的基本组成如图 3-6 所示，槽内有一组交替排列的阴阳离子交换膜，两端加上直流电场，这样各水室中的离子在电场作用下定向迁移。例如，中间一室的阳离子受左侧阴极作用向左迁移，但碰到了阴膜，无法通过；同理，阴离子向阳极方向迁移时碰到阳膜，也无法通过。相反，两侧相邻水室中的离子均可迁入该室，使得中间水室成为浓室，两侧相邻的水室成为淡室。进入各水室的废水，经电渗析作用后，完成了离子分离过程，从淡室引出的水成为无离子的净化水，从浓室排出的水则是浓缩液。

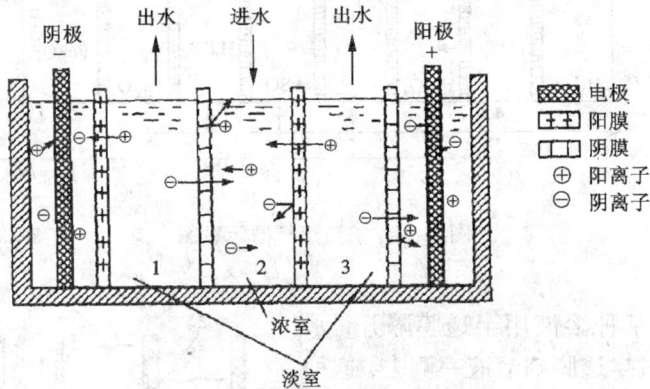

图 3-6 电渗析槽示意图

⑤萃取法。

利用物质在不同溶液中溶解度的不同，选用适当的溶剂来分离混合物的方法称为萃取法。使用的溶剂叫萃取剂，提取的物质叫萃取物。在废水处理上，利用废水中的杂质在水中和有机萃取剂中溶解度的不同，可以采用萃取的方法将杂质提取出来。

用萃取法处理废水时，经过三个步骤：混合传质，把萃取剂加入废水并充分混合接触，有害物质作为萃取物从废水中转移到萃取剂中。分离，萃取剂和废水分离。回收，把萃取物从萃取剂中分离出来，使有害物质成为有用的副产品。一种成熟的萃取技术中，萃取剂必须能回用于萃取过程。

4）生物处理法

废水生物处理是通过微生物的新陈代谢作用，将废水中有机物的一部分转化为微生物的组细胞物质，另一部分转化为比较稳定的化学物质（无机物或简单有机物）的方法。不论何种生物处理系统，都包括三个基本要素，即作用者、作用对象和环境条件。

生物处理的主要作用者是微生物，特别是其中的细菌。根据生化反应中氧气的需求与否，可把细菌分为好氧菌、兼性厌氧菌和厌氧菌。主要依赖好氧菌和兼性厌氧菌的生化作用来完成处理过程的工艺，称为好氧生物处理法；主要依赖厌氧菌和兼性厌氧菌的生化作用来完成处理过程的工艺，称为厌氧生物处理法。

（1）好氧生物处理。在废水中通入大量空气（或氧气），促使好氧微生物大量繁殖，并注意调节 pH、温度和必要的养料（$BOD:N:P = 100:5:1$）等条件，以适合微生物的生长繁殖。当微生物大量繁殖时，就可将废水中的有机物大量分解，将废水中有机物转化为 CO_2、H_2O、氨、硫酸盐，磷酸盐等无毒物质，达到净化污水的目的。好氧生物处理又可分为活性污泥法、生物膜法等。

好氧生物处理时，一部分被微生物吸收的有机物氧化分解成简单无机物（如有机物中的碳被氧化成二氧化碳，氢与氧化合成水，氮被氧化成氨、亚硝酸盐和硝酸盐，磷被氧化成磷酸盐，硫被氧化成硫酸盐等），同时释放出能量，作为微生物自身生命活动的能源。另一部分有机物则作为其生长繁殖所需要的构造物质，合成新的原生质。在好氧处理过程中，有机物用于氧化与合成的比例，随废水中有机物性质而异。好氧生物处理有机物的转化过程如图 3−7 所示。常见的好氧生物处理法有活性污泥法、生物滤池、生物转盘、生物接触氧化等。

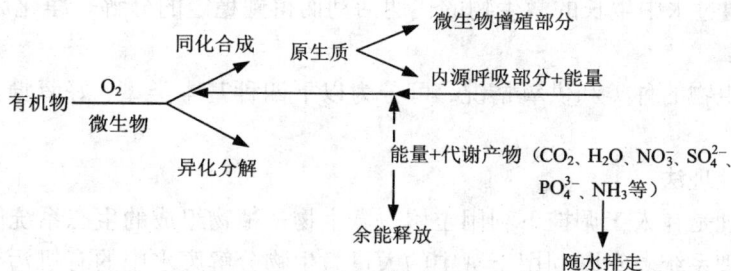

图 3−7　有机物好氧分解过程

（2）厌氧生物处理。厌氧生物处理是在厌氧的条件下，利用厌氧菌和兼性厌氧菌的生化作用来处理废水的一种方法。这种处理方法适用于处理高浓度的有机废水，即 BOD 在 $500 \sim 1\,000$ mg/L以上。有机物的厌氧分解过程分为两个阶段。在第一阶段中，发酵细菌（产酸菌）把存在于废水中的复杂有机物转化成简单有机物（如有机酸、醇类等）和 CO_2、NH_3、H_2S 等无机物。在第二阶段中，首先由与甲烷菌共生的产氢产乙酸细菌将简单有机物转化成氢和乙酸；再由甲烷细菌将乙酸、甲醇、甲酸和甲胺、CO_2 和 H_2 转化成 CH_4 和 CO_2 等。厌氧分解过程可用图 3−8 来说明。

厌氧菌处理污染物的效果可达 80% ~90%。当处理条件适宜时净化效果更好，如使废水水温达到 53 ~54℃时的处理效果比水温 37 ~38℃时提高 2.5 倍。

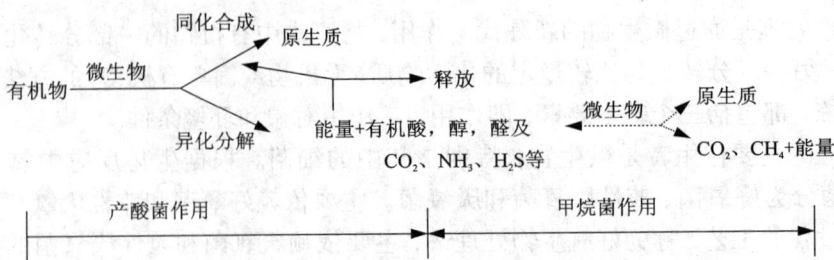

图 3 – 8　有机物厌氧分解过程图

常用厌氧处理设备有污泥消化池、厌氧生物滤池、升流式厌氧污泥床（UASB）等。

（3）自然条件下的生物处理。利用天然水体和土壤中的微生物的生化作用来净化废水的方法称为自然生物处理，常用的有生物稳定塘和废水的土地处理法，最近又研究出人工湿地生态处理的新技术。

废水的自然生物处理系统的效率虽低，但所需的基建费用和运行费用低，又可将废水的处理和利用结合起来兼收环境效益和经济效益，因此在有条件的地方应考虑采用。

① 生物稳定塘。

生物稳定塘（简称生物塘）是利用天然水中存在的微生物和藻类，对有机废水进行好氧、厌氧生物处理的天然或人工池塘。

生物塘内的生态系统较人工生物处理系统复杂，包括了菌类、藻类、浮游生物、水生植物、底栖动物以及鱼、虾、水禽等高级动物，形成了互相依赖的食物链。废水在塘里停留时间很长，有机物通过水中生长的微生物的代谢活动而得到稳定的分解。净化后的废水可用于灌溉农田。

根据塘内微生物的种类和供氧情况，可分为以下四种基本类型：好氧塘、兼性塘、厌氧塘和曝气塘。

② 废水土地处理法。

废水土地处理是在人工调控下利用土壤—微生物—植物组成的生态系统使废水中的污染物得到净化的处理系统。它既利用土壤中的大量微生物分解废水中的有机污染物，也充分利用了土壤的物理特性（表层土的过滤截留和土壤团粒结构的吸附储存）、物理化学特性（与土壤胶粒的离子交换、络合吸附）和化学特性（与土壤中的钙、铝、铁等离子形成难溶的盐类，如磷酸盐等）净化各种污染物，同时也利用废水及其中的营养物质灌溉土壤供作物吸收。因此，土地处理是使废水资源化、无害化和稳定化的处理利用系统。

③ 人工湿地生态处理法。

废水的人工湿地生态处理法是一种新型的废水生态处理技术，可配合城市绿化工程中人工湿地的建设建造潜流式废水处理站。

在人工湿地床（床四周设有防渗膜）内有不同介质配比的土壤层和经筛选栽种的湿地植物，从而构成一个人工生态系统。当经过初步处理的废水（经格栅和絮凝沉淀处理）通过配水系统进入人工湿地时，附着在湿地植物根系和土壤层中的微生物就对废水中的营养物质和污染物质进行有效的吸收和分解。同时土壤层本身也能起到过滤吸附作用，最终使废水得到净化，达标后通过集水系统排放。

3.4.2　矿业废水再生回用技术与方法

为了贯彻节能减排精神，提高矿山企业废水回用率，我国对新建矿山企业排放废水量和废水最低允许重复使用率作出了明确规定：有色金属系统选矿废水重复利用率≥75%；其他矿山工业采矿、选矿、选煤等废水重复利用率≥90%；脉金选矿：重选废水排放量≤16.0 m³/t(矿石)、浮选≤9.0 m³/t(矿石)、氰化≤8.0 m³/t(矿石)、碳化≤8.0 m³/t(矿石)；有色金属冶炼及金属加工废水重复利用率≥80%。因此，矿业废水必须处理回用。

国内外工业废水回用的技术方法有很多，大致可以分为以下几种：①工业废水的物理处理，包括均和调节、隔滤法、离心法以及澄清法。②工业废水的化学处理，包括中和处理、化学沉淀处理和氧化还原处理。③工业废水的物理化学处理，包括混凝法、浮选法、吸附、离子交换和膜分离技术。④工业废水的生物处理，包括活性污泥法、生物膜法、厌氧生物处理法、稳定塘与湿地处理。根据水质要求和处理对象，常采用不同组合工艺处理。

膜技术已越来越多地用于工业的废水处理，膜分离过程的原理是利用膜的选择透过性而使不同的物质得到分离。它具有无相变、可在常温下进行、无化学变化、设备简单、卫生程度高、自动化程度高等优点。膜分离技术应用在工业废水处理回用中的主要是微滤、超滤、反渗透。反渗透在许多方面优于其他竞争技术：①能耗低；②处理温度低(处理过程中，对化学剂的热损坏最小)；③连续运行而不是批量运行；④膜形式结构；⑤系统设计简单。对于许多应用，采用反渗透因这些优点可减少投资和操作费用。采用膜过程从各种废水中进行有机物和无机物的分离浓缩已经引起广泛注意。低压反渗透的开发使反渗透成为处理低浓度废水的有吸引力的方法，该过程可提供高的通量和溶质分离率，且可在宽的温度和 pH 范围内操作。

矿业废水处理回用水质标准国家未作明确要求，废水处理回用以不影响生产指标和废水处理成本较低为基本原则，同时要充分利用药剂和水资源。

对选矿废水的处理，国外常用沉淀、氧化及电渗析、离子交换、活性炭吸附、浮选等方法。处理后，选矿废水循环回用率可保证在 95% 以上，从而实现选矿废水的"零排放"。而国内常用自然降解、混凝沉淀、中和、吸附、氧化分解等方法处理，废水回用率相对较低，资源化利用程度不高，只有为数不多的几家选厂的回用率可达到 95% 以上，如凡口铅锌矿、南京铅锌银矿、厂坝铅锌矿、寿王坟铜矿等。

1. 国外选矿废水再生回用技术

美国、加拿大、日本等国，在建设新选厂和改造某些现有选厂时，规定必须实行厂内循环供水和干尾矿的局部堆置。工艺回路中利用循环水，是通过尾矿矿浆浓缩到 60% 左右而实现的。

美国铜冶炼厂往往采用下述方法处理回用废水：将矿山和选矿厂排水集中，在干旱地区用尾矿库处理，实行闭路循环使用；对于电解精炼厂的废水，则根据实际可能，采用中和法、蒸发法和沉淀法等进行处理；对于浸出废液则汇合入尾矿库，进行中和后循环使用。

日本采用离子(泡沫)浮选法处理重金属废水，然后再将其回用到选矿工艺流程中。该方法就是在废水中加入与重金属离子符号相反的捕收剂，使之成为具有可溶性的络合物，或不溶性的沉淀物附着于气泡上，作为泡沫或浮渣而回收，该法对 Hg^{2+}、Cd^{2+}、Cu^{2+}、Cr^{3+}、

Co^{2+}、Ni^{2+}、Pb^{2+}、Zn^{2+}、Sr^{2+}等均有效。例如,日本的宫古工厂(铜冶炼厂)使用这种方法处理含镉废水:将戊基黄原酸钾溶液与MIBC起泡剂在搅拌槽中混合后加入浮选机中,其所形成泡沫与选矿厂的铜泡沫一起过滤脱水,其溢流水中含镉0.01~0.05 mg/L,铜0.4~0.8 mg/L,锌4~6 mg/L,和一般废水混合沉淀回用。

前苏联稀有金属矿矿石选矿时,常使用UM-50(一种羟胺酸)和氨化硝基石蜡作捕收剂,一般使用活性炭处理,去除浮选药剂,用量为200 mg/L,对废水作相对处理并调整药剂用量后,便可有效地作为选厂循环水使用。

据统计数据显示,加拿大铜选厂循环水利用率达到82%,铜、锌选厂的循环水利用率为61%~67%,该国的62个有色和黑色金属矿石选矿厂中,有35个实行循环水供水。在美国选矿工艺过程中,每吨矿石耗水量只有2.4~4.0 m^3,且循环水利用率达到80%,而铁矿石选厂循环水利用率高达92%。前苏联锡选矿厂的循环水利用率达到95%,铁矿石选厂可达到80%。

美国、前苏联、日本、加拿大等国在综合回收废水中有用成分的方面也进行了大量的研究。例如,加拿大 G·B·马依宁格公司的选厂,从1970年就开始采用吹脱法从废水中脱除氢氰酸与沉淀回收有色金属、稀有金属相结合的方法,来回用选矿废水。

2. 国内选矿废水再生回用技术

国内在选矿废水再生回用方面的研究也不少,在这里主要介绍其研究的成果,并介绍在选矿废水再生回用方面做得比较成功的几个选厂情况。

1)混凝斜板(管)沉淀法

来自车间的废水,首先通过沉砂池进行固液分离,沉砂池沉砂通过卸砂门排入尾矿砂场。沉砂池溢流出的上清液,通过投药混合后进入反应器充分混凝反应,然后流入斜板(管)沉淀池,使细粒悬浮物、有害物进一步去除,斜板(管)沉淀池的沉泥,通过阀门排至尾矿砂场。通过此工艺后,废水即达国家允许排放标准。根据环保的要求,斜板(管)沉淀池出水进入清水池,用清水泵打回车间回用,节约用水,并使废水闭路循环,实现零排放,其工艺流程如图3-9所示。

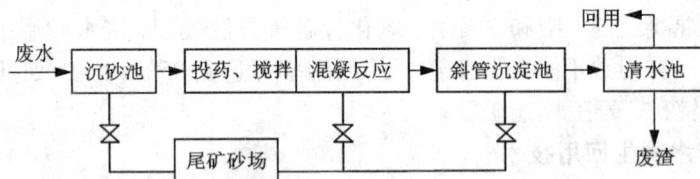

图3-9 混凝斜板(管)沉淀法处理工艺流程图

2)混凝沉淀—活性炭吸附—回用工艺

此法是目前国内选厂采用较多的选矿废水回用方法,通过对不同矿山的选矿废水试验研究发现对同一选矿废水投入不同药剂或同一药剂不同的量,其结果往往不一样。

广东工业大学的袁增伟以南京栖霞山锌阳矿业有限公司选厂浮选废水为研究对象,选择了适当处理后全部回用的思路,其具体工艺流程如下:废水→调节池→混凝沉淀→活性炭吸附→回用。

通过使用该技术工艺，浮选厂废水实现了废水零排放，达到了清洁生产和水资源综合利用的目的。同时，由于没有污染排放，浮选厂周围的环境污染将会最终消除。另外，由于采用该工艺，仅节省的排污罚款，节约的新鲜水用量和浮选药剂用量折合约100万元/年。这不仅降低了生产成本，而且大大提高了企业的竞争力。

3）废水资源化利用综合方法

研究者经过大量的水处理试验和选矿对比试验，总结出一条解决矿山选矿废水的较好方案。以铅锌矿为例，其工艺流程如图3-10所示。

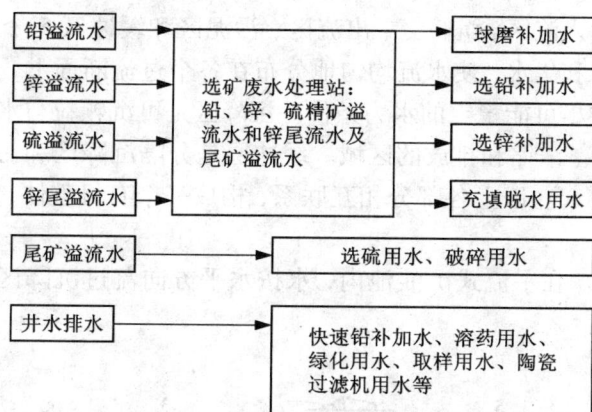

```
铅溢流水 ──┐                                    ┌──→ 球磨补加水
锌溢流水 ──┤   选矿废水处理站：               ├──→ 选铅补加水
硫溢流水 ──┤   铅、锌、硫精矿溢               ├──→ 选锌补加水
锌尾溢流水 ─┤   流水和锌尾流水及               └──→ 充填脱水用水
           │   尾矿溢流水
尾矿溢流水 ─────────────────→ 选硫用水、破碎用水

井水排水 ──────────────────→ 快速铅补加水、溶药用水、
                              绿化用水、取样用水、陶瓷
                              过滤机用水等
```

图3-10 选矿废水适度处理工艺流程图

由于各种废水水质不同，在回用处理过程中调节池起着调节水质、水量的作用。混凝沉淀池可加强混凝剂与废水的混合，使微细粒子成长，使之变成可通过沉淀除去的悬浮物。反应池用于废水进一步深化处理，利用消泡剂把废水中多余的起泡剂反应掉，削弱对浮选指标的影响。

4）清洁生产

清洁生产最初是由前苏联学者谢苗诺夫、彼德良诺夫等院士于20世纪70年代提出来的，它是指一种能使所有的原料和能量在生产—消费—二次资源的循环中，都得到最合理综合利用，尽可能减少废物产生和实现资源循环利用的方法。它贯穿于产品的整个生命周期，从原料采集到产品最后消费回收的整个过程，以及包含在其中的软件设备。

清洁生产自提出以来，得到了迅速的发展，一方面从"三废"产生的根源着手，通过采用新工艺、改革生产流程，不使用或少使用产生污染的原料等措施，从根本上杜绝或减少污染。另一方面，通过强化企业管理、提高工人素质等，来杜绝工艺生产过程中的滴、漏、冒、渗等，尽可能减少污染物的产生。

经过多年的研究和实践，我国矿山选矿废水再生回用技术已逐步走向成熟。

以不影响生产技术指标为前提，合理调配使用选矿废水，使整个生产工艺过程实现选矿废水循环利用，减少废水排放，这不仅关系到矿山持续发展的大计，还将对环境和社会产生深远的现实意义。同时，也要保持清醒的头脑，看到不足之处，特别是有些技术还需要作进一步的探讨，如选矿水中有害成分完全净化处理、水系统调配处理、全部循环使用技术等，这些都有待于进一步的研究和提高。

3.4.3 矿业废水处理设备

1. 矿业废水物理处理法主要设备

在矿业废水处理中常用物理处理方法主要是重力沉淀和气浮两种,下面重点介绍这两种方法的主要设备。

1)重力沉淀池

重力沉淀池可分为普通沉淀池和浅层沉淀池两大类。按照水在池内的总体流向,普通沉淀池又有平流式、竖流式和辐流式三种形式。

普通沉淀池可分为入流区、沉降区、出流区、污泥区和缓冲区5个功能区。入流区和出流区的作用是进行配水和集水,使水流均匀地分布在各个过流断面上,为提高容积利用系数和固体颗粒的沉降提供尽可能稳定的水力条件。沉降区是可沉颗粒与水分离的区域。

污泥区是泥渣贮存、浓缩和排放的区域。缓冲层是分隔沉降区和污泥区的水层,防止泥渣受水流冲刷而重新浮起。以上各部分相互联系,构成一个有机整体,以达到设计要求的处理能力和沉降效率。

(1)平流式沉淀池。在平流式沉淀池内,水按水平方向流过沉降区并完成沉降过程,其结构如图3-11所示。

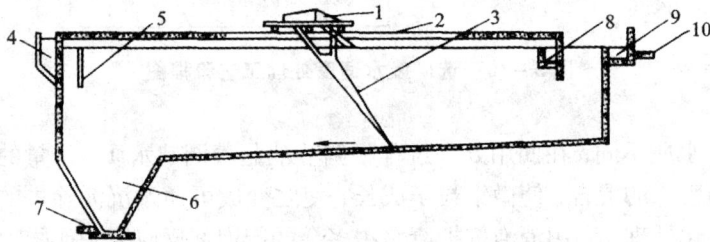

图3-11 设有行车刮泥机的平流式沉淀池

1—刮泥行车; 2—刮渣板; 3—刮泥板; 4—进水槽; 5—挡流墙; 6—泥斗;
7—排泥管; 8—浮渣槽; 9—出水槽; 10—出水管

(2)竖流式沉淀池。在竖流式沉淀池中,污水是从下向上以流速v作竖向流动,废水中的悬浮颗粒有以下三种运动状态:①当颗粒沉速$u>v$时,则颗粒向下沉淀,颗粒得以去除;②当$u=v$时,则颗粒处于随遇状态,不下沉亦不上升;③当$u<v$时,颗粒将不能沉淀下来,而会随上升水流带走。由此可知,当可沉颗粒属于自由沉淀类型时(在相同的表面水力负荷条件下)竖流式沉淀池的去除效率要比平流式沉淀池低。但当可沉颗粒属于絮凝沉淀类型时,发生的情况就比较复杂。由于在池中的流动存在着各自相反的状态,就会出现上升着的颗粒与下降着的颗粒,同时还存在着上升颗粒与上升颗粒之间、下降颗粒与下降颗粒之间的相互接触、碰撞,致使颗粒的直径逐渐增大,有利于颗粒的沉淀,其结构如图3-12所示。

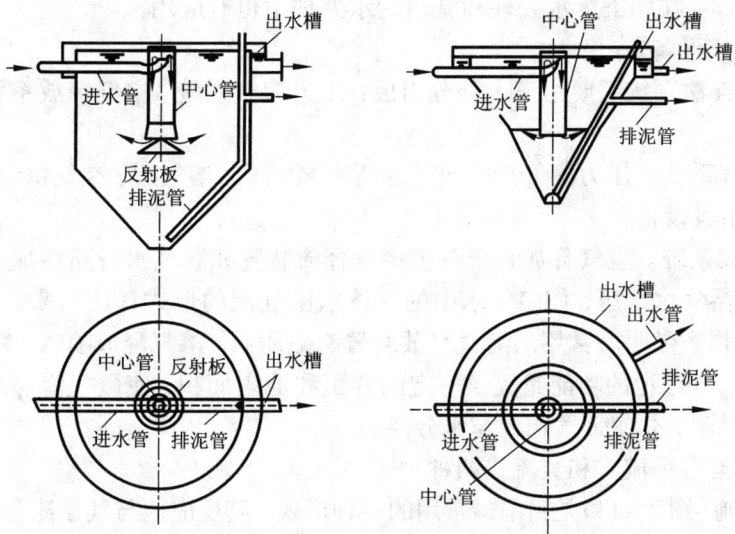

图 3 – 12　竖流式沉淀池构造示意图

（3）辐流式沉淀池。辐流式沉淀池是一种直径较大的圆形池，池径可达 100 m，池周水深 1.5～3.0 m。有中心进水和周边进水两种形式，其结构如图 3 – 13 所示。

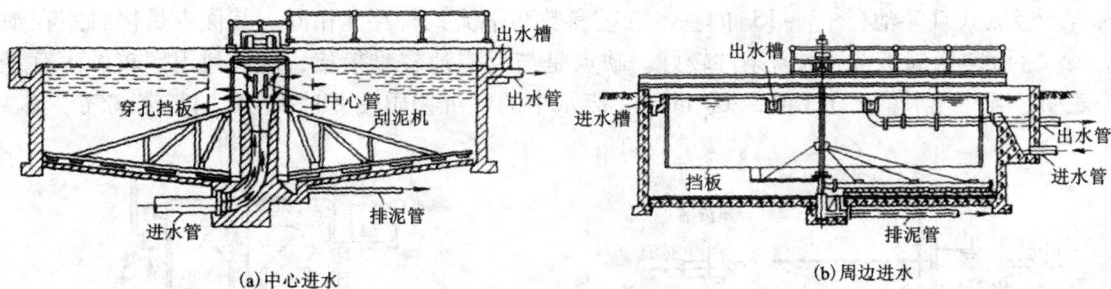

(a)中心进水　　　　　　　　(b)周边进水

图 3 – 13　辐流式沉淀池构造图

废水经进水管进入中心布水筒后，通过筒壁上的孔口和外围的环形穿孔整流挡板，沿径向呈辐射状流向池周，经溢流堰或淹没孔口汇入集水槽排出。沉于池底的泥渣，由安装于桁架底部的刮板以螺线形轨迹刮入泥斗，再借静压或污泥泵排出。

（4）斜流式沉淀池。斜流式沉淀池是根据浅池理论，在沉淀池的沉淀区加斜板或斜管而构成。它由斜板（管）沉淀区、进水配水区、清水出水区、缓冲区和污泥区组成。

按斜板或斜管间水流与污泥的相对运动方向来区分，斜流式沉淀池有同向流和异向流两种。在污水处理中常采用升流式异向流斜流沉淀池导向流斜流沉淀池中，斜板（管）与水平面呈 60°角，长度通常为 1.0 m 左右，斜板净距（或斜管孔径）一般为 80～100 mm。斜板（管）区上部清水区水深为 0.7～1.0 m，底部缓冲层高度为 1.0 m。

斜流式沉淀池具有沉淀效率高、停留时间短、占地少等优点，在给水处理中得到比较广泛的应用，在废水处理中的应用不普遍。在选矿水尾矿浆的浓缩、炼油厂的含油废水的隔油等有较成功的经验，在印染废水处理和城市污水处理中也有应用。

2）气浮法常用设备

压力溶气气浮法系统主要由三个部分组成：压力溶气系统、空气释放系统和气浮分离设备（气浮池）。

（1）压力溶气系统。压力溶气系统包括加压水泵、压力溶气罐、空气供给设备（空压机或射流器）及其他附属设备。

（2）空气释放系统。空气释放系统是由溶气释放装置和溶气水管路组成。溶气释放装置的功能是将压力溶气水减压，使溶气水中的气体以微气泡的形式释放出来，并能迅速、均匀地与水中的颗粒物质黏附。常用的溶气释放装置有减压阀、溶气释放喷嘴、释放器等。

（3）气浮池。气浮池的功能是提供一定的容积和池表面积，使微气泡与水中悬浮颗粒充分混合、接触、黏附，并使带气颗粒与水分离。

常用的气浮池有平流式和竖流式两种。

平流式气浮池（图3-14）是目前最常用的一种形式，其反应池与气浮池合建。废水进入反应池完全混合后，经挡板底部进入气浮接触室以延长絮体与气泡的接触时间，然后由接触室上部进入分离室进行固—液分离。池面浮渣由刮渣机刮入集渣槽，清水由底部集水槽排出。

平流式气浮池的优点是池身浅、造价低、构造简单、运行方便。缺点是分离部分的容积利用率不高。

气浮池的有效水深通常为2.0~2.5 m，一般以单格宽度不超过10 m，长度不超过15 m为宜。竖流式气浮池（图3-15）的基本工艺参数与平流式气浮池相同。其优点是接触室在池中央，水流向四周扩散，水力条件较好。缺点是与反应池较难衔接，容积利用率较低。有经验表明，当处理水量大于150~200 m³/h，废水中的可沉物质较多时，宜采用竖流式气浮池。

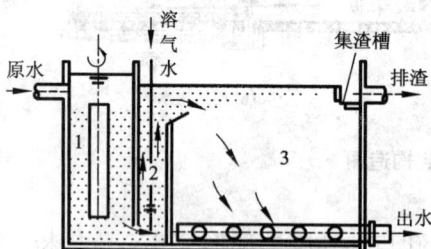

图3-14　平流式气浮池

1—反应池；2—接触室；3—气浮池

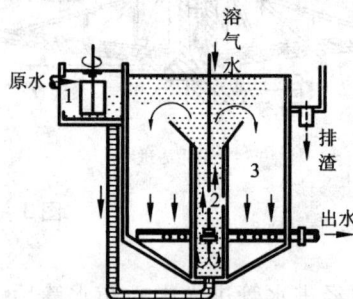

图3-15　竖流式气浮池

1—反应池；2—接触室；3—气浮池

2. 矿业废水化学处理法主要设备

常用的化学处理法有化学混凝法、中和法、化学沉淀法和氧化还原法。

1）化学混凝法常用设备

常用化学混凝法设备包括混凝剂的配制和投加设备、混合设备和反应设备。

（1）混凝剂的配制和投加设备。混凝药剂投加到要处理的水中，可以用干投法和湿投法。干投法就是将固体药剂（如硫酸铝）破碎成粉末后定量地投加，这种方法现使用较少。目前常用的湿投法是将混凝剂先溶解，再配制成一定浓度的溶液后定量地投加。因此，它包括溶解配制设备和投加设备。

（2）混凝剂的溶解和配制。混凝剂是在溶解池中进行溶解。溶解池应有搅拌装置，搅拌的目的是加速药剂的溶解。搅拌的方法有机械搅拌、压缩空气搅拌和水泵搅拌等。机械搅拌是用电动机带动桨板或涡轮；压缩空气搅拌是向溶解池通入压缩空气进行搅拌；水泵搅拌是直接用水泵从溶解池内抽取溶液再循环回到溶解池。

药剂溶解完全后，将浓药液送入溶液池，用清水稀释到一定的浓度备用。无机混凝剂溶液浓度一般用 10%～20%。有机高分子混凝剂溶液的浓度一般用 0.5%～1.0%。

（3）混凝剂溶液的投加。药剂投入原水中必须有计量及定量设备，并能随时调节投加量。计量设备可以用转子流量计、电磁流量计等。

常用的混合方式是水泵混合、隔板混合和机械混合。

（1）水泵混合。利用提升水泵进行混合是一种常用的方法。药剂在水泵的吸水管上或吸水喇叭口处投入，利用水泵叶轮的高速转动达到快速而剧烈的混合目的。水泵混合效果好，不需另建混合设备；但如用三氯化铁作混凝剂时，对水泵叶轮有一定的腐蚀作用。另外，当水泵到处理构筑物的管线很长时，可能会在长距离的管道中过早地形成絮凝体并被打碎，不利于以后的处理。

（2）隔板混合。在混合池内设有数块隔板，水流通过隔板孔道时产生急剧的收缩和扩散，形成涡流，使药剂与原水充分混合。隔板间距约为池宽的 2 倍。隔板孔道交错设置，流过孔道时的流速不应小于 1 m/s，池内平均流速不小于 0.6 m/s。混合时间一般为 10～30 s。在处理水量稳定时，隔板混合的效果较好；如流量变化较大时，混合效果不稳定。

（3）机械混合。用电动机带动桨板或螺旋桨进行强烈搅拌是一种有效的混合方法。桨板的外缘线速度一般用 2 m/s 左右，混合时间为 10～30 s。机械搅拌的强度可以调节，比较机动。这种方法的缺点是使用了机械设备，增加了维修保养工作和动力消耗。

反应设备有水力搅拌和机械搅拌两大类。常用的有隔板反应池和机械搅拌反应池。

（1）隔板反应池。往复式隔板反应池如图 3-16 所示。它是利用水流断面上流速分布不均匀所造成的速度梯度促进颗粒相互碰撞进行絮凝。为避免结成的絮凝体被打碎，隔板中的流速应逐渐减小。

隔板反应池构造简单，管理方便，效果较好，但反应时间较长，容积较大，且主要适用于处理水量较大的处理厂，因水量过小时，隔板间距过窄，难于施工和维修。

（2）机械反应池。机械搅拌反应池如图 3-17 所示。图中的转动轴是垂直的，也可以用水平轴式。

2）中和法常用设备

矿山废水产生酸性或碱性废水，中和剂能制成溶液或浆料时，可用投加法。中和剂为粒料或块料时，可用过滤法。用烟道气中和碱性废水时，可在塔式反应器中接触中和。常用的碱性中和剂有石灰、电石渣和石灰石、白云石。常用的酸性中和剂有废酸、粗制酸和烟道气。

投药中和法常用的药剂是石灰、电石渣、石灰石等，有时也采用苛性钠和碳酸钠。

石灰常使用熟石灰，配制成石灰乳液，浓度在 10% 左右，反应在池中进行。为了防止产生沉淀，石灰乳槽均装有搅拌设备。

用石灰石或白云石做中和剂时常呈粗粒状，可作滤料，故用过滤法。

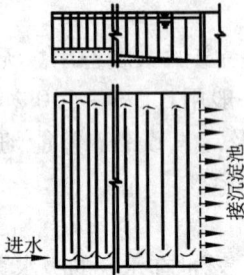

图 3-16 隔板反应池

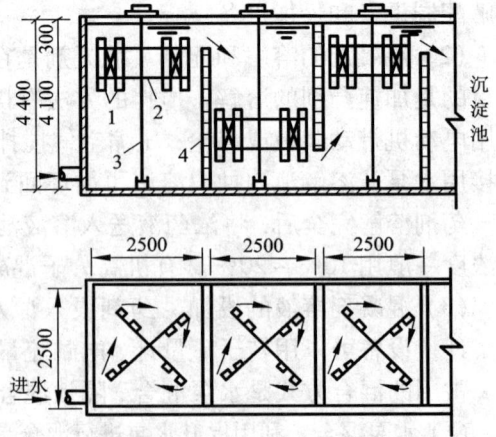

图 3-17 机械搅拌反应池

1—桨板； 2—叶轮； 3—旋转轴； 4—隔墙

采用升流式膨胀滤池，可以改善硫酸废水的中和过滤。当粒料的粒径较细（<3 mm），废水上升滤速较高（50~70 m/h）时，滤床膨胀，粒料相互碰撞摩擦，有助于防止结壳。

池子常采用大阻力配水系统，直径一般不大于 1.5~2.0 m。图 3-18 是升流式膨胀滤池的示意图。

滚筒式中和滤池见图 3-19。装于滚筒中的滤料随滚筒一起转动，使滤料互相碰撞，及时剥离由中和产物形成的覆盖层，可以加快中和反应速度。废水由滚筒的一端流入，由另一端流出。滚筒可用钢板制成，内衬防腐层，直径 1 m 或更大，长度为直径的 6~7 倍。筒内壁有不高的纵向隔条，推动滤料旋转。滚筒转速约每分钟 10 转，转轴倾斜 0.5°~1°。滤料的粒径较大（达十几毫米），装料体积约占转筒体积的一半。这种装置的最大优点是进水的硫酸浓度可以超过允许浓度数倍，而滤料粒径却不必破碎得很小。其缺点是负荷率低［约为 36 $m^3/(m^2 \cdot h)$］、构造复杂、动力费用较高，运转时噪音较大，同时对设备材料的耐蚀性能要求高。

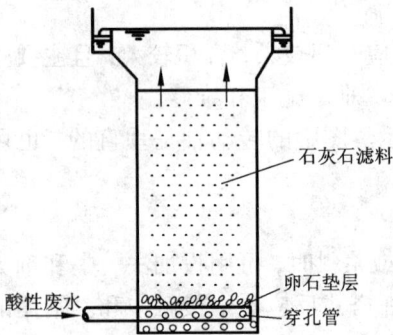

图 3-18 升流式膨胀中和滤池

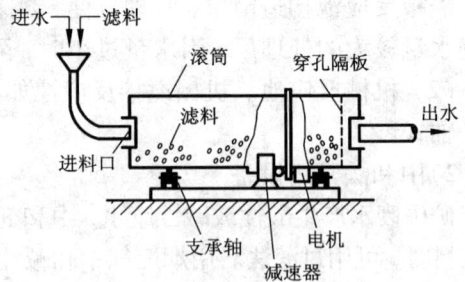

图 3-19 滚筒式中和滤池

3. 矿业废水物理化学处理法主要设备

主要处理方法有吸附法、离子交换法、萃取法、膜分离法等。

1）吸附法主要设备

在废水处理中，吸附法主要用来去除废水中的微量污染物，达到深度净化的目的。

吸附的操作方式分为间歇式和连续式。间歇式是将废水和吸附剂放在吸附池内搅拌30 min 左右，然后静置沉淀，排出澄清液。间歇式吸附主要用于小量废水的处理和实验研究，在一般情况下，都采用连续的方式。

连续吸附可以采用固定床、移动床和流化床。固定床连续吸附方式是废水处理中最常用的。吸附剂固定填放在吸附柱（或塔）中，所以叫固定床。移动床连续吸附是指在操作过程中定期地将接近饱和的一部分吸附剂从吸附柱排出，并同时将等量的新鲜吸附剂加入柱中。所谓流化床是指吸附剂在吸附柱内处于膨胀状态，悬浮于由下而上的水流中。由于移动床和流化床的操作较复杂，在废水处理中较少使用。

在一般的连续式固定床吸附柱中，吸附剂的总厚度为 $3\sim5$ m，分成几个柱串联工作，每个柱的吸附剂厚度为 $1\sim2$ m。废水从上向下过滤，过滤速度在 $4\sim15$ m/h 之间，接触时间一般不大于 $30\sim60$ min。为防止吸附剂层的堵塞，含悬浮物的废水一般先应经过砂滤，再进行吸附处理。吸附柱在工作过程中，上部吸附剂层的吸附质浓度逐渐增高，达到饱和而失去继续吸附的能力。随着运行时间的推移，上部饱和区高度增加而下部新鲜吸附层的高度则不断减小，直至全部吸附剂都达到饱和，出水浓度与进水浓度相等，吸附柱全部丧失工作能力。

在实际操作中，吸附柱达到完全饱和及出水浓度与进水浓度相等是不可能的，也是不允许的。通常是根据对出水水质的要求，规定一个出水含污染物质的允许浓度值。当运行中出水达到这一规定值时，即认为吸附层已达到"穿透"，这一吸附柱便停止工作，进行吸附剂的更换。

2）离子交换法主要设备

离子交换法是水处理中软化和除盐的主要方法之一。在废水处理中，主要用于去除废水中的金属离子。

离子交换装置按照进行方式的不同可分为固定床和连续床两大类。

在废水处理中，单层固定床离子交换装置是最常用、最基本的一种形式。下面将主要介绍这种装置。在固定床装置，离子交换树脂装填在离子交换器内，形成一定高度，在整个操作过程中，树脂本身都固定在容器内而不往外输送。

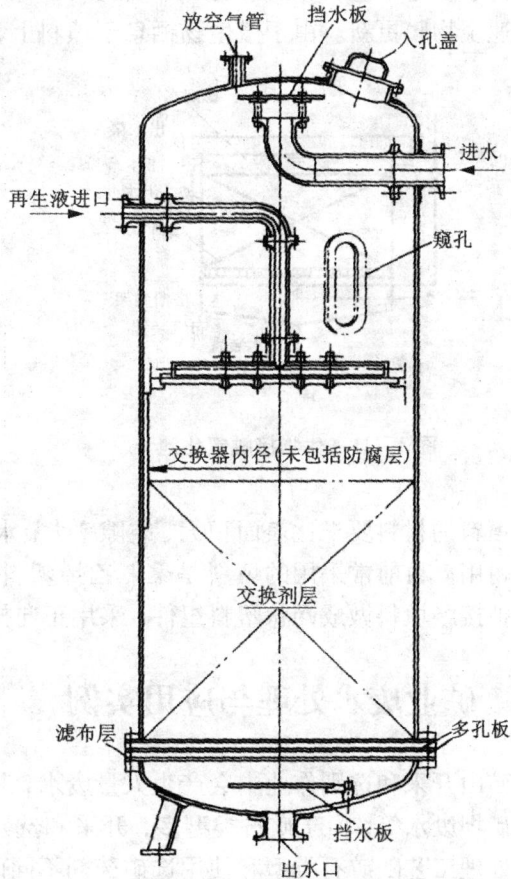

图 3-20 固定床离子交换器

用于废水处理的离子交换系统一般包括预处理设备（一般采用砂滤器，用以去除悬浮物，防止离子交换树脂受污染和交换床堵塞）、离子交换器和再生附属设备（再生液配制设备）。

离子交换的运行操作包括四个步骤：交换、反洗、再生、清洗。

常用的固定床离子交换器如图 3-20 所示。一般离子交换器都有定型产品可选用。

4.矿业废水生物处理法主要设备

矿业废水有机物主要来自选矿药剂，有机物含量较低，在采用生物法进行废水处理时通常采用好氧生物处理，在处理工艺上主要是活性污泥法和生物膜法，下面重点介绍生物接触氧化法处理矿业废水。

接触氧化法是一种浸没型生物膜法。生物接触氧化法又称浸没曝气式生物滤池如图 3-21。在池中装满各种挂膜介质，全部滤料浸没在废水中。在滤料支承下部设置曝气管，用压缩空气鼓泡充氧，废水中的有机物被吸附（接触）于滤料表面的生物膜上，被微生物分解氧化。和其他生物膜一样，该法的生物膜也经历挂膜、生长、增厚、脱落等更替过程。一部分生物膜脱落后变成活性污泥，在循环流动过程中，吸附和氧化分解废水中的有机物，多余的脱落生物膜在二次沉淀池中除去。空气通过设在池底的穿孔布气管进入水流，当气泡上升时向废水供应氧气，有时并借以回流池水。

为了防止堵塞，可采用全面曝气式（图 3-22），使生物膜直接受上升气流的强烈搅动，以加速生物膜更新。由于微生物栖息于填料上，因此不需回流污泥，不产生污泥膨胀问题。

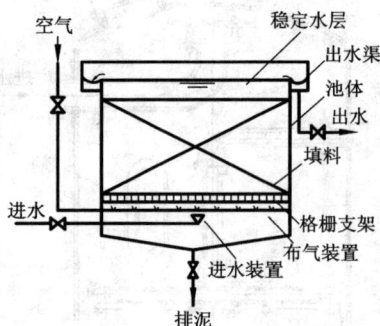

图 3-21 生物接触氧化池

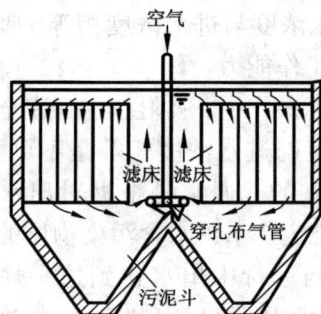

图 3-22 集中布气接触氧化池

填料的材料要求比表面积大、空隙率大，水力阻力小、强度大，化学和生物稳定性好，能经久耐用。目前常采用的填料是聚氯乙烯塑料，环氧玻璃钢等做成的蜂窝状和波纹板状填料。把接触填料做成网状塑料组件，采用正向排列，既可防止堵塞，又可提高接触效率。

3.5 矿业废水处理与应用实例

矿山开采和选别作业中会产生大量废水，其中包括矿坑水、废石场淋滤水、选矿废水以及尾矿坝废水等，由于矿石类型多，开采和选别不同类型矿物产生废水水质和水量变化大，废水处理工艺随矿石类型和使用选矿药剂不同而变化，下面按废水来源不同，分别介绍不同矿业废水处理实例。

3.5.1 采矿排水

酸性矿山废水在世界上的分布极为广泛。我国的酸性矿山废水问题也相当严重，煤矿、金属矿山都存在此类问题。我国绝大部分金属矿山为原生硫化物矿床，无论是露采还是坑采，遗弃的大量硫化物废石经过风化、淋溶，极易形成酸性矿山废水。酸性废水问题比较严重的金属矿山有江德国兴铜矿、武山铜矿、银山铅锌矿、浙江遂昌金矿、安徽南山铁矿、向山铁矿、铜官山铜矿、江苏梅山铁矿、湖南七宝山铜锌矿、湘潭锰矿等。

栅原矿山污水处理工程实例

1）污水水源及水质

日本的栅原矿山为硫化铁矿山，污水主要来源于采场，它的污水量比较小，但是含铁量高，另外锌和铜等重金属也超标。栅原矿山污水处理前的水量、水质见表3－5所示。

表3－5　处理前的污水水量及水质

污水种类	通常水量/($m^3·d^{-1}$)	最大水量/($m^3·d^{-1}$)	pH	SS/($mg·L^{-1}$)	Zn/($mg·L^{-1}$)	Cd/($mg·L^{-1}$)	Cu/($mg·L^{-1}$)	Mn/($mg·L^{-1}$)	Fe^{2+}/($mg·L^{-1}$)	As/($mg·L^{-1}$)
坑内A水	670	1 500	2.5	20	100	0.4	15	5	900	0.15
坑内B水	1 520	2 320	3.0	100	50	0.1	10	10	100	
其他污水	90		4.5	1 500	150	0.005	8	5	30	

2）污水处理工艺

栅原污水处理场随着水量、水质的变化，几经改造，不断寻求最经济合理的方法。1920—1952年，栅原矿山的坑内水采用石灰中和法处理；1952年以后改为二段中和处理，即一段石灰石中和，二段石灰中和；20世纪60年代后，增添了用一氧化氮氧化的工艺，现将亚铁氧化为三价铁，再进行二段中和；1970年研究开发了细菌氧化法的新技术；从1974年至今，一直采用细菌氧化和二段中和的处理流程，效果很好，其流程详见图3－23。

3）主要构筑物

处理场的主要构筑物规格如下：原水槽1为500 m^3；原水槽2为500 m^3；粗中和槽为5.6 m^3；沉降槽为54.3 m^3；细菌氧化槽为200 m^3；浓密池1为180 m^3（9 m）；一次中和槽为360 m^3；铁沉降槽为82 m^3×2；二次中和槽为40 m^3×7；消石灰中和槽为40 m^3；浓密池2共三座，分别为390 m^3（$\phi12$ m）、350 m^3（$\phi10$ m）、300 m^3（$\phi9.5$ m）；浓密池3为170 m^3（$\phi8.6$ m）。沉淀最终贮存于泥库和废坑道。

4）运行效果

处理后的水质见表3－6。

表3－6　处理后的水质

pH	COD/($mg·L^{-1}$)	SS/($mg·L^{-1}$)	Zn/($mg·L^{-1}$)	Cu/($mg·L^{-1}$)	Mn/($mg·L^{-1}$)	Fe/($mg·L^{-1}$)	As/($mg·L^{-1}$)
8.0	2.5	15	0.4	0.01	1.5	0.5	0.005

从处理后水质的指标看，效果很好。目前，A水处理为47 m^3/h，总处理水量为125 m^3/h。一次中和用的石灰石为八宝矿山生产的石灰废物，即石灰石烧成前，水洗工序中洗出的岩粉。以前这种岩粉输送到旧矿井堆积处理，现在用旋流器分离出粗颗粒后，调整为－0.043 mm占85%的产品，压滤脱水后，以滤饼状态运到栅原，降低了处理费用。为了进一步降低运行费用，正在试验采用电石渣代替石灰进行二次中和。此外，中和、沉淀工艺中采

坑内A水 pH=2.5　　　其他废水　坑内B水 pH=3.0　选矿排水

原水槽　　　　　　　　　　　　　原水槽2

　　　　CaCO₃
　　　　pH=3.0
空气　粗中和槽　（脱AS）

沉降槽

上清液　　沉淀物

细菌氧化槽

浓密池1

沉淀物　　上清液　CaCO₃ pH=3.5

（SV=60%）　空气　一次中和槽

污泥回流　旋流器　铁沉降槽

溢流　底流

沉淀物　上清液　　　　　　　CaCO₃ pH=6.0

脱水　　空气　二次中和槽　Ca(OH)₂ pH=8.0~8.2

反应　　空气　消石灰中和槽

调整　　　　　浓密池2

生物铁制品　　　沉淀物　　上清液
（无机凝聚剂）

回流　　浓密池3

沉淀物　　上清液

贮泥　　放流

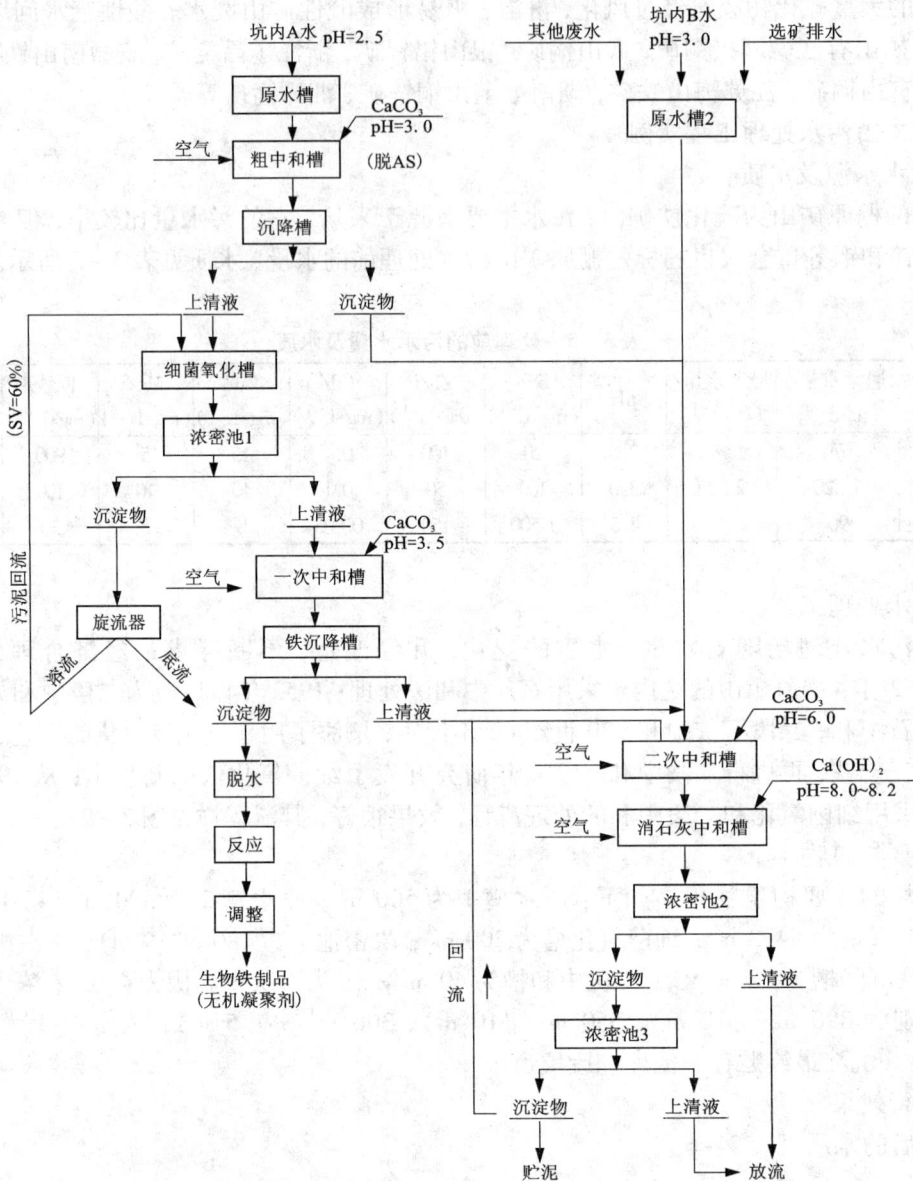

图 3 – 23　栅原矿山污水处理工艺流程

用渣回流技术，即将中和沉淀渣部分返回中和反应槽，可以提高沉降速度。同时，回流后石灰石的用量可节省 5% ~ 10%。

3.5.2　选矿废水

选矿过程中，污水的排放量是惊人的。且选矿厂的污水中含有多种化学物质，这是由于选矿时使用了大量的各种表面活性剂及品种繁多的其他化学药剂而造成的。选矿药剂中，有的化学药剂属于剧毒物质(如氰化物)，有的化学药剂虽然毒性不大，但当用量大时，也会造成环境污染。如大量使用各类捕收剂、起泡剂等表面活性物质，会使污水中生化需氧量(BOD)、化学需氧量(COD)迅速增高，使污水出现异臭；大量使用硫化钠会使硫离子浓度增高；大量使用石灰等强碱性调整剂，会使污水的pH超过排放标准。因此，选矿污水的污染是很严重的，必须进行处理。

下面介绍典型选矿废水处理实例。

1. 新城金矿酸化法——SO_2/空气氧化法处理含氰污水的工业实践

新城金矿是一个大型黄金矿山，位于山东省莱州市境内。采用浮选—氰化—锌粉置换工艺提金。

1）含氰污水来源及水质

氰化 – 锌粉置换工艺所产生的含氰污水（贫液和氰尾滤液）除循环用于氰化工艺外，尚有 $60 \sim 80 \text{ m}^3/\text{d}$ 需要处理才能外排。含氰污水（贫液）和酸性含氰污水组成见表3–7。

表3–7 新城金矿含氰污水和酸性含氰污水组成（mg/L）

污水种类	总 CN^- /$(mg \cdot L^{-1})$	SCN^- /$(mg \cdot L^{-1})$	Cu/$(mg \cdot L^{-1})$	Zn/$(mg \cdot L^{-1})$	Fe/$(mg \cdot L^{-1})$	Pb/$(mg \cdot L^{-1})$	pH
含氰污水（贫液）	2 344	886.8	390	149	10 ~ 30	—	11
酸性含氰污水	10 ~ 300	500 ~ 700	10 ~ 40	100	微量	微量	小于2

2）污水处理工艺

1983 年处理含氰污水的酸化回收法装置投入运行，其工艺流程和规模均与招远金矿相同。产生的酸性含氰污水采用氯氧化法处理，以漂白粉为原料。

由表3 – 7 的污水组成可以看出，其中硫氰化物和铜浓度低，因此酸化回收法处理后废液中沉淀物较少，该矿不回收铜渣，这种还原性物质浓度很高的酸性污水用氯氧化法处理，需要大量的石灰中和，也需要大量的漂白粉。处理时，时常逸出氯化氰气体或氯气，操作条件十分恶劣，而且劳动强度也很大。处理效果无法保证，一般氯氧化法处理后的污水氰化物浓度为3 ~ 10 mg/L，即使经过浮选尾矿的稀释和尾矿库的自净，排液的达标率也不高。

为了使排水氰化物达到国家规定的排放标准，决定采用二氧化硫—空气氧化法处理含氰污水。考虑到用药量较少，选用易于贮存和使用的固体焦亚硫酸钠（NaS_2O_5）作为二氧化硫的代用品，故又称之焦亚硫酸钠 – 空气氧化法。

焦亚硫酸钠在水中分解成亚硫酸根离子，反应控制 pH 值为 7 ~ 9，反应时间30 ~ 90 min，催化剂铜浓度大于 50 mg/L。理论上二氧化硫质量应是氰化物质量的 2.47 倍，实际上为 4 ~ 15 倍。氰化物浓度低时取上限，可用含二氧化硫废气、液体二氧化硫以及亚硫酸盐做药剂。为了保证空气向液相的扩散速度，通常使用充气式搅拌槽做反应器，以石灰乳调节 pH。

由于酸性污水中含铜少于 10 mg/L，在反应时要加入硫酸铜以提高作为反应催化剂的铜离子浓度。该方法要求 pH 为 7 ~ 9，反应前要用石灰中和污水的酸性，使反应过程中 pH 能保持在所要求的范围内。

新城金矿酸化法——SO_2/空气氧化法处理含氰污水工艺流程见图3 – 24。

工序作业操作条件如下：

（1）含氰污水加温至 25 ~ 30℃；

（2）沉铜塔加 H_2SO_4，至 pH = 2 ~ 4；

（3）一次碱液经循环至2% ~ 4% 返回浸出用；

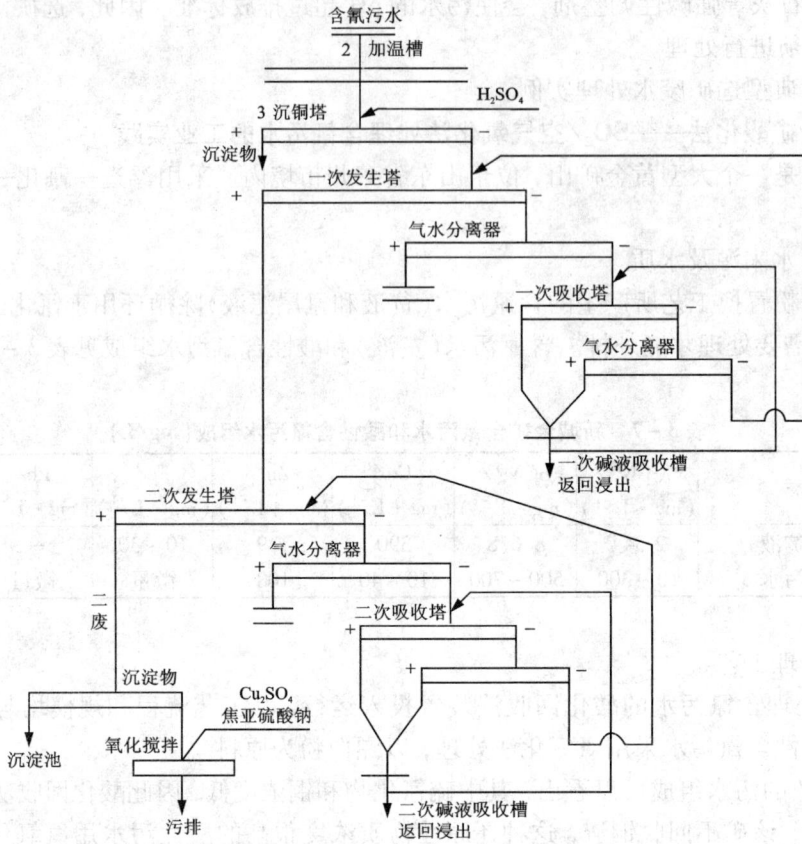

图 3 – 24   酸化法——SO₂/空气氧化法处理含氰污水工艺流程

（4）二废含氰≤30 mg/L；

（5）二次碱液经循环至 2% ~ 4% 返回浸出用；

（6）氧化搅拌处要求 pH = 6 ~ 9，加催化剂 CuSO₄，单耗为 1.5 kg/t 废液，加焦亚硫酸钠，单耗为 3.0 kg/t 废液；

（7）污水排出时含氰≤3 mg/L。

3）运行效果

用酸化法——SO₂/空气氧化法处理含氰污水的技术指标如表 3 – 8 所示。

以算术平均值计算运转时车间排放口排液的氰化物浓度为 1.93 mg/L；以日处理污水量及排水氰化物浓度计算车间排放口平均氰浓度为 1.94 mg/L。排水与浮选尾矿矿浆混合后进入尾矿库，监测尾矿库内及外排水组成如下。

表 3 – 8   酸化法——SO₂/空气氧化法处理含氰污水的结果

采样点	pH	CN^-/ $(mg \cdot L^{-1})$	Cu/ $(mg \cdot L^{-1})$	采样点	pH	CN^-/ $(mg \cdot L^{-1})$	Cu/ $(mg \cdot L^{-1})$
外排口	5.5	0.17	0.20	库内西部	6	0.18	0.12
库内西部	5.5	0.26	0.49	库内西北角	6	0.17	0.04
库内西南角	6	0.37	0.05				

多年来的运行表明,采用焦亚硫酸钠——空气氧化法处理酸化回收法产生的酸性含氰污水在技术上是合理的,经浮选尾矿浆稀释和尾矿库自净,保证了外排水达到国家规定的排放标准,消除了环境污染。用本方法代替原来的氯氧化法,每年可节约处理费几十万元,获得了环境效益和经济效益的双丰收。

2. 德兴铜矿选矿废水处理工业实践

江西铜业公司德兴铜矿是国内最大的铜矿,年产铜金属 10×10^4 t。在选矿的过程中,排放大量的碱性污水,如不进行治理直接排放,不仅会对矿区及其周围环境造成污染和危险,而且会造成矿山资源的浪费。

1)污水来源及水质量

主要的碱性污水为大量尾矿和精矿脱水工序中产生的高碱性污水。

几种碱性污水量和水质分别列于表3-9和表3-10。

表3-9　尾矿碱性污水量和水质表

碱性污水来源	溢流量/($m^3 \cdot d^{-1}$)	含量/%	水质
大山选厂	135 183	17.5	
泗洲选厂	84 810	13.0	pH = 11.3 ~ 12.3
合计	219 993	/	

表3-10　精矿碱性污水量和水质表

碱性污水来源	溢流量/($m^3 \cdot d^{-1}$)	水质
大山选厂	10 000	
泗洲选厂	5 000	pH = 11.6 ~ 12.24
合计	15 000	

2)污水处理工艺

德兴铜矿除了碱性污水外,还有酸性污水。为了达到以废治废的目的,碱性污水和酸性污水一起处理。酸性污水来源于废石场和露天采场,当降水或地下涌水流过硫化矿石时,由于细菌的氧化作用产生酸性污水。目前,杨桃坞废石场、祝家废石场、露天采矿场、堆浸场均产生酸性污水,汇入酸性污水调节库。各源点污水量和水质列于表3-11。

表3-11　各源点污水量和水质表

酸性水来源	水量/($m^3 \cdot d^{-1}$)	水质
杨桃坞废石场	5 530	pH = 11.6 ~ 12.24
祝家废石场	6 380	$[Cu^{2+}] = 13 \sim 50 \ mg \cdot L^{-1}$
露天采矿场	20 400	TFe $= 1\ 100 \sim 1\ 700 \ mg \cdot L^{-1}$
堆浸场	3 700	$[SO_4^{2-}] = 1\ 000 \sim 12\ 000 \ mg \cdot L^{-1}$
合计	35 010	$[Al^{3+}] = 500 \sim 600 \ mg \cdot L^{-1}$

根据污水的水质情况，采用石灰中和沉淀与硫化沉淀联合处理工艺，具体工艺流程见图 3 - 25。

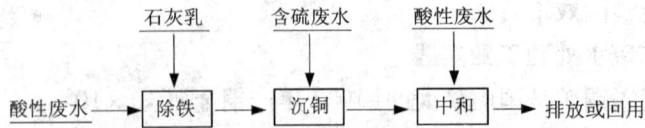

图 3 - 25　污水处理工艺流程

处理工艺采用一段投加石灰乳(pH 控制在 3.6 ~ 3.8)，经两个 ϕ20 m 浓密沉淀去除酸性水中的 Fe^{3+}，含 Cu^{2+} 的上清液投加铜。钼分选取工段产生的含硫化应(pH 控制在 4.0 ~ 4.2)，经过二段两个 ϕ20 m 浓密沉淀回收硫化铜，上清液和碱性污水混合中和(pH 控制在 8.0 ~ 8.5)，经过三段两个 ϕ30 m 浓密沉淀，溢流至澄清水泵房，用泵输送至泗洲选厂生产；回水池，供选取矿使用。沉淀的底流渣用渣浆泵送到泗洲选厂尾矿流槽，自流至砂泵站输送至 2#尾矿库 4#尾矿库。

3)工艺参数如下：

(1) 一段(除铁) pH = 3.4 ~ 3.6，K_{cao} = 1.05(出水 Fe^{3+} > 50 mg/L 三段铁去除率 > 97%)；

(2) 二段(沉铜) pH = 3.7 ~ 4.0，K_s = 1.1(二段铜回收率) > 99%，铜渣含铜品位 > 30%)；

(3)三段(中和)pH = 6.5 ~ 7.5。

4)运行效果评价

通过该工艺对污水进行处理，处理后的水质达到国家的排放标准。到 1999 年底，一共处理酸性污水 1 196 × 10^4 t，碱性污水 4 800 × 10^4 t，提供选矿回水 4 800 × 10^4 t，回收金属铜 254 t。达到了环境效益和经济效益的统一。

3.5.3　尾矿库排水

1. 金属矿山尾矿库废水处理

近年来，国内外学者在对尾矿浆的流变特性和高浓度浆体输送领域的研究基础上，提出了选矿尾矿处理新技术——浓缩处置法。浓缩处置法是将低浓度矿浆用浓缩设备浓缩后(一般浓度可达 40% ~ 60%)再送往尾矿库，而溢流水则就近返回厂内使用，或作更深一步处理。在这一领域，昆明冶金研究院从事了十多年的尾矿浓缩技术研究，积累了丰富的现场成功经验，其选矿尾矿处理流程见图 3 - 26 所示。

经澄清 - 浓缩尾矿处理得到的溢流水其含固体悬浮粒子少，但由于矿山矿石类型不同和选别处理工艺要求不同，造成了尾矿废水的 pH 过低或过高，所含 Cu、Pb、Zn、Cd 等重金属离子和其他有害成分大大超过工业排放标准。如要实现废水合格排放，则必须进行更进一步的物理、化学处理。针对金属矿山和选矿尾矿废水特点，常用以下方法处理。

1)混凝沉淀法

根据废水及悬浮固体污染物的特性不同，采用不同的混凝剂，既可单独利用无机凝聚剂

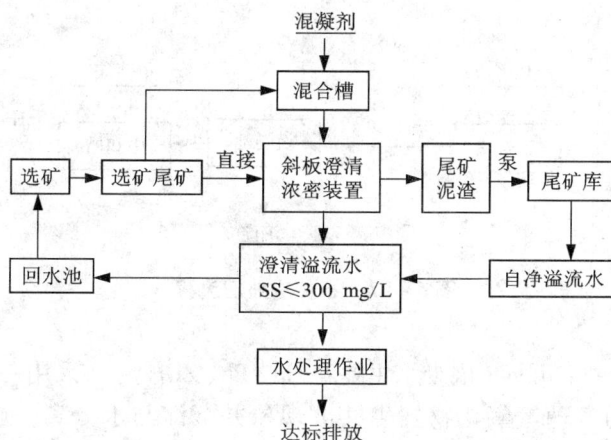

图 3 - 26　选矿厂尾矿及废水处理原则流程图

(如硫酸铝 $Al_2(SO_4)_3 \cdot 18H_2O$、氯化铁 $FeCl_3 \cdot 6H_2O$)或通过有机高分子絮凝剂(如各类型聚丙烯酰胺)进行沉降分离,也可将二者联合使用进行混凝沉淀。该方法是将无机凝聚剂的电性中和作用和压缩双电层作用,以及高分子絮凝剂的吸附作用、桥联作用和卷带作用结合起来,故其沉淀效果显著,废水处理工艺流程简单。

如某铅锌选矿厂针对废水中悬浮固体颗粒细,沉降速度慢等特点,在尾矿水池中投加硫酸铝作混凝剂进行废水处理,使废水中的悬浮固体物加速沉降,净化水质测定结果为:废水中含铅量由原来的 2.58 mg/L 降到 0.25 mg/L,锌由 2.03 mg/L 降为 0.35 mg/L,铜由 1.8 mg/L 降为 0.03 mg/L,其他成分也都全部符合排放标准。

2)中和沉淀法

该方法适用于酸性矿山废水和选矿厂尾矿水处理。中和沉淀法是使重金属离子与 OH^- 离子反应,生成难溶于水的氢氧化物沉淀,使废水净化。

一般废水中和沉淀的 pH 控制在 10 左右,可将重金属离子含量降到工业排放标准。在实际生产中,废水中多种离子共存,相互间发生共沉现象,如废镉液含 Cd^{2+} 1 mg/L 时,pH 为 11,镉可以完全沉淀,有 Fe^{3+} 存在时,其含量大于 10 mg/L,pH 大于 8 即可沉淀完全。

废水中和时,pH 越高,残留的重金属离子浓度越低,但部分两性金属在高 pH 时(如 Zn 在 pH >11,Pb 在 pH >9)生成的氢氧化物会产生复溶现象,降低沉淀效果。因此,根据不同金属氢氧化物在不同 pH 沉淀析出的特性,在生产中,投加中和剂石灰乳采用一次沉淀或分步沉淀的方法,使废水中各种金属离子同时或分步沉淀析出。例如某厂 pH =7.14 的含铅、锌、铜、镉等金属离子废水,采用一次沉淀处理。其处理工艺流程如图 3 - 27 所示,其结果如表 3 - 12 所示。

表 3 - 12　一次沉淀法处理重金属废水水质前后指标

项目	pH	Zn/ (mg·L⁻¹)	Pb/ (mg·L⁻¹)	Cu/ (mg·L⁻¹)	Cd/ (mg·L⁻¹)	Al/ (mg·L⁻¹)
处理前水质	7.14	342	36.5	28	7.12	2.41
处理后水质	10.4	1.61	0.6	0.05	0.06	0.024

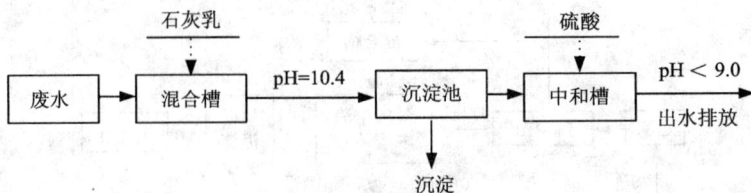

图 3 –27　石灰法处理流程

　　从图 3 –27、表 3 –12 可见，该废水主要含 Cu、Pb、Zn 离子，采用一次石灰中和沉淀，在 pH 为 10.4 时，生成的各种氢氧化物发生共沉现象并沉淀与水分离，同时使废水达到排放标准。

　　3）硫化物沉淀法

　　硫化法是向废水中投入硫化剂，使废水中的金属离子形成硫化物沉淀而被除去的方法。通常使用的硫化剂有硫化氢、硫化钠等，此法的 pH 适应范围大，产生的硫化物比氢氧化物溶解度更小，去除效率高，泥渣浓度高、泥渣量少，泥渣中品位高的金属便于回收利用。但硫化物价格高，产生的硫化氢有恶臭，对人体有害，使用不当时可能造成空气污染。

　　例如，某浸铜矿山废水水质列于表 3 –13，处理流程见图 3 –28 所示。

表 3 –13　硫化法处理废水水质前后比较

项　目	$Cu/(mg \cdot L^{-1})$	$Fe/(mg \cdot L^{-1})$	$Zn/(mg \cdot L^{-1})$	$SO_4^{2-}/(mg \cdot L^{-1})$	pH
处理前水质	50	720	23	2 148.5	2.6
处理后水质	痕量	6.00	痕量	809.3	6.5

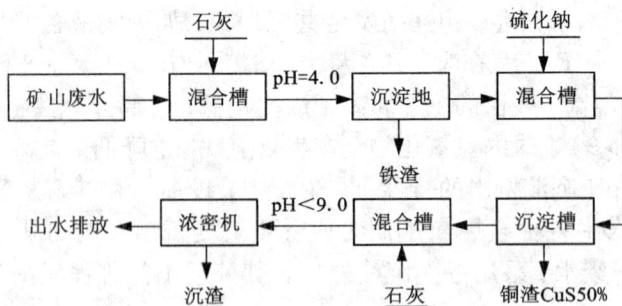

图 3 –28　硫化法处理流程

　　由表 3 –13 和图 3 –28 知，废水中含 Cu、Fe、SO_4^{2-} 离子较高，处理方法：首先，加入石灰调整 pH =4.0，使 Fe^{3+} 沉淀，由于废水中 Fe^{3+} 居优，所以未设 $Fe^{2+} \rightarrow Fe^{3+}$ 的氧化过程；然后把 Na_2S 溶液投入废水中，使铜呈 CuS 沉淀，铜渣品位高，可回收；最后加入石灰提高 pH，使沉铜后的溢流酸度下降，以达到排放标准。

2.黄金采选尾矿库废水处理

某矿业有限责任公司是一家大型黄金采选冶联合企业。选矿厂每天外排废水约
1 500 m³,废水中含有大量的选矿药剂和尾砂,悬浮物浓度平均约40 000 mg/L。选矿废水
通过两级泵房输送到高位尾砂库自然沉降,尾砂库溢流水直接排入地表水系,通过实测,外
排溢流水外观呈乳白色,悬浮物在2 500~3 200 mg/L之间,大大超过《污水综合排放标准》
(GB8978—1996)一级标准,直接影响尾砂库溢流水排口下游的用水安全。

1)水质特性

通过对该公司选矿废水、尾砂库溢流水进行查定,尾砂库日排水量1 500 m³/d,废水水
质情况如下:pH8.14~8.41,色度2 250 SS 2 560~3 110 mg/L,COD$_{Cr}$ 1 478~2 956 mg/L,
As 2.00~2.54 mg/L、Pb 0.04~0.06 mg/L、Zn 0.05~0.07 mg/L。由此可见,尾砂库溢流水
的主要污染因子为SS、As和色度。

2)废水处理工艺基本原理

选矿废水中的砷浓度较高,而其他重金属离子浓度较低,特别是锌离子浓度较低,砷与其
他重金属离子形成氢氧化物共沉淀的可能性不大。砷离子的去除机理主要基于以下两方面:一
是砷离子和氢氧根的结合;二是絮凝沉淀过程中的离子吸附。因此加入石灰乳既可以破坏废水
的胶体稳定性,又使废水中的砷离子生成砷酸钙沉淀;然后再通过混凝剂絮凝进一步吸附砷及
其他杂质,最终达到去除悬浮物和其他杂质的目的。主要的化学反应式如下:

$$Ca(OH)_2 + 2H_3AsO_3 \longrightarrow Ca(AsO_2)_2 \downarrow + 4H_2O$$

3)工艺流程及设计参数

(1)工艺流程。根据试验结果和现场实际情况,确定尾砂库溢流水处理工艺如下:尾砂
库溢流水通过管道自流进入旋流折板反应池,在反应池首端加石灰乳,调pH至11,通过压
缩双电层和电性中和等机理使胶体脱稳,反应时间为5 min。然后再加入聚合氯化铝(PAC)
进行絮凝反应(投加量为20 mg/L),反应时间为25 min。待反应充分后,通过配水孔口自流
进入斜管沉淀池进行固液分离。上清液自流进清水池调pH外排或直接回用作精矿焙烧烟气
脱硫系统的补充水。斜管沉淀池底流先通过排泥管汇入泥浆池然后泵入尾砂输送管送至尾砂
库沉淀。尾砂库溢流水处理工艺流程见图3-29。

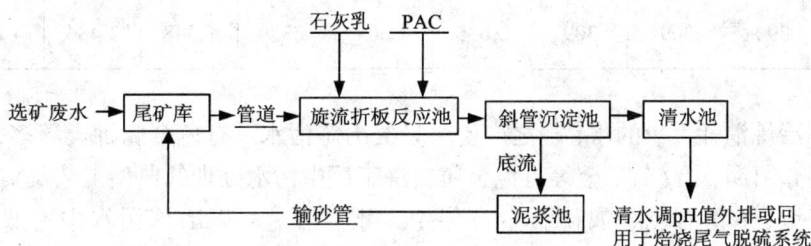

石灰乳 PAC

选矿废水 → 尾矿库 → 管道 → 旋流折板反应池 → 斜管沉淀池 → 清水池

输砂管 → 泥浆池

底流

清水调pH值外排或回
用于焙烧尾气脱硫系统

图3-29 尾砂库溢流水处理工艺流程

(2)设计参数。工程采用先胶体脱稳后絮凝沉降的工艺,具体设计参数如下:

①旋流折板反应池：旋流部分钢结构，折板部分钢筋混凝土结构，总水力停留时间 HRT 30 min，其中胶体脱稳反应（旋流部分）5 min、絮凝反应（折板部分）25 min。

②斜管沉淀池：钢筋混凝土结构，与旋流折板反应池合建，设计表面负荷1.54 m³/（m²·h），采用锥斗收集排泥管排泥。

③清水池：钢筋混凝土底板，砖砌池壁外抹水泥沙浆结构，HRT90 min。

④泥降池：素混凝土底板，砖砌池壁外抹水泥沙浆结构，容积8.0 m³。

（3）运行效果。工程设计合理、操作简便、技术可靠。自从2004年8月底运行以来，系统一直运转正常，出水水质稳定。2004年10月，当地环境监测部门对该废水治理设施进行了验收监测，结果显示其主要污染因子指标：外观清澈透明、色度5.8，SS < 30 mg/L、As 0.058 mg/L、COD 62.98 mg/L，远远低于《污水综合排放标准》（GB 8978—1996）一级标准。污水处理设施处理前后水质监测结果见表3 - 14。

表3 - 14　污水处理前后水质监测结果

监测地点	pH	色度	污染物含量/（mg·L⁻¹）					
			As	CODCr	SS	Zn	Cd	Pb
总排处理前	6.54	2 125	5.85	75.7	3 137	0.05	0.001	0.06
总排处理后	8.31	5.8	0.058	62.98	28	0.01	0.001	0.01
排放标准	6 ~ 9	50	0.5	100	100	2.0	0.1	1.0

3.5.4　湿法冶金废水

有色冶金主要包括除铁、锰、铬以外的冶炼，是我国的用水大户，表3 - 15为金属冶炼吨产品的用水量。

表3 - 15　我国有色金属冶炼吨产品用水量

品名	铜	铅	锌	锡	铝	锑	镁	镍	钛	汞
用水量/（m³·t⁻¹）	290	309	309	2 633	230	837	1 348	2 484	4 810	3 135

有色金属冶炼消耗大量的水，随之产生大量的冶炼污水。有色金属种类繁多，污水种类多样。本节主要介绍铜、铅、锌、金等有色金属冶炼工厂中污水处理的典型工艺及实例。

由于铜、铅、锌等有色金属矿石中有伴生元素存在，所以冶炼污水中一般含有汞、镉、砷、铅、铍、铜、锌等重金属离子和氟的化合物等。因此，对铜、铅、锌冶炼污水的处理主要是处理含重金属离子的酸性污水，对金冶炼厂的污水处理主要是处理含氰的碱性污水。

1.贵溪冶炼厂污酸污水和重金属酸性污水处理的工业实践

贵溪冶炼厂生产的主要原料是铜精矿，铜精矿在闪速熔炼过程中产生的含二氧化硫烟气夹杂有烟尘和杂质，经电收尘器部分脱除后，送往制酸系统，再经净化、干燥、转化、吸收工序生产出硫酸。烟气中的As、Cu、Pb、Cd、Fe、Bi、SO_3、Cl_2等在净化工序的空塔、洗涤塔排烟冷却器、电除雾器中被除去，最后富集在空塔循环液中，由空塔抽出泵送往废酸处理工序进行处理。

1）污水水质

全厂整个生产过程产生污酸污水和重金属酸性污水，污水水质见表 3 - 16。

表 3 - 16　酸性废水水质

污水种类	废水中成分含量/$(g \cdot L^{-1})$							
	H_2SO_4	SS	Zn	Cu	Cd	As	F	SO_2
污酸废水	65	0.7	0.7	1.86	0.131	4.49	0.91	0.8
重金属废水	3.92	—	0.6	0.62	—	0.44	—	—

2）污水处理工艺

根据水质特点，废酸、污水的处理按杂质的去除分为三大工序：废酸硫化处理工序、污水石膏中和处理工序、污水中和 - 铁盐氧化工序。

（1）废酸硫化处理工序。废酸硫化处理工序主要是处理烟气净化工序产生的含铜、砷、镉、铋、氟等杂质的废酸以及三氧化二砷车间排出的含高铜、砷等杂质的污水。该工序通过添加硫化钠，使废酸中的铜、砷等杂质大部分以硫化物的形式沉淀下来，进入渣相。反应在一定的氧化还原电位下进行，以使残余砷含量控制在小于 100 mg/L 标准范围内。反应如下：

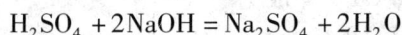

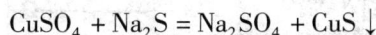

$$2HAsO_2 + 3Na_2S + 2H_2O = 6NaOH + As_2S_3 \downarrow$$

$$H_2SO_4 + 2NaOH = Na_2SO_4 + 2H_2O$$

$$CuSO_4 + Na_2S = Na_2SO_4 + CuS \downarrow$$

反应的同时，废酸中的镉也有一部分以硫化物的形式沉淀下来。这些沉淀物经压滤机过滤分离，滤渣送往三氧化二砷车间生产三氧化二砷，滤液送往污水石膏中和工序进一步处理。

废酸硫化处理工序的工艺流程见图 3 - 30。

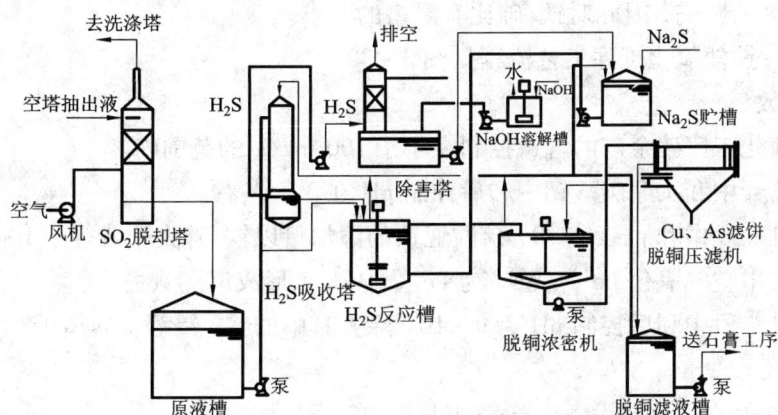

图 3 - 30　废酸硫化处理工序工艺流程

（2）污水石膏中和处理工序。来自废酸硫化处理工序的滤液，被送至石膏工序的反应槽，通过添加石灰乳溶液中和其中的 H_2SO_4、HF 反应，除去其中的硫酸和氟，生成石膏及氟化钙。反应如下：

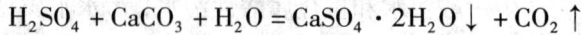

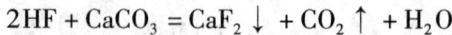

$$H_2SO_4 + CaCO_3 + H_2O = CaSO_4 \cdot 2H_2O \downarrow + CO_2 \uparrow$$

$$2HF + CaCO_3 = CaF_2 \downarrow + CO_2 \uparrow + H_2O$$

用离心分离机进行固液分离后，滤渣出售，滤液送往第三道工序进一步处理。石膏中和工序工艺流程见图 3 - 31。

（3）污水中和 - 铁盐氧化工序采用中和 - 铁盐氧化工序处理石膏滤液和工厂各处污水。根据这两部分污水中砷的含量，按 Fe/As = 10 的标准加入砷的共沉剂 $FeSO_4$，经管道混合器充分混合后进入一次中和槽，在一次中和槽中添加氟的共沉剂 $Al_2(SO_4)_3$ 和调节溶液 pH 的 $Ca(OH)_2$ 溶液，使污水溶液的 pH = 7，然后导入氧化槽用空气曝气氧化，将污水中的 Fe^{2+} 转变为 Fe^{3+}、As^{3+} 转变为 As^{5+}，有利于铁和砷的共沉，氧化后导入二次中和槽，再添加 $Ca(OH)_2$ 溶液调整 pH = 9 ~ 10，使其中的杂质离子如 Cu^{2+}、Fe^{3+}、Al^{3+}、Zn^{2+}、Cd^{2+} 等成为氢氧化物的沉淀，砷和氟则以 $Ca_3(AsO_4)_2$、CaF_2 的形式沉淀下来，再导入凝聚槽添加凝聚剂，经圆筒真空过滤机过滤分离，滤液澄清后用 1% 的硫酸调节 pH = 7 后排放。该工序的杂质脱除率与溶液的 pH 及硫酸亚铁的添加量密切相关。当溶液中的 Fe^{2+} 浓度不足时，砷的脱除率将受到很大的影响，因此对铁/砷比有严格的要求。

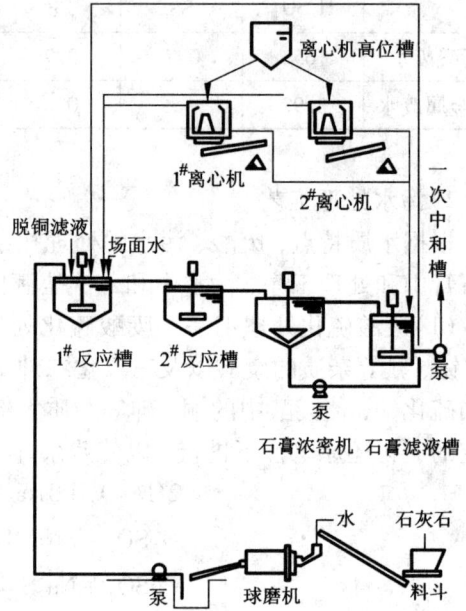

图 3 - 31 石膏中和工序工艺流程

污水中和 - 铁盐氧化工序工艺流程见图 3 - 32。

3）工艺参数

（1）废酸硫化工序残余砷的含量控制在小于 100 mg/L 的范围内。

（2）污水石膏中和工序碳酸钙中和后控制 pH 在 3.5 左右。

（3）石灰乳一段中和 pH 约 7.0，硫酸亚铁的添加量以铁/砷大于或等于 10 为宜。

（4）氧化槽中空气氧化 Fe^{2+}、As^{3+} 为 Fe^{3+}、As^{5+}，形成沉淀除去。

（5）石灰乳二段中和后控制 pH 为 9 ~ 10，除去其中的锌、镉等金属离子。

4）主要设备

废酸和排水处理的主要设备一览表见表 3 - 17。

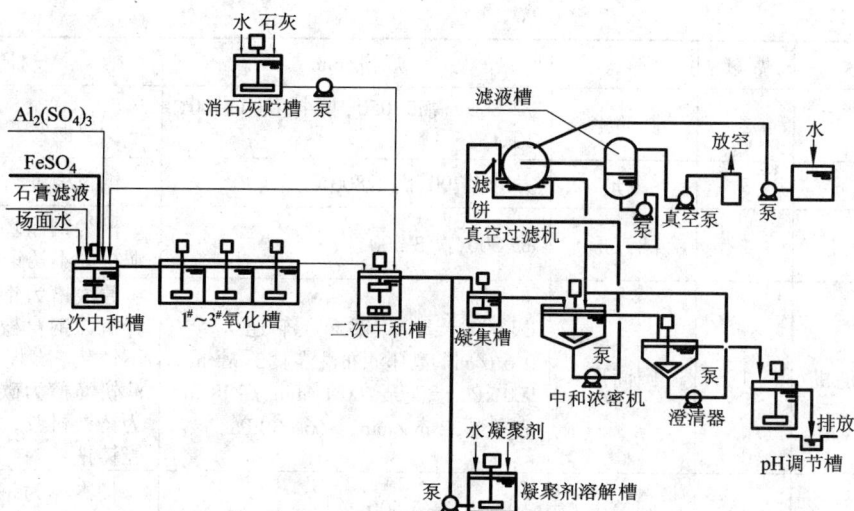

图 3 - 32　污水中和 - 铁盐氧化工序工艺流程

表 3 - 17　废酸和排水的主要设备

设备名称	数量	形式	规格/mm	材质
SO_2 吸收塔	1	填料塔	ϕ750,高 4 500	聚氯乙烯加玻璃钢,填料为聚丙烯
H_2S 吸收塔	1	文丘里型空塔	ϕ530/840,高 7 000	聚氯乙烯加玻璃钢
除害塔	1	方形填料塔	方形 600,高 3 000	本体为聚氯乙烯,循环槽为普通钢内衬聚氯乙烯
H_2S 反应槽	1	圆筒形	ϕ2 800,高 3 550,叶轮 1 600,2 段	槽、叶轮为钢衬橡胶
脱铜浓密机	1	圆筒形	ϕ800,高 4 000	槽为钢衬橡胶,集泥机为钢衬橡胶
脱铜压滤机	2	全自动压榨式	99 m^2(方形 1 250、44 室),压滤机压力 392 kPa,压滤机压力 686 kPa	滤板为聚丙烯,压榨板为聚丙烯加橡胶,接液部为不锈钢,滤饼溜槽为不锈钢,接液盘为不锈钢
脱铅压滤机	1	空气喷吹式	22.9 m^2(方形 750、28 室),压滤机 490 kPa	滤板为聚丙烯,接液部为不锈钢,接液盘为不锈钢,滤饼溜槽为不锈钢,
排水处理的1#、2#反应槽	2	圆筒形	ϕ3 800,高 3 800	槽、叶轮为钢衬橡胶
石膏浓密机	1	圆筒形	ϕ5 500,高 3 500	钢衬橡胶
离心分离机	2	全自动底排式 55 型	ϕ1 400,高 550,金属网容量 430 L,转速 850/425r/min,离心效果 565G	本体为钢衬橡胶,转鼓为不锈钢,托盘为不锈钢

续表 3 – 17

设备名称	数量	形式	规格/mm	材质
中和槽	2	圆筒形	φ2 800,高 3 050,搅拌机 1 500,2 段	钢衬橡胶
氧化槽	3	方形	方形 1 700,高 1 800	钢衬橡胶
沉淀物浓密机	1	圆筒形	φ5 300,高 3 300	槽为钢涂环氧橡胶,集泥机为不锈钢
圆筒真空过滤机	1	圆筒形	φ3 000,长 3 000(28 m²),转速 0.15 ~ 0.6 r/min,高压滤布洗涤泵 3 m³/h,4 900 kPa,滤液泵 400 L/min、高 18 m,真空泵 32 m³/min,–66.66 kPa	原液槽为钢衬橡胶,搅拌机为钢衬橡胶,滚筒为不锈钢,滤板为聚丙烯,滤饼溜槽为碳钢,滤液泵为铸铁衬胶,真空泵为外壳铸铁
澄清器	1	圆筒形	φ9 500,高 4 500	槽本体为钢涂环氧,集泥机为不锈钢

5）运行效果

贵冶污酸污水和重金属酸性污水处理工程自投产以来设备运行稳定,处理后污水达标排放。该工程具有设备工艺先进,自动化程度高,设备防腐性能好等优点。

2.铅锌冶炼厂废水处理工程实践

目前,在炼铅工业中,应用最普遍的是烧结焙烧－鼓风炉熔炼工艺。世界上按此法产出的铅产量约占 90%。锌冶炼有火法和湿法两种。

污酸主要来源于烟气制酸净化工序;酸性污水主要来源于湿式除尘洗涤水、硫酸电除雾的冷凝液和冲洗液以及受尘、酸污染的场面冲洗水,还有非生产状态下的"跑、冒、滴、漏"等。

铅锌冶炼厂产生的污酸和酸性污水中含有铅、锌、铜、砷、氟等杂质,相对于铜冶炼厂的酸性污水水质,铅锌冶炼厂污水中铜的含量较低,因此,主要去除的有害离子是铅、锌、砷、氟等。铅锌冶炼污水处理的方法主要有中和沉淀法和铁氧体法,相应的工艺流程是中和沉淀流程和中和－铁盐氧化流程。具体采用什么流程,根据污水水质进行组合。

处理酸度大、重金属含量高的污酸污水时,多采用三段中和流程:先用石灰乳进行一段中和,形成含氟化钙的石膏,降低废酸酸度;然后用石灰乳进行二段中和,除去砷和大部分重金属;三段采用中和—铁盐氧化流程,进一步除去残余的砷和重金属。

处理酸度小、重金属含量不高的酸性污水,可采用中和沉淀－污泥回流流程。

污酸处理后液和酸性污水的混合液的处理,多采用二段中和－絮凝流程,即一段石灰乳中和、二段石灰乳中和、澄清前加絮凝剂。

葫芦岛锌厂是我国目前最大的火法炼锌企业,火法炼锌年生产能力 20×10^4 t,湿法炼锌年生产能力 13×10^4 t。在锌精矿焙烧过程中产生的二氧化硫烟气用于制取硫酸,年生产能力达 56×10^4 t。

污水来源及水质制酸生产过程中,净化洗涤工序要产生大量含重金属离子的酸性污水。来自沸腾焙烧炉的 SO_2 烟气经过电收尘器后,先后进入一洗涤塔、二洗涤塔,再经间冷器进一步冷却,经过电除雾器除雾后进入干燥塔。冷凝的含酸污水依次由后向前串流,由一洗塔排出的部分污水在沉淀槽中沉淀,上清液进入污水处理站进行处理,这是酸性污水的主要来源,具体的污水水质见表 3 – 18。

表3-18 废水水质

项目	H$_2$SO$_4$	Zn	Pb	Cd	Hg	As	F
浓度/(mg·L^{-1})	20~45	1~3	0.05~0.1	0.4~1.0	0.01~0.04	0.1~0.04	1.0~2.5

1) 废水处理工艺

从污水水质看，污酸污水酸度大，含重金属离子浓度高，同时含汞、砷、氟及二氧化硫浓度也较高，是比较难处理的重金属冶炼酸性污水，采用三段石灰乳中和处理工艺处理污水。具体工艺流程见图3-33。

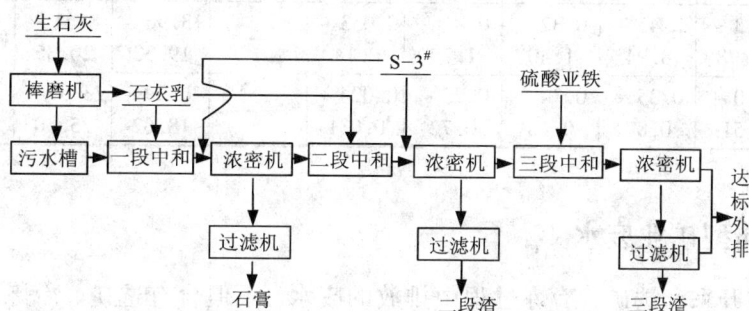

图3-33 污酸污水处理工艺流程

2) 污水处理原理

(1) 工艺参数：

①棒磨石灰乳含量为15%，粒度<0.083 mm；

②一段中和pH为4~5，反应时间90 min；

③二段中和pH约11.0，反应时间60 min；

④三段中和pH为7~8，Fe/As>30，反应时间30 min。

(2) 工艺特点：

①本工艺最大的特点是产生的三级渣可进行综合利用，对制酸污水的处理达标比较稳定可靠，含Cd、As不高的污水经过二级中和处理后可达标；

②采用了三级中和pH自控装置，在运行过程中自动显示，pH的控制较为理想，为污水处理达标的稳定创造了重要条件。

③本工艺的设计既可用石灰做中和剂，也可用电石渣做中和剂，中和剂来源可以得到可靠保证。如使用电石渣，污水处理成本可大大下降。

(3) 运行效果。污酸污水经过石灰三段中和处理后的水质和中和渣成分见表3-19。从表中可见，污水经过三级中和后处理效果良好，基本达到《污水综合排放标准》(GB 8978—1996)二级标准。一段中和渣的石膏可供出售；二段中和渣富集有价金属锌、镉，其中含锌9%~15%、镉2.54%~8.94%；三段中和渣量极少，可与二段渣合并综合利用。

采用石灰三级中和工艺处理锌冶炼系统的制酸污水是成功的，处理效果较理想。该工艺具有流程简短、设备简单、操作方便、稳定可靠、无二次污染等优点。该工程自投产以来，大大减轻了排放污染物负荷，改善了锦州湾海水环境。

表 3 – 19　酸性污水处理后水质和渣成分

分类		Zn	Cd	As	F	Pb	Hg	Ca	SO$_3^{2-}$	SO$_4^{2-}$	Fe
中和液	一级/(g·L^{-1})	0.71 ~ 2.52	0.32 ~ 0.94	0.04 ~ 0.11	0.043 ~ 0.20	0.003 ~ 0.011	—	—	—	—	—
	二级/(mg·L^{-1})	3.1 ~ 5.8	<0.1	0.10 ~ 0.51	0.12 ~ 40	0.14 ~ 1.5	0.046	1310	—	1 770 ~ 2 160	—
	三级/(mg·L^{-1})	1.7 ~ 2.4	<0.1	0.10 ~ 0.18	7.7 ~ 36	0.14 ~ 0.28	0.046	1190	—	1 860 ~ 2 440	—
中和渣	一级/%	0.12 ~ 0.29	0.038 ~ 0.18	0.10 ~ 0.34	2.61 ~ 4.48	0.11 ~ 0.17	—	19.5 ~ 24.21	40.34 ~ 46.52	—
	二级/%	9.13 ~ 14.78	2.45 ~ 8.94	0.32 ~ 1.40	0.81 ~ 1.70	0.053 ~ 0.14	—	13.96 ~ 19.32	8.61 ~ 20.35	—
	三级/%	1.30 ~ 1.51	0.35 ~ 0.87	0.14 ~ 0.18	0.23 ~ 0.72	0.024 ~ 0.031	—	16.29 ~ 18.62	23.99 ~ 25.50	9.15 ~ 16.51

3.5.5　其他典型矿业废水

稀有金属在开采和选矿、冶炼过程中排放的废水,不但含有选矿、冶炼主金属的污染,而且会有多种伴生矿物的污染和选矿药剂的污染。处理这种混合重金属污染废水,用单一的处理技术很难达到排放标准,而必须采用综合处理技术。

如某矿在开采和选矿过程中主要是生产钨、铅、锌、铜四种矿产品,但由于多种伴生矿的存在,所以在开采、选矿过程中,排放的废水造成多种重金属、非金属元素的污染。该矿采用石灰乳、漂白粉中和及聚丙烯酰胺混凝沉淀的综合处理技术,取得了所有污染物均达标排放的效果(符合 GB 8978—1996 规定的标准),其中 PH 可由处理前的 9.06,降到处理后的8.5,其他污染物浓度如表 3 – 20 所示。

表 3 – 20　石灰乳、漂白粉、聚丙烯酰胺法处理矿山废水试验结果

污染物质名称	污染物浓度/(mg·L^{-1})		污染物质名称	污染物浓度/(mg·L^{-1})	
	处理前	处理后		处理前	处理后
氟	4.64	2.75	砷	0.012 6	0.005
氰	1.70	0.041	铅	0.303 3	0.125
硫	2.33	0.191	锌	0.142	0.083
铬	0.036	0.021	铜	0.072	0.02
镉	0.04	0.002	悬浮物	480	67
酚	0.003	0.002 5	汞	0.007 3	0.001

如上例,该矿依据取得的试验参数设计了日处理 3 000m^3 选矿冶炼废水的处理站。工艺过程由废水站分流井、石灰乳制备、药剂投配间、加速澄清池、泥渣外排、水质稳定池等部分组成,如图 3 – 34 所示。

尾矿废水
→ 分流井 （pH=8.3~9.7）

石灰乳 →
量水配合水槽

自控仪表 →
混合搅拌桶 （pH =10.5）

液氯 ／ 聚丙烯酰胺 →
加速澄清池 → 澄清水（pH =10.5）→ 硫酸

污泥 →
集泥池 （pH =6~9）

回调搅拌桶 ← 自控仪表

排泥泵房
水质稳定池

扬至尾矿库　　　合格水排放

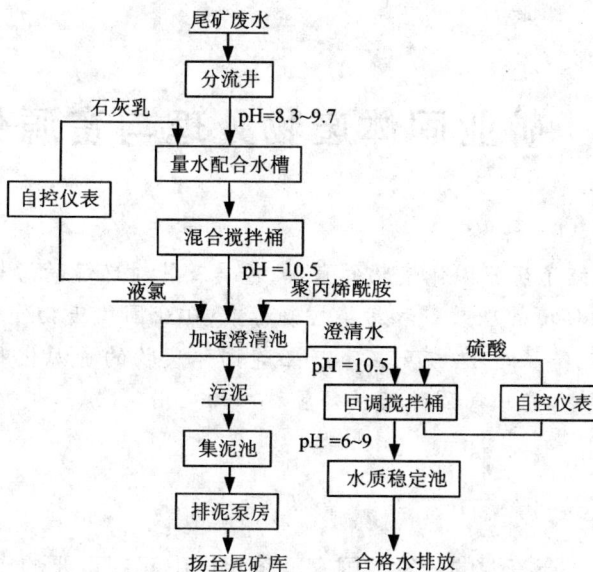

图 3－34　矿山废水处理站工艺流程示意

思考题

1. 试分析水体污染与水的社会循环的关系，以及产生水体污染的根本原因。

2. 举例说明水体自净能力、水环境容量与水污染控制工程之间的关系。

3. 矿业废水的主要污染物可分为哪几类？主要有哪些特性？

4. 矿业废水的来源主要有哪几个方面？污染特点是什么？

5. 矿山酸性水生产的原因是什么？其污染物及其危害有哪些？

6. 矿山排放的废水必须符合哪些标准？

7. 简述矿山废水的采样点的确定和采样方法。

8. 如何测定矿山废水的流量和悬浮物？

9. 酸性和碱性高锰酸钾法测定 COD 的实质是什么？两种方法有何异同点？

10. 简述控制矿山废水的基本原则。

11. 矿业废水的主要处理技术有哪些？

12. 矿井水处理技术要点及存在的主要问题是什么？

13. 矿业水污染控制的基本原则和主要途径有哪些？

14. 物化处理和化学处理相比，在原理上有何不同？处理对象有何不同？

15. 什么是污水的生物处理？生物处理主要包括哪些方法？

16. 活性污泥法的基本概念和基本流程是什么？

17. 试述二氧化硫－空气氧化法处理含氰废水的优点和缺点。

18. 试述含氰废水全循环法中全循环的含义和实现废水全循环的必要条件。

19. 比较离子交换法、反渗透法与电渗析法三者的原理和特点。

20. 试述气浮法处理废水的原理。这种方法有哪几种类型？哪种性质的废水宜采用气浮法？

第4章 矿业固体废物处理与资源化利用

内容提要： 本章介绍了矿业固体废物的来源、分类及其对环境的污染与危害，阐述了矿业固体废物处理与处置的环境管理政策和污染控制标准，矿业固体废物处理、处置与资源化利用的基本原理和技术，并列举了尾矿、煤矸石和废石等固体废物的资源化利用方法和措施，尾矿库、排土场以及采区回填和充填等固体废物处置技术的应用实践。

4.1 概述

随着经济的发展，矿产资源的开发在国家经济建设中起到重要的作用，但也给环境带来了严重的负面影响。我国拥有数量众多的各类矿山，如有色金属矿山、黄金矿山、黑色金属矿山、煤矿等。在矿产资源开发利用（包括采矿、选矿和湿法冶炼等）过程中会产生数量庞大的固体状或泥状废物，主要包括废石、煤矸石、尾矿等，称为矿业固体废物。

一方面，矿山在生产过程中产生的废石、煤矸石和尾矿污染环境，侵占大量土地资源，引发各种地质灾害，造成景观破坏等。另一方面，由于矿山某些固体废物的利用，不但可以减少其对环境的污染，而且得以综合利用和回收的某些有用成分可以部分代替天然矿物，这是保护环境和充分利用资源，从根本上治理矿山环境的有效途径，符合循环经济理念。

4.1.1 矿业固体废物来源和分类

矿业固体废物主要包括废石、煤矸石、尾矿等。废石是指各种金属、非金属矿山开采过程中从主矿上剥离下来的各种围岩。煤矸石是煤炭生产和加工工程中产生的固体废物，是煤的共生资源。据不完全统计，目前中国形成的采场废石量达127亿吨；煤矸石每年约排放1.5亿吨，相当于煤炭产量的10%左右，已形成了1 500余座煤矸石山，历年积存的矸石量达30亿吨以上，除约6 000万吨被综合利用外，其余部分就近混杂堆积，占地约 1.2×10^4 公顷。

尾矿是在选矿过程中提取精矿以后剩下的尾渣。矿石采出后，通常都要经过选矿和湿法冶炼工艺这些过程中将产生大量的尾矿，特别是随着矿石资源利用程度的提高，矿石的可采品位相应降低，从而尾矿量剧增。我国目前生产1吨铁精矿约产生10吨废石和尾矿，0.6~0.7吨高炉渣；生产1吨铜精矿约产生400吨的废石和尾矿。据统计，全国矿山的尾矿数量至少有150亿吨，而且目前仍在以每年5亿吨的速度增加。其中，全国有色金属矿山尾矿总量达60亿吨；十大黑色金属矿山尾矿量达30亿吨，黄金矿山的尾矿量约10亿吨，化学矿山仅硫铁矿山的尾矿量即达5亿吨。

矿业固体废物具体来源如下：

（1）基建及生产时期剥离的覆盖层和岩石；

（2）地面及井下开采过程中产生的表外矿石、煤矸石及岩石等所堆积而成的地面废石场；

（3）露天或井下采出的矿石所形成的地面矿石堆；

（4）露天或井下采场爆下的矿石；

（5）地面贮矿仓，井下矿峒室及装载峒室所存的矿石；

（6）尾矿、水砂、废石填充料堆积场地及充填采矿场；

（7）露天及井下装载、运输、卸矿过程中撒下的矿石、精矿粉；

（8）精矿粉堆积场及重选无法回收的固体排放物；

（9）尾矿堆积场（坝）；

（10）矿山各种干式或湿式收尘设备所收集的粉尘及浓缩物；

（11）矿石废水处理后的沉渣及其他固体沉淀物。

4.1.2　矿业固体废物对环境的污染与危害

矿业固体废物对环境的污染与固体废物的数量和性质有关。只有当固体废物的数量达到一定程度时才会对环境造成污染。

1.污染途径

矿业固体废物露天存放或置于处置场，其中的有害成分通过环境介质——大气、土壤、地表或地下水体等直接或间接传至人体，对人体健康造成更大的危害。图4-1所示为矿业固体废物污染途径。

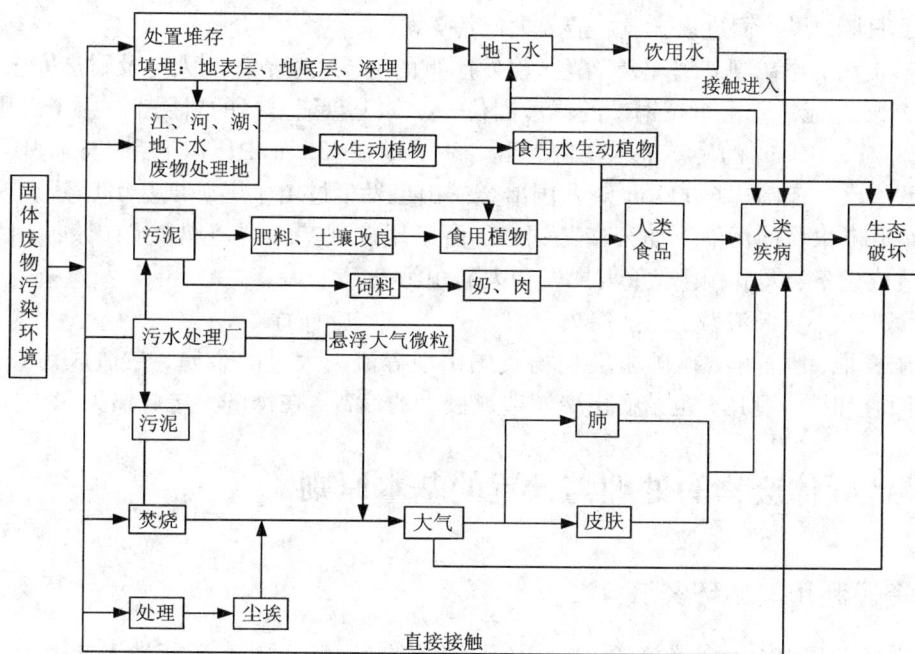

图4-1　矿业固体废物的污染途径

矿业固体废物的污染与废水、废气污染相比具有显著的特点。首先，它是各种污染物的终态，人们往往对这类污染物产生一种稳定、污染慢的错觉；其次，除直接占用土地外，在自然条件下，矿业固体废物中的一些有害成分会通过土壤、水、气参与生态系统的物质循环，对生态系统具有潜在的、长期的危害。

2. 固体废物的污染与危害

1）占用土地、破坏植被

矿业固体废物任意露天堆放，必将占用大量的土地，破坏地貌和植被。据估算，每堆积 1×10^4 t 渣约占地 667 m^2。矿业固体废物大量露天堆存，侵占大量土地，势必使我国本来就紧缺的土地更加紧缺。据统计，全国矿占土地正以每年 200 ~ 300 km^2 的速度增加，间接污染的土地面积高达 67×10^4 km^2。

2）污染土壤、水体、大气

污染土壤，危及人体健康。矿业固体废物含有各种有毒物质，特别是重金属元素如铅、锌、镉、砷、汞等及放射性元素。矿业固体废物露天堆存、长期受风吹、日晒、雨淋，其中的有害成分不断渗出，进入地下并向周围扩散，污染土壤，污染面积常达占地面积的 2 ~ 3 倍，并对土壤中微生物的活动产生影响，进一步影响土壤中微生物与自然循环的作用，这将导致受污染土壤草木不生。

堵塞水体、污染水质。不少矿山企业将矿业固体废物直接倾倒于河流、湖泊或海洋，使水质受到直接的污染，严重危害水生生物的生存条件和水资源的充分利用。此外，堆积的固体废物经过雨水的浸渍和废物本身的分解，其渗滤液和有害化学物质的转化和迁移，将对附近地区的河流及地下水系和资源造成污染。

粉尘飞扬，污染空气。矿业固体废物中原有的粉尘及其他颗粒物，或在堆存过程中产生的颗粒物受日晒、风吹而进入大气，造成大气污染。

3）尾砂流失，尾矿坝基坍塌及陷落，引发严重的地质灾害，危及人身及财产安全

1970 年赞比亚的穆富里拉铜矿的尾砂因位于矿体上盘崩落区的岩层上，由于采用崩落法开采而导致 71×10^4 m^3 的尾矿涌入坑内，死亡 39 人，在 435 m 中段以上到 738 m 中段，几乎全部被淹没，水平范围达 6 000 m^2。我国冶金矿山也发生过由于尾矿坝基坍塌开裂或底部渗漏造成对农田、水域的污染。如云南某锡矿，由于尾矿坝基开裂坍塌，尾矿浆冲出，淹没 7 个村寨，造成设备、人员、财产重大损失和大面积污染。

4）金属流失、资源浪费、经济损失

通过矿石堆、废石堆、精矿粉堆积场及尾矿坝等流失大量的金属，在造成污染的同时，由于无法回收和综合利用，也给矿山资源造成极大的浪费，在经济上造成损失。

4.2 矿业固体废物的处理与处置的基本原则

4.2.1 资源利用与循环经济

我国现已发现 171 种矿产资源，查明资源储量的有 158 种；有矿产地 1.8 万处，其中大中型矿产地 7 000 余处。多年来，由于我国矿业的粗放型开发生产，加之技术、工艺、设备和管理落后，造成固体废物的大量积存，既严重影响了环境，又浪费了资源，造成了直接经济损失，加剧了资源对经济社会发展的瓶颈制约，主要表现在：①土地退化（荒漠化）。②矿产资源开发对矿山及其周围环境造成污染并诱发多种地质灾害。③矿业固体废物是开发潜力极大的资源和财富。尾矿废石中含有大量的金属和有用矿物，据调查，广西南丹大厂矿区有 61 个尾矿库，尾矿库存量达 2 522 万吨，尾矿中含有大量的有色金属锡、锑、铅、锌、银、金、

铟、镉以及非金属砷、硫等，品位都在国家工业品位指标之上，有些已达到大型或特大型规模。据估计，全国尾矿中有用元素和有用组分的潜在价值约 1 300 亿元。采剥围岩与脉石中所含有用组分与矿山建设时期国家当时的经济实力和技术经济条件有关。按当时的技术经济条件确定的矿体边界之外的许多围岩与脉石，在今天的技术经济条件下，完全有可能变成有用的矿石；这部分矿石，由于不需投入新的采矿成本而更具经济价值。

另一方面，资源消耗迅猛增长，给资源供应提出了严峻的挑战。依靠科技进步，加强矿产资源综合利用，推动矿业循环经济发展，是缓解矿产资源瓶颈约束、保障国家资源安全的最有效措施，对于我国经济社会的可持续发展具有重要的意义。

发展矿业循环经济是提高资源利用率矿业可持续发展的需要。据专家分析，我国金属矿产资源的综合回收率平均不超过 50%，综合利用率只有 20%，煤矸石利用率不到 10%，国外先进水平对尾矿的利用率达 24%，而我国尾矿的利用率仅 8.2%，与先进国家差距甚大。矿业循环经济强调资源的再使用和再循环，延长产品的使用期，提高重复使用率，同时强化废物的回收利用，充分发挥自然资源的内在价值。以铁尾矿利用为例，如果我国尾矿利用率提高到 24%，就可以回收 6.15 亿吨铁精矿，相当于 2003 年铁精矿产量的 3 倍。

在我国矿业领域实践已证明循环经济是可行的。例如，甘肃金川矿业公司通过提高镍资源利用的广度和深度，使综合回收元素的种类不断增加，选冶回收率不断提高，目前已回收利用 13 种，成为我国最大的镍钴生产基地、铂族金属提炼中心和长江以北最大的铜生产企业，真正实现了多金属矿产、尾矿、废气和矿井水的综合利用。

实施矿业循环经济，必须遵循物质群落的循环原理，建立循环产业链，并综合运用"3R"原则，进行产业化生产。例如，煤矸石作为低热值燃料发电已是成熟工艺。如果我国每年排放的煤矸石中 0.4 亿吨用来发电，按每吨煤矸石发电 700 kW·h 计算，每年可发 2.80×10^{10} kW·h。以 0.3 元/kW·h 计，全年电价收入就达 84 亿元。目前，我国煤矸石发电正迅猛发展，而金属矿产中的尾矿，其利用价值更高。

矿业固体废物资源综合利用前景广阔。运用先进技术对尾矿资源进行二次回收利用，从中提取大量有用矿物，经过加工甚至可以成为高价值产品，使资源得到充分利用，可带来五大好处：一是可以回收大量资源，节约原生矿产资源消耗，解决我国资源短缺问题，提高资源对经济建设保障能力；二是可以防止和减轻对环境的污染和生态破坏，有利于环境保护和治理，改善矿山环境；三是可以节约资源开发的大量费用而获得可观的经济效益；四是可以带动和促进民营经济和城乡企业发展，增加农民务工收入；五是通过废物的减量化，使大片被占用被损毁的土地复垦为可以重新利用的土地，实现土地占补平衡。

4.2.2　矿业固体废物的环境管理政策

我国固体废物管理体系是以环境保护主管部门为主，结合相关的工业主管部门以及城市建设主管部门，共同对固体废物实行全过程管理。为实现固体废物的"3R"，各主管部门在所辖的职权范围内，建立相应的管理体系和管理制度。

根据目前固体废物污染控制工作的技术力量和经济力量，我国于 20 世纪 80 年代中期提出了"3R"（"无害化"、"资源化"、"减量化"）作为控制固体废物污染的原则，并确定今后较长一段时间内以"无害化"为主。

1) 无害化原则

无害化是固体废物处理的首要任务。固体废物的"无害化"处理是指固体废物经过相应的工艺处理使其达到不影响人类健康，不污染周围环境的目的。目前我国固体废物的无害化处理工程理论已相当成熟，如垃圾的焚烧、堆肥的厌氧发酵等都成为固体废物无害化处理的典型实例。

2) 减量化原则

减量化原则是要求用尽可能少的原料和能源来完成既定的生产目标和消费目的。这就能在源头上减少资源和能源的消耗，大大改善环境污染状况。固体废物的"减量化"是指通过一定的处理技术使固体废物的体积和数量减少，以减轻对人类和环境的影响。对固体废物的综合利用是实施减量化的一个重要选择，有些既可实现资源化，又可减少固体废物的产量。

现行的固体废物处理技术中，焚烧处理后固体废物的体积可减少80%~90%。另外，固体废物经过脱水或压实等技术后也可实现减量的目的。

3) 资源化原则

矿业固体废物的"资源化"处理是指施以适当的处理技术，从中回收有用的物质和能源。相对于自然资源来说，有人将矿业固体废物说成是"再生资源"或"二次资源"，它一般不再具有原使用价值，但经过加工后可获得其他使用价值。随着全球范围内资源匮乏加剧，世界各国都加强了矿业固体废物"资源化"处理的研究。

对于工业废物，国务院综合经济管理部门可以对社会需求量大、资源消耗大的产品制定循环利用其废物的目录。对列入目录的产品可以提出循环利用的指标要求。

产生有毒有害废物、产生无毒废物但废物年产生量或累计堆存量达到国家规定数量或者其体积超过国家规定限额的企业，必须制订并实施废物回收利用计划。

对生产过程中产生的废物、废水、废气、余压和余热，产生单位应当尽可能进行综合利用或者循环使用；不具备循环利用条件的，应当提供给有条件的单位进行综合利用。企业应当采取措施，改进工艺，最大限度地利用回收的废物，提高资源再生利用。

根据我国国情并借鉴国外的经验和教训，《固体法》制定了一些行之有效的管理制度。

(1) 分类管理制度。固体废物具有量多面广、成分复杂的特点，因此《固体法》确立了对城市生活垃圾、工业固体废物和危险废物分别管理的原则，明确规定了主管部门和处置原则。

(2) 工业固体废物申报登记制度。该制度可使环境保护主管部门掌握工业固体废物和危险废物的种类、生产量、流向以及对环境的影响等情况，进而有效地防治工业固体废物和危险废物对环境的污染。

(3) 固体废物污染环境影响评价制度及其防治设施的"三同时"制度。环境影响评价和"三同时"制度是我国环境保护的基本制度，《固体法》进一步重申了这一制度。

(4) 排污收费制度。排污收费制度也是我国环境保护的基本制度。但是，固体废物的排放与废水、废气的排放有本质的不同。固体废物对环境的污染是通过释放出水和大气污染物进行的，而这一过程是长期的和复杂的，并且难以控制。因此，从严格意义上讲，固体废物是严禁不经任何处置排入环境中的。固体废物排污费的缴纳，是对那些在按照规定和环境保护标准建成工业固体废物贮存或者处置的设施、场所，或者经改造这些设施、场所达到环境保护标准之前产生的工业固体废物而言的。

（5）限期治理制度。《固体法》规定，没有建设工业固体废物贮存或者处置设施、场所，或者已建设但不符合环境保护规定的单位，必须限期建成或者改造。对于排放或处置不当的固体废物造成环境污染的企业和责任者，实行限期治理，是有效防治固体废物污染环境的措施。如果限期内不能达到标准，就要采取经济手段以至停产。

（6）进口废物审批制度。《固体法》明确规定："禁止境外的固体废物进境倾倒、堆放、处置"、"禁止中华人民共和国过境转移危险废物"、"国家禁止进口不能用做原料的固体废物、限制进口可以用做原料的固体废物"。为贯彻《固体法》的这些规定，原国家环保局与外经贸部、国家工商局、海关总署、国家商检局于 1996 年 4 月 1 日联合颁布了《废物进口环境保护管理暂行规定》以及《国家限制进口的可用做原料的废物名录》。

（7）危险废物行政代执行制度。由于危险废物的有害特性，其产生后如不进行适当的处置而向环境排放，则可能造成严重危害，因此必须采取一切措施保证危险废物得到妥善的处理处置。行政代执行制度是一种行政强制执行措施，这一措施保证了危险废物能得到妥善、适当的处置。而处置费用由危险废物产生者承担，也符合我国"谁污染、谁治理"的原则。

（8）危险废物经营单位许可证制度。危险废物的危险特性决定了并非任何单位和个人都能从事危险废物的收集、贮存、处理、处置等经营活动。从事危险废物的收集、贮存、处理、处置活动，必须具备达到一定要求的设施、设备，又要有相应的专业技术能力等条件；必须对从事这方面工作的企业和个人进行审批和技术培训，建立专门的管理机制和配套的管理程序。因此，对从事这一行业的单位的资质进行审查是非常必要的。

（9）危险废物转移报告单制度。危险废物转移报告单制度的建立，是为了保证危险废物的运输安全，以及防止危险废物的非法转移和非法处置，保证危险废物的安全监控，防止危险废物污染事故的发生。

根据《固体法》的"3R"原则，固体废物的资源化是非常重要的。为了大力推行固体废物的综合利用技术并避免在综合利用过程中产生二次污染，原国家环保局制定了一系列有关固体废物综合利用的规范、标准。

4.2.3　矿业固体废物的污染控制标准

污染控制标准是固体废物管理标准中最重要的标准，是环境影响评价、三同时、限期治理、排污收费等一系列管理制度的基础。

固体废物对环境的污染主要是通过渗滤液和散发气体等释放物进行的，因此对这些释放物的监测仍然应该遵照废水、废气的监测方法进行。浸出毒性的测定中没有规定标准测定方法的项目（如有机汞），暂时参照水质测定的国家标准。

固体废物管理与废水、废气的最大区别在于固体废物没有与其形态相同的受纳体，其对环境的污染主要是通过其释放物（渗滤液、产生气体等）对水体和大气的污染，即使是对土壤的污染也是通过渗滤液进行的，而这一过程时间长，过程复杂，一旦形成污染将很难予以消除。我国固体废物控制标准采用处置的原则，在现有成熟处置技术的基础上，制定废物处置的最低技术要求，再辅以释放物控制，以达到防治固体废物污染环境的目的。

固体废物污染控制标准分为两大类，一类是废物处置控制标准，即对某种特定废物的处置标准、要求。目前，这类标准有《含多氯联苯废物污染控制标准》（GB 13015—1991）。这一标准规定了不同水平的含多氯联苯废物允许采用的处置方法。另一类标准则是设施控制标准，目前已经颁布或正在制定的标准大多属于这一类。如《城镇生活垃圾焚烧污染控制标准》《一般工业固体废物贮存、处置场污染控制标准》《危险废物安全填埋污染控制标准》《危险废物焚烧污染控制标准》《危险废物贮存污染控制标准》《生活垃圾填埋污染控制标准》（GB 16889—1997）。这些标准中都规定了各种处置设施的选址、设计与施工、入场、运行、封场的技术要求和释放物的排放标准以及监测要求。这些标准在制定完成并颁布后将成为固体废物管理的最基本的强制性标准。在这之后建成的处置设施如果达不到这些要求将不能运行，或被视为非法排放；在这之前建成的处置设施如果达不到这些要求将要求限期整改，并收取排污费。

4.3 矿业固体废物处理与处置原理与技术

固体废物的处理技术起源于20世纪60年代，最初是以环境保护为目的，70年代后随着工业发达国家的资源短缺，人们又把许多废弃的物品重新开发加工利用。至此，将固体废物的处理技术推向了回收资源和能源的高度。到目前为止，固体废物的处理技术已形成了一系列方法，其中包括物理处理、化学处理、生物处理、焚烧处理、热解处理等。通过相应的处理技术，许多固体废物可以得到适当的处理，既保护了环境又开发了资源。

固体废物经过减量化和资源化处理后，剩余下来的没有利用价值的残渣，往往富集了大量的不同种类的污染物质，这些废物自行降解能力很弱，可能长期存在于环境中，对生态环境和人体健康具有即时性和长期性的影响。安全、可靠地处置这些固体废物残渣，是固体废物全过程管理中的最重要环节。

矿业固体废物的物质组成虽然千差万别，但其中基本的组分及处理处置是有规律可循的。矿物成分、化学成分及其工艺性能这三大要素构成了矿业固体废物处理和处置的基础。

目前存在的主要问题是：固体废物产生量持续增长；处置能力明显不足；处置设施建设标准不高，管理不严。

4.3.1 矿业固体废物处理原理与技术

固体废物处理就是通过物理处理、化学处理、固化处理、热处理、生物处理等不同方法，使固体废物转化为适于运输、贮存、资源化利用以及最终处置的一种方法。

固体废物的资源化过程中，必须进行一系列处理，以回收其中有用成分。目前尚不能进行综合利用的固体废物在最终处理之前也必须作适当的处置，以使其达到无害化，并尽可能减少其容积和数量。

1. 固体废物的预处理

预处理主要包括废物的破碎、筛分、粉磨、压缩等工序。

1）破碎

破碎的目的是把固体废物破碎成小块或粉状小颗粒，以利于分选有用或有害的物质。

固体废物的破碎方式有机械破碎和物理破碎两种。机械破碎是借助于各种破碎机械对固体废物进行破碎。主要的破碎机械有颚式破碎机、辊式破碎机、冲击破碎机和剪切破碎机等。对于不能用破碎机械破碎的固体废物，可用物理法破碎。物理法破碎有低温冷冻破碎、超声波破碎。低温冷冻破碎的原理是利用一些固体废物在低温（-60 ~ -120℃）条件下脆化的性质而达到破碎的目的。超声波破碎还处在实验室研究阶段。

2）筛分

筛分是利用筛子将粒度范围较宽的混合物料按粒度大小分成若干不同级别的过程。它主要与物料的粒度或体积有关，密度和形状的影响很小。筛分时，通过筛孔的物料称为筛下产品，留在筛上的物料称为筛上产品。筛分一般适用于粗粒物料的分解。常用的筛分设备有棒条筛、振动筛、圆筒筛等。

根据筛分作业所完成的任务不同，筛分可分为独自筛分、准备筛分、辅助筛分、选择筛分、脱水筛分等。在固体废物破碎车间，筛分主要作为辅助手段，其中在破碎前进行的筛分称为预先筛分，对破碎作业后所得产物进行的筛分称为检查筛分。

3）粉磨

粉磨在固体废物处理和利用中占有重要的地位。粉磨一般有三个目的：①对物料进行最后一段粉碎，使其中各种成分单体分离，为下一步分选创造条件；②对各种废物原料进行粉磨，同时起到把它们混合均匀的作用；③制造废物粉末，增加物料比表面积，为缩短物料化学反应时间创造条件。

磨机的种类很多，有球磨机、棒磨机、砾磨机、自磨机（无介质磨）等。

4）压缩

压缩对固体废物压缩处理的目的一是减少容积，便于装卸和运输；二是制取高密度惰性块料，便于贮存、填埋或作建筑材料。物料可燃废物、不可燃废物或是放射性废物都可进行压缩处理。

用于固体废物的压缩机有很多类型，大致可分为竖式压缩机和卧式压缩机两种。

2. 物理及物理化学方法处理技术

在处理固体废物时经常利用固体废物的物理和物理化学性质，从中分选或分离有用或有害物质。通常依据的物理性质有重力、磁性、电性、光电性、弹性、摩擦性、粒度特性等；物理化学性质有表面润湿性等。根据固体废物的这些特性可分别采用拣选、重力分选、磁力分选、电场分选、浮选、摩擦和弹道分选等方法。

1）拣选

拣选是利用物料之间的光性、磁选、电性、放射性等拣选特性的差异，实现分选的一种新方法。拣选时，物料呈单层（行）排队，逐一受到检测器件的检测，检测信号通过电子技术放大，驱动拣选执行机构，使目的物质从物料中分选出来。

拣选可用于从大量工业固体废物和城市垃圾中分拣出塑料、橡胶、金属及其制品等有用物质。

2）重力分选

重力分选（简称重选）是将物料给入活动或流动的介质中，密度的差异导致颗粒运动速度或运动轨道不同，因而可分选出不同密度产物。重力分选过程中常用的介质有水、空气、重液和重介质。重选方法主要有分级和洗矿、重介质选矿、跳汰选矿、摇床选矿和溜槽选矿。

重选的优点是生产成本低，处理的物料粒度范围宽，对环境的污染少。

3）磁力分选

磁力分选（简称磁选）分为两种类别。一种是电磁和永磁的磁力分离，即通常所说的磁选。这种磁选的方法是在皮带机端头设置一个电磁或永磁的磁力滚筒，当物料经过磁力滚筒时，可将铁磁性物质分离。另一种是磁流体磁力分离。磁流体是指某种能够在磁场或者磁场与电场联合作用下磁化，呈现似加重现象，对颗粒具有磁浮力作用的稳定分散液。磁流体通常采用强电解质溶液、顺磁性溶液和磁性胶体悬浮液。

磁流体分选是一种重选和磁选原理联合作用的分选过程。物料在似加重介质中按密度差异分离，与重选相似；在磁场中按物料磁性差异分离，与磁选相似；因此，既可以将磁性和非磁性物料分离，亦可以将非磁性物料按密度差异分离。

磁流体分选法在固体废物中的处理和利用中占有特殊的地位，它不仅可用于分选各种工业废渣，而且可以从城市垃圾中分选铝、铜、锌、铅等金属。

4）电场分选

电场分选是在高压电场中利用入选物料之间电性差异进行分选的方法。一般物质大致可分为电的良导体、半导体和非导体，它们在高压电场中有着不同的运动轨道。我们利用物质的这一特性即可将各种不同物质分离。

电场分选对塑料、橡胶、纤维、废纸、合成皮革、树脂等与某种物料的分离，各种导体和绝缘体的分离，工厂废料的回收，例如旧型砂、磨削废料、高炉石墨、煤渣和粉煤灰等的回收都十分简便有效。

5）浮选

浮选是固体废物资源化技术中的重要工艺方法。主要用于分选出不易被重力分选所分离的细小固体颗粒。浮选的原理是利用矿物表面物理化学的特性，在一定条件下，加入各种浮选剂（调整剂、捕收剂、起泡剂等），并进行机械搅拌，使悬浮固体附在空气泡或浮选剂上，随着气泡等一起浮到水面上来，然后再加以回收。目前，一般都采用直接或稍加改进的矿用浮选机。

6）摩擦和弹道分选

摩擦和弹道分选是根据固体废物中各种混杂物质的摩擦系数和碰撞恢复系数的差异来进行分选的一种新技术。其原理是，各种固体废物摩擦系数和碰撞恢复系数明显不同，当它们沿斜面运动和与斜面碰撞时，就会产生不同的运动速度和反弹运动轨道，从而达到彼此分开的目的。例如，城市垃圾自一定高度投入到可移动斜面筛网上端时，其中的碎砖瓦、碎玻璃等与斜面筛网弹性碰撞产生反跳，有机垃圾和炉灰等近似塑性碰撞，不产生反跳，从而与砖瓦、玻璃、金属块等分离出来。

3. 化学方法处理技术

采用化学方法处理固体废物是使固体废物发生化学转换从而回收物质和能源的有效方法。煅烧、焙烧、烧结、溶剂浸出、热分解、焚烧、电力辐射等都属于化学方法处理技术。

1）煅烧

煅烧是在适宜的高温条件下，脱除物质中二氧化碳、结合水的过程。煅烧过程中发生脱水、分解和化合物理化学变化。如碳酸钙渣经煅烧再生成石灰。

2）焙烧

焙烧是在适宜气氛条件下将物料加热到一定的温度（低于其熔点），使其发生物理化学变化的过程。根据焙烧过程中的主要化学反应和焙烧后的物理状态，可分为烧结焙烧、磁化焙烧、氧化焙烧、中温氯化焙烧、高温氯化焙烧等。这些方法在各种工业废渣的资源化过程中都有较成熟的生产实践。

（1）烧结焙烧。烧结焙烧使物料通过焙烧结成块，并且具有一定强度和特性的工艺工程。将钢渣配入烧结炉料中生产烧结矿即属于烧结焙烧的一种。

（2）磁化焙烧。磁化焙烧的目的是把弱磁性物质变成强磁性物质，以便能够用弱磁选机分选回收。如硫铁矿、硫铁矿烧渣等铁的硫化物和氧化物等经过适宜温度和在还原气氛条件下焙烧之后，不但增加了磁性，而且大大降低了强度，这对破碎和磨细具有很大意义。

（3）氧化焙烧和中温氯化焙烧。氧化焙烧和中温氯化焙烧是指在氧化或氯化气氛条件下进行中温(1 000℃以下)焙烧。

如煤矸石中含有 FeS_2，在氧化气氛下焙烧可生成 SO_3，SO_3 与水形成 H_2SO_4 并与氨化合物生成硫酸铵肥料。

（4）高温氯化焙烧。高温氯化焙烧是指物料在较高温度下(1 000℃以上)，在氯化气氛条件下进行焙烧。

如将硫铁矿与氯化钙混合制成球团，球团经干燥后，在 1 000℃以上的高温条件下进行氯化焙烧，有色金属氯化并挥发与三氧化二铁分离。从挥发的有色金属氯化物烟尘中回收有色金属。焙烧的球团矿可用于炼铁。

3）烧结

烧结是将粉末或粒状物质加热到低于主成分熔点的某一温度，使颗粒黏结成块或球团，提高致密度和机械强度的过程。为了更好地烧结，一般需要在物料中配入一定量的熔剂，如石灰石、纯碱等。物料在烧结过程中发生物理化学变化，化学性质改变，并有局部熔化，生成液相。烧结产物既可是可熔性化合物，也可是不熔性化合物，应根据下一工序要求制定烧结条件。

4）溶剂浸出法

溶剂浸出法将固体物料加入液体溶剂内，让固体物料中的一种或几种有用金属溶解于液体溶剂中，以便下一步从溶液中提取有用金属。这种化学过程称为溶剂浸出法。

按浸出剂的不同，浸出方法可分为水浸、酸浸、碱浸、盐浸和氰化浸等。

溶剂浸出法在固体废物回收利用有用元素中应用很广泛，如可用盐酸浸出物料中的铬、铜、镍、锰等金属；从煤矸石中浸出结晶三氯化铝、二氧化钛等。

在生产中，应根据物料组成、化学组成及结构等因素，选用浸出剂。浸出过程一般是在常温常压下进行的，但为了使浸出过程得到强化，也常常使用高温高压浸出。

5）热分解

热分解(或热裂解)是利用热能切断大分子量的有机物(碳氢化合物)，使之转变为含碳量更少的低分子量物质的工艺过程。通过热分解可在一定温度条件下从有机废物中直接回收燃料油、气等。但是并非所有有机废物都适合于热分解，适于热分解的有机废物有废塑料(含氯者除外)、废橡胶、废轮胎、废油及油泥、废有机污泥等。

固体废物热分解一般采用竖炉、回转炉、高温熔化炉和流化床炉等。

6）焚烧

焚烧是对固体废物进行有控制的燃烧方法。其目的是使有机物和其他可燃物质转变为二氧化碳和水逸入环境，以减少废物体积，便于填埋。在焚烧过程中，还可把许多病原体以及各种有毒、有害物质转化为无害物质，因此，也是一种有效的除害灭菌的废物处理方法。

焚烧和燃烧不完全相同，焚烧的目的是侧重于固体废物的减量化和残灰的安全稳定化；

燃烧的目的是使燃料燃烧获得热能。但是，焚烧必以良好的燃烧为基础，否则将大量生产黑烟，同时，未燃物进入残灰，达不到减量与安全、稳定化的目的。

固体废物焚烧在焚烧炉内进行。焚烧炉种类很多，大体上有炉排式焚烧炉和流化床焚烧炉等。

7）辐射处理

辐射处理是采用γ射线和电子束等电离辐射与固体废物相互作用，以达到杀菌、消毒目的的一种无毒化处理方法。此法的优点是设备简单，操作容易，只要用泵或其他传送工具把废物送进辐射处理设备，经放射线照射后即可达到杀菌目的，而且穿透力强，杀菌效果彻底。

废物在辐射作用下，能够改变微生物的活力和成分，其中有些分解，有些聚合，从而实现杀菌、消毒。

4. 生物方法处理技术

生物方法亦称生物化学处理法，是利用微生物处理各种固体废物的一种方法。其基本原理是利用微生物的生物化学作用，将复杂有机物分解为简单物质，将有毒物质转化为无毒物质。根据氧气供应的有无，生物处理法可分为好氧生物处理法和厌氧生物处理法。好氧处理法是在水中充分溶解氧存在的情况，利用好氧微生物的活动，将固体废物中有机物分解为二氧化碳、水、氨和硝酸盐。厌氧生物处理法是在缺氧的情况下，利用厌氧微生物的活动，将固体废物中有机物分解为甲烷、二氧化碳、硫化氢、氨和水。生物处理法具有效率高、运行费用低等优点。沼气发酵、堆肥和细菌冶金等都属于生物处理法。

1）沼气发酵

沼气发酵是有机物质在隔绝空气和保持一定的水分、温度、酸和碱度等条件下，微生物分解有机物的过程。经过微生物的分解作用可产生沼气。沼气是一种混合气体，主要成分是甲烷和二氧化碳。甲烷占60%～70%，二氧化碳占30%～40%，还有少量氢、一氧化碳、硫化氢、氧和氮等气体。由于含有可燃气体甲烷，故沼气可作燃料。城市有机垃圾、污水处理厂的污泥、农村的人畜粪便、作物秸秆皆可作产生沼气的原料。

为了使沼气发酵持续进行，必须提供和保持沼气发酵中各种微生物生长所需的条件。产生甲烷的细菌是厌氧的，少量的氧也会严重影响其生长繁殖。因此，沼气发酵需要在一个能隔绝氧的密闭消化池内进行。

2）堆肥

堆肥是垃圾、粪便处理方法之一。堆肥是将人畜粪便、垃圾、青草、农作物的秸秆等堆积起来，利用微生物的作用，将堆料中的有机物分解，产生高热，以达到杀灭寄生虫卵和病原菌的目的。堆肥分为普通堆肥和高温堆肥，前者主要是厌氧分解过程，后者主要是好氧分解过程。堆肥的全程一般约需一个月。为了加速堆肥和确保处理效果，必须控制以下几个因素：

（1）堆内有足够的微生物；

（2）须有足够的有机物，使微生物得以繁殖；

（3）保持堆内适当的水分和酸、碱度；

（4）适当通风，供给氧气；

（5）用草泥封盖堆肥，以保温和防蝇。

3）细菌冶金

细菌冶金是利用某些微生物的生物催化作用，使矿石或固体废物中的金属溶解出来，从而能够较为容易地从溶液中提取所需要的金属。它与普通的"采矿—选矿—火法冶炼"相比具有如下特点：

(1)设备简单，操作方便；

(2)特别适宜处理废矿、尾矿和炉渣；

(3)可综合浸出，分别回收多种金属；

(4)目前仅铜、铀细菌冶炼比较成熟，而且铜的回收需要大量铁来置换。

4.3.2　矿业固体废物处置原理与技术

1.固体废物处置的概念

固体废物的处置，是将固体废物焚烧或用其他改变固体废物的物理、化学、生物特性的方法，达到减少已产生的固体废物数量、缩小固体废物体积、减少或者清除其危险成分的目的的活动，或者将固体废物最终置于符合环境保护规定要求的场所或设施、并不再回收的活动。

可以看出固体废物的处置技术包括处理和处置两部分。经过处理后的固体废物可大大地降低废物的数量，回收其中储存的能源及有用物质，同时也缓解了废物对环境污染造成的压力，即实现了固体废物的资源化、减量化。而要根本上实现其无害化则需要对采用当前技术尚不能处理的有害废物进行妥善安置，使其不影响人类的生存活动。

2.处置的要求及原则

固体废物的最终处置是为了使固体废物最大限度地与生物圈隔离而采取的措施，对于防治固体废物的污染起着十分关键的作用。固体废物处置的总目标是确保废物中的有毒有害物质，无论现在和将来都不致对人类及环境造成不可接受的危害。因此，处置的基本要求是：废物的体积应尽量小，以减少处置的投资费用；废物本身有害组分的含量要尽可能少；处置场地设施结构合理、安全可靠，通过天然屏障或人工屏障使固体废物被有效隔离，使污染物质不会对附近生态环境造成危害；封场后要定期对场地进行维护及监测，使处置工程得到良好的管理。

固体废物的最终安全处置大体上可归纳如下：

(1)区别对待、分类处置、严格管制危险废物和放射性废物。固体废物种类繁多，危害特性和方式、处置要求及所要求的安全处置年限均各有不同。

(2)最大限度地将危险废物与生物圈相隔离。固体废物，特别是危险废物和放射性废物，最终处置的基本原则是合理地、最大限度地使其与自然和人类环境隔离，减少有毒有害物质释放进入环境的速率和总量，将其在长期处置过程中对环境的影响减至最小程度。

(3)集中处置原则。《固废污染防治法》把推行危险废物的集中处置作为防治危险废物污染的重要措施和原则。对危险废物实行集中处置，不仅可以节约人力、物力、财力，利于监督管理，也是有效控制乃至消除危险废物污染危害的重要形式和主要的技术手段。

3.处置技术

1)一般固体废物的处置方法

(1)土地堆存法。土地堆存法是最原始、最简单和应用最广泛的处置方法。这种方法适于处置不溶解(或低溶性)、不扬尘、不腐烂变质等不危害周围环境的固体颗粒物。堆存场应设在山沟、山谷或坑洼荒地，尽量做到贮量大，使用年限长，运营方便，绝不应占用良田。

(2)填埋法。填埋法是古老而广泛采用的处置方法。适用于处置任何形状的废物。填埋场地尽量利用人工开发过的废矿坑，有利生态平衡。填埋场要防止填埋废物的溶出液、滤液及雨水径流对土壤、水源等的污染。回填地段还应能排放有机废物厌氧分解产生的气体，防止发生爆炸、火灾或窒息性死亡等。一些工业发达国家应用卫生填埋、滤沥循环埋地、压缩和破碎垃圾填地等新的填埋技术处理城市垃圾等固体废物。

（3）筑坝堆存法。粉煤灰、尾矿粉等湿排灰泥需要进行围隔堆存。贮存场应设在输送方便、工程量少、使用年限长的山沟、山谷。近年来正在发展的多级坝，是利用天然土石堆筑母坝，然后贮灰，贮满后再在其上利用已贮好的部分灰、粉作为堆筑子坝的材料不断逐层堆筑子坝。此法具有以灰、粉筑坝，并能贮存灰粉的作用，较之一次筑坝，可节省约30% ~ 85%的土方量。

（4）土壤耕作法。土壤耕作法是利用土壤中的微生物将固体废物分解，以有效地处理某些可生物降解废物，如石油渣和制药、化工以及其他工业中的各种有机渣等的方法。此法简单易行，既处理了废物，还有可能改善土壤结构和提高肥效。它适用于可以机械耕作的中性土壤区，所处理的废物应该是无毒的或经过无毒化处理的。

2）工业有害渣的最终处置

即使资源化工作不断发展，也不可能将每年所排的各种固体废物全部用光，废物的积存是一个必然的趋势，这就需要采取最终处置措施，使其安全化、稳定化、无害化。

（1）工业有害渣的种类。在工业生产中排出的有害渣有有毒的、易燃的、有腐蚀性的、传染疾病的、有化学反应性的以及其他有害的固体废物。为了便于管理，一般将这些废物分成下述几类：

①有毒废物，包括对任何一类特定的遗传活动测定呈阳性反应的；对生活蓄积的潜在性试验呈阳性结果的；超过"特定化学制剂表列"中规定的含量的。

②易燃废物，含燃点低于60℃的液体废物；在物理因素作用下，容易起火的含液体和气体的废物；在点火时剧烈燃烧，易引起火灾的和含氧化剂的废物等。

③有腐蚀性的废物，含水废物，不含水但加入等量水后的浸出液的pH为3以下或12以上的废物；最低温度为55℃时，对钢制品的腐蚀深度大于0.64 cm/a的废物。

④能传染疾病的废物，如医院或兽医院未经消毒排出的含有病原体的和含致病性生物的污泥等。

⑤有化学反应性的废物，指容易引起化学反应但不爆炸的废物；易与水激烈反应可形成爆炸性混合物的废物；与水混合时释放有毒烟雾的废物；在有强烈起始源（加热或水作用）产生爆炸性或爆炸性反应的废物；在常温常压下，可能引起爆炸性反应或分解的废物；属于A级或B级的炸药，包括引火物质、自动聚合物和各种氧化剂等。

（2）无害化处理和最终处置方法。对于工业有害固体废物的管理，许多国家制定了各种法规。我国公布的《工业企业设计卫生标准》和《工业"三废"排放标准》也作了原则性的规定。目前各国对有害渣进行无害化处理和最终处理的方法有如下几种。

①焚化法。

废渣中有害物质的毒性如果是由物质的分子结构，而不是由所含元素构成的，这种废渣一般可采用焚化法分解其分子结构。

②化学处理法。

通过化学反应使有毒废渣达到无毒或减少毒性的方法称为化学处理法。

化学处理法中应用普遍的有如下几种：

A. 酸碱中和法。可采用弱酸或弱碱就地中和。

B. 氧化还原处理法。如处理氰化氢和铬酸盐应用强氧化剂和还原剂。

C. 化学沉淀处理法。利用沉淀作用，形成溶解度低的水合氧化物及硫化物等。

D. 化学固定。常能使有害物质形成溶解度较低的物质。固定剂有水泥、沥青、硅酸盐、离子交换树脂、土壤黏合剂、脲醛以及硫磺泡沫材料等。

E. 水泥窑高温煅烧。将有害废物放进水泥窑，在 1 400℃高温煅烧 10 多秒钟，分解和净化某些有毒成分。

③生物处理法。

对各种有机物采用生物降解法，如采用沼气发酵、堆肥等方法进行无害化处理。

④海洋投弃。

经过回收利用或适当处理后的废渣与垃圾，在不破坏海洋生物生态系统的条件下，可以投入大海。投入海洋的废物应作出如下严格规定：

A. 投入海洋的固体废物主要限于疏浚工程泥土、污水处理厂的污泥、粪便、经过初步处理的工业废物和爆炸物等。

B. 禁止含汞、镉等有毒物质，塑料制品或其他可以漂浮在海面上的物质，以及原油，含油废渣和放射性废物等投入大海。

C. 严格控制废物投入大海的地点与时间，不得近距离入海。

⑤填埋法。

掩埋有害废物，必须做到安全填地。预先要进行地质和水文调查，选定合适的场地，保证不发生滤沥、渗漏等现象，不使这些废物或淋出液体排入地下水或地面水体，也不使之污染空气。对被处理的有害废物的数量、种类、存放位置等均应做出记录，避免引起各种成分间的化学反应。对淋出液要进行监测。对水溶性物质的填埋，要铺设沥青、塑料等隔水层，以防底层渗漏，安全填埋地的场地最好选在干旱或半干旱地区。

4.4 矿业固体废物处置技术及应用实例

4.4.1 尾矿库建设与管理

1. 尾矿库工程概况

我国现有尾矿库 1 500 余座，每年排弃尾矿近 3 亿吨，需占用土地面积约 20 km²。由于尾矿坝稳固、废水处理、污染控制、土地恢复技术发展与矿业发展的不适应，已经开始显露或预示出潜在的环境问题，严重阻碍持续发展战略的实施。因此，尾矿库工程已成为各国政府、矿山企业和学术界所关注的重大问题。

尾矿库工程系统包容了选厂内尾矿处理、尾矿浆浓密和输送、尾矿坝构筑、尾矿排放、防渗与排渗、防洪与排洪、水循环、废水处理与污染控制、库区土地恢复与植被、尾矿库监测与管理等子系统；容集了尾矿库系统内部（尾矿与尾矿废水）、尾矿库系统与环境之间（渗漏水—基础土壤—地下水或地表水体）复杂的物理、化学、生物地球化学反应和溶质迁移过程；涉及了尾矿库设计、基建和运营、闭库和土地恢复以及后期污染治理等工程问题；反映出岩土工程问题与环境工程问题的相互交织、渗透、一体化和时空广大的工程特点。而孤立地解决坝体结构和安全问题，或者孤立地评价尾矿库区生态环境破坏问题，都不可能从总体上认识尾矿库工程的内在关联和实现尾矿库工程的最优化。基于系统工程的思想，把尾矿库的岩土工程结构、环境影响、尾矿管理融会一起，比较系统、完整地根据这些特点及相关控制因素的相互作用，搞好尾矿库工程，是非常有意义的。

尾矿库工程管理的主要目标是以最小的代价，采用最实用技术，达到尾矿的物理稳定、化学稳定和生物的地球化学稳定，使尾矿在长期堆置过程中基本上不受风化作用的影响，使排放废水达到水质标准。

我国是单一采用上游坝的国家，成功地构筑了许多大型高坝，积累了丰富的设计经验，政府部门也很重视，相继颁发了《上游坝尾矿堆积坝工程地质勘察规程》（YBJ 11—86）、《选矿厂尾矿设施设计规范》（ZBJ 1—90）、《尾矿设施安全监督管理办法》（1995）以及相关专业性设计、施工和管理规程，国家经贸委 2000 年颁布了《尾矿库安全管理规定》，比较全面地记录和反映了我国目前尾矿库工程建设的技术与管理水平。

2. 尾矿排放方式与尾矿库

1）尾矿排放方式

尾矿排放方式与尾矿库建设有密切关系，主要包括地表排放、地下排放和深水排放等三种方式。尾矿排放规划与尾矿的自然性质、场地的工程性质、适宜排放方法的选择有关。

（1）地表排放采用某种类型堤坝形成拦挡、容纳尾矿和选矿废水的尾矿库，使尾矿从悬浮状态沉淀下来形成稳定的沉积层，使废水澄清再返回选厂使用。根据尾矿排放浓度及与相应坝型的差异，地表排放方式可分为挡水坝、上升坝、环形坝和干处置。

（2）地下排放。近年来，由于地表排放的成本和环境管理规程压力的增大，日趋把地下排放视作正规的排放方案。特别是所排放尾矿属惰性、无潜在危险的场合，地下排放更有突出优点。因此而产生单纯以处置尾矿为目的的地下排放，包括地下矿山充填、露天矿坑排放和专门掘坑排放。

（3）深水排放。深湖和近海排放的主要特点是尾矿上面的水位形成一个理想的疏氧屏障，从而抑制硫化物的生成酸反应；减少了细菌生成，有助于防止氧化；节省了昂贵的尾矿库建设费用；但因环境生态问题的争议而一直未普及应用。

2）尾矿库址选择

在尾矿库选择和设计中，最困难的是尾矿中特殊矿物和化学特性可能造成的潜在环境问题。例如，硫化物或一些金属可能在 50 年时间内造成环境问题，而铀尾矿、放射性核素可能在数百年内渗入环境造成污染。

尾矿库址选择把若干个约束因素加到数个适当的可能的库址地，逐渐剔除，最终确定出最佳的尾矿库址。这些约束因素主要有：相对选厂的距离和高程、地形、水文、地质、地下水、岩土材料和尾矿性质。在不同设计阶段，这些因素在确定库址中的作用可能不同。尾矿库选址必须结合尾矿排放规划中的其他许多因素，如当地岩土材料的适用性、尾矿的特殊性质等综合考虑。尾矿库址与坝类型、布置方案密切相关，须通过合理调整，实现整体优化。

3）尾矿库的布置形式

尾矿库布置必须与各种地形背景相适应，而且与所用坝类型无关，主要是环型、跨谷型、山坡型和谷底型。在没有天然凹地的平坦地区，最适合采用环型尾矿库。跨谷尾矿库是由尾矿坝跨过谷地两侧拦截成尾矿库，布置形式近于普通蓄水坝，可分单一尾矿库和多级尾矿库,适用性广泛而为世界所普遍接受。山坡型尾矿库库区三面采用尾矿坝封隔,所需筑坝材料量一般比跨谷型布置多,在适于跨谷型布置但不切割排泄水系的场合,或者在切割排泄水系会使汇水面积过大的场合,谷底型尾矿库兼顾跨谷型布置与山坡型布置的特点,非常适用于用跨谷型布置汇水面积太大,而用山坡型布置坡度太陡的场合。

4)地表尾矿库水的控制

地表尾矿库设计中一个非常关键问题就是要使所需处理的水量与坝型相适应。为此,在规划的早期阶段,必须预计排入尾矿库的尾矿固料量、选矿废水、降水量和径流入量,并考虑适当的水控制方法。

(1)正常流入水量处理。在整个工作期间,库内水量保持相对稳定,实现平衡。在地表水处理中,首先要考虑正常气候条件下正常选矿作业排入尾矿库的废水、大气降水和地表径流水。

(2)洪水处理。洪水处理的规划和理化估计主要考虑降雨、融雪或两者共同作用引起的极端事件。设计洪水的量值决定于尾矿库的规模、坝高、破坏的环境、经济和伤亡后果等因素。一般,除小型尾矿库(坝),大多数尾矿库要以可能最大洪水进行设计。对于风险水平低至中等尾矿库,如果随着尾矿坝升高和库容扩大能提供附加的洪水处理能力,在尾矿排放的初期,适当水平的重现期洪水亦是可以接受的。

洪水的控制方法主要包括以下几种:在库内蓄积洪水;根据库基地形、尾矿坝升高和排洪能力需求,在库内预设一系列排水井,各排水井通过库底基础的排水涵洞排出洪水;在选矿废水排入尾矿库之前进行水处理,以防混入洪水后造成污染危险;引水渠道可以用作尾矿库周围排洪。

5)尾矿库的渗漏控制

减少和控制尾矿库渗漏迅速成为矿山工程项目环境评价和管理评价的关键问题之一,渗漏控制方法必须与渗漏水的化学特性和特定库区场地条件相适应。渗漏控制的一般性规则是:不是所有选厂废水都含有毒性组分,选矿工艺和 pH 不同,污染物范围可从毒性重金属(即镉、硒、砷)一直到相对无毒材料(诸如硫酸盐或悬浮固体物),而且,决定这些组分危害性的浓度在不同废水中变化范围很宽;含有毒性组分的选厂废水渗漏未必造成扩延的地下水污染,地球化学过程可能阻滞或控制某些组分的迁移;如果某毒性组分进入地下水域,必须根据水文地质因素、基线水质量、现时和将来预计使用的地下水资源条件确定地下水环境的最终影响,然后作出使影响最小的渗漏控制策略。

6)尾矿库的闭库

根据《冶金矿山尾矿设施管理规程》的规定,在尾矿库使用到最终设计高程前三年应做出闭库处理设计和安全维护方案,报上级主管部门审批实施。闭库设计方案中应包括以下内容:①根据现行设计规范规定的洪水设防标准,对洪水重新核定,水的入库流量,可采取分流、截流等措施将洪流排至库外。②对现存的排洪系统及其构筑物的泄流能力和强度进行复核。③对现存坝体的稳定性(静力、动力及渗流)做出评价。④对库区及其周围的环境状况进行本底调查并记录(重点是水及尾尘污染)。⑤确保闭库后安全的治理方案。

尾矿库闭库必须根据闭库设计要求进行工程处理,竣工验收后方可闭库。闭库后的尾矿库在库区范围内(不包括尾矿坝),应逐步进行植树造林工作,以利于防风及水土保持,并严禁滥伐、滥垦、乱牧。尾矿库干涸的沉积滩上,应有计划地逐步实施土地复垦工作,使之恢复良好的生态环境和自然景观。尾矿坝应设置警戒线,采取隔离措施,并设立警示牌,以防止对坝体及其坡面的人为破坏。尾矿坝外坡面应按闭库设计要求，做好排水设施及坝面防尘的维护工作。

3. 尾矿库管理

1）尾矿库管理

包括尾矿库的档案管理、尾矿坝的维护、尾矿坝的抢险、巡检、安全管理和评价。

2）技术资料的整理归档

主要包括尾矿库建设阶段资料、尾矿库运行资料、尾矿筑坝资料、排水构筑物资料和其他资料的管理。

3）尾矿坝的维护

主要包括尾矿坝的安全治理、尾矿坝渗漏的处理、尾矿坝滑坡的处理和尾矿坝管涌的处理。

4）尾矿坝的抢险

尾矿坝的险情常在汛期发生。汛期尾矿库处于高水位工作状态，调洪库容有所减少，遇特大暴雨极易造成洪水漫顶。同时，浸润线的位置处于高位，坝体饱和区扩大，使坝的稳定性降低。此外，风浪冲击也易造成坝顶决口溃坝。因此，做好汛期尾矿坝抢险工作对于确保尾矿库的安全运行至关重要。首先，应根据气象预报和库情，制订出各种抢险措施及下游群众安全转移措施等计划和预案。其次，加强汛期巡检，及早发现险情，及时采取抢护防漫顶和防风浪冲击措施。

5）尾矿库的巡检

巡检工作就是从不正常的蛛丝马迹上及时发现隐患，以便采取措施消除。应建立巡检制度，规定巡检工作的内容、办法和时间等。

6）尾矿库安全管理

为了加强尾矿库的安全管理，保障人民生命财产安全，中华人民共和国经济贸易委员会于 2000 年 11 月 6 日颁布《尾矿库安全管理规定》，自 2000 年 12 月 1 日起施行。

（1）尾矿库安全管理。主要内容是尾矿排放与筑坝安全、尾矿库水位控制与防汛、排渗设施管理与渗流控制和尾矿库防震与抗震。

（2）尾矿库安全检查。尾矿库安全检查包括尾矿库防洪安全检查、水构筑物安全检查、尾矿坝安全检查和尾矿库库区安全检查。尾矿库按安全度分为危库、险库、病库和正常库。当尾矿库有下列工况之一的为危库：①尾矿坝的最小安全超高和尾矿库的最小干滩长度达不到设计规范的要求，不能确保坝体的安全。②排水系统严重堵塞或坍塌，不能排水或排水能力急剧降低，排水井显著倾斜，有倒塌的迹象。③坝体出现深层滑动迹象。④其他危及尾矿库的情况。当尾矿库有下列工况之一的为险库：①尾矿坝的最小安全超高和尾矿库的最小干滩长度达不到设计规范的要求，但平时对坝体的安全影响不大。②排水系统部分堵塞或坍塌，排水能力有所降低，达不到设计要求。③坝体出现浅层滑动迹象。④坝体出现贯穿性的横向裂缝，且出现较大的管涌，水质浑浊挟带泥沙或坝体渗流在堆积坝坡有较大范围逸出，且出现流土变形。⑤其他影响尾矿库安全运行的情况。尾矿库有下列工况之一的为病库：①尾矿坝的最小安全超高和尾矿库的最小干滩长度达不到设计规范的要求。②排水系统出现裂缝、变形、腐蚀或磨损，排水管接头漏砂。③堆积坝的整体外坡坡比陡于设计规定值，或虽符合设计规定，但部分高程上的堆积坝边坡过陡，可能形成局部失稳。④经验算，坝体稳定安全系数小于设计规范规定值。

⑤浸润线位置过高，渗透水自高位出逸，坝面出现沼泽化。⑥坝体出现较多的局部纵向或横向裂缝。⑦坝体出现小的管涌并挟带少量泥沙。⑧堆积坝外坡冲蚀严重，形成较多或较大的冲沟。⑨坝端无截水沟，山坡雨水冲刷坝肩。⑩其他不正常现象。

企业必须把尾矿库安全评价工作纳入安全管理工作计划，由有资质条件的中介技术服务机构每 5 年对尾矿库进行一次安全评价。尾矿库的安全评价报告必须报省级安全生产监督管理部门备案。

对于危库，企业必须停产抢险，并采取以下应急措施：①立即降低库水位，确保坝的安全和满足汛期最小安全超高和最小干滩长度的要求。必要时，可按最小干滩长度为坝顶宽度，用渠槽法抢筑子坝，以形成所需的安全超高和干滩长度。②疏通、加固或修复排水构筑物，必要时可另开挖临时排洪通道。③处理滑坡同时加固坝体。对于险库，企业应采取以下措施在限定的时间前消除险情：①降低库水位，确保满足汛期最小安全超高和最小干滩长度的要求。②疏通、加固或修复排水构筑物。③处理滑坡，加固坝体，消除管涌和流土。对于病库，企业应采取以下措施尽快消除事故隐患：①抓紧进行防洪治理工程，确保汛前彻底完成治理工程量。②加固、修复排水构筑物。③加固坝体或适当削坡，处理局部裂缝。④实施降水措施降低浸润线，消除管涌和流土。⑤修整坝坡，开挖坝肩截水沟。企业对非正常级尾矿库的检查周期：对"危"级尾矿库每周不少于 1 次，对"险"级尾矿库每月不少于 1 次，对"病"级尾矿库每季不少于 1 次。在暴雨和汛期期间，应根据实际情况对尾矿库增加检查次数。检查中如发现重大隐患，必须立即采取措施进行整改，并向安全生产监督部门报告。

4.4.2　排土场建设与管理

露天开采的一个重要特点就是要剥离覆盖在矿床上部及其周围的表土和岩石，并将其运至专设的场地排弃。这种专设的排弃岩土的场地称作排土场（或废石场）。在排土场按一定方式进行堆放的作业称为排土工作。合理选择排土场和组织排土作业，不仅关系着采装、运输的生产能力和经济效果，同时还涉及到对农业的影响问题。因此，露天矿排土工作包括排土场位置的选择与排土方法的确定、排土线的形成和发展以及覆土造田、环境保护等主要内容。

按排土场与露天矿的相对位置，排土场可分为内部排土场和外部排土场。内部排土场是将岩土直接排弃在露天矿场的采空区内，这是一种最经济的排土方法。但是内部排土场只有在开采深度在 30～50 m 之内，倾角小于 5°～10°的矿体以及在一个采场内有两个开采深度不同的底平面时才能使用，除后者之外，应一次采掘有用矿物的全厚。但大部分金属露天矿不具备这种条件，故多采用外部排土场。

1. 排土场位置选择的原则

（1）排土场应选在山坡、山谷的荒地，贯彻少占、缓占和晚占耕地的方针，避免迁移村庄。

（2）在不影响矿床近、远期开采和保证边坡稳定的条件下，尽量选择在位于露天采场、井口、硐口附近的开采境界以外，缩短废石运距。

（3）排土场应保证不致威胁采矿场、工业场地（厂区）、居民点、铁路、道路、耕种区、水域、隧洞等的安全。

（4）排土场（包括水力排土场）的选址应依据可靠的工程地质资料，不宜设在工程地质或水文地质条件不良的地带；如因地基不良而影响安全，应采取有效措施。

（5）依山而建的排土场，应将山坡表面植被和第四系软弱层全部清除（单独堆放），削成阶梯状，增强基底摩擦力，提高排土场稳定性。

（6）内部排土场不得影响矿山正常开采和边坡稳定。

（7）在选择排土场时，排土场总容积应与露天矿设计的总剥离量相适应。

（8）排土场尽可能布置在居民点的下风地带，防止粉尘污染居民区，防止岩土中的有害化学成分带入河流和农田。

（9）在设计排土场时必须考虑复垦造田的可能性，制定覆土造田规划。

2. 排土方法

根据露天矿运输方式和排土机械的不同，排土方法可分为人工排土、汽车运输—推土机排土、铁路运输—挖掘机排土、排土犁排土、前装机排土、胶带机排土。

采用汽车运输—推土机排土具有一系列优点：机动灵活，爬坡能力强，适应在各种复杂地形的排土场作业，排土线路建设投资少，排土工艺和技术管理简单。

铁路运输排土主要是应用其他移动式设备进行转排工作，如挖掘机、排土犁、排土机、前装机、索斗铲等。国内目前以挖掘机排土为主，排土犁为辅。

露天矿排土技术与排土场治理发展趋势表现在：一是采用高效率的排土工艺提高排土强度；二是增加单位面积的排土容量，提高堆置高度，减少排土场占地；三是排土场复垦，减少环境污染。

3. 排土场的安全管理

排土线的稳定对于排土安全至关重要，因为新设置的排土台阶岩土松散，孔隙率高，台阶的沉降变形频繁，容易造成安全事故。铁路运输排土场随着路基下沉要经常垫道以保持路基的平稳。排土场的阶段高度、总堆置高度、平台高度、相邻阶段同时作业的超前堆置宽度，均应在设计中明确规定。

挖掘机位于新排弃的平台边缘，应随时观察和监测平台岩土的稳定状态，遇到滑坡预兆，要立即将挖掘机撤离现场。

汽车排土时安全事故较多，为避免事故，一般都在平台边缘留设安全车挡以保护汽车卸载时的安全。车挡是由推土机就地堆置岩土而成，金属车挡为人工安置在平台边缘。高台阶排土场的单位排土线受土量很大，排土线移动速度较慢，有利于采用移动式金属安全车挡。此外，为了避免局部排土工作面推进太快引起边坡失稳，在整个排土线上，应分区间歇式排土，让新排弃的岩土有充分的时间沉降和压实。

铁路移动线路的卸车地段，路基应向场地内侧形成反坡。线路一般应为直线，困难条件下，其最小曲率半径不应小于表 4-1 的规定，并需根据翻卸作业的安全要求设置外轨超高。线路尽头前的一个列车长度内，应有不小于 2.5‰ 的反坡。卸车线风轨轨顶外侧至阶段坡顶线的距离，应不小于表 4-2 的规定。移动牵引网路始端，应设电源开关，做到排土场进行排弃作业时，必须圈定危险范围，并设置警戒标志，危险范围内严禁人员进入。高阶段排土场应有专人负责观测和管理。在独头卸载线端部，车挡应有完好的挡栏指示和灯光示警。独头线的起点和终点，应设置铁路障碍指示器。

汽车运输的卸排作业，应有专人指挥，在同一地段不准同时进行卸排和推排作业。列车在卸车线上运行和卸载时，其运行速度在移动线上不超过 15 km/h，在排土线上不超过 8 km/h。列车运行中不准卸载（曲轨侧卸式和底卸式矿车除外）。卸载顺序应从尾部机车方向依次进行，机车应以推进方式进入独头线路。推土机排土应在设计中进行不均匀沉降计算，并提出反坡坡度。推土机排土时，推土机距眉线应留安全距离，其安全距离的大小应在设计中明确规定。排土犁堆排作业时在推排作业线上，排土犁犁板和支出机构上严禁站人。推排岩土的行走速度不超过 5 km/h。

挖掘机挖排作业时，严禁超挖卸车线路基。人工排土时，禁止人员站在车架上卸载或在卸载侧处理黏车。

表 4 - 1　线船平曲线半径规定(m)

卸车方向	准轨铁路	窄 轨 铁 路		机车车辆固定轨距2.1 ~ 3.0 m，轨距762 mm、900 mm
		机车车辆固定轴距≤2.0 m		
		轨距 600 mm	轨距 762 mm、900 mm	
向曲线外侧	150	30	60	80
向曲线内侧	250	50	80	100

表 4 - 2　轨顶外侧至阶段坡顶线的距离(mm)

准轨		窄轨	
路基稳定	轨距 900	轨距 762	轨距 600
750	450	430	370

4.4.3　采区回填与充填

地下采空场是一种隐患。采矿过程中形成的采空场破坏了原岩应力平衡，引起岩体应力重新分布，导致岩石变形、破坏和移动，成为事故隐患。加强地下采空场的应用，将会缓解废料贮存、水库修建与耕地占用的矛盾。将矿山自产废料返还井下，会节省大量土地。把废料或地表雨水、坑下涌水贮存于采空场，既可充填采空场，限制岩层和地表移动，又可减缓工业占地。目前我国地下采空场可利用量很大。地下采空场的回填与充填包括水充填、尾砂充填、废石充填和垃圾充填。

1）水充填

水充填就是将地表雨水、矿坑涌水汇聚于采空场，限制采空场围岩移动。它主要适用于独立井田或单个矿体闭坑后的空场处理及上行式开采时下部中段嗣后充填。应用水充填的区域深部或附近应没有可采矿体，因为水的流动和渗透会危及邻近作业场所的安全。水充填不需充填系统、设备，成本低廉。水充填要做的工作就是浇筑混凝土密闭墙封闭平硐等出口，适当留出取水口，可适当取出空场充水应用于工业或农业生产。空场充满水后，允许小面积局部冒落，限制围岩大范围移动。

2）尾砂充填

尾砂充填就是应用部分或全部选矿尾砂，加入适量固化材料或离心脱水浓缩后，通过管网系统输送充填采空场。随着嗣后充填采矿法应用密度的加大，或高水固化技术的发展，全面取消地面尾砂库，将选矿尾砂全部充填入采空场指日可待。

3) 废石充填

废石充填就是将采矿废石就地分离泄入采空场或通过提升运输等系统充填采空场。废石充填能力一般较小,适于中小矿山空场处理或辅助处理采空场。废石充填简便、灵活,不需复杂的充填系统,不少矿山为了弥补充填料的不足,往往将废石充填辅助尾砂充填,将废石、尾砂大部分返还井下。

4) 垃圾充填

垃圾充填就是将城市生活垃圾及工业废渣,通过提升运输等系统充填采空场。它适用于离城市近或充填料严重不足的矿山。我国城市生活垃圾及工业废渣排放量极大,利用地下采空场充填垃圾,是缓解耕地紧缺与填埋垃圾占地这对矛盾的一种良好办法。尤其埋藏条件较好,节理裂隙不发育或贯通性差的采空场,适当围护、封闭后,将是放射性工业废渣的理想填埋场所之一。

思考题

1. 简述尾矿的分类。

2. 尾矿有哪些利用的途径?

3. 尾砂中主要回收的有价组分有哪些?

4. 从尾矿可回收的化工产品有哪些?

5. 尾矿在建筑材料中有哪些用途?

6. 简述煤矸石的物质组成。

7. 煤矸石在建筑材料中有哪些用途?

8. 煤矸石可生产哪些化工产品?

9. 简述尾矿的排放方式。

10. 简述影响尾矿库址选择的主要因素。

11. 处理尾矿库洪水的方法主要包括哪几种?

12. 如何控制尾矿库的渗漏?

13. 简述预测尾矿库险情的方法。

14. 尾矿库的资料包括哪些?

15. 简述尾矿库裂缝、渗漏、滑坡、管涌的处理方法。

16. 如何做好尾矿坝的抢险?

17. 简述尾矿库安全管理的基本要求。

18. 尾矿库的安全检查包括哪几个方面?

19. 如何评价尾矿库的安全性?

20. 矿山排土场选择应遵循哪些基本原则?

21. 简述排土场的安全管理。

22. 空场的回填与充填包括哪几个方面?

第 5 章　矿业噪声污染及其控制

内容提要：本章介绍了振动、声波和噪声等声学基础知识，阐述了矿业噪声的来源、分类、特点及危害，以及其控制标准和监测方法，重点介绍了抑制噪声产生、传播和对听者干扰的控制原理，吸声、隔声和隔振的噪声控制技术，并具体介绍了风动凿岩机、凿岩台车、风机、空压机、破碎机和磨机等矿业机械的噪声控制措施。

5.1　概述

1. 噪声的定义

物体振动，在媒质中传播，引起人耳或其他接收器的反应，这就是声。噪声是声的一种，它具有声波的一切特性。从物理学的角度而言，噪声是物体作不规则振动发出的声音。从心理学的角度而言，噪声是人们不需要的声音。

通常把能够发声的物体称为声源，产生噪声的物体或机械设备称为噪声源。一般认为，噪声不包括次声和超声，而是可听声范围内的声波。

2. 噪声的来源

噪声的种类很多，因其产生的条件不同而异。地球上的噪声主要来源于自然界的噪声和人为活动产生的噪声。自然界的噪声包括火山爆发、地震、潮汐、下雨和刮风等自然现象所产生的空气声、雷声、地声、水声和风声等。人为活动所产生的噪声包括交通噪声、工业噪声、施工噪声和社会生活噪声等。

3. 工业噪声的分类

工业噪声按产生机理分类，主要包括空气动力性噪声、机械噪声和电磁噪声三种。

空气动力性噪声是由气体振动产生的，当气体受到扰动、气体与物体之间有相互作用时，就会产生空气动力性噪声。鼓风机、空压机、燃气轮机、高炉和锅炉排气放空等都可以产生空气动力性噪声。

机械噪声是由固体振动而产生的，在撞击、摩擦，交变机械应力或磁性应力等的作用下，机械设备的金属板、轴承、齿轮等发生碰撞、振动而产生机械噪声。破碎机、球磨机、轧机机床以及电锯等产生的噪声都属于此类噪声。

电磁噪声是电动机和发电机中交变磁场对定子和转子作用，产生周期性的交变力，引起振动时产生的。电动机、发电机和变压器都可以产生这种噪声。

5.1.1　振动、声波

1. 振动

振动是自然界和工程界常见的现象。声源的振动就是物体或者质点在其平衡位置附近进行往复运动。物体的振动通常用振幅、频率和相位这三个物理量来描述，它们是互相独立的。振动有自由振动和受迫振动之分。

2. 声波

1）声波的形成

声源的振动引起其周围弹性媒质的振动而产生声波。从物体的形态来分，声源可分为固体声源、液体声源和气体声源。声波可以在空气、液体和固体中传播。在空气中，声波是纵波。在固体和液体中既可能存在声波的纵波，也可能存在横波。纵波中媒质质点的振动方向与声波的传播方向是一致的；横波中媒质质点振动方向与声波传播方向相互垂直。值得注意的是，纵波和横波都是通过相邻质点间的动量传递来传播能量的，而不是由物质的迁移来传播能量的。

2）声波的描述

描述声波的基本物理量有：波长、周期、频率、声速。

波长是指在同一时刻，从某一个最稠密（或最稀疏）的地点到相邻的另一个最稠密（或最稀疏）的地点之间的距离。

周期是指振动重复一次的最短时间间隔。

频率是周期的倒数，是指单位时间内的振动次数。

声速是指声音在媒质中的传播速度，实际计算中，空气中常取声速为 340 m/s。

3）声波的分类

根据声波传播时波阵面的形状不同可以将声波分成平面声波、球面声波、柱面声波。

4）级的概念

日常生活中人们遇到的声音的强度变化范围非常宽，对于这么广阔范围的能量变化，直接使用声功率和声压的数值来表示很不方便；另外人耳对声音强度的感觉并不正比于其强度的绝对值，而是更接近正比于其对数值。因此要使用对数标度（级的概念）。

（1）分贝的定义。由于对数的宗量是无量纲的，因此用对数标度时必须先选定基准量（参考量），然后对被量度量与基准量的比值求对数，这个对数值称为被量度量的"级"，如果所取对数是以 10 为底，则级的单位为贝尔，其 1/10 称为分贝。若所取对数是以 e 为底，则级的单位称为奈培。奈培与分贝的关系：1 Np = 8.686 dB。

（2）噪声的物理量度：

① 声压和声压级。声波是疏密波，在空气中传播时，它使空气时而变密——压强增高；时而变稀——压强降低。这种在大气压力上起伏的部分就是声压。声压是衡量声音大小的尺度，通常用 p 来表示，单位为 Pa。声音越强，声压就越大；反之，声压就越小。

声学上普遍使用对数标度来度量声压，称为声压级，常用 L_p 表示，其定义是声压平方和 1 000 Hz 纯音的听阈声压平方比值的对数，单位是贝尔

$$L_p = 10\lg \frac{p^2}{p_0^2} = 20\lg \frac{p}{p_0} \qquad\qquad (5-1)$$

式中： p——被度量的声压的有效值；

p_0——基准声压。

在空气中规定 $p_0 = 20$ μPa，即为正常青年人耳朵刚能听到的 1 000 Hz 纯音的声压值。

② 声功率和声强。声功率是描述声源性质的物理量，声功率反映的是单位时间内声源向外辐射的总能量，由于它不像声压那样随着离开声源的距离加大而减小，因此，国际标准

化组织(简称 ISO)推荐测试噪声源的声功率。

声强与声压幅值的平方成正比,因而它和声压一样也随着离开声源距离的加大而减少。此外,声强还与传声媒质的性质有关,例如在空气和水中有两列具有相同频率、相同速度幅值的声波,这时,水中的声强要比空气中的声强约大 3 600 倍。

③ 声功率级和声强级。以 1 pW 为基准,定义声功率级为

$$L_W = 10\lg \frac{W}{W_0} \tag{5-2}$$

式中: L_W——声功率级,dB;

W——被量度的声功率的平均值,基准声功率 $W_0 = 10^{-12}$ W。

声强级是以 1 000 Hz 纯音的听阈声强值 1 pW/m² 为基准定义的,即

$$L_I = 10\lg \frac{I}{I_0} \tag{5-3}$$

式中: I——被度量的声强;

I_0——基准声强。

在空气中,基准声强 I_0 取为 10^{-12} W/m²。

(3)A 声级。人耳的听觉不能定量地测定出噪声的频率成分和相应的强度,因此,需要借助仪器来反映人耳的听觉特性。人们在测量声音的仪器——声级计中,安装一个滤波器,并使其对频率的判别与人耳的功能相似,这个滤波器常称之 A 计权网络。当声音信号通过 A 计权网络时,中、低频的声音就按比例衰减通过,而 1 000 Hz 以上的声音无衰减地通过。这种被 A 网络计权了的声压级,称之为 A 声级,用于区别声压级。

世界各国的声学界和医学界公认,用 A 声级测量得到的结果与人耳对声音的响度感觉基本一致。因此,A 声级已经成为一种国内外都使用的最主要的评价量。

5.1.2　矿业噪声的来源与分类

矿业噪声有矿山井下噪声和矿山地面选矿厂噪声两种。

矿山井下噪声主要来源于凿岩、爆破、通风、运输、提升、排水等生产工艺过程,在这些过程中,存在着机械设备产生的噪声和气流的空气动力噪声。其中,井下噪声最大、作用时间最长的是凿岩设备和通风设备产生的噪声,其次是爆破、装卸矿石、运输、提升、排水、二次破碎等产生的噪声。

矿山地面选矿厂噪声主要来源于破碎机、球磨机、筛分、摇床、皮带运输、变电设备等。露天采场噪声则主要是由钻孔机、铲运设备、运输机、扇风机、空压机、锻钎机等产生。

5.1.3　矿业噪声的特点与危害

1.矿业噪声污染的特点

(1)矿业噪声具有强度大、声级高、噪声源多、干扰时间长,以及连续噪声多等特点。特别是在矿山井下,高强度噪声设备集中在狭窄的工作面内,致使生产工作面的噪声尤为突出。

(2)矿山噪声还具有频率高、频带宽以及频谱比较复杂的特点。据有关测定资料,矿山采选机械设备噪声的频率在 315 ~ 800 Hz 范围内,表现出宽带噪声的特点。

（3）矿山井下噪声还具有噪声反射能力强、衰减能力弱的特点。这主要是因为矿山井下工作空间狭小，岩体坚硬，使得噪声反射能力加强，衰减缓慢，工作面易形成混响声场，从而加重了噪声污染。

（4）噪声分布局限在小范围内，噪声变动起伏大，传播距离短，并常与振动等其他有害因素共同作用，加重噪声污染。

2. 矿业噪声的危害

噪声是当今世界公认的三大公害之一，其危害是多方面的。例如，在强噪声作用下，可能产生噪声性耳聋，诱发多种疾病，降低劳动生产率，增大事故率，影响仪器和设备的正常运转等；在一般性噪声作用下，则会激发烦恼，干扰人们正常的生活、学习、工作和睡眠等。由于矿山生产环境中多数是高强度的噪声，因此导致噪声性耳聋的人群数远大于其他行业，诱发引起神经、心血管、消化等系统疾病的情况也较严重。矿业噪声对生产的直接和间接影响具体表现在以下几方面：

（1）降低工作效率，影响安全生产，造成经济损失。在井下高噪声环境中工作的人群，生理和心理易发生不良变化，如心情烦躁，注意力不集中，易感疲劳，从而影响工作效率，降低劳动生产率。尤其是在强大噪声的掩蔽作用和人群对知觉判断下降的情况下，对一些井下信号和事故征兆不能及时察觉和发现，甚至不能判断，从而造成工伤事故和设备事故，影响安全生产。

（2）影响劳动过程正常进行。在井下生产过程中，作业人员为了避免高强度噪声的影响，往往违反操作规程，如井下某些特定工作地点需长时间用局扇通风，但在局扇噪声的干扰下，作业人员可能时开时停，造成工作面新鲜空气不足，矿尘、炮烟和高温高湿的污浊空气得不到及时排出，影响作业人员健康。

（3）噪声可能诱发疾病。长期接触强烈噪声后，听觉器官首先受损，主要表现为听力下降，甚至耳聋。如果长期工作在 90 dB（A 声级）以上的强噪声环境中，经常不断地受到人耳难以接受的噪声刺激，日积月累，听觉疲劳现象就无法消除，而且变得越来越严重，导致人的内耳听觉器官发生器质性病变，发展成为不可治愈的噪声性耳聋，医学上称之为"永久性听阈偏移"。另外研究表明，噪声也是引起高血压的一个独立危险因素，二者呈正相关关系；噪声还会对人的神经系统造成危害，噪声作用于人的中枢神经系统，使人的基本生理过程——大脑皮层的兴奋和抑制平衡失调，导致条件反射异常；噪声对人的消化系统构成威胁，噪声作用于消化系统，会引起胃肠系统的分泌和蠕动功能改变，引起代谢过程的变化，出现维生素、碳水化合物、脂肪、蛋白质和无机盐类的代谢失调，造成胃液分泌减少、蠕动减慢、食欲下降、恶心呕吐等症状；噪声对人的心理造成影响，研究表明，噪声超过 50 dB，人就难以入睡；噪声超过 70 dB，人就不能正常工作；噪声超过 90 dB，人的听力将受到损伤；如果噪声达到 100～120 dB 时，几乎每人都会从睡眠的状态中醒过来。

（4）高强度噪声损害机械设备和建筑物。矿山高声强度对周围的机械设备，加大型振动筛、冲空压机组、发动机等产生慢性损害；对建筑物也有不同程度的慢性破坏。如果声压级达 160 dB 以上，不仅建筑物可受损，发声体本身也可能由于声疲劳而损坏。

5.2　矿业噪声控制标准及监测方法

5.2.1　噪声控制标准

我国矿业有关的噪声控制标准主要有《工业企业噪声卫生标准》《工业企业厂界噪声标准》《环境噪声标准》等。

1. 工业企业噪声卫生标准

1979 年，我国卫生部和国家劳动总局颁布了《工业企业噪声卫生标准》（试行草案），从 1980 年 1 月 1 日起执行。其标准是听力保护标准，它所规定的噪声标准是指人耳位置的稳态 A 声级或非稳态噪声的等效声级。该标准适用于工业生产车间或作业场所，它针对新建和改建的企业有了不同的噪声标准（见表 5 - 1）。另外，表 5 - 2 列出了职业性噪声暴露和听力保护标准。

表 5 - 1　新建改建企业噪声标准

每个工作日接触噪声时间/h	8	4	2	1	1/2	1/4
改建企业允许噪声 A 声级/dB	90	96	96	99	102	105
新建企业允许噪声 A 声级/dB	85	88	91	94	97	100

A 声级最高不得超过 115 dB

表 5 - 2　职业性噪声暴露和听力保护标准

连续噪声暴露时间/h	8	4	2	1	1/2	1/4	1/8	最高限
允许 A 声级/dB	85 ~ 90	88 ~ 93	91 ~ 96	94 ~ 99	97 ~ 102	100 ~ 105	103 ~ 108	115

2. 工业企业厂界噪声标准

我国在 1990 年颁布实施了《工业企业厂界噪声标准》（GB 12348—90），以控制工厂及有可能造成噪声污染的企业事业单位对外界环境噪声的排放。在该标准中规定了五类区域的厂界噪声的标准值，见表 5 - 3。五类标准的适用范围规定如下：

0 类标准适用于疗养区、高级别墅区、高级宾馆区等特别需要安静的区域。

1 类标准适用于以居住、文教机关为主的区域。

2 类标准适用于以居住、商业、工业混杂区以及商业中心区。

3 类标准适用于工业区。

4 类标准适用于交通干线道路两侧区域。

表5-3　各类产区环境噪声标准值(等效声级,单位为dB)

类别	昼间(6:00~22:00)	夜间(22:00~第二日6:00)
0	50	40
1	55	45
2	60	50
3	65	55
4	70	55

对夜间突发噪声,标准中规定对频繁突发噪声其峰值不准超过标准值10 dB,对偶然突发噪声其峰值不准超过标准值15 dB。

3. 环境噪声标准

噪声对于人们的交谈、工作和休息、睡眠以及吵闹感觉多方面的影响,都属于环境噪声标准。

我国城市区域环境噪声标准最早是在1982年颁布试行,并经一段时间的试用修订,在1993年正式颁布实施。我国颁布的《城市区域环境噪声标准》(GB 3096—93)中规定了城市五类区域的环境噪声的最高极限,见表5-4。五类标准的适用区域为:

0类标准适用于疗养区、高级别墅区、高级宾馆区等特别需要安静的区域。位于城郊和乡村的这一类区域分别按严于0类标准5 dB执行。

1类标准适用于以居住、文教机关为主的区域。乡村居住环境可参照执行该类标准。

2类标准适用于居住、商业、工业混杂区。

3类标准适用于工业区。

4类标准适用于城市中的道路交通干线道路两侧区域,穿越城区的内河航道两侧区域。穿越城区的铁路主、次干线两侧区域的背景噪声限值也执行该类标准。

表5-4　城市各类区域环境噪声标准(等效声级,单位为dB)

类别	昼间(6:00~22:00)	夜间(22:00~第二日6:00)
0	50	40
1	55	45
2	60	50
3	65	55
4	70	55

ISO公布的各类环境标准,一般以A声级35~45 dB为基本值,对不同的时间、地区按表5-5值进行修正。

表 5 - 5　ISO 公布的各类环境噪声标准

不同时间修正值			
时　间	白　天	晚　上	夜　间
修正值/dB	0	-5	-10 ~ -15

不同地区的修正值	
地区分类	修正值/dB
医院和要求特别安静的地区	0
郊区住宅、小型公路	+5
城市住宅	+10
工厂与交通干线附近的住宅	+15
城市中心	+20
工业地区	+25

室内修正值	
开　窗	-10
单层窗	-15
双层窗	-20

室内噪声标准	
窗的类型	噪声标准/dB
寝　室	20 ~ 50
生活室	30 ~ 60
办公室	50 ~ 60
单　间	70 ~ 75

美国国家环境保护局(EPA)在 1975 年提出了一个保护人身体健康的噪声标准，见表 5 - 6。

表 5 - 6　EPA 公布的环境噪声标准

保护的目的和地区	噪声标准	
	L_{eq}/dB	L_{dn}/dB
听力保护(8 h)	75	55
听力保护(24 h)		
防止室外干扰	75	45
防止室内干扰		

中国科学院声学研究所对我国噪声标准在有关听力保护、语言干扰和对睡眠的影响三个方面，提出了有如表 5 - 7 的建议值，表中所给出的为等效声级。理想值是噪声无任何干扰或危害的情况，可作为达到满意效果的最高标准；极大值是允许一定的干扰和危害(水面干扰23%，交谈距离 2 m，对话稍有困难，听力保护80%)，但不能超过这个限度，如果超过限度，就会造成严重的干扰和危害。在实际情况下，应根据噪声性质、地区环境和经济条件等决定

位于理想值和极大值之间的具体标准。

表5-7 我国环境噪声标准(建议值)

适用范围	噪声标准/dB	
	理想值	极大值
听力保护	75	90
语言交谈	45	60
睡　眠	35	50

5.2.2　噪声监测方法

1. 仪器的选用

可用于噪声与振动方面测量分析的仪器很多,这类仪器经过几十年的研究改进现已进入了第三代,正朝着轻便、超小型、数字化(数字显示、数字输出)和自动化方向发展。本节主要介绍一般噪声测量分析所需要的常用仪器。

测量仪器的选用是根据测量目的和内容确定的。选用的范围概括起来,列于表5-8,可供参考。

表5-8　测量仪器的选用

测量目的	测量内容	可使用的仪器
设备噪声评价	规定测点的噪声级(A、C声级)、频谱、声功率级和方向性	精密声级计、滤波器、频谱分析仪、记录仪、标准声源
工人噪声暴露量	人耳位置的等效声级 L_{eq}	噪声剂量计、积分式声级计
车间(室内)噪声评价	车间(室内)各代表点的A、C声级或 L_{eq}、L_{10}、L_{90}、L_{50}	精密声级计、积分式声级计、噪声剂量计
厂区环境噪声评价	厂区各测点处A、C声级或 L_{eq}、L_{10}、L_{90}、L_{50}	同上
厂界噪声评价	厂界各测点处A、C声级或 L_{eq}、L_{10}、L_{90}、L_{50}	同上
厂外环境噪声评价	厂外各类环境中的A、C声级或 L_{eq}、L_{10}、L_{90}、L_{50}	同上
消声器声学性能评价	消声器插入损失	精密声级计、滤波器、频谱分析仪、记录仪、扬声器、白噪声发生器
城市交通噪声评价	交通噪声的 L_{eq}、L_{10}、L_{90}、L_{50}	积分式声级计、噪声剂量计

续表 5 - 8

测量目的	测量内容	可使用的仪器
脉冲噪声评价	脉冲或脉冲保持值、峰值保持值	脉冲声级计、精密声级计
吸声材料性能测量	法向吸声系数 α_0、无规入射吸声系数 α_r	驻波管、白噪声、信号发生器、扬声器、传声器、频谱分析仪、记录仪、放大器
隔声测量	传声损失(隔声量)R	同上(除驻波管外)
设备声功率测量	声功率级 L_W	标准声源、精密声级计、传声器、滤波器
振动测量	振动的位移、速度、加速度	加速度传感器、电荷放大器、测振仪等
机械噪声源的鉴别	噪声频谱、振动频谱	加速度传感器、精密声级计、放大器、记录仪、频谱分析仪、微处理机
新厂环境噪声预评价	设备声功率级、建厂区域各点噪声预估值及本底噪声	标准声源、精密声级计、微型计算机

2. 常用测量仪器

1)传声器

传声器也叫话筒,是一种可把声能转换为电能的换能器。作为测量仪器,它是把声音信号换成电信号的传感器。传声器有晶体式、动圈式、电容式和驻极体式等几种。

传声器的频率响应有声压型和声场型两种,具有平直的声压响应的传声器称为声压型传声器;具有平直的自由场响应的传声器称为声场型传声器。传声器在声场中会产生反射和绕射现象,干扰原来的声场,使声压有所增加。为了补偿高频率声波反射所产生的声压增加对传声器输出的影响,对声场型传声器在膜片结构设计上作了一些处理,使之具有最适中的阻尼,从而在所需要的频率范围内有平直的响应特性。在要求精度较高的测量中,使用声压型传声器得到的是一个比较近于真实声场的声压读数。在噪声测量中,声压计使用的是声场型电容传声器。为了不使测量结果产生较大的误差,一般不使用声压级电容传声器。

由于电容式传声器的输出阻抗很高,因此使用时必须将前置放大器和传声器连接,使输出阻抗转换为低阻抗。

2)声级计

声级计是噪声测量中最基本的仪器,它的工作原理是,由传声器将声音转换成电信号,由前置放大器变换阻抗,使电容式传声器与衰减器匹配,放大器将输出信号加到计权网络,对信号进行频率计权(或外接倍频程、1/3 倍频程滤波器),然后再经衰减器及放大器将信号放大到一定的幅值,送到有效值检波器(或外接电平记录仪),在指示表头上给出噪声声级的数值。衰减器使声级计具有较宽的量程范围,每挡衰减 10 dB。

声级计一般是由电容式传声器、前置放大器、衰减器、放大器、频率计权网络以及有效指示表头等组成。如图 5 - 1 是声级计的典型结构框图。

声级计按精度分为精密声级计和普通声级计两种。普通声级计的测量误差约为 ±3 dB,精密声级计约为 ±1 dB。声级计按用途可分为两类:一类用于测量稳态噪声,如精密声级计和普

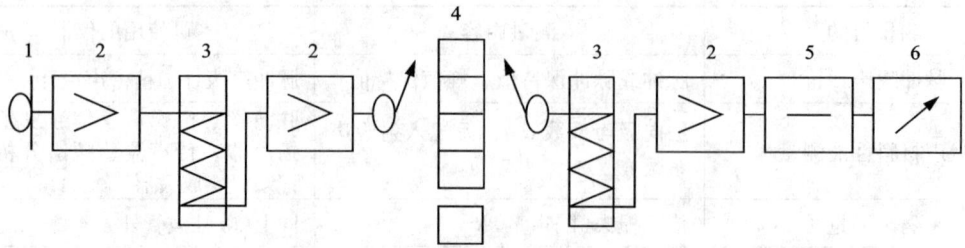

图 5 – 1　声级计结构框图

1—传声器；　2—放大器；　3—衰减器；　4—计权网络；　5—检波器；　6—指示器；　7—滤波器

通声级计；一类则用于测量不稳态噪声和脉冲噪声，如积分式声级计（噪声剂量计）、脉冲声级计。

声级计中的频率计权网络有 A、B、C 三种标准计权网络。它们是从等响曲线出发，对不同的频率的声音信号进行不同程度的衰减，使得仪器的读数能近似地符合人耳对声音的响应。

A 网络是模拟人耳对 40 方纯音的响应，它的曲线形状与 40 dB 的等响曲线相反，从而使电信号的中、低频段有较大的衰减。B 网络是模拟人耳对 70 方纯音的响应，它使电信号的低频段有一定的衰减。C 网络是模拟人耳对 100 方纯音的响应，在整个声频范围内有近乎平直的响应，它让所有频率的电信号几乎一样程度地通过，因此，C 网络代表了声频范围内的总声级。

经过频率计权网络测得的声压级称为声级，根据所使用的计权网络不同，分别称为 A 声级、B 声级和 C 声级。

在噪声测量中，经常使用 A 声级来评价噪声，但一般的声级计中都同时具有 A、B、C 三种计权网络，那么 B、C 声级在噪声测量中有什么用呢？一般来说，C 声级可用于总声压级的测量，它是客观测量声功率级所需要的。在没有携带滤波器时，可以用 A、B、C 声级近似地估计所测噪声源的频谱特性，常用的方法是用 A、C 声级的差值 $L_{PC} - L_{PA}$ 估计噪声源的频谱性质和特点（表 5 – 9）。

表 5 – 9　$L_{PC} - L_{PA}$ 与频谱分类的关系

$L_{PC} - L_{PA}$	频谱性质	频谱特点
– 2	特高频	最高值在 4 000、8 000 Hz 两个倍频带内
– 1	高频	最高值在 2 000 Hz 的倍频带内
0	高频	最高值在 1 000、2 000 Hz 两个倍频带内
1	高频	最高值在 500、1 000、2 000 Hz 三个倍频带内
2	宽带	最高值在 125、250、500、1 000、2 000 Hz 五个倍频带内
3 ~ 4	中频	最高值在 125、250、500、1 000 Hz 四个倍频带内，以 500 Hz 为最高

续表 5 – 9

$L_{PC} - L_{PA}$	频谱性质	频谱特点
5 ~ 6	低中频	最高值在 125、250、500 Hz 三个倍频带内
7 ~ 9	低频	最高值在 63、125、250 Hz 三个倍频带内
10 ~ 19	低频	从低频向高频几乎成直线下降
>20	低频	从低频向高频成直线下降

声级计可以外接滤波器和记录仪，对噪声作频谱分析。国产的 ND2 型精密声级计内装一个倍频程滤波器，可以携带到现场作频谱分析。丹麦 B/K 公司的 2203 型精密声级计可与 1613 型倍频程滤波器或 1616 型 1/3 倍频程滤波器连用，组成便携式仪器。日本 RION 公司的 NL – 11 型精密积分式声级计与 NX – 01A 型倍频程滤波器或 NX – 02A 型 1/3 倍频程滤波器连用，并外接 LR – 04 型电平记录仪，可以把对噪声进行的频谱分析的结果同时记录下来。在使用上述系统进行频谱分析时，一般不能用计权网络，以免使某些频率的噪声衰减，从而影响对噪声源分析的准确性。

积分式声级计主要用来测量一段时间内不稳态噪声的等效声级 L_{eq}。如果测量时间小于 8 h，等效声级就直接与噪声剂量有关。

噪声剂量计也是一种积分式声级计，主要用来测量噪声暴露量。美国采用 OS – HA 标准，噪声 A 声级增加 5 dB，允许暴露时间减半。而欧洲国家则多采用 ISO 标准，噪声 A 声级增加 3 dB 允许暴露时间减半。

脉冲声级计主要用来测量脉冲噪声。这种声级计符合人耳对脉冲声的响应及人耳对脉冲声反应的平均时间，为了便于读出脉冲声峰值，仪器设有峰值和脉冲保持装置。

3）频谱分析仪

频谱分析仪主要由放大器和滤波器组成，是一种分析声音频率成分的仪器。用声级计和倍频程滤波器或 1/3 倍频程滤波器连接，可以组成便携式频谱分析仪。

决定频谱分析仪性能的主要是滤波器。分析噪声时，通常使用具有倍频程滤波器或 1/3 倍频程滤波器的分析仪。此外，还可以使用外差式频率分析仪和实时频率分析仪。

4）记录仪器

电平记录仪和磁带记录仪也是噪声测量中最常用的仪器。

电平记录仪由纸动部分、笔动部分及电源等组成。记录纸经机械部分驱动，纸的移动反映时间或频率的变化。记录笔是按伺服原理工作的，输入信号经量程电位器送至交流放大器，经整流成为直流电平，并与参考电压比较，如果有电压差，则此差值信号将被送至直流放大器放大，电流通过磁力驱动系统的驱动线圈，驱动记录笔和滑动触点移动，记录笔便在记录纸上书写。滑动触点在量程电位器上的移动导致输出电压的改变，使差值信号和驱动线圈中的电流又趋于零，从而达到新的平衡，此时驱动线圈、滑动触点、记录笔停留在一个新的位置上。原来位置与新位置的差别，反映了输入电平的变化。

磁带记录仪主要由磁头、放大器、磁带传动机构等部分组成。放大器包括记录放大器和重放放大器。记录放大器将输入信号放大，并变换为适于记录的形式，供给记录磁头。重放放大器是将重放磁头检测到的信号进行放大和变换，然后输出。磁头包括记录磁头、重放磁头、消去磁头。在记录过程中，记录磁头将电信号转换为磁带的磁化状态变成电信号，实现磁电转换。消去磁头的作用是消除磁带原有的磁化状态，使磁带上的磁场处处均匀一致。磁带传动机构使磁带在记录或重放时有一定的运动速度。

磁带记录有直接记录方式(DR)和频率调制式(FM)两种。在噪声测量中经常使用的是直接记录式。

5) 拾振器

拾振器的种类很多，最常用的方法是将机械振动转换成电量，测量位移的称为测振计，测量速度的称为速度计，测量加速度的称为加速度计。

拾振器主要是由一块重金属(质量为 M)和弹性元件(力顺为 C_m)组成。测量时，壳体和待测振动体紧密固定，与振动面一起振动，这时重金属块对壳体的相对位移 x 与所测振动位移 y 成正比，相位相差 180°；重金属块的振速与所测振速成正比，相位相差 180°。

利用 M 与 C_m 的振动系统可以测量振动参数。在测量振幅与速度时，固有频率 ω_0 要低，也就是说，测振计和速度计是质量控制系统；而在测量加速度时，固有频率要高，即加速度计是弹性控制系统。这几种拾振器在输出中可用积分电路和微分电路互相转变。

电容式测振计是测量位移的器件，它的输出与由位移引起两极板间电容的变化成比例。电容式测振计的主要特点是测量时对振动体不增加负载，可测量的频率与位移范围都比较宽。

感应式速度计是测量速度的器件。

压电式加速度计是最常用的拾振器，它所产生的电荷与所加的加速度成正比。国产 YD 型压电式加速度计可与 ND₂ 型精密声级计及积分器组成简单便携的振动测量分析系统，通过振动单位换算尺和积分器，可将声级计的读数(单位为 dB)转换成加速度、速度和位移读数。

使用时要注意，压电式加速度计与被测物体的质量比例应在 1∶10 以上，否则会破坏物体原有的振动规律。

3. 测量方法

噪声与振动的测量结果和测量所采用的方法有关。为了取得可以进行比较的可靠数据，就要求测量者必须按照统一的测试方法进行测量和仪器标定。

1) 噪声测量的标准与规范

国际标准化组织(ISO)对噪声测量颁布了一些标准，见表 5 - 10。

表 5 - 10　ISO 的有关噪声测量的标准

标准代号	标准内容
ISO 354	吸声系数的混响室测量
ISO R495	机械噪声测量的一般必要项目
ISO R1996	公众对噪声反应的评价
ISO 3740 ~ 3748 5136 6926	往复式内燃机空气声测量航空器噪声
ISO 3891 5129	船舶噪声测量

续表 5 – 10

标准代号	标准内容
ISO 2922 2923	车辆噪声测量
ISO 362 5130 5128 7188,3095	旋转机械空气声测量
ISO 1680	压缩机与原动机空气声测量
ISO 2151 3989	气体装置空气声测量
ISO 6190	空气终端装置等声功率级的确定
ISO 5135	气动工具与机械空气声测量
ISO 3481	往复式内燃机空气声测量
ISO 6798	建筑机械空气声测量
ISO 4872	运土机械噪声测量
ISO 5132 5133 6393 6394 6395 6396	农(林)用拖拉机等噪声测量
ISO 5131 7216 7217	护耳器声衰减测量
ISO 4869 6290	管道消声器测量

国际电工委员会(IEC)发布了一些有关测试仪器的标准,如关于声级计的标准(IEC 651),关于滤波器的标准(IEC 225)等。

我国的噪声测量标准,已经颁布或试行,见表 5 – 11。

表 5 – 11 我国有关噪声测量的标准

标准代号	标准内容
GB 1496—79	机动车辆噪声测量方法
GB 1859—80	内燃机噪声测量方法
GB 2888—82	风机和罗茨鼓风机噪声测量方法
GB 755	电机噪声测量方法
GB 12349—90	工业企业厂界噪声测量方法
GB 12524—90	建筑施工场界噪声测量方法
JB 952—67	精密机床用电机噪声试验方法
JB 1370—73	立柜式空气调节机组试验方法
JB 1534—75	组合机床通用技术要求(第13 条)
JB 2281—78	金属切削机床噪声的测量
JB 2747—80	容积式压缩机噪声测量方法

2)噪声测量的位置

传声器与测点的相对位置对设备声级、声压级的测量结果有很大影响。为了便于比较，一般规定测点的选择遵守如下原则：

（1）对于一般的机械设备，应根据尺寸大小作不同的处理。小型机械如砂轮、风铆枪等，其最大尺寸不超过 30 cm，测点取在距表面 30 cm 处，周围布置 4 个测点。中型机械如马达等，其最大尺寸在 30 ~ 50 cm 之间，测点取在距表面 50 cm 处，周围布置 4 个测点。大型机械如机床、发电机、球磨机等，其尺寸超过 0.5 m，测点取在距表面 1 m 处，周围布置数个测点，测试结果以最大值（或诸值的算术平均值）表示，频谱分析一般在最大声级测点处进行。对于特大型或有危险性以及无法靠近的设备，可取较远的测点，并注明测点的位置。

（2）对于风机、压缩机等空气动力性机械，要测进、排气噪声。排气噪声的测点选在排气口轴线 45°方向 1 m 远处；进气噪声测点选在进气口轴线上 1 m 远处。

（3）测点高度应以机器的半高度为准，但距离地面不得低于 0.5 m。为了减少反射声的影响，测点应选在距离墙或其他反射面 1 ~ 2 m 以上处。

（4）对于车间（或室内）噪声测试，测点一般取在人耳位置处。若车间内各点噪声相差不大，可取 1 ~ 3 个测点。若个点噪声相差较大，则可将车间划分为若干个区域，使各区域内声级差异不大于 3 dB，而相邻区域声级相差不小于 3 dB。每个区域内取 1 ~ 3 个测点。测点位置一般要离开墙壁或其他主要反射物表面 1 m 远，离窗 1.5 m 远以上，距地高度为 1.2 ~ 1.5 m。

（5）对于厂区噪声测试，测点可在厂区等间隔布置，即按 10 ~ 100 m 的间隔把厂区划分为正方网络，取网络的交点为测点。为了形象地反映厂区噪声污染状况，可在此基础上绘制等声级曲线图。在声级变化较大（如声级差超过 5 dB）时，应将测点布置得较密些。

（6）对于厂界噪声测试，测点的位置应选在法定厂界外 1 m，高度 1.2 m 以上的噪声敏感处，若厂界有围墙，测点应高于围墙，若厂界与居民住宅相连，厂界噪声无法测量时，测点应选在居室中央，室内限值应比相应标准级低 10 dB。

（7）对于厂内外生活区环境噪声测试，测点一般选在室外距墙 1 m 处。对于多层建筑，应在各层上测窗外 1 m 远处的声级，测量高度为各层地面上 1.2 ~ 1.5 m。

（8）对于城区环境噪声测量，可采用网格测量或者定点测量法进行。一般对于噪声普查应采取网格测量法；对于常规测量，常采用定点测量法。

（9）对于交通噪声，可按照国标 GB/T 3229—94 的规定进行。测量道路交通噪声的测点应选在市区交通干线一侧的人行道上，距马路沿 20 cm 处，此处距两交叉路口应大于 50 m。交通干线是指机动车辆每小时流量不小于 100 辆的马路。

（10）对于机动车辆噪声测量，可按照国标 GB/T 14369—93 的规定进行。对城市环境密切相关的是车辆行驶时的车外噪声。车外噪声车辆需要平坦开阔的场地。在测试中心周围 25 m 半径范围内不应有大的反射物。测试跑道应有 20 m 以上平直、干燥的沥青路面或混凝土路面，路面坡度不超过 0.5%。

（11）对于航空噪声测量，可按照国标 GB 9661—88 或者国际标准 ISO 3891 的规定进行。测量飞机噪声使用 D 计权，飞机噪声的基本评价量是感觉噪声级 L_{PN}。其他评价量都是由其演变而来。

4.噪声测量的环境

要使测量数据可靠，不仅要有精确的仪器，而且还得考虑到外界因素对测量的影响。必须考虑的外界因素主要有：

（1）大气压力，大气压力主要影响传声器的校准。活塞发生器在 101.325 kPa 时产生的声压级是 124 dB（国外仪器有的是 118 dB，有的是 114 dB），而在 90.259 kPa 时则为 123 dB。活塞发生器一般都配有气压修正表，当大气压力改变时，可从表中直接读出相应的修正数值。

（2）温度，在现场测量系统中，典型的热敏元件是电池。温度的降低会使电池的使用寿命也随之降低，特别是 0℃ 以下的温度对电池使用寿命影响很大。

（3）风和气流，当有风和气流通过传声器时，在传声器顺流的一侧会产生湍流，使传声器的膜片压力发生变化而产生风噪声，风噪声的大小与风速成正比。为了检查有无风噪声的影响，可对有无防风罩时的噪声测量数据做出比较，如无差别则说明无风噪声影响；反之，则有影响，这时应以加防风罩时的数据为准。环境噪声的测量，一般应在风速小于 5 m/s 的条件下进行。防风罩一般用于室外风向不定的情况下。在通风管道内，气流方向是恒定的，这时应在传声器上安装防风鼻锥。

（4）湿度，若潮气进入电容式传声器并且凝结，则电容式传声器的极板与膜片之间就会产生放电现象，从而产生"破裂"与"爆炸"的声响，影响测量结果。

（5）传声器的指向性，传声器在高频时具有较强的指向性，膜片越大，产生指向性的频率就越低。一般国产声级计，当在自由场（声波没有反射的空间）条件下测量时，传声器应指向声源。若声波是无规入射校正器，测试环境噪声时，可将传声器指向上方。

（6）反射，在现场测量环境中，被测机器周围往往可能有许多物体，这些物体对声波的反射会影响测量结果。原则上，测点位置应离开反射面 3.5 m 以上，这样反射声的影响就可以忽略。在无法远离反射面的情况下，也可以在反射噪声的物体表面铺设吸声材料。

（7）本底噪声，本底噪声是指待测机械设备停止运转时的周围环境噪声。测量机器噪声时，如果受到周围环境的干扰，就会影响测量结果的准确性。因此，现场测量时，首先要设法测量本底噪声。若本底噪声级与被测噪声级的差值大于 10 dB，则本底噪声不会影响测量结果；若差值小于 3 dB，则本底噪声对测量影响很大，不可能进行精确地测量，其测量结果没有意义，这时应设法降低本底噪声或将传声器移近被测声源，以提高被测噪声与本底噪声之间的差值；若差值在 3～10 dB 之间，则可进行修正，即将所测得的值减去相应的修正值就可以得到声源的实际噪声值，见表 5－12。

表 5－12　本底噪声修正表

测得声源噪声级与本底噪声级之差/dB	3	4～5	6～9
修正值/dB	3	2	1

（8）其他因素，除上述因素以外，在测量时还应避免受强电磁场的影响，并选择设备处于正常状态（或合理状态）下时进行测试。

5.噪声测量的读数与记录方法

通常可将噪声分为如表 5－13 所示的几类。

表 5 – 13　噪声的分类

稳态噪声	非稳态噪声
不包含特殊音调的噪声	变动噪声
一般环境噪声	道路噪声
瀑布	波浪噪声
高速空调噪声	间歇噪声
包含特殊音调的噪声电锯	航空器通过噪声、汽车通过噪声
变压器	火车通过噪声
喷气发动机	冲击噪声
	锻造机械
	离散噪声
	手枪
	门声
	似稳态噪声
	铆枪

不同类型的噪声测量,其读数方法也是不同的。一般可作如下处理:

(1)对于稳态噪声和似稳态噪声,用慢挡直接读取表头指示值。当指针有摆动时,读取平均指示值;若摆动超过 5 dB 的范围,则不能认为噪声是稳态的。对于包含特殊音调的噪声设备,必须要作频谱分析。

(2)对于离散的冲击声,用脉冲声级计(A 声级)读取脉冲或脉冲保持值。测量枪、炮声时应读取峰值保持值。若脉冲值为 120 dB(Imp. h),135 dB(Peak. h)。

(3)对于间歇噪声,用快挡读取每次出现的最大值,以数次测量之平均值表示。必要时记录其持续时间及出现频率。

(4)对于无规变动噪声,用积分式声级计可以直接读取等效声级 L_{eq} 统计声级 L_n。如果没有积分式声级计,用一般的声级计可采取如下方法,即用慢挡每隔5s 读取一次瞬时值,测工业环境时连续读 100 个数据,测交通噪声时读 200 个数据。将 100(或 200)个数据按声级从大到小顺序排列,第 10(或 20)个即 L_{10},第 50(或 100)个即 L_{50},第 90(或 180)个即 L_{90}。对于工业环境,可按分贝加法求出 100 个数据之总声级,减去 20(10lg100)即得 L_{eq}。对于交通噪声,可由相应公式求得 L_{eq}。

工业企业噪声测量的记录方法可以参考表 5 – 14。

表 5 – 14　工业企业噪声测量记录表示例

_____厂_____车间　　厂址_____　　　年　月　日

测量仪器	名　称	型　号	校 准 方 法							备　注

车间设备状况	机器名称	型　号	运转状态		功率
			开(台)	停(台)	

设备分布及测点示意图										

数据记录	测点	声压级/dB		倍频程声压级/dB							
		A	C	63	125	250	500	1 000	2 000	4 000	8 000

5.3　噪声控制的原理和方法

5.3.1　噪声控制的原理

声学系统一般是由声源、传播途径和接收器三个环节组成。对于所需要的声音,必须为它的产生、传播和接收提供良好的条件。对于噪声,则必须设法抑制它的产生、传播和对听者的干扰,根据上述三个环节,分别采取措施。噪声控制的过程见图 5 – 2。

1)在声源处抑制噪声

控制声源是降低噪声的最根本和最有效的方法。在声源部位消除噪声,即使只是局部的,也会使在传播途径上或接收者处的减噪工作大为简化。研制和选择低噪声设备以及提高机械设备的加工精度和安装技术是噪声源控制的基本原则。

机械噪声源控制的主要方法是降低激振力,就是要减少或避免运动部件的冲击和碰撞;

```
                        噪声控制基本方法

         工程控制        管理控制        听力保护

    噪声源控制    噪声传播途径控制

         固体传声控制              空气传声控制

         振动控制        隔声      消声      吸声
```

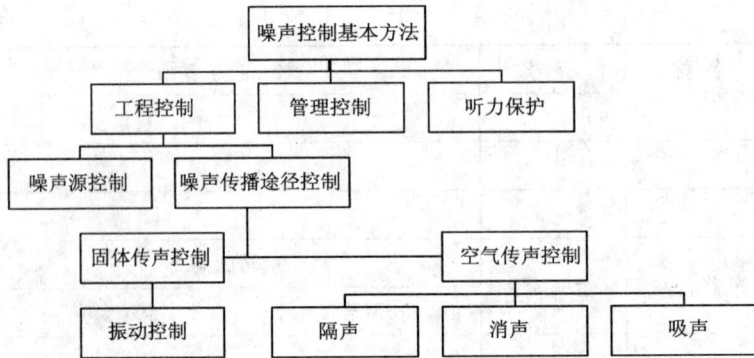

图 5 - 2　噪声控制的基本方法示意图

提高机械和运动部件的平衡精度；防止流体的压力突变；提高运动零件间的接触性能；改进机械性能参数等。降低机械系统中噪声辐射部件对激振力的响应可采取下述措施实现：防止系统共振；提高机械结构的刚度；改善机械结构的阻尼特性增加能量损耗等。

空气动力噪声源的控制方法主要是要防止气流压力突变，消除湍流噪声、喷注噪声和激波噪声；降低气体流速，减小气体压降和分散、改变噪声的峰值频率；降低气流管道噪声等。

2）在声传播途径中的控制

噪声的传播途径主要是空气和建筑构件。因此，传播途径的控制也主要是空气声传播的控制和固体声传播的控制。

5.3.2　吸声降噪

普通房间的内表面一般是由平整坚硬的材料构成的，例如抹灰的墙或瓷砖、混凝土的壁等。当室内声源发出噪声时，人们除了可以听到由声源传来的直达声以外，还会听到由室内各个表面多次反射而形成的反射声，使在室内工作的人们受到更大的噪声影响。如果在室内的天花板和四周墙面上饰以某种吸声材料或悬挂适当的空间吸声体，就可以吸收房间内的一部分反射声，减弱室内总的噪声，这种方法称为"吸声"。

1. 吸声材料和吸声结构

材料的吸声性能可用吸声系数 α 来表示。吸声系数 α 的定义为被材料吸收掉的声能与入射声能之比，即

$$\alpha = \frac{E_{吸收}}{E_{入射}} = \frac{E_{入射} - E_{反射}}{E_{入射}} \tag{5-4}$$

完全反射的材料，吸声系数 $\alpha = 0$；完全吸收的材料，吸声系数 $\alpha = 1$；一般材料的吸声系数都在 0 和 1 之间，即 $0 < \alpha < 1$。

吸声系数的大小，除了受材料本身性质的影响外，还与材料的安装方式（背后有无空气层、空气层的厚度以及固定方式等）、入射声的频率以及声波的入射角度有关。

吸声材料就其广泛的含义来说，是指一些可以有效地将声能转变为其他形式能的材料；而用声学术语来说，是指在 125、250、500、1 000、2 000、4 000 Hz 6 个倍频带的平均吸声系数大于 0.2 的材料。

吸声材料经由不同的物理过程进行能量转换，因而具有不同的吸声机理。根据不同的吸声机理，可将吸声材料和吸声结构分为以下几类。

1）多孔材料

多孔材料的构造特征是在材料中有许多微小的间隙和连续的孔洞，这些间隙和孔洞具有一定的通气性能。当声波经过材料表面入射到内部时，就会引起孔隙中的空气运动，空气的黏滞性以及孔隙中的空气和孔壁与纤维之间的热传导致产生热损失，从而使相当一部分声能转变为热能而被消耗掉，这就是多孔材料的吸声机理。常用的多孔材料有玻璃棉、矿渣棉、岩棉、毛毡、木丝板和吸声砖等。

多孔材料的吸声性能与材料的厚度、密度、背后空气层的厚度以及入射声波的频率有关。另外，不同的温度和湿度对多孔材料的吸声性能也有一定的影响。

2）柔性材料

柔性材料是指内部具有许多微小的独立气孔的材料以及泡沫塑料。柔性材料基本上没有通气性能，在一定程度上具有弹性。它的吸声机理是：声波入射到材料表面时，很难透入到材料的内部，而只是使材料作整体的振动，从而为克服材料内部的摩擦而消耗了声能，引起声波的衰减。柔性材料的高频吸声系数很低，中低频吸声性能类似于共振吸收。

3）膜状与板状材料

膜状材料是指聚乙烯薄膜或几乎没有通气性能的帆布等类的材料，它本身的刚度很小，在受拉力处于张紧状态时具有一定的弹性。

板状材料是在胶合板、硬质板、石膏板、石棉水泥板等板材的背后设置空气层，并把它们的周边固定在框架上。

在一定的范围内，膜状材料和板状材料的吸声机理是一样的，即当入射声波的频率同材料的固有频率一致时，两种材料都会发生共振，由于内部摩擦而消耗声能。

4）共振吸声结构

共振吸声结构主要有薄板共振吸声结构、单腔（亥姆霍兹共振腔）吸声结构以及穿孔板共振吸声结构等。

（1）薄板共振吸声结构。主要特点是有较大的低频吸收，但单纯利用由板和空气层构成的结构，其吸声系数不高。如果在空气层中填充一些多孔材料，则可以使吸声系数显著提高。

（2）单腔共振吸声结构。单腔共振吸声结构是由腔体 V 与颈口 d 组成的，腔体通过颈口与外部空气相通。当声波入射到单腔时，入射声能将激起孔洞处的空气分子作往复运动，孔洞处的摩擦阻力消耗声能。

如果入射声波的波长大于共振腔的尺寸，则其共振频率为

$$f_0 = \frac{c}{2\pi}\sqrt{\frac{S}{L_K V}} \qquad (5-5)$$

单腔共振吸声结构的最大特点是吸收频带窄，因此可以用于消除具有明显音调的低频噪声。

如果要使在共振频率附近较宽的区域内有良好的吸声性能，可以在颈口处放置一些诸如玻璃棉之类的多孔材料，或贴一层薄布等，以增加颈口部分的摩擦阻力。

（3）穿孔板共振吸声结构。穿孔板共振吸声结构是由穿孔的板和板后的空气层组成的，

可以看作是由许多个单腔并联在一起。它的吸声机理实际上包括薄板吸声机理和单腔共振吸声机理两个方面，它的最高吸声系数也出现在共振频率 f_0 处，而 f_0 的计算公式与公式(5-5)类似，即

$$f_0 = \frac{c}{2\pi}\sqrt{\frac{p}{L_K D}}$$ (5-6)

式中： D——穿孔板后空气层的厚度，cm；

L_K—— $L_K = t + 0.8d$；

t——板厚，cm；

d——孔径，cm；

p——穿孔率(穿孔面积/总面积)×100%。

穿孔板共振吸声结构比单腔式的结构简单，而且能在比较宽的频率范围内得到令人满意的吸声效果。但在实际使用中，由于穿孔板吸声结构的性能不易控制，因此常用做多孔材料的护面板。用作护面板的穿孔板，孔径一般为 3~10 mm，穿孔率大于 20%。

5) 微穿孔板

微穿孔板是指在厚度不大于 1 mm(一般为 0.2~1 mm)的薄板上，在每平方米面积穿以上万个甚至几万个直径小于 1 mm 的孔(穿孔率一般为 1%~3%)，并与板后一定厚度的空气层构成一定的结构。它主要是利用声波传过时空气在小孔中来回摩擦消耗声能，并利用腔的大小来控制吸收峰的共振频率，腔越大，共振频率越低。因此，可用中间留有空腔的双层微穿孔板吸声结构改善低频吸声效果，展宽吸收频带。

6) 吸声体

空间吸声体是一种分散悬吊于房间天花板下方的高效吸声结构。使用空间吸声体对室内进行吸声降噪处理时，声波不仅可以被向着声源一面的吸声材料吸收，而且由于声波的绕射现象，有一部分还可以通过吸声结构之间的空隙绕射或反射到结构背面，使材料的另一面也吸收部分声能。空间吸声体可用于大车间的减噪处理，它的减噪量一般为 6~10 dB。

2. 吸声设计

吸声设计是噪声控制设计中的一个重要方面。在由于混响严重而使噪声超标或者由于工艺流程及操作条件的限制不宜采用其他措施的厂房车间，采用吸声减噪技术是现实有效的方法。另外，隔声和消声器技术也都离不开吸声设计。

1) 设计原则

吸声处理的主要适用范围为：① 室内表面多为坚硬的反射面，室内原有的吸声较小，混响声占主导的场合；② 操作者距声源有一定距离，室内混响较大的场合；③ 要求减噪点虽然距声源较近，但用隔声屏隔离直达声的场合。

2) 基本设计公式

在一般室内声场中，离声源一定距离处的声压级 L_p，可以采用式(5-7)进行估算

$$L_p = L_W + 10\lg\left(\frac{R_\theta}{4\pi r^2} + \frac{4}{R_r}\right)$$ (5-7)

式中： L_W——声源的声功率级，dB；

r——计算处到声源的距离，m；

R_r——房间常数， $R_r = \dfrac{S\bar{\alpha}}{1-\bar{\alpha}}$，m²；

S——室内总表面积，m^2；

$\overline{\alpha}$——室内平均吸声系数；

R_{θ}——声源指向性因数。

若吸声处理前后的房间常数分别为 R_{r1}、R_{r2}，其中 $R_{r1} = \dfrac{S\overline{\alpha_1}}{1-\overline{\alpha_1}}$，$R_{r2} = \dfrac{S\overline{\alpha_2}}{1-\overline{\alpha_2}}$，$-\alpha_1$、$\alpha_2$ 分别为相应的室内平均吸声系数，则在离声源足够远处最大的吸声减噪量 $\Delta L_{p_{\max}}$ 可按式（5−8）计算

$$\Delta L_{p_{\max}} = 10\lg \frac{R_{r2}}{R_{r1}} = 10\lg \frac{\overline{\alpha_2}}{\overline{\alpha_1}} \times \frac{(1-\overline{\alpha_1})}{(1-\overline{\alpha_2})} \tag{5-8}$$

室内吸声处理的平均减噪量 ΔL_p 可按式（5−9）

$$\Delta L_p = 10\lg \frac{\overline{\alpha_2}}{\overline{\alpha_1}} \tag{5-9}$$

或式（5−10）计算

$$\Delta L_p = 10\lg \frac{T_1}{T_2} \tag{5-10}$$

式中：　T_1、T_2——处理前后室内的混响时间。

3）设计方法

需要作吸声设计的房间大致可分为两种情况：①已有声源，对受到声源干扰的房间进行改建；②新建一个房间封闭噪声源。

针对这两种情况的具体设计步骤如下：

（1）房间改造设计。①测量室内的噪声现状；②计算或实测吸声处理前室内平均吸声系数及房间常数；③由相应的噪声标准确定离声源一定距离处的允许噪声级，求出所需的吸声减噪量；④根据所需的吸声减噪量，计算所需的房间常数和平均吸声系数的值；⑤选择适当的吸声材料或吸声结构，在室内天花板及墙面作必要的吸声设计，使其达到所需的平均吸声系数。

（2）房间新建设计。在这种情况下只要推断出没有经过吸声处理时的室内平均吸声系数和室内设置噪声源时室内噪声的状态，就可以如同"房间改造设计"一样进行设计。

5.3.3　隔声降噪

1. 隔声结构

用构件将噪声源与接收者分开，隔离空气声的传播，从而降低噪声的方法称为"隔声"。这种构件就是隔声结构。隔声结构主要有单层结构和由单层构件组成的双层结构以及轻质复合结构等。

引入参量透射系数 τ，它等于透射声能 E_t 与入射声能 E_r 的比值，即

$$\tau = \frac{E_t}{E_r} \tag{5-11}$$

构件的隔声性能可用隔声量 R（即传声损失，单位为 dB）来表示，它的定义是

$$R = 10\lg\left(\frac{1}{\tau}\right) \tag{5-12}$$

1）单层结构

单层均质结构的隔声量与频率存在着一定的关系。在低于结构共振频率的范围内，其隔

声量主要由板的劲度所控制，单层结构的刚性越大，隔声量就越高。随着频率的增高，隔声曲线进入由板的共振频率所控制的频段，这时板的阻尼起作用。共振频率与板的大小和厚度有关，也与板材料的面密度、弹性模量和泊松比等有关。一般建筑构件的共振频率在几赫兹到几十赫兹的范围内。

共振区以上的一段频率范围是质量控制区，这时板的隔声能力主要取决于板的面密度，面密度越大，其惯性阻力也越大，因而就越不易振动，隔声也就越好，同时频率越高隔声效果也越好。

面密度和频率与隔声量的这种关系就是建筑声学中常用的质量定律，它在无规入射条件下可用式(5-13)表示

$$R = -42 + 20\lg f + 20\lg \rho_s \qquad (5-13)$$

式中：ρ_s——单层结构的隔声量，dB；

$\qquad f$——入射声波的频率，Hz；

$\qquad \rho_s$——单层结构的面密度，kg/m²。

频率高到一定值以上时，将出现质量效应和弯曲劲度效应相抵消的情况，结果使阻抗极小，隔声量又出现了低谷，这种效应就是吻合效应。因此，此频段内的隔声量在很大程度上是由吻合效应控制的。

波的吻合效应就是当平面声波以一定的入射角 θ 入射到构件表面时，会激起构件作弯曲振动，这种振动在构件内以弯曲波的形式传播。当入射声波达到某一频率时，构件中弯曲波的波长正好等于空气中声波波长在构件上的投影值，这样就会发生吻合效应，此时构件与空气运动之间达到高度的吻合，声波透过构件十分容易，就好像构件不存在似的，或者说构件的隔声量很低。

出现吻合效应的最低频率为临界频率 f_c（单位为 Hz），它由式(5-14)决定

$$f_c = \frac{c^2}{2\pi}\sqrt{\frac{\rho_s}{B}} \qquad (5-14)$$

式中：c——空气中的声速，m/s；

$\qquad B$——构件的弯曲劲度；

$\qquad \rho_s$——构件的面密度，kg/m²。

吻合频率 f_θ 可按式(5-15)计算

$$f_\theta = \frac{f_c}{\sin^2\theta} \qquad (5-15)$$

出现吻合效应时，构件的隔声量可比质量控制区的低十几分贝，而且影响面相当宽，大致可有 3 个倍频程的频率范围，若要减小吻合效应的影响，只有设法使构件的临界频率尽可能不出现在主要频率范围内。在工程上，可以选用厚而且刚度大的构件，使 f_c 下降；也可以选用重而软的构件，或者在结构表面涂加阻尼材料，使 f_c 上升，从而减弱构件本身的共振和吻合效应引起的隔声量降低。

2) 双层结构

把两个单层结构的构件分开，中间留有空气层或填充矿棉一类的松散材料就组成了双层结构的构件。它的隔声量比同样质量的单层结构构件的要大 6～10 dB；若要隔声量相同，则双层结构构件的质量要比单层结构构件的减少 50%～70%。

入射声波激起第一层构件振动后，就向中间层辐射声波，由于中间层的弹性作用和附加吸声作用，声波会产生较大的衰减，然后再传到第二层构件，第二层构件又向外界空气辐射声波，界面媒质声阻抗率的不连续性，使声波除了每层构件本身的因素外，还附加了较大的衰减。因此，双层结构构件的隔声性能就有了很大的改善。

双层结构构件的隔声量一般可用经验公式(5 – 16)计算

$$R = 18 \lg(\rho_{s1} + \rho_{s2}) + 12 \lg f - 25 + \Delta R \qquad (5 - 16)$$

式中：ρ_{s1}、ρ_{s2}——分别为两层构件的面密度，kg/m²；

　　　ΔR——附加隔声量。

双层结构的共振频率 f_0 为

$$f_0 = \frac{1}{2\pi} \sqrt{\frac{(\rho_{s1} + \rho_{s2})}{\rho_{s1} \rho_{s2} d} \gamma p_0} \qquad (5 - 17)$$

式中：p_0——大气压力，取 $p_0 = 10^5$ Pa；

　　　γ——常数，取 $\gamma = 1.41$；

　　　d——空气层厚度，m。

当入射声波的频率与构件的共振频率一致时，大量声能透过构件，隔声量大大下降，比面密度相同的单层结构构件的隔声量还要低得多。

在入射声波频率远低于共振频率的范围内，双层结构就像一个整体那样振动，其隔声量与同样质量的单层结构的相同。当频率 $\sqrt{2}$ 倍共振频率，隔声量开始越过质量定律，频率越高，双层结构的隔声效果比单层结构的就越显著。在高频范围内，空气层中的驻波可形成高阶共振，其共振频率为

$$f_n = \frac{nc}{2d} (n = 1, 2, 3 \cdots \cdots) \qquad (5 - 18)$$

若在双层结构的空腔中填充多孔材料，则可以有效地消除这种驻波共振，减少构件在高频区的隔声损失。

双层结构也存在着吻合效应的影响，一般可采用两种临界频率不同的单层构件，并在空腔中填充多孔材料，以此来减弱吻合效应的影响。

当入射声波的频率高于 f_c，双层结构的隔声量将比同样质量的单层结构的高出一个附加增量 ΔR。对于宽频带，双层结构由空腔引起的平均隔声量 ΔR 可查得。对于在空腔中填充多孔材料而引起的附加隔声量 ΔR(单位为 dB)可由式 5 – 19 算出

$$\Delta R = rd \qquad (5 - 19)$$

式中：r——多孔材料单位长度声波传播时的衰减量，dB/cm；

　　　d——多孔材料的厚度，cm。

3)轻质复合结构

在单层轻质结构的基础上，复合某种吸声材料和阻尼材料，利用它们引起的衰减以减少单层轻质结构的振动和辐射，从而改善其隔声性能，这类构件称为轻质复合结构构件。

单层轻质结构的面密度较小，具有很高的吻合频率，结构本身的固有频率也较高，它的隔声量很小。当这种结构的构件与机器或基础采用刚性连接，而且它们的表面积又很大时，反而会使噪声辐射得更厉害。因此，轻质结构的隔声性能主要取决于复合其上的吸声材料和阻尼材料。

在双层轻质板中填充多孔吸声材料，由于层间材料的阻抗足够大，在分层界面上能产生较大的反射，因而会获得十分显著的隔声效果。

轻质薄板受声波影响时，很容易发生弯曲振动并辐射噪声，若将阻尼材料涂敷在薄板表面上，则当薄板发生弯曲振动时，振动能量会迅速地传给阻尼材料，从而引起薄板和紧贴着它的阻尼层之间产生相互摩擦和错动，使振动能量被消耗而转化成热能发散掉。由于板的振动受到抑制，辐射的声音也就相应地减小。

2. 隔声技术

由于声源的复杂性和声波的绕射问题，以及材料、构造和其他因素的限制，实际隔声效果并不是很容易满足具体工程要求的。因此，需要根据声源的特点正确地选择材料，这样才能设计出实用的隔声结构。

1) 隔声罩

一般把用来阻隔机器向外辐射噪声或用来防止外界噪声透入的罩子称为隔声罩。隔声罩可以是完全封闭的，也可以设置必要的观察窗和隔声门。隔声罩通常具有隔声、吸声、隔振、阻尼以及通风、消声等多种综合功能。罩的主要结构一般是外层采用 0.5~3 mm 厚的钢板或铝板，为了避免发生板的吻合效应和低频共振，在罩内侧金属板上可涂敷阻尼层。阻尼层常用沥青浸麻袋片、玻璃布、毡类或石棉绒以及特制的阻尼浆等材料，其厚度应为金属板厚的 2~3 倍。阻尼层内侧黏附 30~100 mm 厚的多孔吸声材料，用来吸收声波减弱罩内噪声。吸声材料外包纤维布，并在其上覆一层穿孔率为 20% 的护面穿孔板。在罩和机器、罩和基础、机器和基础之间，应该采用隔振元件，以防止振动的传播。为了满足散热通风的需要，可在隔声罩上开设通风口并安装消声器。

隔声罩的实际隔声效果可以按式 (5-20) 计算

$$R_{实} = R + 10\lg \bar{\alpha} \qquad (5-20)$$

式中：$R_{实}$——实际隔声效果，dB；

$\bar{\alpha}$——隔声罩内表面的平均吸声系数；

R——构件的理论隔声量，dB。

式 5-20 表示在罩外空间的某点，加罩前后的声压级差值，即插入损失。因为 $\bar{\alpha} < 1$，故 $10\lg \bar{\alpha} < 0$，所以 $R_{实} < R$。这说明如果罩内表面不作吸声处理，则隔声罩的隔声量就会大大下降，甚至没有隔声作用。

隔声罩是接近声源的隔声结构，设计时应在罩壁和机械设备之间留有较大的空间（通常应留设备体积的三分之一空间），以防止罩的壳体振动和空间耦合共振。若限于条件，罩的体积和声源的体积相差不多，则必须加阻尼层和较厚的吸声材料，此时吸声材料的厚度应不小于罩和声源之间空腔厚度的一半。

在罩上开口或留有孔隙时，罩的隔声性能就会显著下降。当罩上有占罩总表面积 1/n 的孔隙时，如果罩内的声压级为 L_1，泄漏到外面的声压级为 L_2（单位为 dB），则

$$L_2 = L_1 - 10\lg n \qquad (5-21)$$

隔声罩上孔隙的漏声，不仅与孔隙的大小有关，而且还与它的位置以及噪声的频率有关。一般来说，棱角上的孔隙要比罩壁中心处的漏声大 1~4 倍；低频噪声比高频噪声泄漏得更为严重。

因此，在隔声罩上应尽量减少孔隙，特别是用于低频噪声源的隔声罩，更要注意漏声问

题。应在需要开孔洞处采取消声措施,并对罩体接缝处作密封处理。

2)声屏障

在声源和接收者之间插入一个设施,使声波传播有一个显著的附加衰减,从而减弱接收者所在的一定区域内的噪声影响,这样的设施就称为"声屏障"。

在声源和接收点之间插入一个声屏障,设屏障无限长,声波只能从屏障上方绕射过去,而在其后形成一个声影区,就像光线被物体遮挡形成一个阴影那样。在这个声影区内,人们可以感到噪声明显地减弱,这就是声屏障的减噪效果。

声屏障的减噪量与噪声的波长、声源与接收点之间的距离等因素有关,引入参量菲涅耳数 N 来估算屏障的减噪量

$$N = \frac{2\delta}{\lambda} \tag{5-22}$$

式中: λ ——声波的波长;

δ ——有屏障与无屏障时声波从声源到接收点之间的最短路径差,$\delta = (a + b) - d$。

室外开阔地(相当于半自由声场),声屏障的减噪量 R_N 与 N 的关系见表 5 – 15。

表 5 – 15　N 与 R_N 的关系

N	– 0.1	– 0.01	0	0.1	0.5	1	2	3	5	10	12	20	50
R_N/dB	2	4	5	7	11	13	16	17	21	23	24	26	30

当 N 为正值时,用波的绕射理论和边缘的近场修正,可以得到屏障的减噪量近似公式

$$R_N = 20 \lg \frac{\sqrt{2\pi V}}{\mathrm{tg}(h\sqrt{2\pi V})} + 5 \tag{5-23}$$

由公式 5 – 23 可知,当 N→0 时,R_N→5 dB,也就是说当屏障的高度接近声源和接收点的高度时,还有 5 dB 的减噪量。

N 为负值时,表示屏障没有遮挡住声源到接收点的直达声,这时最大的减噪量低于 5 dB。

如果声源和接收点都在地平面上,则当满足条件 $d \geqslant r \geqslant h$ 时,屏障的减噪量 R_N 为

$$R_N = 10 \lg \frac{3\lambda + 10r\dfrac{h^2}{r}}{\lambda} \tag{5-24}$$

在室内(相当于半混响声场),屏障的减噪量与声源的性质以及室内的房间常数等因素有关。对于混响声场,并且接收点在声源的远场范围内的情况,声屏障没有减噪效果。因此,如果在室内设置声屏障,应要求室内具有较高的声吸收,减小室内混响,从而使声屏障获得较好的减噪效果。

室外的声屏障一般采用砖或混凝土结构,室内的声屏障可用钢板、木板、塑料板或石膏板等结构。板式声屏障可由 0.5 ~ 1 mm 厚的钢板附加阻尼层和吸声层构成;帘幕式声屏障可用人造革护面中间附加柔软纤维材料构成。

声屏障的高度可根据声源与接收点之间的距离设计。声障的高度增加 1 倍,则其减噪量可增加 6 dB。声屏障的减噪效果与噪声的频率成分关系很大,对大于 2 000 Hz 的高频声比对

800～1 000 Hz 的中频声的减噪效果要好，但对于 250 Hz 左右的低频声，则由于波长比较长，声波很容易从屏障上方绕射过去，所以效果就很差。通常，声屏障对于高频声减噪量为 10～15 dB。

如果把接收点从远场移近到与声源距屏障位置相等的地方，则各个频率的减噪量均增加 3 dB；如果声源与接收点的距离以及屏障的高度都是固定的，屏障位于声源与接收点之间正好二分之一的位置上，则其减噪量最小。所以屏障应尽量靠近声源或接收点。

室内使用声屏障时，在需要减噪的范围内，任意接收点的位置到声源的距离都要小于 r（$r = 0.14\sqrt{R_r}$，R 为房间常数）。

目前，声屏障主要用于铁路和公路沿线，控制交通噪声对附近城市区域的影响。

3. 隔声设计

隔声是噪声控制的重要手段之一。隔声设计若从声源处着手，则可采用隔声罩的结构形式；若从接收者处着手，可采用隔声室的结构形式；若从噪声传播途径上着手，可采用声屏障或隔墙的形式。作隔声设计时，还应根据具体情况，同时考虑吸声、消声和隔振等配合措施，以消除其他传声途径，保证最佳的减噪效果。

1）设计原则

隔声设计一般应从声源处着手，在不影响操作、维修及通风散热的前提下，对车间内独立的强噪声源可采用固定密封式隔声罩、活动密封式隔声罩等，以便用较少的材料将强噪声的影响限制在较小的范围内。一般来说，固定密封式隔声罩的减噪量（A 声级）约为 40 dB，活动密封式隔声罩的约为 30 dB，局部隔声罩的约为 20 dB。

当不宜对噪声源作隔声处理，而又允许操作管理人员不经常停留在设备附近时，可以根据不同要求，设计便于控制、观察、休息使用的隔声室。隔声室的减噪量（A 声级）一般约为 20～50 dB。

在车间大、工人多、强噪声源比较分散，而且难以封闭的情况下，可以设置留有生产工艺开口的隔墙或声屏障。

在作隔声设计时，必须对孔洞、缝隙的漏声给予特别注意。对于构件的拼装节点，电缆孔、管道的通过部位以及一切施工上特别容易忽略的隐蔽漏声通道，应作必要的声学设计和处理。

2）基本公式

在隔声设计中，要确定构件的需要隔声量 R，R 可分下列几种基本情况按 125～4 000 Hz 的 6 个倍频程（必要时可按 63～8 000 Hz 的 8 个倍频程或 1/3 倍频程）逐个进行计算：

（1）对于室外设置的隔声罩或隔声室，按照自由空间半球面辐射的声衰减公式计算

$$R = L_W - L_{PE} + 10\lg\frac{S}{A} + 10\lg\frac{1}{2\pi r^2} \qquad (5-25)$$

式中： L_W——声源的声功率级，dB；

L_{PE}——声源的声功率级，dB。

（2）在室外声场中设置隔声室，可按式（5-26）计算

$$R = L_{PO} - L_{PE} + 10\lg\frac{S}{A} \qquad (5-26)$$

式中： L_{PO}——室外声场的平均声压级，dB；

S——隔声结构的透声面积，m^2；

A——隔声结构内的吸声量，m^2。

（3）在室外对声源和接收点处两方面均设置隔声结构时，可按式（5-27）计算

$$R_1 + R_2 = L_W - L_{PE} + 10\lg\left(\frac{S_1}{A_1} \times \frac{S_2}{A_2}\right) + 10\lg\frac{1}{2\pi r^2} \qquad (5-27)$$

式中：　R_1、R_2——隔声罩和隔声室的需要隔声量，dB；

$\qquad S_1$、S_2——两个结构的透声面积，m^2；

$\qquad A_1$、A_2——两个结构的内部吸声量，m^2；

$\qquad r$——两个结构之间的距离，m。

（4）在车间内设置的隔声罩或隔声室，可按式（5-28）计算

$$R = L_W - L_{PE} + 10\lg\frac{4S}{A_S A_E} \qquad (5-28)$$

式中：　S——隔声罩结构的透声面积，m^2；

$\qquad A_S$——车间内的吸声量，m^2；

$\qquad A_E$——隔声罩结构内的吸声量，m^2。

（5）在车间内设置的隔声罩或隔声室，也可按式（5-28）计算。

3）设计方法

在一般情况下，进行隔声设计时，首先应根据声源的特性和声源的分布状况，确定合理的隔声措施方案，并根据国家或部门的有关标准确定需要隔声量 R。

声源的特性主要包括外形尺寸、生产工艺要求、噪声辐射与振动产生的主要部位、声源的声功率级（及其各倍频带分量）、噪声与振动传播的主要途径等。

R 的计算可按表 5-16 逐项进行。表中项目编号 1、2 和 3 为已知数据，4、5 为需要进行设计的项目。

表 5-16　隔声设计计算表示例

项目编号	项　目	声级或声功率级/dB	倍频程分量/dB								备注
			63	125	250	500	1 000	2 000	4 000	8 000	
1	声源声功率级 L_W（或平均声压级 L_{PO}）										
2	容许噪声级 L_{PE}										
3	噪声传播衰减 $10\lg\frac{1}{2\pi r^2}$										
4	吸收减噪量 $10\lg\frac{S}{A}$										
5	需要减噪量 R										

5.3.4　隔振降噪

声波起源于物体的振动，物体的振动除了向周围空间辐射空气中传播的声波外，还通过其相连的固体结构传播声波，固体声波在传播过程中又会向周围空间辐射噪声，特别是当引

起物体共振时,会辐射很强的噪声。所以,有必要通过隔振来降低噪声。

1. 隔振技术

振动控制一般可采取以下 5 种措施:①对振源进行控制,如提高机器精度或进行最佳负荷设计等;②隔振,即采用弹性支承或弹性连接,将振动局限在一定的范围内;③采用动力消振装置;④采用阻尼材料;⑤加大基础的质量。目前,在工程上常用的是隔振技术,这种方法不但能有效地控制振动,而且还能有效地阻止固体声的传播。

1)单自由度的隔振

质量为 M 的物体,采用有阻尼的弹性支承,当受到周期性的激振力时,其运动方程为

$$M \frac{\mathrm{d}^2 x}{\mathrm{d}t^2} + R \frac{\mathrm{d}x}{\mathrm{d}t} + Kx = F_0 \cos\omega t \tag{5-29}$$

式中: F_0——周期性激振力的幅值,N;

ω——激振圆频率,Hz。

如果激振力是由基础通过系统中的弹簧传给质量的,则这通常是属于隔振问题。当激振力的频率远高于系统的固有频率时,质量的位移就会远小于基础的位移。这就是说,外界的振动通过基础传递给系统时将受到很大的抑制,或者说尽管外界存在着强烈的振动,但系统却很少受到其影响,这就是隔振问题的理论基础。假设如果 M 代表一种仪器的质量,外界的振动引起基础的位移振幅为 x_{10},频率为 f。为了使该仪器不受外界振动的影响,可以在仪器与基础之间插入一个弹簧或橡胶垫块等弹性支承物,使仪器与基础脱离直接接触,并选择这个弹簧或橡胶的劲度 k 与仪器质量 M 所构成的系统固有频率 f_0 远低于 f,这时 M 的位移振幅为 x_{20},则 x_{20} 远小于 x_{10},这样外界的影响就大大减弱了,这就是隔振的作用。

隔振器就是在设备与基础之间代替刚性连接的弹性支承物。

隔振器的隔振效果一般可用振动传递率 T 表示

$$T = \frac{F_{t_0}}{F_0} = \frac{1 + 4\xi^2 u^2}{2(1 - u^2) + 4\xi^2 u^2} \tag{5-30}$$

式中: F_{t_0}——传递的力,N;

F_0——激振力,N;

u——频率比, $u = \dfrac{f}{f_0}$;

ξ——临界阻尼系数,由弹性支承材料决定。

在实际的隔振设计中,一般只需要大概估算一下受迫振动的状态,因此可以忽略阻尼不计,于是 T 可以用一个很简单的公式来表达

$$T = \frac{1}{|1 - u^2|} \tag{5-31}$$

单自由度的隔振器具有以下特点:

(1)当 $u = 1$ 时,系统发生了共振,传递的力大于激振力,隔振器反而起了振动放大器的作用。阻尼有抑制共振峰值的作用,越大共振峰值就越小。

(2)当 $u > 1$ 时,传递的力开始减小。

(3)当 $u \geq \sqrt{2}$ 时, $T \leq 1$,隔振器开始起隔振作用。

(4)当 $u < \sqrt{2}$ 时, $T > 1$,隔振器没有隔振效果。

系统的隔振效果可用隔振效率表示

$$\eta = (1 - T) \times 100\% \tag{5-32}$$

隔振器对振动或噪声的减低的量

$$\Delta L = 20\lg\left(\frac{1}{T}\right) = 40\lg\left(\frac{f}{f_0}\right) \tag{5-33}$$

由式 5-33 可知，当外界的干扰频率一定时，隔振器的固有频率越低，则隔振效果就越显著。

2）常用隔振器

（1）钢弹簧隔振器。从重达数百吨的设备到轻巧的精密仪器都可以使用钢弹簧隔振器，这种隔振器通常用在静态压缩量大于 5 cm 之处，或者用在温度和其他环境条件不容许采用橡胶等材料的地方。这种隔振器具有静态压缩量大、固有频率低、低频隔振好、耐油、耐水、不受温度变化的影响、不会老化等优点。但它本身的阻尼极小，以致在共振时传递率非常大，而且高频时容易沿钢丝传递振动。另外钢弹簧还容易摇摆，因而往往需要加上外阻尼（如橡胶、毛毡等）和惰性环。

钢弹簧的形状很多，主要有螺旋形、碟形、环形和板形等，其中尤以螺旋形和板形的弹簧应用最广。

（2）橡胶隔振器。橡胶隔振器常用于受切、受压或受切压的情况，很少用于受拉的情况。橡胶隔振器可以做成各种形状和不同劲度的，其内部阻尼作用比钢弹簧的大，对 10 Hz 左右的设备振动频率仍具有隔绝作用。但这种隔振器容易老化，而且在重负载下会有较大的蠕变（特别是在高温时），所以不应受超过 10% ~ 15%（受压）或 25% ~ 50%（切变）的持续变形。天然橡胶的固有频率略低于合成橡胶，但不能用于与油类、碳氢化合物等接触的设备和环境温度较高的地方。国产的橡胶隔振器有 E 型、Z 型、JG 型和 JC 型等多种。

（3）隔振垫。隔振垫有软木、毛毡、橡胶和玻璃纤维板等多种，产品价格低廉，安装方便，并可裁成所需大小和重叠起来使用，以获得不同程度的隔振效果。

① 软木。软木用作隔振材料的历史十分悠久。通常在承受压力时，其静态压缩量达到 30% 也不会横向凸出。常用的总厚度为 5 ~ 15 cm，承受负载为 50 ~ 200 kPa。软木对腐蚀和溶剂的抵抗力强，对温度变化不甚敏感。在室温下，它的使用寿命可达几十年之久。但由于软木的低频隔振性能较差，所以一般只适用于设备干扰频率大于 20 ~ 30 Hz 的需要隔振条件。国产的经过碳化的保温软木，其固有频率约为 11 ~ 33 Hz。

② 橡胶垫。橡胶垫的特性与橡胶隔振器的相似，但由于橡胶在受压时的容积压缩量极小，仅在能横向凸出时才能压缩，故通常做成肋形橡胶垫，以容许横向凸出和耐受挠曲，并增加静态压缩量。国产的有 XD 型和 WJ 型橡胶垫。

③ 玻璃纤维板。这种材料的劲度通常是随着密度、纤维直径和静态压缩量的增加而递增的。国内保温用的酚醛树脂玻璃纤维板，在未加负载时总厚度约为 5 ~ 15 cm，常用负载为 10 ~ 20 kPa，固有频率为 5 ~ 10 Hz。玻璃纤维板对工业溶剂的抵抗力强，但会吸收潮气，它主要用于播音室、录音室、声学实验室和一些机器的隔振。

④ 毛毡。毛毡在厚度大、柔软和不致受到过度静负载时，其隔振效果最佳。由于它与大多数工程材料的阻抗都不匹配，故对减少声频范围内的振动传递特别有效。通常采用的厚度为 10 ~ 25 mm，当承受 20 ~ 700 kPa 时，其固有频率约为 20 ~ 40 Hz。

(4)气垫隔振器。这种隔振器一般由橡胶制作并充气而成。它的固有频率可低至 0.1~5 Hz,因此,对于频率特别低的干扰振动,它的隔振效果比钢弹簧更好。

2. 阻尼减振

用金属板制成的机罩、风管以及机器设备的壳体等金属结构,常会因振动的传导发生剧烈振动,从而辐射出较强的噪声。金属结构的振动往往存在着一系列的共振峰,相应的噪声也具有与结构振动一样的频率谱,即噪声谱也有一系列的峰值,每个峰值频率对应于一个结构共振频率,这种由结构振动引起的噪声称为结构噪声。在金属结构上涂敷一层阻尼材料,用加大阻尼的办法抑制结构振动,从而减少噪声辐射,是控制结构噪声的有效方法,这种方法就是阻尼减振。

在抑制振动的过程中阻尼的主要作用是:① 衰减沿结构传递的振动能量;② 减弱共振频率附近的振动;③ 降低结构自由振动或由冲击引起的振动。

对金属结构进行阻尼处理一般有两种方式:一种是采用自由阻尼涂层。它是将阻尼材料直接黏贴或喷涂在需要减振的构件上,就形成了自由阻尼涂层。采用这种方式,工艺过程简单,成本低廉,是目前我国在工业噪声与振动控制中普遍采用的阻尼处理技术。另一种方式是采用约束阻尼。即在金属板上先黏贴一层阻尼材料,其外层再覆盖一层金属薄板(约束板),金属结构振动时,阻尼层也随之振动,但要受外层金属薄板的约束,故称为约束阻尼层。这种方式的减振效果更为有效,但约束阻尼工艺复杂,成本较高。经过阻尼处理的构件,其内耗增加,在共振频率下的 Q 值就会下降,因此,可以延长金属构件在振动环境中的使用寿命。

3. 隔振设计

隔振设计是根据机器设备的工艺特征、振动强弱、扰动频率以及环境要求等因素,尽量选用振动较小的工艺流程和设备,确定隔振装置的安放部位,并合理使用隔振器等。

1)设计原则

在作隔振设计和隔振器选择时,首先应根据激振频率 f 确定隔振系统的固有频率 f_0,起码要求 $f > \sqrt{2} f_0$,否则隔振设计是失败的,隔振器是无效的。另外,阻尼对共振频率附近的振幅控制是有效的(但在隔振区域内是没有效果的),因此,隔振设计还必须考虑系统要有足够的阻尼。

2)设计方法

(1)隔振设计可按下列程序进行:①根据设计原则及有关资料(设备技术参数、使用工况、环境条件等),选定所需的振动传递率,确定隔振系统。②根据设备(包括机组和机座)的质量,动态力的影响等情况,确定隔振元件承受的负载。③确定隔振元件的型号、大小和质量,隔振元件一般应采用 4~6 个。④确定设备最低扰动频 f 和隔振系统固有频率 f_0 之比 f/f_0,该比值应大于 $\sqrt{2}$,一般可取 2~5。为了防止发生共振,绝对不能采用 $f/f_0 \approx 1$。

(2)隔振器的选择可按下列原则选择:①若需要 $f_0 = 1~8$ Hz 时,可选用金属弹簧隔振器和空气弹簧隔振器。②若需要 $f_0 = 5~12$ Hz 时,可选用剪切型橡胶隔振器或 2~5 层橡胶隔振垫、5~15 cm 厚的玻璃纤维板。③若需要 $f_0 = 10~20$ Hz 时,可选用一层橡胶隔振垫。④若需要 $f_0 > 15$ Hz 时,可选用软木或压缩型橡胶隔振器。

各种隔振器的手册和样本,一般都标明额定负载、固有频率和阻尼系数三个参数,设计者可以根据振动系统的实际情况选用。

(3)隔振器的布置。主要应考虑如下几点:①隔振器的布置应对称于系统的主惯性轴

（或对称于系统的重心），这样可使各支点承受相同的负载，防止各方面的振动耦合，把复杂的振动系统简化为单自由度的振动系统。对于斜支式隔振系统，应使隔振器的中心尽可能与设备重心相重合。②机组(如风机、泵、柴油发电机等)不组成整体时，必须安装在具有足够刚度的公共机座上，再由隔振器来支承机座。③为了满足频率比和承载能力的需要，隔振器可以并联、串联和斜置使用。④隔振系统应尽可能降低重心，以保证系统有足够的稳定性。

（4）隔振元件的安装和使用主要应注意：① 隔振元件通常不需要锚固。当需要锚固时，不得将地脚螺栓穿通隔振元件与机器设备直接锚固，更不得用电焊来锚固橡胶隔振器等。② 隔振元件的位置要对准，以保证受力均匀。③ 重心高的机器或者遭受偶然碰撞的机器，可采用横向稳定装置，但不得造成振动短路。④ 机器设备采用隔振措施以后，通过基础向外界传递的振动可以大幅度降低，但本身的振动仍然存在，因此像风机、水泵和发动机一类向外界传送介质和传递动力的机器设备，还必须在管道或输出轴上采用弹性连接，如采用减振接管、高弹性联轴节等，使整个系统达到预期的减振效果。

5.4 矿业机械设备噪声控制技术与应用实例

5.4.1 风动凿岩机噪声控制

1. 风动凿岩机噪声

风动凿岩机是矿井下采掘工作面应用最普遍，又是噪声最高的一种移动采掘设备。由于井下工作面窄，反射面大，因此形成了混响场，产生了很大的噪声，成为井下主要的噪声源。其噪声高达 115 ~ 130 dB，严重影响到掘井工作面上现场人员的健康。因此降低凿岩机的噪声，使声压级达到有关标准，是当前解决井下噪声的重要课题。

2. 风动凿岩机噪声控制技术

风动凿岩机的噪声，从产生的机理上主要有机械噪声和空气动力性噪声。

风动凿岩机的噪声控制技术：对机械噪声降噪，可在钎肩处加减振垫的方法。对空气动力性噪声降噪，可选用不同材料的排气管来降低排气噪声。

图 5 - 3 所示的是凿岩机降噪实验系统。

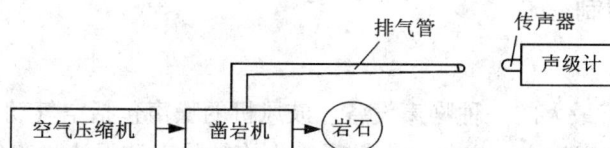

图 5 - 3　凿岩机降噪实验系统

风动凿岩机的降噪方法：在钎肩处加减振垫，为了降低钎杆噪声，将凿岩机圆钢管排气管改为水管(塑料的)，达到降低排气噪声。表 5 - 17 是测试风动凿岩机在负载的条件下选两种工况进行的。一是不加减振垫和使用钢管排气管；二是加减振垫和使用水管排气管。这两种工况均是在距凿岩机 1 m 处的同一测点测量。

表 5 – 17   采取降噪措施前后凿岩机总的噪声测试结果

工况	线性 /dB	A 声级 /dB	倍频程声压级/dB								
			63	125	250	500	1K	2K	4K	8K	16K
工况一	108	104	97	105	101	95	89	99	92	89	87
工况二	100	95	91	100	98	92	87	95	90	85	81
最大降噪量	8	9	6	5	3	3	2	4	2	4	6

经实验测得：在钎肩处加减振垫的凿岩机总噪声 A 声级可降噪 9 dB；采用水管排气管 A 声级可降噪 9 dB，如表 5 – 18 所示。

表 5 – 18   排气噪声和钎杆噪声的测试结果

测试项目	声压级 /dB	A 声级 /dB	倍频程声压级/dB								
			63	125	250	500	1K	2K	4K	8K	16K
排气噪声	104	96	97	99	94	84	85	82	82	76	65
钎杆噪声	103	101	86	92	89	88	98	99	99	94	80

5.4.2   凿岩台车噪声控制

凿岩台车的噪声，从产生的机理上主要有机械噪声和空气动力性噪声。

凿岩机台车的噪声控制技术：对机械噪声降噪，可采用在钎肩处加减振垫的方法。对空气动力性噪声降噪，主要以排气噪声为主，可采用选用不同材料的排气管、排气消声器、低噪声钎杆及钎杆阻尼来降低排气噪声。另外，还可以采用低噪声凿岩机。

风动凿岩台车的降噪方法：一方面，可以加一个隔声罩，另外也可在钎肩处加减振垫，以降低钎杆噪声。同时也可以加装高效的排气消声器，并对机件性噪声采取有效的减振阻尼措施达到降低排气噪声。对多机凿岩台车应设隔声操作室。

5.4.3   风机噪声控制

1. 风机噪声

风机是矿业中危害最大的一种噪声设备。鼓风机的噪声包括空气动力性噪声和机械性噪声，而以空气动力性噪声为主。空气动力性噪声由旋转噪声和涡流噪声组成。

风机噪声的频谱是复合谱，是叶片通过频率与宽带空气动力性噪声成分的叠加。叶片通过频率由下式确定

$$f_n = \frac{Nbn}{60} \qquad (5 - 34)$$

式中：　N——通风机的转数，r/min；

　　　　b——叶片数；

　　　　n——谐音序数：$n = 1$（基频），$n = 2$（第二谐音）。

风机噪声的声级不仅与其风机的结构形式有关，而且还同其工作状态（由全压和风量决定）有关。不同系列、不同型号的风机其声级是不一样的。同一风机，在不同工况下其声级也是不同的。风机工作在最高效率点时，声级往往取最低值。

为了更好表征风机的噪声性能，出现了比 A 声级这个概念。比 A 声级是指通风机在单位流量（1 m/min）和单位全压（1 mm H₂O，为 9.806 65 Pa）下所产生的 A 声级。同一风机在不同工况下的比 A 声级是不同的。在最高效率点上，比 A 声级取最低值。不同系列的风机在额定工况下的比 A 声级表征了该系列风机噪声级的高低和产品质量的优劣。所以目前国内外多采用比 A 声级作为风机噪声的限值指标。同一系列不同型号的风机，其比 A 声级大体相近。风机加工精度愈高，气动性能愈好，比 A 声级愈低。

一般来说，前向叶片离心风机，其比 A 声级低于 2 dB；后向板型叶片离心通风机，低于 30 dB；机翼型叶片离心风机，低于 25 dB；轴流通风机，低于 38 dB。在不同工况下，通风机噪声的声级由下式确定

$$L_A = L_{sa} + 10\lg(Q \times P) \tag{5-35}$$

式中：L_a——风机进气口（或出气口）的 A 声级，dB；

　　　L_{sa}——风机进气口（或出气口）的 A 声级，dB；

　　　Q——风量，3 m/min；

　　　P——风机全压，mmH₂O。

2. 风机噪声控制技术

控制风机噪声的常用方法是在风机的进、出口处安装阻性消声器。对于有更高降噪要求的场合，可以采用消声隔声箱，并在机组与地基之间安置减震器。采取上述方法，一般可获得明显的降噪效果。

国内现已有许多噪声控制设备厂，可提供各类风机的消声器、消声隔声箱及减震器。风机的噪声问题，从技术上来讲，在我国基本上已可得到有效的控制，而且低噪声风机也已开始出现。但是，对于有特殊要求的风机消声器，如要求防水、防潮、耐高温或防尘等，尚有许多研究工作值得开展。

5.4.4　空压机噪声控制

1. 空压机噪声

空压机噪声需要控制，而且现在国内已有较成熟的办法来控制它。

空压机的噪声是由气流噪声（主要通过进、排气口向外辐射）、机械运动部件撞击、摩擦产生的机械性噪声以及包括电动机或柴油机所产生的噪声组成。

一般固定用的容积式压缩机，周期性的进、排气所引起的空气动力噪声是整机噪声的主要成分。这种噪声一般比机械噪声高水平 5～10 dB。对于往复式压缩机（容积式）。由于转速较低，整机噪声一般是低频性；对于螺杆式压缩机（容积式），转速较高，整机噪声一般是呈中、高频性；而由柴油机驱动的移动式压缩机，柴油机的噪声则是主要噪声源，其噪声一般为低、中频性，而且它的噪声级远远超过压缩机本身的噪声。

2. 空压机噪声控制技术

在我国，移动式以排量 6、9、12 m³/min 和固定式 L 型 10、20、40 m³/min 六种产品在各厂矿企业得到广泛的应用。因此考虑解决这六种产品的噪声问题，将在相当程度上解决了空

压机的噪声问题。当然，在这6种产品上施用的有效噪声控制措施，也完全适用于其他排量的空压机，并且同样可取得满意的效果。

未加降噪措施，固定 L 型往复式空压机(排量 10、20、40 m³/min)，离机组 1 m 处，噪声级为 88～95 dB；螺杆式空压机(排量 10、20 m³/min)，离机组 1 米处，噪声级为 95～105 dB；移动式空压机(排量 6、9、12 m³/min)，离机组 1 m 处，噪声平均为 100～105 dB。

隔声罩与消声器对空压机噪声的降低将起到显著的作用。当然，对振动较突出的机组，还应采取隔振措施。

对 10、20、40 m³/min 的 L 型固定往复式空压机，在进气口未采用消声器时，进气口辐射的噪声在整机噪声中占主要地位。在进气口安装适当的消声器后，整机噪声一般可降到 90 dB，甚至于 85 dB 以下(1 m 距离)。如果进一步降低噪声，需要在空压机上复盖隔声罩，方能获得整机噪声的大幅度降低。

对 10、20 m³/min 的螺杆式空压机，在目前情况下，只有采用带进、排气口消声器的隔声罩，才有希望将噪声降到 85 dB 以下(1 m 距离)。

对 6、9、12 m³/min 的移动式空压机，其主要噪声源是驱动机——柴油机的排气噪声以及柴油机壳体辐射的噪声。柴油机的振动也是一个比较严重的问题。解决的办法主要是在柴油机排气口采用适当的排气消声器，在压缩机进气口安装进气消声器，在柴油机和压缩机座下安装适当的减振装置以及整个机组采用隔声罩才能使机组的噪声降到 85 dB 以下。

5.4.5 破碎设备噪声控制

采矿中运转的颚式破碎机是主要的噪声源之一，破碎机产生噪声的主要部位：①矿山机械设备之间的连接，带式输送机头架、尾架；振动筛的入料挡板、出料挡板；②破碎机进料口挡板、出料口挡板；③通过矿石直接撞击挡板，矿石与挡板的相互摩擦而产生相当大的噪声。

控制颚式破碎机产生的噪声有两个途径：一是想办法改进结构，提高各个部件的加工精度和装配质量，采用合理的操作方法等，降低声源的噪声发射功率。二是利用声波的吸收、反射、干涉等特性，采用吸声、隔声、减振、隔振等技术，以及安装消声器等控制噪声的辐射。

5.4.6 磨机噪声控制

球磨机的噪声主要由以下两部分组成：

1)筒体产生的噪声

这主要是在筒体转动时，钢球与钢球、钢球与钢质筒体之间的相互撞击而产生的机械噪声，通过筒体向外辐射的噪声级可达 115 dB 以上，噪声频带较宽。

2)电机和传动机械产生的噪声

这主要是电机运转产生的电磁噪声，风扇产生的气流噪声等。电机噪声与电机功率及转速成正比，其噪声级一般为 90～115 dB。传动机械噪声主要是由于齿轮之间相互碰撞和零部件之间的相互摩擦而产生的。

目前，国内在球磨机噪声治理方面所采用的方法大致有如下三种。

(1)阻尼隔声层包扎。主要是用阻尼隔声材料将球磨机的筒体包裹起来，从而降低筒体噪声。此方法一般只能降低 5～10 dB，效果不甚理想。

(2)隔声罩。就是用隔声罩将球磨机的筒体部分封闭起来，阻隔了噪声的外传途径，从而降低了筒体的辐射噪声。这种方法比较有效，通常降噪值可达到 20 dB 左右。但安装隔声罩后会使检修和运行工作变得困难。由于电机和传动机械封闭在隔声罩内，因而造成设备的通风、散热困难，检查、维护工作也非常不便。

（3）橡胶衬板代替锰钢衬板。筒体内衬由原来的锰钢衬板改为橡胶衬板，可大大降低钢球与筒体之间撞击噪声，降噪值为 12～15 dB，效果明显，但仍然存在着橡胶衬板的使用寿命问题。

由此可以看出，上述三种方法中，后两种方法的降噪效果较好，在一定程度上对工人的健康起到了保护作用，降低了噪声对环境的污染程度。但问题还是存在的，如散热、通风、检修、衬板的使用寿命问题，还有待于今后进一步研究解决。

思考题

1. 频率为 500 Hz 的声波，在空气中、水中和钢中的波长分别是多少？
（已知空气中声速是 340 m/s，水中是 1 483 m/s，钢中是 6 100 m/s）

2. 三个声音各自在空间某点的声压级为 70 dB、75 dB 和 65 dB，求该点的总声压级。

3. 在半自由声场空间中离点声源 2 m 处测得声压级的平均值为 85 dB。（1）求其声功率级和声功率；（2）求距声源 10 m 处的声压级。

4. 某矿山发电机房工人一个工作日暴露于 A 声级 92 dB 噪声中 4 h，98 dB 噪声中 24 min，其余时间均在噪声为 75 dB 的环境中。求该工人一个工作日所受噪声的等效连续 A 声级。

5. 某车间环境，如用正常声音讲话，要使离其 6 m 距离能听清楚，则环境噪声不能高于多少分贝？

6. 在空间某处测得环境背景噪声的倍频程声压级：

f_c/Hz	63	125	250	500	1 000	2 000	4 000	8 000
L_p/dB	90	97	99	83	76	65	84	72

7. 在铁路旁某处测得：当货车经过时，在 2.5 min 内的平均声压级为 72 dB；客车通过时在 1.5 min 内的平均声压级为 68 dB；无车通过时的环境噪声约为 60 dB；该处白天 12 h 内共有 65 列火车通过，其中货车 45 列、客车 20 列，计算该地点白天的等效连续声级。

8. 有一个房间大小为 4 m×5 m×3 m，500Hz 时地面吸收系数为 0.02，墙面吸收系数为 0.05，平顶吸收系数为 0.25，求总的吸声量和平均吸声系数。

9. 某一隔声墙面积 12 m²，其中门、窗所占的面积分别为 2 m²、3 m²。设墙体、门、窗的隔声量分别为 50、20 和 15 dB，求该隔墙的平均隔声量。

10. 某隔声间有一面积为 20 m² 的墙与噪声源相隔，该隔墙透射系数为 10^{-5}，在该墙上开一面积为 2 m² 的门，其透射系数为 10^{-3}，并开一面积为 3 m² 的窗，透射系数也为 10^{-3}，求该组合墙的平均隔声量。

11. 某选矿厂有一破碎机位于一隔声罩内，该设备工作时产生的噪声为 96 dB，隔声罩为密闭的，其透射系数为 10^{-3}，吸声系数为 0.5（对应于 500 Hz），问隔声罩外声环境质量是否达标。

12. 某矿山选矿厂一破碎车间外监测得到 L_{10} 为 76 dB，L_{50} 为 69 dB，L_{90} 为 66 dB，距该车间 20 m 处有一栋办公楼，问该办公楼处声环境质量是否达标。

第6章　矿山土地复垦和生态修复

内容提要：本章介绍了土地复垦和生态修复的基本概念，主要阐述了矿业开发对土地资源和生态环境的破坏，矿山土地复垦的规划、设计、复垦模式，矿山生态修复的模式优化、系统优化、评价方法和管理维护，并介绍了露天矿采空区、废石场、尾矿库、塌陷区等的土地复垦技术。

6.1　概述

6.1.1　土地复垦和生态修复

1. 土地复垦的概念和内涵

土地复垦在20世纪50年代末称其为"复田造地"、"复垦"等，70年代在我国东部平原煤矿的塌陷区，不仅进行了种植复垦，而且进行了养殖复垦等多种土地利用方式。1988年11月国务院颁布的《土地复垦规定》对"土地复垦"一词明确规定为："土地复垦是指对在生产建设过程中，因挖损、塌陷、压占等造成破坏的土地，采取整治措施，使其恢复到可供利用状态的活动。"

从这一定义出发可以看出土地复垦的内涵如下：

（1）土地复垦是通过采取工程措施或生物措施，将人为和自然灾害因素造成破坏废弃的各类土地，重新恢复到所期望可供利用状态，并加以利用的一种活动。

（2）复原被破坏前所存在的状态，包括重新修复被破坏前地形、复原破坏前地表水和地下水以及重新建立原有的植物和动物群落。

（3）将被破坏的地区恢复到近似破坏前的状态，主要包括近似地恢复被破坏前的地形，植物和动物群落也恢复到近似被破坏前的水平。

（4）将被破坏的场地恢复到与被破坏前制定的规划相一致的形式和生产力，即是将被破坏的地区恢复到稳定的和永久的用途，这种用途可以和被破坏前一样，也可以在更高的程度上用于农业，或者改作游乐休闲地或野生动物栖息区。

2. 生态修复

生态修复主要是针对矿产资源开发引起的土地功能退化、生态结构缺损、功能失调等问题，通过工程、生物及其他综合措施来恢复生态系统的结构和功能，逐步实现矿区生态系统平衡与可持续发展。

6.1.2　我国矿山土地复垦现状

中国是矿产资源大国。目前我国矿山土地复垦率为10%左右，其中煤炭企业约10%，黑色金属约23%，有色金属约8%。而国外矿山复垦的比例大致在70%左右。因此，矿区土地复垦与生态重建已引起全社会的关注。

我国矿区土地复垦工作开始于 20 世纪 50 年代末。由于国家长期以来没有指导土地复垦工作的专门立法，也缺乏相应的复垦技术体系和资金作为支撑，矿山土地复垦工作举步维艰。2005 年以后，党中央、国务院提出科学发展观，要求加强对自然资源的合理开发利用，保护生态环境、促进人与自然的和谐发展，加快建设资源节约型、环境友好型社会。国土资源部等七部委在 2006 年出台《关于加强生产建设项目土地复垦管理工作的通知》（国土资发［2006］225 号）文件，要求复垦义务人在生产建设活动中要按照"统一规划、源头控制、防复结合"的要求，尽量控制或减少对土地资源不必要的破坏，做到土地复垦与生产建设统一规划，把土地复垦指标纳入生产建设计划。

6.2　矿山土地复垦规划和设计

6.2.1　规划和设计的基本原则

矿山土地复垦就其内容来讲，具有明显的多学科性质。它涉及到国民经济的许多部门（采矿工业、农业、林业、水利、国土部门等），也涉及广泛的社会科学和自然科学。

《土地复垦规定》明确了矿山复垦规划和设计的基本原则：

（1）矿山土地复垦规划应当与土地利用总体规划相协调，在制定土地复垦规划时，应当根据经济合理和自然条件以及土地破坏类型、方式、程度，对待复垦土地进行复垦可行性评价，确定复垦后的土地用途。在城市规划区复垦后的土地还应当符合城市规划。

（2）土地复垦应当与生产建设统一规划。有土地复垦任务的企业应当把土地复垦指标纳入生产建设计划，在征求当地土地管理部门的意见、并经行业管理部门批准后实施。

（3）土地复垦应当充分利用邻近企业的废物充填挖损区、塌陷区和地下采空区。利用废物作为土地复垦充填物，应当防止造成新的污染。

除了上述三条原则性的规定外，在实际工作中还应该遵循以下原则：

（1）先作总体规划，再作复垦工程设计；

（2）统一规划，统筹安排；合理确定复垦用途，统筹安排复垦计划；

（3）因地制宜，综合治理，优先用于农业；

（4）坚持经济效益、社会效益、生态效益相结合的原则。

6.2.2　矿山土地复垦适宜性评价

在对矿山土地进行土地复垦适宜性评价之前，必须要对矿山已破坏的土地及拟破坏的土地进行调查和预测，对因挖损、塌陷、压占、污染等原因造成的土地破坏范围、地类、面积和程度进行调查。对拟破坏土地要结合项目的生产（建设）情况进行预测，预测方法应根据建设项目施工工序、生产项目的生产工艺流程、破坏环节等进行客观、合理预测。

1. 已破坏土地调查

矿山开采引起的土地破坏调查，一般可先查阅矿山的有关资料，如矿山开采方案、环境影响评价报告、地质灾害影响评估报告等相关资料，了解矿山废物是否污染环境（如有污染，应先作环境保护处理）。露天矿需要查阅排土场进度图；井下开采需查阅井上井下对照图及有关塌陷资料等。根据所了解的资料情况再针对性地进行实地调查。此种调查大体可分两类：一类是井下矿土地的破坏调查，一类是露天矿土地的破坏调查。

因井下开采后地面塌陷而引起的土地破坏，调查的目的是要调查清楚塌陷地的面积，破坏程度（塌陷深度、地貌变化、裂缝情况、有否积水、利用状况等）。

露天矿土地破坏调查应按排土场设计进行，可先参阅排土场设计书及排土场进度的有关图件，然后进行现场调查。但需要强调两点：一是堆填情况，这涉及排土场的稳定性及底层物质的理化性状，这虽然和土地复垦无直接关系，但涉及复垦时的土地基础、水土侵蚀等问题；二是地表物质的理化性状。地表物质是与复垦种植直接有关，要了解地面覆盖的土壤和砾石的比例，其理化性状如何，土壤是否有毒，细度是否好，容重是否合适，养分情况等，即需要作相应的土壤调查。

2. 拟破坏土地预测

矿山土地复垦规划，除需了解已破坏的土地的状况外，还需预测在一定年限内将要破坏的土地情况。

矿山土地破坏预测是根据采矿工程建设计划来推测的。故必须从采矿设计书或工程建设说明上得知土地的时空顺序、破坏数量、类型、程度，并根据采矿工艺、地质资料进行预测。预测的步骤是：

（1）取得矿山设计书中有关采掘的时空进度；

（2）了解采矿工艺与土地破坏的关系及预测破坏后的土地质量；

（3）引用有关的预测规律来进行初步预测；

（4）根据有关资料、参数及有关调查、专家咨询的结果审查初步预测结果正确，可正式进行预测。

井下开采后引发的塌陷地的面积、塌陷程度等及地下开采面积、开采深度、矿藏厚度、顶板硬度、采矿方式等都有影响，同时随采矿进度而变。地下开采后的塌陷是多种原因造成的。塌陷学是专门研究塌陷情况，预测可根据塌陷学的原理进行和采掘进度而推测。塌陷后有的地表土层只是下陷，土层未变，有的可能已发生土体构型的变化，同时可引起土壤水分及理化性状的变化，故应作补充调查。

露天矿的土地破坏预测包括采掘场的土地挖损、外排土场的土地压占、工业广场等建筑对土地的占用、采矿对土地的污染等四个方面。其中占用的土地在闭矿后才挪作他用或破坏后再利用，此部分在采矿设计书中已明确，不必预测。土地污染问题可由矿山环境评价书中得知矿山开采对土地及环境造成的土地污染种类和程度。故土地破坏预测主要是土地的挖损和压占两部。

土地的挖损和压占的时空变化是由采矿排弃引起，故首先要依据采矿设计书中的采矿安排，包括采矿工艺、采矿进程、采矿位置、排弃速度等分别列表，排列出土地挖损、压占的速度、位置、质量三方面的明确的数据和资料。关于土地破坏后质量的预测在一般的采矿设计书上不常论述，预测者需根据采矿、排弃等有关资料推断出土地质量的主要参数。

3. 矿山土地复垦适宜性评价

土地适宜性评价是根据土地利用目标，针对某种或几种特定土地利用对土地及土地构成要素的要求，评价土地对所设定土地利用要求的适宜性和适宜程度。更明确地说，土地资源评价的实质是从农、林、牧业生产对土地条件的需要出发，全面衡量土地本身的条件和特性，从而科学地评价各类土地对农、林、牧业利用的适宜与否及适宜程度。

1）土地复垦适宜性评价的原则

（1）可垦性与最佳效益原则。在确定被破坏土地复垦利用方向时，除按照当地的土地利用总体规划的要求外，首先应考虑其可垦性和综合效益，即根据被破坏土地的质量是否适宜复垦为某种用途的土地，复垦资金投入与产出的经济效益相比是否为最佳，复垦产出的社会、生态效益是否为最好。

（2）因地制宜和农用地优先的原则。在评价被破坏土地复垦适宜性时，应当分别根据所评价土地的区域性和差异性等具体条件确定其利用方向，不能强求一致，在可能的情况下，一般原有农业用地仍优先考虑复垦为农业用地，尤其是耕地。

（3）综合分析与主导因素相结合。以主导因素为主的原则，在进行评价时，应对影响土地复垦利用的诸多因素，如土壤、气候地貌、交通、原利用状况、土地破坏程度等综合分析对比，从中找出影响复垦利用的主导因素，然后按主导因素确定其适宜的利用方向。

（4）自然属性和社会属性相结合。待复垦土地的评价，一方面要考虑其自然属性（土地质量），同时也要考虑其社会属性，如社会需要、资金来源等。在评价时应以自然属性为主去确定复垦方向，但也必须顾及社会属性的许可。

（5）显示情况和预测分析相结合的原则。待复垦土地，有的是已出现，可现场调查；可有的尚未破坏，对破坏后的土地质量只能预测。为了更好地评价，预测分析必须准确，必须对类似的现实情况加以推测，这才能做好评价。

（6）着眼于发展的原则。在进行复垦土地适宜性评价时，应考虑到工矿区农业发展前景，科技进步以及生产和生活水平提高所带来的社会需求的变化，这样更有利于确定复垦土地的利用方向。

2）待复垦土地适宜性评价程序

待复垦土地评价与一般的土地评价的工作程序大体相同。故可借用常规土地评价程序，如图6-1所示。

3）评价单元的划分

土地适宜性评价首先要确定评价单元。评价单元是指在同一评价单元内的土地质量及复垦利用方向和改良途径是基本一致的土地。土地质量是指土地多种性质的综合描述。在实际工作中是将土地质量简化为多项参评指标来反映土地的质量。所以在评价时如何确定参评指标至关重要，一般可从联合国粮农组织推荐的土地质量的种类及评定表中选取，如表6-1所示，必要时也应补充项目。

4）参评因素的选择和评价标准的确定

参评因素的选择和评价标准的确定是土地适宜性评价的核心内容，直接关系到土地适宜性评价的科学性和评价精度的高低，矿区待复垦土地亦如此。土地评价的因素有气候因素，如温度、水分指标；地形因素，如地形地貌、坡度、坡向、侵蚀程度等；土壤因素，如土壤类型、质地、有机质、障碍层、有效土层厚度等；水文与水文地质因素；土壤污染因素；社会经济因素等。

确定参评因素的权重和指标分值范围，依据每个评价单元的具体情况对每个参评因素赋予指标值。

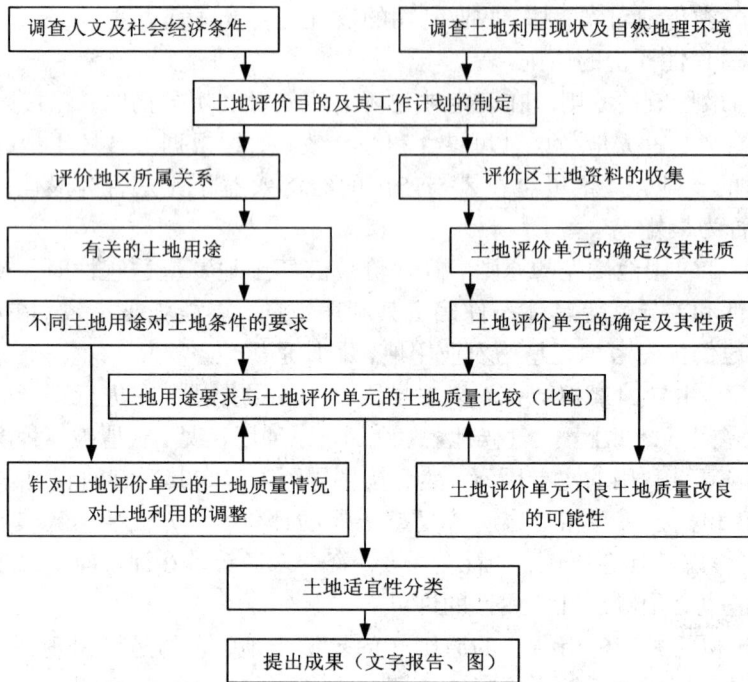

图 6 − 1 土地评价流程（据 J. I. Bennema,1986）

表 6 − 1 土地质量的种类及评定（FAO，1983）

土地质量符号	土地质量	标准（诊断标准）	单 位
		作物生长季节中的净短波辐射	MW/m^2
1. 辐射状况	总辐射	作物生长季节中的平均日照时数	h/d
	日长	作物生长临界期的日长	h
		作物生长季节中的平均温度	℃
2. 温度调整		作物生长季节中最冷月平均温度	℃
		作物生长季节中最热月平均温度	℃
	总水量	作物生长期长短	d
		作物生长期的总降水量	mm
		作物生长期相对蒸散量短缺	比值
3. 水分有效性		用水分平衡法计算的相对作物单位	比值
	临界期旱情	作物生长的临界期相对蒸散不足	比值
		显著干旱的频率	%
	干旱危险期	干旱指标植物有否	—

续表 6 - 1

土地质量符号	土地质量	标准（诊断标准）	单位
4. 根层氧气有效性（排水条件）		土壤排水级别	级
		根层水分饱和期	d
		涝的指标植物有否	—
5. 养分有效性		含氧量	%
		有效性磷	10^{-6}
		有效性钾	meq/100 mg
		土壤反应	pH
		Fe_2O_3 :黏土	比值
		易风化矿物全钾	meq/100 mg
		易风化矿物全磷	meq/100 mg
6. 养分保蓄能力		CEC 平均值	meq/100 mg
		亚表层图的质地	级
7. 扎根条件		土壤有效厚度	cm
		根穿透性	级
		石块和石子	%
		容量	g/cm³
8. 种子萌发条件		萌发条件估计	级
		侵蚀状况	级
9. 空气湿度		在生长季中较旱期的相对湿度	%
10. 成熟期条件		连续不降雨天数	d
		日照天数	H
		温度	℃
11. 洪灾		生长季中洪水淹没的时间	d
		毁坏性洪灾的频率	级
	气候灾害性	生长季中毁坏性霜冻	—
		生长季中毁坏性暴风雨	—
12. 过量可溶性盐	盐化	表土和亚表土	mΩ/cm
		总的可溶性盐	10^{-6}
	碱化	交换性钠的百分数	%
		钠吸附比	比值 SAR

续表 6 – 1

土地质量符号	土地质量	标准（诊断标准）	单位
13. 土壤毒害性	Al	铝的饱和性	meq/100 mg
		土壤反应(碳酸)	pH
		$CaCO_3$、$CaSO_4$ 至碳酸盐和硫酸盐(石膏)的深度	cm
		$CaCO_3$、$CaSO_4$ 的含量	%
14. 害虫和疾病		害虫种类及其影响大小	—
		疾病种类及其影响大小	—
15. 土壤特性		表层质地	级
		土壤适于耕作的天数	d
16. 机械化可能性		坡度	%
17. 整地清除植被难易		地形、地貌、植被杂乱程度与高低	—
18. 影响储存和加工条件		收获后的月平均相对湿度	%
		表层土壤质地	—
19. 影响生产的时间		积温	℃·d
		开花和收获	日期
20. 道路通畅情况（生产单元内）		坡度	度
21. 经营的规模		经营的最小面积	m^2
22. 位置	现有的道路	距离交通要道的距离	km
	可能的道路	可通行性指数	—
23. 侵蚀危险性		侵蚀模数	t/m^2
		坡度	%
		可见侵蚀程度	级
24. 土壤退化危险性		分散率	比值
		休闲时间	%

5）参评因素的选择和评价标准的确定

本着"因地制宜，宜耕则耕，宜草则草，综合治理，生态优先"的原则，在上述工作的基础上，应用上面的指标体系对每一个参评单元进行土地适宜性评价，将参评单元的土地质量分别与复垦土地评价因素各类评价等级标准对比，并决定该单元的土地适宜性等级。通过将参评单元土地质量与待复垦土地适宜性评价因素的评价等级标准进行逐项比配，得出复垦土地适宜性评价等级。

6.2.3 规划与设计的基本内容

矿山土地复垦是土地利用专项规划的范畴，是对因矿山开采被破坏的土地进行复垦利用和生态重建的重要基础性工作，是矿区土地资源得以合理利用的重要依据。矿山土地复垦规划，不仅要对已破坏的土地进行规划，同时也要对未来拟破坏土地的复垦进行规划。矿山土地规划的主要内容为：

（1）土地复垦规划的准备工作，包括对技术人员准备、矿山开采资料相关资料（如矿山开采方案、地质灾害评估报告、环境影响评价报告）、矿区土壤图、土地利用现状图件收集等。

（2）对矿山土地破坏现状进行调查与预测，包括对已破坏和拟破坏的土地进行调查和预测，重点调查破坏的类型、方式和程度。

（3）矿山复垦规划可行性研究。

（4）编制土地复垦规划方案报告书和规划图。

（5）土地复垦规划报批。

矿山土地复垦规划的技术路线如下：

（1）明确被破坏土地的特点。通过对矿山开采破坏和拟破坏的土地资源调查与现状分析，确认矿山被破坏土地的自然条件，被破坏土地的类型、数量、破坏程度，结合矿山的具体实际，明确被破坏土地复垦利用的重点和主要措施，为规划的编制指明方向。

（2）确定被破坏土地的状况。在矿山土地破坏调查的基础上，根据矿山的生产发展计划和地质条件，对规划目标年土地破坏状况进行预测，确定规划期内土地破坏的数量、类型、程度及特点，为规划方案的编制提供依据。

（3）明确土地复垦利用的方向。被破坏土地复垦适用适宜性评价，是进行土地复垦规划的重要基础工作。评价应选用气候、地貌、土壤、水资源、破坏程度等因素，对矿山的每个评价单元进行复垦适宜性评价，明确破坏土地复垦利用方向，为进行土地复垦指标制定和复垦类型划分提供科学依据。

（4）确定土地复垦利用的条件。根据矿区内的社会经济条件，对矿山土地复垦的有利因素和不利因素及土地复垦效益进行可行性分析研究，确定土地复垦利用的可行性，为土地复垦规划的编制提供必要条件。

（5）确定复垦类型，制定规划指标，落实规划布局。根据矿山所在区域内土地利用总体规划的要求，确定规划期内土地复垦的数量指标和利用方向，根据复垦措施和利用方向相对一致的原则，划分土地复垦利用类型，分类型进行土地复垦工艺初步设计，将规划指标落实。同时，根据每年复垦资金和土地复垦的可能性将规划指标分解到年度，使规划具有较强的可操作性。

（6）复垦效益分析。在土地复垦规划基础研究和规划方案的指导下，按照不同的土地复垦类型区进行投入—产出计算，按复垦的工程量、投资，分析复垦后的社会、经济和生态效益，为进一步土地复垦利用工作提供依据。

6.3 矿山土地复垦优化系统

6.3.1 矿山土地复垦模式

目前矿区土地复垦模式根据其用途可分为农业复垦、林业复垦、渔业复垦、建设用地复垦等模式。其中农业复垦和林业复垦是最普遍的。由于我国耕地面积缺乏，目前土地复垦的核心便是优先复垦为耕地。

从土地复垦的工艺来看，一般分为有土复垦工艺和无土复垦工艺两种。有土复垦工艺为表土的采集和储存—岩石的排弃和回填—场地平整—铺垫表土—耕作种植。采石场中土壤的粒度组成较大，大粒度石块的比例较高而不适于植物生长；排土场及尾矿场的土壤质地大多有别于耕地土壤，土壤的理化性状如粒度组成、孔隙状况等不适于生长植物以及土壤中含有对植物生长有害的元素和化学物质，因此必须对土壤加以处理方可种植作物。无土复垦工艺为场地工程整备—种植。矿山排土场、尾矿场甚至风化较好的采石场，其表层土质与耕作土壤相近，无须进行表面覆土即可种植，当表层土质与耕作土有较大的差别，如酸性或碱性过高、黏粒含量偏低、某些化学物质的含量过低或过高、土壤肥力低等，可以选择适宜的植物品种，在无覆土的情况下进行种植。

从所采取的复垦技术来看，矿山土地复垦可以分为工程复垦和生物复垦两种方式。工程复垦是采取工程技术措施对被破坏的土地进行整治，使其达到可以利用的状态，典型的工程复垦技术有充填复垦、平整土地、修建梯田、疏排法、挖深垫浅等。生物复垦是根据其生态适宜性和可开发性，将其视为新的资源类型进行开发，重建生态系统，发展生态农业，以提高土地生产力和利用效率。

6.3.2 矿山土地复垦与生态恢复实践

辽宁鞍山齐大山铁矿土地复垦项目是国家投资的矿山复垦与生态恢复工程，复垦项目主要包括齐大山铁矿和眼前山铁矿的部分服役期满的排土场和露天采场边坡。规划目标是合理利用土地资源，解决矿山环境治理问题，恢复被矿山破坏的土地，改善小区域环境，人工重建多功能、高效益的绿色生态和农业生态区。其中齐大山铁矿复垦区面积475.33公顷，现已建成果树园区、牧草畜牧养殖区、观赏休闲区以及林区、草灌木覆盖区。复垦区北部30.87公顷的排土场地势平坦，跟水源和土源都比较近，结合土壤性质，选择了以南果梨作为果木园地区的主要树种；东北部59.4公顷排土场，面积宽广，地势相对独立，将开发成大型奶牛养殖场；而齐大山复垦区的核心部位，将营建一处由果木和观赏树种相结合，辅以当地野生花草的生态休闲区。

主要技术要点：土地平整及客土覆盖技术、绿化技术、灌排技术等。

1）土地平整及客土覆盖技术

矿区固体废物是由采矿剥离的块度不等的土岩石碎块按圆盘形层叠堆砌而成，一般分2~4级，坡陡且较松散，表面有一定的风化碎块，土地条件差，不利于植物生长。为获得生态恢复成功，采用了大型平整机械依原有地形平整压实。盘台边用推土机推筑截水棱，防止岩盘水土流失。平整后的客土覆盖按植物生长需求确定厚度。果林区客土厚度150 cm，牧草区客土厚度50 cm，排岩场边坡客土厚度20 cm，露天采坑边坡客土厚度50 cm。

2）绿化技术

植物品种的选择直接关系到绿化造林的成败，品种选取基于矿区自然条件和经济条件，实地适树（草），按草、灌、乔合理配置模式和先绿化品种后经济品种的原则，优先选择辽南鞍山地区本土耐旱、耐贫瘠、萌发强、生长快的品种。绿化品种有：乔木——刺槐、油松、枫树、梓树、火炬松；灌木——胡枝子、黄刺梅、红刺梅、连翘；草——当地野生草种以及野菊花、荷兰菊、枸杞；藤本——三叶地锦、五叶地锦；经济品种——本地特产南果梨辅以苹果、桃、枣、杏等。栽培时间是秋整春造，栽培方式依不同植物品种选择。对于常绿树种如油松采用带土球移植，对于落叶乔灌木如火炬松、刺槐等在栽种前要短截、强剪或截干以促进其生长，对于草本植物采用土袋拌土人工播种，对于经济品种采用挖穴换土种植。为提高效率使用机种、机播和人工种植与人工撒播相结合的方法。

3）灌排技术

在主要农作物区建设提水灌溉工程，修建 3 座泵站、2 座储水池。引进节水滴灌等农业灌溉技术，配合新型保水剂，解决植物灌溉用水需求。排水渠的设计则充分体现因地制宜和景观生态系统建设的原则，将泄水工程与台阶步道融为一体，既是泄水通道又是斜坡台阶步道，潺潺流水从山间台阶步道上缓缓流下，增强了项目区的观赏性。

6.4 矿山生态修复模式与系统优化

6.4.1 矿山生态修复模式

1. 矿井生态系统概述

矿山生态系统是典型的以矿山开采区为核心的退化生态系统，其特征主要表现在植被破坏、水土流失、地质灾害（滑坡、塌陷、泥石流等）、环境污染和景观影响等方面。生态系统的破坏和变化，必然导致系统功能性的改变。因此，生态恢复或生态重建主要指对采矿引起的土地功能退化、生态结构缺损、功能失调等问题，通过工程、生物及其他综合措施来尽量恢复生态系统的结构，提高生态系统的功能，逐步实现矿区生态系统的可持续发展。

2. 矿山生态修复

在生态系统的动态变化过程中，有两个功能起着主导作用，一是通过系统中共生物种之间的协调作用形成生态系统在结构和功能上的动态平衡，二是系统中的物质和循环再生功能，就是以多层营养结构为基础的物质转化、分解、富集和再生。矿山生态修复就是依据生态系统的原理将破坏后的矿区建设成为一个人工生态系统的活动。生态修复主要依据矿山土地破坏后的适宜性评价结果，确定复垦后土地的用途和利用方向，然后依据生态学原理对各种复垦资源进行组合和配置，使得复垦后的生态系统的组成部分在结构和功能上合理，达到物质循环和能量流动动态平衡。生态修复不是单一用途的修复，而是农、林、牧、副、渔等多种修复，因此，其生态修复模式也多种多样，可以复垦为农业生态系统、渔业生态系统、林业生态系统以及农、林、牧、渔复合生态系统等。

矿山生态系统修复所依据的生态学原理如下：

（1）生态位原理。生态位是指生物种群所要求的全部生活条件，包括生物和非生物部分，由空间生态位、时间生态位、营养生态位等组成。生态位和种群一一对应。在达到演替顶级的自然生态系统中，每一个物种，在系统中都有其生态位，没有两个物种可以永久地同时占据完全相同的生态位，时间、空间、物质、能量均被充分利用。

（2）食物链原理。生态系统的食物链由初级生产者、初级消费者、次级生产者、分解者所构成。食物链是一种食物路径，食物链以生物种群为单位，联系着群落中的不同物种。食物链中的能量和营养素在不同生物间传递着，能量在食物链的传递表现为单向传导、逐级递减的特点。

（3）养分循环原理。自然生态系统之所以具有强大的自我调节和自我维持的"自肥"能力，就是基于几乎闭合的养分循环机制和生物固氮而产生氮素平衡机制。

（4）生物和环境的协同进化原理：生态系统中的生物不是孤立存在的，而是与其环境紧密联系，相互作用，共存于统一体中。生物与环境之间存在着复杂的物质、能量交换关系。一方面，生物为了生存与繁衍，必须经常从环境中摄取物质与能量，如空气、水、光、热及营养物质。另一方面，在物质生存、繁育和活动过程中，也不断通过释放、排泄及残体归还给环境，使环境得到补充。环境影响生物，生物也影响环境，受生物影响得到改变的环境反过来又影响生物，使得两者处于不断地相互作用、协同进行的过程。

3. 矿山生态修复措施

1）污染土壤的修复

矿山生态恢复的重要环节之一是土壤治理，它包括矿山周围地区土壤质量的改善、覆盖在土壤上的尾矿及废弃矿石堆性能的改良。土壤治理包括物理性修复和化学改良的方法。土壤物理性修复与恢复的关键是覆盖、培育与维持表土，改善土壤结构，建立植被覆盖，有效控制土壤侵蚀。粉碎压实、剥离、分级、排放等技术被用于改进矿区退化土地的物理特性，实际操作还包括梯田种植、排疏水道和有机肥施用等。施用有机肥可显著改善土壤结构。还可以通过客土、排土法改善土壤质量。由于重金属污染大多集中于地表数厘米或较浅层，挖去污染层，用无污染客土覆盖于原污染层位置可以解决重金属污染问题。但是此法需耗费大量劳动力，并需有丰富的客土资源。

矿山尾矿及废弃矿中均缺少植被生长所必需的有机质和氮、磷、钾等物质。如果将修复后的土地用于农业生产，首先要恢复土壤肥力，提高土壤生产力。因此对矿山土壤进行化学改良是必要的。有机废物如污水污泥、垃圾或熟堆肥可作为土壤添加剂，并在某种程度上充当一种缓慢释放的营养源，同时可通过螯合有毒金属离子而降低其毒性，通过施用有机肥对多种污染物在土壤中的固定有明显影响。

2）植被修复

植被恢复是重建生物群落的第一步。它以人工手段改良其生境条件满足某些植物的生存需要，促进植被在短时期内得以恢复，缩短自然生态系统的演替过程。增加绿化面积，提高植被覆盖率，绿化矿山是改善人们的生存环境，提高环境质量最积极、稳定、长效和经济的手段。

在力图恢复矿山生态系统时，由于植物生长立地条件的改变，恢复的植被结构、种类不可能与原植被一样。植被复绿必须有与之相宜的立地条件，即需工程措施创造和解决土壤条件、营养条件、物理条件和植物物种条件等。

3）微生物法

微生物是利用菌肥或微生物活化药剂改善土壤和作物的生长营养条件，能迅速熟化土壤、固定空气中的氮素、参与养分的转化、促进作物对养分的吸收、分泌激素刺激根系发育、抑制有害微生物的活动等。

6.4.2 矿山生态修复系统优化

矿山生态重建后的系统在物质循环和能量流动两方面能否达到较长时间的稳定，关键在于生态系统营养结构是否合理，是否能满足系统结构上的平衡、功能上的平衡以及物质输入、输出上的平衡。因此，生态修复系统的优化关键在于生态系统的结构设计，包括营养结构设计、平面结构设计和垂直结构设计。

1）营养结构设计

生态系统的营养结构是指生态系统的生物成员在能量与营养物质上的依存关系。营养结构的设计就是依据食物链原理选择符合复垦土地生态条件的生物物种，并确定生物物种之间在能量与营养物质上的依存关系。

生态复垦与传统的种植、养殖业相比，主要区别在于生态系统各个营养单元的物种和比例应按一定要求配置。旱地中的农作物品种的选择主要考虑能为家禽、家畜提供高质量的饲料；水生植物品种主要考虑能为鱼及水禽提供食物；家禽、家畜的选择要与旱地作物、水生植物协调考虑；鱼类品种的选择应考虑池鱼混养的生态学要求。

生态系统的营养结构通常是较为复杂的网络系统，为提高系统内营养物质循环利用率，可以适当增长食物链，设置一些过渡的营养单元，使得整个营养物质利用率提高，从而提高整个系统的效率。

2）平面结构设计

生态系统的平面结构是指生态系统的生物成员在平面上的分布情况，平面结构设计是在对塌陷区实施工程复垦措施后，依据生态位原理，将营养结构中的各个营养单元，即生物成员配置在一定的平面位置上。

3）垂直结构设计

生态系统的垂直结构是指生态系统各营养单元在垂直面上的分布情况。矿区复垦后生态系统在竖直面内具有不同的生态条件，适合于不同的生物物种生存，垂直结构设计就是依据生态位原理，兼顾种植和养殖方便，将生物成员配置在适当的竖直位置上。

依据生态位原理，在营养结构、平面结构和垂直结构上对矿山生态系统的各个构成部分进行优化设计和配置后，使得修复后的生态系统在结构和功能上达到物质循环和能量流动的平衡，使得整个系统的物质能量利用效率达到最优。

6.5　矿山生态修复评价与管护

6.5.1　矿山复垦土地评价方法

矿山土地复垦与生态修复最终目标是要使得复垦后矿山生态系统的经济效益、生态效益和社会效益达到最佳。因此，矿山土地复垦评价必须从这三个方面去进行分析评价。

矿山复垦土地评价与单一的农用地评价、林地评价和草地评价不同，它是对修复后整个人工生态系统所产生的生态平衡效应的一种评价。同时由于不同的生态系统衡量其经济效益、生态效益的指标不同，目前，对于生态系统所产生的效益多采用定性和半定量的评价方法，也有部分研究人员采用模糊综合评判的方法对复垦后矿山土地的经济效益、生态效益和社会效益进行定量评价。

6.5.2 矿山复垦土地评价指标与实践

1. 矿山复垦土地评价指标体系

如上所述，矿山复垦土地评价指标分为经济效益指标、生态效益指标和社会效益指标。由于不同的生态系统其经济效益指标和生态效益指标不同，在此，只列出常用的几个指标作为参考。

1）经济效益指标

（1）复垦后每公顷耕地粮食产量。这是反映复垦耕地粮食生产能力和生态经济发展水平的一项综合指标。

（2）复垦土地农业产值占农林牧渔业总产值的密度。这是反映矿区农业结构情况的指标，种植业比例小，则说明牧业、渔业所占份额大。

（3）复垦地农产品加工产值与自然产值的比例。大力开展农产品加工，可以不断延伸农业产业链，使农产品资源得到充分利用，从而提高农业生态系统的综合效益。

2）生态效益指标

（1）森林覆盖率。森林在保护和改善区域宏观生态环境上起着重要的作用，森林覆盖率可以反映矿区生态环境的质量，这是矿区生态环境评价的一个重要指标。

（2）土地复垦率。土地复垦率是矿区复垦土地面积与破坏土地面积的比值。土地复垦率越高表明矿区生态环境得到改善的程度越高。

（3）土地退化治理率。包括土地的水土流失、盐碱化、旱化、沙化、土地塌陷治理等指标。

（4）空气环境质量。空气环境质量不仅直接影响人体身体健康，而且也影响农作物及家禽的生长发育。

（5）地表水环境质量。地表水常被用来灌溉农田和养殖水生动物，有的矿区还是人畜饮水来源，其环境质量关系到农田环境质量、农作物及水生动植物的食用安全和人畜健康，同时也影响地下水的环境质量。

3）社会效益指标

社会效益指标主要有景观改善、对农业生产的促进、对工业生产的促进、对百姓身心健康和生命财产的保护、对国家粮食安全的保障、对当地社会稳定的贡献等指标。

2. 矿山复垦土地评价实例

孔令伟、宋丽丽以元宝山矿二井塌陷地为研究对象，对其经济、环境和社会效益三者进行了综合评价。在分析前述三大效益的基础上，抽取出各效益中主要因素作为评价指标，构建综合评价指标体系，进而采用模糊综合评判的方法，建立模糊综合评价模型，对该土地恢复利用项目进行综合评价，最后得出评价结果，取得了较好的效果。

选用的经济效益主要指标有：排土工程费用、复垦费用、复垦经济效益、节省的运营费、节省的造地费和购地费以及土地价值的增值。环境效益主要指标有：复垦对区域土壤的改良、复垦对区域水系及水质的作用、复垦对区域水土流失的减轻、对矿区大气质量的改善、复垦后地表生物状态。社会效益主要指标有：景观效应、对工业生产的保护、对农业生产的促进、对人民身心健康和生命财产的保护、交通状况的改善、社会稳定、远期意义。

将评价因素指标分为好、较好、一半、较差、很差五个等级。通过专家打分法确定因素评价等级隶属度和评价因素权重，然后计算得到综合评价分值。

6.5.3　矿山复垦土地权属调整与管护

　　矿山开采过程中必然会对开采范围内的土地产生挖损、压占和污染等破坏，破坏土地的所有权、使用权、经营权、面积等分属于不同的所有权人、使用权人。因此，矿山复垦土地的权属调整十分重要，它既是确保农民利益不受侵害的重要举措，权属清晰也是复垦土地后期得到合理管护的重要保证。

　　土地权属调整的步骤和内容如下：

　　(1)土地复垦前，认真做好土地的确权登记，以土地承包合同或者国有土地使用权证为依据，对土地权属类型、数量、分类汇总进行登记造册。

　　(2)土地复垦后，项目区土地发生变化，及时开展权属调整，确保整理后的所有权、使用权和承包权，并由国土部门进行"三权"的变更登记。

　　(3)土地权属工作要做到单个权属主体的土地集中连片，便于管理。

　　(4)因田块归整和道路、沟渠重新规划需调整不同土地所有者边界的，应在各相关权利人协商的基础上重新勘察地界。

　　(5)土地复垦后的新增耕地依据土地权属范围归集体所有或者国有，但是当地农民拥有优先承包权。

　　搞好复垦土地的后期管护是发挥复垦土地综合效益的重要途径。为此，需要做如下工作：

　　(1)加强宣传，提高群众参与管护的积极性。可以采取设立宣传牌、粉刷标语等多种形式进行广泛宣传，将项目管护与农村集体经济利益、农民切身利益相结合，增强群众管护的责任感和自觉性。

　　(2)运用市场化手段，落实管护经费。采取以工程养工程的管理办法，对泵站、水库、渠道等实行专人承包，收取少量管理费，用于损毁工程的维修、补植林木以及管护人员的报酬和奖励等，确保项目的长期综合效益。

　　(3)健全管护制度，强化管护措施。

　　(4)签订管护合同，明确管护目标和职责。本着"谁承包、谁管护，谁受益、谁维修，谁损坏、谁赔偿"的原则，层层签订管护合同，明确规定管护目标、责任与义务，以形成专业管护与群防群护相结合的局面。

6.6　矿山土地复垦技术与应用实例

6.6.1　露天矿采空区复垦

　　露天采场的复垦主要取决于矿床赋存、地形条件、围岩、表土及当地的实际需要。

　　露天开采的水平矿和缓斜矿的剥离物可堆存在露天采场(采用内排工艺)内，复垦场地的坡度可与矿床底板坡度相近，以利于地表水的排除。在矿体开采前利用采运设备预先采集表土土壤，接着覆盖在内排场地上即可恢复原先的地形。然后按田园化要求修筑机耕道、灌溉水渠及营造防护林带。

开采矿体长的倾斜或急斜矿时，也可采用内排方法，将矿体分为若干小矿段，在其中选出剥离系数最小的矿段进行强化开采；尽快将矿物采出以腾出空间，同时将剥离的表土暂时堆存在该矿段周边上，然后再开采另一块矿段并将剥离物回填在已腾出空间的采空区上，再将其周边已剥离的表土覆盖上去并整平。复垦地用于种植大田作物时整平的坡度不应超过1°，个别情况下为2°~3°；用于植树造林时不超过3°，个别情况下可达5°，必要时可修筑成梯田。

对于倾斜或急斜的坡积矿床，用水力开采或随等高线开挖后，呈现裸露的石坡一般成"石林"状。这类地形的复垦就地取材修筑梯田，按等高线堆筑石墙，并尽量与"石林"联结，然后在墙内回填尾矿，尾矿可用泥浆泵吸取，经过管道回填到梯田。尾矿干涸后要保持5‰以上的坡度，以满足复垦后排灌的要求，再在平整后的地面覆盖表土进行土地平整（覆盖土层厚度一般不少于0.4~0.5 m），供农业或林业用。

对于地下水丰富的矿区，为恢复因采矿而破坏了的含水层，必须在采空区内先回填岩石再覆盖土壤层。用于农业、林业复垦的露天采场，在适宜的位置上需设置防洪设施，以免洪水冲毁场地。

露天采场边坡和安全平台上可用植被保护。为使植被在边坡上成长，可用泥浆法处理；或在安全平台上种植藤本植物，以拢住岩石。平台（崖道）可视具体条件种植矮株的经济林、薪炭林。

深度较大的露天矿坑可改造成各种用途的水池。如工业和居民的供水池、养鱼和水禽池、水上运动池、文化娱乐设施和疗养地等。此时，要求矿坑四周围岩无毒无害且无大的破碎带，整体性强、渗水性小，或者是第四纪沉积层。不必采取大的堵漏、防渗等措施。

6.6.2　废石场复垦

1.排土场复垦

在露天矿开采中，排土场破坏土地的面积占全矿面积的50%左右。所以，排土场地复垦是矿山土地复垦的重点。

1）排弃物料的分采分堆

在露天矿山工艺设计中，要注意土壤和围岩的农业化学性质和物理力学性质、它们的空间分布及数量。对于土壤、含肥岩石与其他硬质岩石，要尽可能分开剥离，集中或分开堆存；对酸性和含毒的岩石，采集后应排弃在排土场底部或中间，然后覆盖土壤或含肥岩石。

2）生物复垦要求

准备用于生物复垦的排土场要符合下列要求：

（1）排土场的稳定性不会受到地形、地表水的影响，不会发生泥石流，不会成为二次污染源。

（2）排土场顶部标高应高于露天采场附近地带地下水的最高水位1~2 m。

（3）排土场表面整治后能适合农业和林业机械的工作。

（4）整平后的排土场用于农业开发时应覆盖土壤层；用于林业开发时应用成土母质岩石覆盖。

（5）对排土场斜坡进行缓坡工作，以稳定斜坡，适应种植要求，还应采取措施防止斜坡的冲刷及顶部沼泽化的出现。

(6)修筑通往排土场的专用道路。

3)排土场整治

排土场的整治一般可分为顶部和斜坡两项。

(1)顶部整治。根据排土工艺和设备的不一,顶部可形成的形状有等锥形、连脊形、横向弧形和平坦形。整治工作量以平坦形最小,锥形排土场最大,其次为脊形和弧形排土场,为了防止排土场表面受到水侵蚀,要求平整的复垦场地坡度:当用作农业种植时不宜超过 1°～2°,而坡度在 3°～5°时应有保护措施;当用作牧场或草场时为 2°～5°;用于林地时适宜的纵坡为 10°以下,横向坡度不应超过 4°。复垦场地的坡向尽量朝南或朝西南。

(2)斜坡整治。为使排土场能尽量用来复垦,对斜坡要进行变坡工作,以利于种植。一般斜坡分为平台式和连续式两类。通常排土场斜坡角(安息角)在 35°～45°之间。斜坡缓和到 35°时适宜于林业,30°可用于放牧,20°～25°可用于使用专门机械的某些耕作,10°～15°可作为某些建筑物的场地,5°～10°用于农业。

4)排土场覆盖

排土场覆盖可分为土壤覆盖和其他物料覆盖两类。土壤覆盖工艺与露天坑覆盖土壤相同。场地用于造林时不必在全部场地上覆以表土层,只需在植树的坑内施足底肥后再覆盖土壤即可。在缺乏表土时,可用生活垃圾、下水道污泥及其他生产废料覆盖。经过筛选的生活垃圾与人肥、厩肥业废渣搅拌在一起覆盖在复垦场地上,可认为是良好的"人造土壤层"。在有含肥岩石的矿区,可将含肥岩石破碎成级配颗粒。颗粒最大粒径不超过 5 mm。颗粒级配值与当地降雨量、蒸发量、地形变坡有关,并可在级配的碎石中掺入尾矿粉、粉煤灰等工业废渣进行覆盖。

5)林业复垦

在排土场岩石比较硬而贫瘠,不宜农业种植时,可采用林业复垦。一般在坚岩排土场上挖出小坑把树苗栽入,再填上松软客土即可。最适合栽植的是一年生的阔叶树苗和二年生的针叶树苗。排土场顶部一般栽种针叶树,斜坡底脚和高度不超过 4.5 m 的台阶上可栽种杨树、槭树、榕树、槐树、紫穗槐;在排土场北坡和东坡上栽黑胡桃树、杨树、槭树,而在南坡和西坡上栽松树、洋槐。栽树应栽混交林,以利于树苗生长和防治病虫害。排土场造林初期,为了尽快绿化排土场,宜用速生树种。对于大的排土场,应力求营造多用途林:经济林、防侵蚀林、卫生保护林、风景林和休闲林等。

2. 煤矸石复垦

煤矸石是夹杂在煤层间的脉石,通常是在煤炭开采和洗选过程中分离出来后形成的含煤岩石和其他岩石的混合物。煤矸石是我国目前排出的工业固体废物中量最大的一种。

我国的大煤矿大多采用无覆土的种植法,据山东、安徽、东北、山西等各大矿务局的资料总汇,主要是植树,先挖树坑,最好秋挖坑春种植,使坑中矸石风化。种植时坑内最好填入土壤,一般不施肥,选择树种主要是刺槐、侧柏、火炬松。

矸石山种草较少,草一般直播。因幼苗易受地面高温烧灼致死,故不易成活。复垦时采用薄土层要稍厚,同时需加强管理。

目前,我国煤矸石的复垦种植,重点在于恢复植被,改变环境,以追求生态效益和社会效益,逐渐改善矿区居住条件为主。由局部小块的老矸石山风化物上可种果树、作物等的启示,矸石山并不是只能绿化、改善生态,而且是可获得经济效益的土地。但这方面的工作仅是矸石山试种的结果，尚未见研究报告。

具体的煤矸石的复垦技术包括以下几个方面。

1）水土保持

矸石山通透性较好，一般降水可渗入地下，不会有严重的水土流失。但有外来水源，如矸石山填沟因集水而增大，此种情况会引起滑坡、塌方等地质灾害，故矸石山首先要注意其安全性。

矸石山在降雨强度大时会引起面蚀，面蚀较严重时，可使高处风化层变粗变薄，不好种植。严重时，会形成浅沟、切沟，其溶解而污染的水流出矸石山，又会影响周围环境。故矸石山的水土保持工作必须结合复垦种植进行配套的水保工程。

2）覆土复垦时的厚度选择

矸石山最好盖土后种植，土层宜在50 cm以上，在盖土较少时（如10~20 cm），植物根系绝大多数分布于土层中。而浅薄土层又没有下面矸石层间的水分供应，故植物易受旱。经试验结果，覆土厚度需在50 cm以上，如有水源条件，覆土30 cm种植蔬菜、花卉亦可。

3）不覆土复垦时的地面处理

我国矸石山因缺土源而无法盖土，故复垦种植全靠矸石风化物和少量的客土。

大多不盖土的矸石山不宜平整地面，尽量保留地表风化物以便于种植。或可先挖坑，促使矸石风化一段时间再种植，也可挖沟后将风化物集中于沟内种植。总的目的是加厚风化层。

4）植物种类和栽植技术

大量资料表明，抗性强的乡土植物适合于矸石山种植，木本一般以刺槐、臭椿、侧柏、火炬松为好。在年降雨量大时也可种植杨、柳等。紫穗槐、锦鸡儿等灌木均可。草木以豆科和禾本科牧草混种为好，多种混播可发挥各种牧草的优势，不致使草地早衰。

矸石山复垦种植大多无灌溉条件，全靠降水和矸石山体所蓄的水分供植物利用，故种植植物种类以及种植数量应根据矸石山可供水量而定。

树木宜移栽坑种。挖坑移栽，最好能用土壤填坑；无土时，则用细碎的矸石风化物填坑，并以带土移栽的成活率最高。

草木宜直播种植，为不使地面高温灼伤幼苗，可薄层盖土（2~5 cm），亦可在"植生袋"中育苗后移栽。

5）管理技术

矸石山种植初期无病虫害，但种植时间较长也会发生病虫害，应予治理和重视。

施肥则是较为特殊的问题。因矸石风化物极粗，土壤中很少植物速效养分，即便是可自行固氮的豆科植物，但还需要不少养分，故施肥问题是管理中较突出的重要的问题，施肥以氮肥为主，磷肥钾肥为辅。最好是施有机肥，由于目前不可能大量施有机肥，可施用城市污泥（即污水处理厂排出的污泥）。这类符合农用地标准的污泥施入矸石风化物中，不仅增加了风化物的养分和颗粒细度，还降低了地面黑度，从而降低了地面高温，能促进微生物活性，所以施用的污泥是一种综合改良剂。

6.6.3 尾矿库复垦

1. 尾矿工程复垦技术

尾矿工程复垦的任务是建立有利于植物生长的表层和生根层，或为今后有关部门利用尾矿复垦的土地(包括水面)做好前期准备工作。主要工艺措施有堆存和处理表土和耕作层、充填低洼地、建造人工水体、修建排水工程、地基处理与建设用地的前期准备工作等。

结合我国的具体情况，尾矿工程复垦技术主要有以下几种：

(1)尾矿库分期分段复垦。此种模式主要适合于尾矿量大、服务年限长的尾矿库，要根据尾矿库干坡段进展情况分期分段采用覆土或不覆土复垦方式，然后进行种植。迁安首钢矿产公司大石河矿区尾矿库分阶段在尾矿库干坡段种植了紫穗槐和沙棘，起到了固氮固沙、绿化环境、加速熟化、减少污染的作用，经过种植也增加尾矿砂的有机质含量。

(2)尾矿充填低洼地或冲沟复垦。这种复垦适用于选矿厂附近有冲沟、山沟、山谷地或低洼地。这种尾矿库坝短、工程量小、基建费用低。尾矿充填顺序是先充填山谷的地势高处，再充填地势低处，便于分期复垦，尾矿充满干涸后经推土机平整，在上部覆土或不覆土即可种植农作物。

(3)围池尾矿复垦。该复垦模式适用于在矿山附近有大面积滩涂或者荒地的选厂。

2. 尾矿库生物复垦技术

1)绿肥法

凡是以植物的绿色部分当肥料的称作绿肥。作为肥料利用而栽培的作物，叫做绿肥作物，翻压绿肥的措施叫"压青"。种植绿肥是改良复垦土壤，增加土壤有机质和氮、磷、钾等多种营养成分的最有效的方法之一。

2)微生物法

微生物是利用菌肥或微生物活化药剂改善土壤和作物的生长营养条件，它能迅速熟化土壤、固定空气中的氮素、参与养分的转化、促进作物对养分的吸收、分泌激素刺激根系发育、抑制有害微生物的活动等。

3)施肥法

施肥法改良土壤主要以增施有机肥料来提高土壤的有机质与肥分含量，改良土壤结构和理化性状，提高土壤肥力，它既可改良砂土，也可改良黏土，这是改良土壤质地最有效最简便的方法。

另外，精耕细作结合增施有机肥料是我国目前大多数地区创造良好土壤结构的主要方法。

3. 尾矿库复垦实例

首钢矿业公司地处迁安市西北，有三座大型尾矿库，每年有近 800 万吨尾矿砂排入尾矿库，尾矿坝面逐年增大，而且逐年加大干燥的尾砂裸露，在干旱季节将造成二次扬尘，污染环境，尾矿库环境治理已势在必行。首钢自 1996 年以来投资 1 430 万元，在水厂铁矿新水尾矿库植树 80 公顷。

(1)复垦方案的选择：根据当地气候条件及尾矿属含泥量较大，氮、磷钾含量低，营养成分含量很低，偏酸性沙性贫瘠土壤的特点，另外沙棘、紫穗槐、桑树等树种有喜光抗寒、耐风沙、耐水湿和盐碱、耐干旱、瘠薄，生长较快，根系发达，有根瘤菌，枯枝落叶量大，是干旱风沙地区造林与固沙的先锋树种，它还可以改良土壤，加速熟化土壤。因此在尾矿库直接栽植沙棘等是完全可行的，确定采用不覆土直接栽植的复垦模式。

（2）复垦方案的实施：

种植时间：1997年3月至1998年4月。

种植面积：80公顷。

造林密度：林种和树种的选择根据环境治理的要求，树种确定为沙棘、紫穗槐、桑树。为尽快发挥绿化效果，达到改善环境，防止二次扬尘的目的，采取初期密度为高密度的造林方式。由于尾矿坝高差较大，坡度较陡，为提高保水蓄墒的能力，便于管理，先沿尾矿坝坝体等高线用推土机推成10～15 m的平台，然后再进行整理种植。尾矿坝平台及尾矿库内平台采用穴状整地，按照株行距1 m×1 m挖植树坑，坑规格30 cm×30 cm；平台与平台之间的斜坡用鱼鳞坑，坑规格50 cm×30 cm，品字形排列，行距2 m、株距1 m。初期密度为在尾矿坝平台9 990株/公顷，尾矿坝斜坡面4 995株/公顷。

造林及管理：沙棘、紫穗槐、桑树条状混交，即一行沙棘，一行紫穗槐，一行桑树，造林方式为植苗造林，每穴两株。为提高造林的成活率，采用植苗加直播的方法，即植苗穴内植一年生小苗两株，同时在植穴旁的30～50 cm处直播相同树种的种子10～15粒，并覆土2～3 cm。栽植当天浇足水，然后隔一周浇水1次，共浇水3次，常规管理。

（3）树木成活，生长境况：1997年栽植的苗木，一周后部分苗木开始发芽，大约两周后有50%的树木发芽，其余树木枯死。枯死苗木以桑树最多，其次是紫穗槐，而沙棘有85%的发芽。经对枯死苗木挖出观察分析，发现大部分苗木虽然地上部分枯死，但根系生长正常。紫穗槐和桑树这种现象比较普遍。6月初随着气温升高，降雨增多，大部分枯死的苗木开始发芽，只有少量的苗木枯死。从苗木成活情况看，凡栽植深度在20 cm以下的大部分死亡。植树穴直播的种子，在雨季大部分发芽长出小苗，但因外界条件恶劣，生长不良，越冬困难。

苗木成活后，生长基本正常，特别是沙棘生长良好，而桑树、紫穗槐因气温高、土地干旱、空气湿度小，苗木出现灼伤现象，部分叶片枯死。但随着雨季的到来苗木又长出新芽。从3个不同品种苗木的生长情况看，沙棘最好，紫穗槐次之，桑树生长较差。原因是由于尾矿沙的肥力极低，特别是氮的含量为零，且土壤干旱，而沙棘和紫穗槐都是耐干旱、瘠薄的树种并且有根瘤菌，有较强的固氮能力，特别是沙棘的这一特性更为明显，因此生长良好。而桑树虽也耐干旱、瘠薄，但没有固氮能力，因此，生长较差。另外，沙棘除有较强的生命力外，其强大的根系具有较强的根，所以树木生长快。

（4）效益分析：尾矿库种植树木后，全部覆盖了尾矿砂，基本抑制二次扬尘，减少了因风沙造成的水土流失，改善了生态环境。在尾矿库上直接种植树木，减少了覆土的大量费用，同时也避免了因取土而造成新的生态破坏，与国家下达的治理投资比较，可节约覆土资金1 000多万元。另外，沙棘果可食，还可做糕点、果酱、酿酒、饮料等；种子可入药和榨油，含油16%；果还可提取烤胶；嫩枝可做饲料，并可提取黑色染料；木材坚硬，可做各种工艺品；根有大量根瘤菌，可固氮，大量的枯枝落叶，可改良土壤。总之，其环境、经济及社会效益显著。

6.6.4　塌陷区复垦

1. 煤矸石充填复垦

这是各矿区均可采用的土地复垦途径，利用矸石作为塌陷区复垦的充填材料，既可使采煤破坏的土地得到恢复，又可减少矸石占地，消除矸石山对环境的污染。矸石充填复垦土地作为建筑用地时，一般采用分层回填、分层振压方法充填矸石，这样可获得较高的地基承载能力和稳定性。当矸石复垦土地用作农林种植时，充填的矸石层应下部密实上部疏松，以利保水保肥和植被生长。

2. 粉煤灰充填复垦

粉煤灰堆弃在自然界中，不仅占用大片土地，而且还随风飞扬，污染环境。利用粉煤灰充填塌陷区复垦土地，可以化两害(塌陷区、粉煤灰)为三利(电厂、煤矿、农民三方都有利)，粉煤灰充填塌陷区复垦，技术可行，经济合理。利用粉煤灰复垦的土地，目前主要用于农林种植，其作物长势良好，果实一般符合卫生标准。对含氟较高的粉煤灰复垦土地，应尽量种植不参与食物链循环的林木。今后应积极研究粉煤灰地基处理技术，向粉煤灰复垦土地上搬迁压煤村庄，这将是解决高潜水位村庄下压煤的重要技术途径。

3. 平整土地与修建梯田复垦

不积水沉陷区、积水沉陷区的边坡地带可采用平整土地，改造成梯田或梯田绿化带的方法复垦，按照中国对地形特征的划分标准，地表坡度小于2°为平原，大于6°为山地，2°~6°为丘陵，25°以上为高山，采煤沉陷产生的附加坡度一般都较小，沉陷后地表坡度在2°以内时通过土地平整就能耕作，沉陷后地表坡度在2°~6°之间时，可沿地形等高线修整成梯田，并略向内倾以拦水保墒，土地利用可农林(果)相间，耕作时采用等高耕作，以利水土保持。应用该技术时应注意表土层的分层剥离和存放、土地平整后标高的确定、梯田断面要素的确定及排水灌溉措施的配套等几个问题。

4. 疏排法复垦

地下开采沉陷引起地表积水而影响耕种时，沉陷地表积水可分为两种情况。一是沉陷区外河水位高于沉陷区地表标高的情形，在这种情况下，应采取充填方法复垦，或采用强排法排除沉陷区积水而恢复耕种。二是外河水位低于沉陷区地面标高的情况，在这种情况下，可在沉陷区内建立合理的疏排水系统，通过自排方式排除沉陷区地表积水，恢复土地的耕种，这种疏排法复垦技术的关键就是疏排水方案的选择及排水系统的设计。

5. 挖深垫浅复垦

挖深垫浅复垦是运用机械或人工方法，将局部积水或季节性积水沉陷区下沉较大区域挖深，以适合养鱼、栽藕或蓄水灌溉，用挖出的泥土垫高开采下沉较小地区，使其形成水田或旱田。这种方法利用开采沉陷形成积水的有利条件，把沉陷前单纯种植型农业，变成了种植、养殖相结合的生态农业，经济效益、生态效益十分显著，在沉陷区复垦中，特别是华东、华北各矿区土地复垦中广泛应用。目前采用的施工机械主要是水力挖塘机组，它投资少、操作简单、效率高、成本低，深受复垦施工单位欢迎。

6. 生态农业复垦

生态农业复垦有多种类型，最典型的是塌陷区水陆交换互补的物质循环类型，该类型是充分利用塌陷区形成积水的特点，根据鱼类等各种水生生物的生活规律和食性以及在水中所处的生态位，按照生态学的食物链原理进行合理组合，实现农—渔—禽—畜综合经营的生态农业类型，使得生物之间以营养为纽带的物质循环和能量流动，构成了生产者、消费者和还原者为中心的三大功能群体。系统中的农作物和青饲料，可作为畜牧生产中鸡、鸭、猪、牛等养殖动物的饲料；畜牧业生产中的粪便废物，可作为养鱼或其他水产养殖的饵料，并可直接施入农田，经微生物分解而成为农作物或饲料作物的肥料，鱼池中的塘泥亦可作为农作物的肥料；食用菌生产中的菌渣及培养床的废物，可用于饲喂禽畜动物、鱼类以及作为农田作物的肥料，由此形成多级的循环利用。

思考题

1. 矿山采选及冶炼过程对土地及生态环境造成的破坏有哪些？
2. 如何选择土地复垦适宜性评价因素？
3. 常用的矿山土地复垦模式有哪些？
4. 矿山生态修复系统如何进行优化？

第7章　矿井热污染及其防治

内容提要：本章介绍了人体热平衡，矿井热污染来源、危害等基础知识，主要阐述了矿井气候条件的监测方法和仪器，各种热环境舒适指标的概念和表征，重点介绍了通风降温、天然水湿及干式冷护降温、冷冻机制冷降温等热污染防治技术，以及常用的热污染防治设备。

7.1　概述

早在20世纪70年代，我国就有很多矿井出现了不同程度的热害。随着金属矿山开采深度逐年增加，按我国平均地温梯度0.035℃/m计算，矿井围岩温度每年增加0.035℃，千米深井岩温可能达到35℃以上，开采深度的增加和机械化程度的提高，使我国高温矿井的数目越来越多，热害程度日趋严重。

我国评价矿井高温气候即矿井热害等级划分的依据是原始岩温的高低，高温气候的治理则依据干球温度的高低。原始岩温高于31℃的地区为一级热害区，原始岩温高于37℃的地区为二级热害区。井下空气温度超过30℃即为高温矿井。高温高湿的井下气候环境严重威胁矿工的身体健康和煤矿安全生产，直接影响矿工的生产效率。据统计，长期在高温高湿条件下作业的矿工，患肾病、慢性心血管病的几率增加。另外，长期工作在高温高湿的回采工作面的职工易患多发性皮肤病，其病理特征是：皮肤呈红色丘疹状，分布于四肢、胸腹部等处，融合成片，有的占体表皮肤总面积的40%以上，刺痒难忍，非常痛苦。综上所述，矿工在劳动过程中，恶劣的气候、不良的心理反应将会导致安全事故的增多和损害工人健康。因此，矿井高温热害治理的相关理论与技术的研究，是深部采矿的技术课题之一，也是摆在我国科技工作者面前的一项重要任务。表7-1为国外一些国家关于矿内热环境的规定。

表7-1　国外一些国家关于矿内热环境规定

国家	最高允许温度/℃	备注
南非	干球温度 $t = 31.5$	风速 >1.5 m/s
德国	感觉温度 ET≤25	限作业6 h
	25≤ET≤29	限作业5 h, 每小时休息10 min
	29≤ET≤30	限作业5 h, 每小时休息20 min
	30≤ET≤32	限作业5 h, 每小时休息20 min
	ET≥32	禁止作业
美国	ET≤32	煤矿
	ET≥32	煤矿, 禁止作业

续表 7-1

国家	最高允许温度	备注
波兰	$t_k \leqslant 26$	煤矿
	$t_k > 26$	劳动定额减少 4%
	$28 < t_k \leqslant 33$	限作业 6 h

世界各地具有高温矿井的国家早在 20 世纪初期便开始了对高温矿井降温技术的研究。1915 年，巴西的莫劳约里赫金矿建立了世界上第一个矿井空调系统——在地面建立了集中制冷站。随后，南非在 1919 年也开始了矿井风流热力学规律的研究。1923 年，英国的彭德尔顿煤矿第一个在采区安设制冷机，冷却采面风流，首开局部制冷的先河。在 1939—1941 年间，南非 Biccard Jappe 发表了关于为"深井风温预测"的论文，提出了风温计算的基本思想，被称为近代风温预测计算的雏形。1953 年，南非首次在洛博尔矿安装大型风流冷却设备。同年前苏联提出较精确的不稳定换热系数和调热圈温度场计算方法，20 世纪 60 年代，采用计算机技术进行风温预测的计算。1966 年德国的 Nottrot 等人采用数值计算方法来描述调热圈温度场。1967 年 Sherrat 在现场对一段巷道强制加热，实测围岩中的温度分布，从实测值与理论计算值对比中求出热常数。同年，南非的 Starfield 等人较充分地论述了潮湿、有质交换条件下的热交换规律。在此期间，南非也开始采用了大型矿井集中式空调，前苏联、日本等国的矿井也随后应用制冷降温。

到了 20 世纪 70 年代，一些矿内热环境工程的系统专著逐渐问世，形成了完整的科学体系。例如，1974 年日本的平松《通风学》，1977 年的《矿井热环境调节指南》等。随着学科研究的发展，矿井降温技术的各方面都提高到一个新水平，问题的研究也深入到解决最核心的采掘工作面等降温问题。德国在 1970—1980 年期间，制冷能力剧增 15 倍，制冷系统亦向大型化发展，单个系统的最大制冷量已达 50 MW。1985 年 1 月，南非金矿首次将冰送入井下，利用冰的溶解热(80 kcal/kg)吸热制冷，冰用量仅为同一冷却用水量的 1/5，此制冷系统能力达 628 MW。日本天野等人提出了较为完整的矿内热环境工程设计的程序数学模型。20 世纪 90 年代，德国已有 28 对矿井采用了空调降温，制冷能力达 256 MW。

我国矿井降温工作在 20 世纪 50 年代初就开始了地温考察和气象参数的观测。60 年代，在淮南九龙岗矿采用小型制冷设备进行矿井降温，并取得较好的降温效果。70 年代，原中国煤炭部在中国科学院地质研究所、冶金部马鞍山钢铁学院等单位的协助下，对平顶山八矿、枣庄陶庄矿、淮南九龙矿等许多矿井，有计划地进行了系统观测，用数据统计方法提出了风温预测数学模型。1986 年，国务院颁发了《煤炭资源地质勘探规范》，将地温条件评价的有关规定纳入相应条文。1990 年，平顶山煤矿建立了第二个井下集中降温系统，开展了综合性降温技术研究。1992 年孙村矿在井下集中制冷的基础上，在 -800 m 水平的降温设计中采用了地面集中制冷系统，是我国当时最大的矿井集中空调系统。1993 年 7 月，平顶山矿务局科研所和原中国航空工业总公司第 609 研究所联合研制成 KKL101 矿用无氟空气制冷机。1995 年，山东矿业学院陈平等提出用压气引射器与制冷机相结合进行矿井空调研制。1996 年，韩学廷提出了矿井降温冷源与煤矿热电冷联产的理论。1998 年，抚顺煤科院研制出我国第一台矿用可移喷淋式空冷器，2003 年孙村煤矿在深井降温设计中采用了冷水直接喷射制冷和裸管热交换制冷的方式，取得了很好的效果，达到了国际先进水平。目前，一些学者致力于世界先进的深井降温冰冷却系统的研究和开发。

7.2　矿井热污染的来源及其危害

矿内热环境是指地下开采矿山井下的热微气候，通常把恶劣的热环境称为热害，即热污染。

7.2.1　矿井热污染来源

造成矿井温度升高的因素总结如表 7 - 2 所示：

表 7 - 2　矿井生产系统热源分析

热源性质	热源项目	发生地点
物理因素热源	地热(包括热水)、压缩热、机电设备散热、岩层下沉的摩擦热	井巷、硐室、竖井、斜井、机电设备工作点
化学因素热源	氧化热、内燃机废气拍热、爆破产生的热量	硫化矿、坑木腐烂处、内燃机作业点、采掘作业面
生理因素热源	人体散热	有人作业处

目前，我国地下金属矿山多数已进入中晚期开采时期，矿井采掘深度增加，地温随之升高，加上其他热源的放热作用，使得受到高温威胁的矿井日益增多。在高温环境下作业，不但劳动生产率会下降，损害工人身体健康，同时严重威胁井下安全，并易引发灾害和事故。我国《金属非金属矿山安全规程》规定，金属矿山井下作业地点的空气温度≤26℃。因此，研究井下热源与通风问题，对确保矿山安全生产和工人身体健康，保障矿业持续健康发展，具有重大意义。

7.2.2　矿井热污染的危害

在一般正常开采的矿山中，采场温度在 15 ~ 35℃ 之间。但在一些含硫量很高的有色金属矿山及煤矿中，由于矿石或煤层中含有大量黄铁矿，黄铁矿的氧化放热使采场温度超过35℃。由于煤层的燃点较低，黄铁矿石的燃点也不高，当黄铁矿氧化产生的热量积聚到一定程度时，含硫矿石或煤层会出现自燃着火现象，产生绿色明火，这时采场的温度急剧上升，可高达 100 ~ 200℃ 甚至更高。采场温度超过 35℃ 以后，采掘工人的作业环境和劳动条件严重恶化，对围岩及围岩锚固系统会产生不可忽略的热效应，也容易产生高温有毒热浪、硫尘爆炸和瓦斯爆炸等严重事故，所以，这里把温度超过 35℃ 的采场定义为"高温采场"。

1)对人体危害

在正常的环境下，人体通过肌体调节，维持各种正常的生理参数。但在恶劣的热环境下，人体会出现一系列生理功能的反常，当负荷超过了人体的适应性限度，人的肌体受到热损伤，就会影响人体的健康与安全。这些影响主要表现在体温调节、水盐代谢和肾脏、神经系统及心脏肠胃等方面。

2) 对生产劳动的影响

矿内热环境一方面直接损害工人身心健康，特别是生产第一线的工人，因为对全矿来说，往往越是在第一线（采矿、掘进工作面等），环境越恶劣，使工人出现各种疾病，降低出勤率，影响整个生产效率。另一方面会使中枢神经受抑制，肌肉活动能力降低，且在热环境中作业，工人感到闷热难受、心情烦躁，注意力不集中。而且机电设备在高温高湿条件下散热困难，或绝缘受损，或设备温升过高而损坏，造成生产效率的降低，容易出安全和设备事故。据日本1979年全国调查，30~34℃气温的作业点，比低于30℃时的事故发生率高36倍。

从国外情况来看，矿内热环境的标准相差很大，如何根据我国的具体国情，选定科学而合乎我国实际情况的标准，一直是我国有关部门和科技工作者积极探讨的课题。表7-3是依据矿山安全规程确定的热环境规定标准。

表7-3　热环境规定标准

指标名称	煤矿	金属矿	化学矿	铀矿	依据
矿井空气最高允许干球温度/℃					矿山安全规程
采掘工作面	26	27	26		
机电硐室	30				
特殊条件下采取措施				30	
热水型矿井和高硫矿井最高允许湿球温度/℃		27.5			

3) 造成环境污染

例如在黄铁矿中，由于矿井内温度的升高，随着氧化作用的进行，热量的堆积，大量 SO_2 有毒气体排出地表易造成空气污染。若矿体富含地下水，在有空气和水的条件下，黄铁矿产生风化作用。其反应式如下：

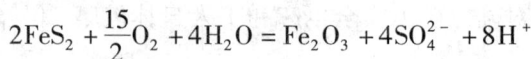

$$2FeS_2 + \frac{15}{2}O_2 + 4H_2O = Fe_2O_3 + 4SO_4^{2-} + 8H^+$$

风化反应产生 H^+ 使地下水的 pH 降低，形成强酸性水。若未经处理就排放，会污染附近河流、池塘及农田。

4) 产生硫尘爆炸

对含硫矿山，一旦矿石被爆破成碎块从原岩中分离出来，与空气的接触面骤然增加，就会发生大量的氧化作用，生成大量的热。若采场通风不良或封闭，或者矿石堆积太多太久，含硫胶状黄铁矿氧化产生的热量积聚，使采场温度越来越高，有毒 SO_2 气体越积越多，当温度达到矿石燃点时，矿石便自燃着火。采场封闭的情况下，由于采场容积不变，采场中的气体属封闭系统的可逆等容过程，即气体的压力与温度成正比。采场温度越高，采场中气体的压力就越大。当压力达到一定程度时，高温有毒气体便从薄弱部位如装矿巷道突出，或者采场压力虽然还未达到从出矿口突出的压力，但如果这时工人从装矿巷道出矿，便会激发高温热浪的突出，形成硫尘爆，江西东乡铜矿2004年就发生过一起硫尘爆高温热浪烧死3人的重大安全事故。

5) 造成围岩失稳

岩石是一种导温系数和导热系数都比较小的脆性材料，矿石氧化放热、自燃着火使采场温度急剧升，围岩急剧受热，围岩内部将产生较大的温度梯度，由此将产生巨大的热冲击应力。温度升高越快，导热系数越小，则热冲击应力越大。这种热冲击应力以很大的速度作用于围岩，由于岩石的抗拉强度和抗剪强度都很低，很容易引起脆性破坏。

另外，围岩急剧受热使岩石内部的水分被加热，产生相应温度下的饱和压力。当这种蒸气压力大于岩石的抗拉强度时，围岩也将产生破坏。

7.3　矿井气候条件的监测与指标

7.3.1　监测方法与仪器

1. 监测方法

1）矿井空气参数的测定

矿井空气参数的测定必须在矿山的生产系统的典型位置选择有代表性的监测点，才能反映出整个矿井生产系统的综合热状况，或根据经验选择最接近平均温度的点作为测定点。

在水平巷道测温时，温度计建议放在离岩帮 $0.3 \sim 0.5A$ 和离底板 $0.4 h$ 处（ A 为巷道宽度， h 为巷道高度），对于回采工作面，欲测得近似的平均温度必须沿着整个工作面长度进行测量。在每一个测量点均须测干、湿球湿度、气压和风速。通常每次测温要测三次，然后取平均值。在同一测量站上，一小时内进行的三次观测中，温度读数一般变化不大。温度观察值与平均值的偏差为 $0.5 \sim 1.0℃$ ，风速偏差为 $0.2 \sim 0.3$ m/s，在特殊情况下，当通风状况急剧变化时，观测值的偏差会相对较大，这种情况下对于确定矿井通风状况和矿井的热状况是没有代表性的，在资料整理时要剔除，也不能用来计算平均值。这种观测值，对于每个矿井不能超过 $10\% \sim 12\%$ ，在起点与终点上每次测定的时间按在试验之前校准的表来掌握。

空气参数采用阿斯曼湿度计和自记式仪表（温度、湿度、气压）进行测定，用杯式或叶片式风速计测量风速，根据观测到的数据计算相对湿度、含湿量和焓（含热量），计算时采用的公式是从常用的计算空气湿度的公式推导得出的。

2）地温测量

随着开采深度的增加，岩石的温度也随之增加，这是由于越靠近地心温度越高的缘故，温度随着深度的升高通常采用地温梯度及温度每升高 1℃ 增加的深度（m）来进行描述。计算通常从恒温层开始，其深度约为 $10 \sim 20$ m，该处温度不随着地面气候状况的变化而变化，恒温层的温度等于该地区年平均温度。地球上的地温梯度在很大的范围内变化——从 2 m/℃ 直至 230 m/℃。

岩石温度可以在井下巷道新暴露的工作面上利用深度不大的炮眼来测定，也可以在地面利用深钻孔来测定。在测定岩温时，眼口必须用黏土和棉纱制成的填料进行封堵。经过根据经验确定的一定时间之后，即待孔壁达到原始的岩温之后，便可进行测定。

3）岩石温度的测定

除了风流温度，矿井生产还必须测定岩石的温度，首先是没有被破坏的原始岩石温度，这个温度已经包括在钻孔测温中，还有岩石表面温度需要测定，若要使测定精度控制在 ± 0.1 K范围内，这存在很困难的物理学上的问题，然而在确定通风巷道热转换系数时，具有满足要求的精度是必须的。

在生产矿井中，钻孔测温是根据雅恩斯的方法，用热空气温度仪测得每天的最高最低温度来查明原始的岩温 T_{gu} 。目前矿井中主要应用一种无触点的表面温度测量仪，它根据红外线吸收原理工作。与其他的测量仪器相比，由于经济性的原因，在监测中的应用受到了限制，由于钻孔温度测量仪，温湿度自动记录仪则常常用来为设计和生产管理进行常规测量。

4）自然风压测定

矿井气候条件三要素是温度、湿度和风速，风速与风压直接相关。自然风压的测定有直接测定和间接测定两种方法。直接测定是在总风流通过的巷道中的适当地点，建立临时风墙遮断风流，用压差计测定风墙两侧的静压差即自然风压。间接测定是在有主扇风机工作的矿井，当主扇风机正常运转时，测出其总风量 Q（单位为 m^3/s）及有效静压 H_s（单位为 Pa），然后，使主扇风机停止运转，立即测定自然风量 Q_n（单位为 m^3/s），按下式可求算出自然风压 H_n（单位为 Pa）：

$$H_n = H_s/[(Q/Q_n)^2 - 1] \tag{7-1}$$

5）气温测定和热量测算

目前，井下空气温度的测定国内一般采用较精确的水银温度计进行测定。有时为了方便起见，在测定空气温度的同时，顺便以温度计的干温度计读数作为井下空气的温度。在生产实际工作中，井下气温测点布置应视具体情况而定。对于井下巷道的气温测定，测点的布置一般不少于三个测点，即巷道的起点、中点及末点。同样，对于井下回采工作面气温的测定时，也应不少于三个测点（在回采工作面上、下出口和工作面中部）。

对于矿井的热污染，种类较多，但主要以井巷围岩散热、物料运输过程中的放热、机电设备散热、空气绝热压缩散热及氧化散热为主。通风过程中的热量计算可为矿井热害治理何矿井空调的设计及计算作好基础。通风过程中主要的热流量 Φ 和热流增值 $\Delta\Phi$ 是风流在通风巷道中的吸热或者风流冷却器的散热，这些热量可通过下式计算：

$$Q = mc\Delta T \tag{7-2}$$

本式中，m 为重力风量，单位为 kg/s；c 为热容量，单位为 J/（kg·k）；ΔT 为温度变化值，单位为 K；

6）标准生成热与标准反应热

在 25℃（298.15 K）和 1 个大气压的标准条件下，由标准态单质生成一摩尔标准态化合物过程中的热效应，称为化合物的标准生成热用 ΔH_f^0 表示。显然单质的标准生成热为零。标准反应热可用公式 7-3 计算

$$\Delta H_{r,298}^0 = \sum \Delta H_{f(产物)}^0 - \sum \Delta H_{f(反产物)}^0 \tag{7-3}$$

式中：$\Delta H_{r,298}^0$——25℃（298.15K）时的标准反应热，kcal，简写作 ΔH_{298}^0；

$\sum \Delta H_{f(产物)}^0$——化学反应方程中所有反应产物的标准生成热之和，kcal；

$\sum \Delta H_{f(反产物)}^0$——化学反应方程中所有参加反应的反应物的标准生成热之和，kcal；

2. 主要监测仪器

矿井气候的测量仪表有以下几类：

1）风流温度和湿度的手工测量仪表

最简单的温度测量仪是温度计。温度计又有许多不同的结构，从水银温度计到最新式的可直接读数的电阻温度。适用井下使用的，体积较小的，以及为其他特殊目的而使用的测量仪器可在测量技术手册及文献中查阅。

要精确地确定风流中的干球温度，普通的温度计由于辐射将使风流与测量仪器表面存在温度差，从而会产生明显误差。根据阿斯曼原理制造的风扇式湿度计增加了辐射保护，一直

是在矿井通风中测量温度和湿度的最重要的仪器。其在不同的厂家有着不同的结构形式。对于气候参数测试,从经济性出发,往往应用较大的结构形式,因为小的仪器精度不够。这种大仪器的刻度化分为 0.2 K。仪器的测量精度为 ±0.2 K,如果能够仔细地清除所有的误差源,则精度将保持在 ±0.1 K 的范围内。这种大仪器的优点除了精度较高外,还能使仪器的平均值很快与周围环境的温度一致。主要缺点是在测量时,特别是回采工作面测量时,仪器的体积较大,故在矿井中进行普通测量时也较少应用。

大多数温度计的共同缺点是:在温度变化时仪器的调整时间较长,其原因是水银泡的热容量较大。Ultrakust 公司生产的 Hygrophil 的温度测量仪器中就没有这种缺点。此外,还有各种各样的手工测量仪器,在市场上见到的大多数只能测量温度,但是其中一部分没有在矿井中使用,重要的原因是仪器没有足够精度或者太贵。总体来说,确定温度和相对湿度的测量仪器,还不能适应目前测量技术要求。但是不可否认,在井下进行精度较高的空气湿度测定是困难的,尤其在回采工作面,还存在很大的难题。

2)自动记录的温度、湿度测量仪表

在矿井风流的温湿度测量中,除了手工测量仪器,也可使用自动记录数据的自动记录仪器,但已有的温度自动记录仪没有足够的精度。

3)气候综合测量仪

最著名的气候综合测量仪器是卡它温度计以及马德森(Madsen)研制的舒适度测定仪,卡它温度计在 1916 年由赫勒塔尔(Hilletal)制造而出名,而且在英语国家广泛应用。卡它温度计能测量由周围环境的对流辐射、蒸发产生的冷却度。舒适度测定仪主要用来确定热舒适度,也即确定在矿井中适于工作的高于热舒适度的准确范围。

7.3.2 热环境的舒适指标

人对热环境的舒适程度是人体热平衡的心理反应。影响人体热平衡的因素不是单一的,衡量热环境的指标要取决于周围环境的各热工参数及其组合,即环境温度、湿度、风速、热辐射,表 7-4 是影响人体热感觉的因素。

过去曾沿用干球温度作为衡量热环境的指标。虽然干球温度是其中的重要参数,但只用它来表示热环境是片面的。须指出,热环境的衡量指标,应适用在人的肌体生理学参数变化不大的一定范围内,既要客观反映环境对人体的影响因素和程度,又不能过于复杂化,因此如何科学地确立衡量指标,一直是国内外学者探讨的课题。

表 7-4 环境参数对人体热感觉的的影响

环境参数	参数项目	影响情况
空气湿度	空气的平均温度 水平的温度梯度 垂直的温度梯度	气温低,对流散热快
辐射温度	平均辐射强度 某方向上的辐射温度	辐射温度高于人体表面温度时,人体吸热
含湿度	平均流速、脉动流速、主导风向的风速、主导风向的风温	绝对湿度小,潜热交换大,感觉凉快,相对湿度大,难于散热
风速		风速大散热快,感觉凉快

目前国内外常用的矿内热环境衡量指标主要有感觉温度、卡它度、热强指数、气冷度、热舒适指标,以及折算温度、当量温度、黑球温度等,下面主要讨论前4种。

1) 感觉温度

又称等效温度,简写为 ET(Effective Temperatue)。它以风流静止不动(风速等于零)而相对湿度为100%的条件下,使人产生某种热感觉的空气温度,来与种种不同风速、不同相对湿度、不同气温条件下,使被测者产生与上述空气温度相同感觉作为一个示标,用统计的方法划分这些示标,就能得出综合表示环境条件的示标温度,这种示标温度就称为感觉温度。它是综合空气温度、湿度、风速三个主要参数,以人的感觉为标准的衡量热环境的指标。

ET 是对未从事体力劳动的对象作调查的,所以未考虑劳动强度等因素,使用中还发现对风速的影响考虑不够。尽管如此,ET 在一定程度上反映了热环境因素的综合作用,是世界各国常用的指标。

2) 卡它度

这是国外较早采用的衡量热环境条件综合影响的指标。测量卡它度的仪器为卡它计。把卡它计加热到人体温度附近,然后散热。它是由玻璃球体和从球体延伸的玻璃棒组成,玻璃棒上、下方刻有 100 F(37.8℃) 和 95 F(35℃) 刻度。测定时先将球体混入 65 ~ 70℃ 的热水中,使上了色的酒精从球体上升稍过上刻度。再从热水中取出卡它计,擦干球体水分后挂在测定处,用秒表记录酒精从 37.8℃ 下降到 36℃ 所需的时间 τ(秒),用公式 7 - 4 求出卡它度

$$K_g = \frac{F}{\tau} \qquad \text{mcal}/(\text{cm}^2 \cdot s) \qquad (7-4)$$

式中: F——卡它常数,表示从 37.8℃ 降到 35℃,球体表面 1 cm² 散发的热量,每支卡它计都刻有各自的卡它常数;

τ——从 37.8℃ 降到 35℃ 所需时间,s。

干卡它度由空气温度和风速所决定,气温越低,风速越大,K_g 值越大。把卡它计球体用纱布包裹,同上述一样浸入热水使其升温,甩干多余的水后所测出的则为湿卡它度 K_{sh}。也是卡它计在平均温度为 36.5℃ 模拟人体平均体温时液球单位表面积在单位时间内所散发的热量。湿卡它度更适合表示矿井热环境条件,因为它包括了气温、风速及湿度因素。卡它度 1 mcal/(cm² · s) 和成年男性的身体(表面积按 1.7 m² 算)散热量大致相当,所以用湿卡它度值可以模拟人体对流、辐射及水蒸发方式的散热量。表 7 - 5 列出各种劳动条件下感到比较舒适的湿卡它度值。湿卡它度受风速影响误差较大。

湿卡它度和感觉温度相比,前者建立在物理学基础上,后者建立在感觉基础上,但衡量趋势是一致的,而测量湿卡它度的仪器简单,操作方便,常与感觉温度对照使用,广泛应用于欧洲。

表 7 - 5 各种劳动强度下合适的湿卡它度

劳动强度	湿卡它度 K_{sh}[mcal/(m² · s)]	相当于井下作业类型
很轻劳动	14 ~ 15	记录员
轻劳动	18	水泵、机房管理
中等劳动	25	凿岩作业
强劳动	30	手推车、支护

3)热强指数 HSI(Heat Stress Index)

热强指数 HSI 又称热应力指数。以人体为了维持热平衡,需从汗液蒸发的散热量 $Q_{zh}(W)$ 与生理限度(皮肤温度不超过 35℃、最大发汗率不超过 1L/h)的最大汗液蒸发散热量 $Q_{max}(W)$ 之比作为衡量热环境的指标。

HSI 的生理意义见表 7−6,HSI 的值越大,表明环境越恶劣。

表 7−6 HSI 的生理意义

HSI	在各种热强度中进行 8 小时劳动的反应
0	热强度为零,没有出汗、体温能够调节
10 ~ 30	中等热强度,高度脑力劳动中效率下降,在不熟练的强体力劳动中效率稍有下降
40 ~ 60	重热强度,对体格不够结实的人将有损健康,不适合做脑力劳动
70 ~ 90	极重热强度,能适应此劳动强度的人只占全员的极少数,必须经过严格的体检,适应高温环境者,保证水分和盐分的供应,尽可能改善作业条件,尽力防止事故
100	对适应高温的健康的青年工人才能经受的最大热强度

4)气冷度 SACP

即空气冷却度,又称比冷却力,是环境条件(温度、温度、风速)对从事各种劳动的人体皮肤表面的最大散热冷却能力(W/m^2)。空气冷却度与湿球温度、感觉温度、风速的对应关系。当 SACP = 90、190、270 W/m^2 时,可分别作为轻、中、重体力劳动的矿内热环境标准。

根据井下工作面热环境的特点,采用了数值模拟的方法,对高温巷道中的热环境进行数值模拟计算,并应用预计热舒适指标(PMV)对不同设计参数的井下环境的热舒适程度进行科学的评价,给出了高温巷道中的速度场、温度场、热舒适 PMV 值。以某矿山高温巷道为实例进行了热环境评价,得出了热环境评价结果。结果表明:在温度为 40℃ 的高温巷道中,采用入口处风速为 0.8 m/s 即可满足通风降温的要求,所得结果更具有直观性、准确性,为最优通风降温方案的确定提供了技术依据。

5)热舒适指标(PMV)

热舒适就是人对周围热环境所做的主观满意度评价。由于人的个体差异,一种 100% 满足所有人舒适要求的热环境是不可能存在的。因此,任何室内气候必须尽可能地满足大部分人群的舒适要求。PMV 指标是丹麦工业大学 P. O. Fanger 等人在 ISO 7730 标准——《室中热环境 PMV 与 PPD 指标的确定及热舒适条件的确定》中提出的。PMV 表示室内人员对室内环境的预期反应,根据它的计算结果对室内环境进行打分,如表 7−7 所示。

表 7−7 PMV 热感觉标尺

PMV 值	−3	−2	−1	0	1	2	3
很舒适	很冷	冷	凉	适中	温暖	热	很热

7.3.3 矿内气温的影响因素

1. 地球内热

地球的内部构造大致可分为地壳、地幔、地核。地球内热的主要来源是地体内部放射性元素衰变释放的能量,一般以大地热流密度 $q_d = 1.6 \times 10^{-6} \pm 20\% [\text{kcal}/(\text{cm}^2 \cdot \text{s})]$ 的量、用热传导方式由地球内部传递到地表,而后散发到太空去,其关系遵循热传导定律公式 7-5,即

$$q_d = -\lambda \left(\frac{dt}{dZ} \right) \qquad (7-5)$$

式中: q_d——大地热流密度,常用 HFU(Heat Flow Unit)作为大地热流密度的单位,1 HFU $= 1\mu\text{cal}/(\text{cm}^2 \cdot \text{s})$;

λ——岩石导热系数;

$\dfrac{dt}{dZ}$——地热梯度,℃/100 m,其倒数称为地热率,m/℃。

地热梯度随地区不同差异很大,受到岩性、地质、构造、岩浆活动、地下水活动状况等因素所影响,大地热流密度可以从地下的温度梯度和岩石的导热系数求得。地表附近的地下温度受太阳辐射及大气气温的日变化或季节变化所影响而随时间变化,但若离地表深度超过 20 m 左右,一般这样的影响小到可以忽略的程度。

地热是最重要的深井通风热源,据研究,深井岩层放热占井下热量的 48%。地热是以围岩传热形式散热,地面以下岩层温度变化规律是:自上而下,岩层划分为变温带、恒温带和增温带,其中,恒温带以下的岩石温度随深度增加而增加,当采掘作业将岩石暴露出来以后,地热便从岩石中释放出来。原岩放热是深井矿山的主要热源之一,当井下空气流经围岩时,两者发生热交换,从而使井下空气温度升高。因受地热增温的影响,岩石温度随深度的增加而升高。围岩与井巷空气热交换的主要形式是传导和对流,即借热传导自岩体深处向井巷传热,或经裂隙水借对流将热传给井巷。

2. 地壳的岩热状况

地球是个热体,它不断地把热量散发到空间,同时又接受太阳辐射热量而吸热。散热和吸热之间的平衡关系,决定了地壳最上层的温度场。

地壳在地热和太阳辐射热的共同作用下形成三个垂直分布的温度变化层带:变温带、恒温带、增温带。

1)变温带

离地表深 20~30 m 之上的地表层。由于太阳热辐射具有日和年的周期性变化,所以在这一层的温度有日变化、年变化。

2)恒温带

在变温带之下某一深度处,大地热流与太阳的这两个方向相反的热流达到平衡,温度近似没有变化的层称为恒温带。更准确地说,恒温带应是一个壳体,只是其厚度相对于地球半径来说很小(一般 3~5 m),所以对某地区来说可以把恒温带视为一个平面。恒温带按时间周期划分,一般有日恒温带和年恒温带。日恒温带是指地下某深度一日(24 h)内温度不发生变化的层带,一般只有 1~2 m 厚。年恒温带是指地下某深度一年内温度均不发生变化的层带。除特别说明外,一般说恒温带就是指年恒温带。

恒温带参数是指恒温带的深度和温度。它是矿内热环境工程设计的基础资料，是深部岩温推算的起点。确定恒温带参数方法有地面钻孔实测、利用地表温度变化向地下衰减方程式，利用日恒温带近似等方法。

3) 增温带

在恒温带下，这里已不受地面温度周期变化的影响，只受大地热流作用的影响，地温随深度增加而增加。

3. 地壳的水热状况

容量巨大的地下水是热量的巨大载体，地下水可以通过某些构造通道，由大气降水进入地下，被深部岩热加热后承压上升，向上顶托到地表或矿井，这种深循环地下水，可以与上部岩石进行强烈的热交换，造成一定范围的异常高温，高温中心位于断裂中含水性较好、地下热水上升运动最迅速的地段，在降温线图上形成隆起的等温层区，平面上形成沿断裂走向延长圆形等温线。在矿井建设过程中，由于高温热水的排放，影响整个井下的热环境。例如江苏苇岗铁矿、辽宁伯岩铅锌、湖南711矿、康家湾铅锌金矿等，都受深循环地下热水的影响，成为这些矿井的主要热源。

可以根据比常温地下水中含量高的化学元素或化学组分(称标志性化学组分)作为判断深层热水的标志，如地下热水中的放射性元素氡、可溶性 SiO_2 含量、矿化度以及 pH 等。

深层热水中常有一定程度的 R_n 放射能量。常温水的矿化度一般小于 100 mg/L，可溶性含量小于 20 mg/L，pH 一般为弱酸性及中性，氟的含量一般低于 0.05 mg/L。而深层热水的矿化度一般为 200 ~ 1000 mg/L，可溶性 SiO_2 含量高达 60 ~ 300 mg/L。可以反过来说，除了自然、氧化严重的情况外，一般矿区里出现异常高温，必然是热水引起的，其引起温度增值如公式 7 - 6 所示

$$\Delta t = Z(\frac{t_{sh} - t_0}{Z_{sh}} - \frac{dt}{dZ}) \tag{7-6}$$

式中： Z——测温深度，m；

t_{sh}——由热水构成的地下睡眠温度，℃；

Z_{sh}——热水构成的地下睡眠深度，m；

t_0——当地地表年平均温度，℃；

$\frac{dt}{dZ}$——热水干扰的温度梯度，℃/m。

4. 地热以外的热源

矿山热源中以地热(岩热和水热)所占比例最大，有时在特定条件下，地热以外的资源，如压缩热、氧化热、机电设备放热，也会对恶化矿内热环境，产生重大影响。

1) 压缩热

空气沿入风井下流，随着深度的增加，空气柱质量增加，势能消耗，使空气受压缩过程中与外界没有交换，可认为空气的状态变化处于绝热过程，有

$$T_2 = T_1 (\frac{p_2}{p_1})^{\frac{K-1}{K}}, \quad K = \frac{c_\rho}{c_\nu} \tag{7-7}$$

式中： K——绝热指数。

c_ρ, c_ν——空气的定压、定容比热，kcal/(kg·℃)，对空气 K 可取 1.4。

在深井中因为空气自身压缩而产生升温，往往成为严重的问题。例如南非金矿等已有一些井深大于 3 000 m 的矿井，这时风流沿竖井下流，若仅按自身压缩计算，气温将会上升近30℃，而实际上在矿井中有水蒸气蒸发，要吸收一大部分自身压缩热作潜热，风流与井壁也不断发生热交换，风流温升不会上升到上述程度。然而在夏季时，即使竖井不太深，由于地表温度高，仅使井内温升高几度，也会给作业点的热环境带来重大影响，特别对接近井底的工作面影响更大，因此，在选择进风竖井地点时，一定要考虑这一因素。

地面空气经井筒进入矿井内，由于受到井筒空气柱的压力而被压缩，空气到达井筒底部时，其所具有的势能转化为热能。试验研究结果表明：空气每下降 100 m，气流温度升高 0.4~0.5℃，空气压缩放热占井下热量的 20%。当空气沿着井巷向下流动时，在重力场作用下，由于其势能转换为焓，其压力与温度都有所上升。根据能量守恒定律，风流在压缩过程中的焓增与风流前后状态的高差成正比，即

$$i_2 - i_1 = g(h_1 - h_2) \tag{7-8}$$

式中：i_2, i_1——风流在始点与终点时的焓值，J/kg；

h_1, h_2——风流在始点与终点状态下的标高，m；

g——重力加速度，9.80 665 m/s^2。

对于理想气体：$di = c_p dt$，即

$$i_2 - i_1 = c_p(T_2 - T_1) \tag{7-9}$$

式中：c_p——空气的定压比热容 = 1 005 J/(kg·K)；

T_2, T_1——风流在终点及始点时的干球温度，℃。

故

$$T_2 - T_1 = 0.009\ 76(h_1 - h_2)$$

从上述结论可以看出，空气压缩所引起的焓增同风量无关，只与两点标高有关，而且随着开采深度的增加而相应增大。空气沿井筒往下流经 1 000 m 垂深距离时，热量约增加 0.979 J/kg。

2)氧化热

对金属矿山中的的高硫矿床来说，矿石在潮湿环境中进行氧化放热是矿井的重要热源之一，矿石的氧化放热是一个相当复杂的问题，据谢尔班的研究表明，由于矿石氧化而增高的温度为

$$T_{氧化} = q_0 S / 3\ 600 Q_f c_p \tag{7-10}$$

式中：$T_{氧化}$——矿石氧化导致的空气温升，K；

S——矿石暴露面积，m^2；

q_0——单位暴露面积矿石氧化时放出的热量，J/(m^2·h)；

Q_f——流经设备的风量，kg/s；

c_p——空气的定压比热容，J/(kg·K)。

如硫化矿、煤等矿石部会氧化发热，若达到自燃阶段，发热量更大，是矿内氧化发热的主要热源。其他如坑木、充填材料、油包装料等的氧化发热影响并不显著。

氧化发热量一般采用每平方米壁面每小时氧化散热量 q_{yn} 的统计值来进行计算，即

$$Q_{yn} = q_{yn} E \tag{7-11}$$

式中：E——裸露壁面面积，m^2。氧化散热量 q_{yn}，J/(cm^2·h)选值参照表7-8。

表 7 – 8 不同作业面的氧化散热量

序号	作业面类型	$q_{yn}/(\text{J} \cdot \text{m}^{-2} \cdot \text{h}^{-1})$	备注
1	采掘工作面	15.0	
2	采准巷道	3.5	
3	支护巷道	3.75	
4	运输巷道	6.5	

3）爆破热

炸药爆炸产生的能量一部分用来破坏矿岩结构，另一部分则以热量的形式向矿内空气释放，同时也使采下的矿石温度升高。因此，井下炸药爆炸具有两重放热性，一方面在爆破时期内迅速向空气及围岩放热，形成一个较高的局部热源；另一方面炸药爆炸时传向围岩中的热又以围岩放热的形式在一个较长的时期内缓慢地向矿内大气释放出来。炸药爆炸过程是一个复杂的化学反应过程，根据盖斯定律，认为化学反应热效应同反应进行的途径无关。

设 1、2、3 分别表示在标准状态下的元素、炸药和爆轰产物，根据盖斯定律，从状态 1 到状态 3，与从状态 1 经状态 2 到状态 3 的热效应相等，即

$$Q_{1-3} = Q_{1-2} + Q_{2-3} \tag{7-12}$$

式中： Q_{1-3} ——爆轰产物的生成热，kJ；

Q_{1-2} ——炸药的生成热，kJ；

Q_{2-3} ——炸药的爆破热，kJ。

若已知炸药成分，查表 7 – 9 得各种成分的生成热，可按式（7 – 13）计算炸药的生成热

$$Q_{1-2} = \sum_{i=1}^{n} m_i q_i \tag{7-13}$$

式中： m_i ——第 i 种炸药成分的摩尔数，mol；

q_i ——第 i 种炸药成分的生成热，kJ/mol。

若已知爆轰产物的成分，查表 7 – 9 得各种成分的生成热，可按式（7 – 14）计算爆轰产物的生成热

$$Q'_{1-3} = \sum_{i=1}^{n} m'_i q'_i \tag{7-14}$$

式中： m'_i ——第 i 种生成物的摩尔数，mol；

q'_i ——第 i 种生成物的生成热，kJ/mol。

因此，在金属矿山井下爆破时，根据炸药种类及炸药量可计算出爆热。将（7 – 14）式代入（7 – 13）式，得炸药的爆热 Q_{2-3}。金属矿山多数使用 2 号岩石炸药，炸药配比为 NH_4NO_3 85% ，$C_{15}H_{22}O_{11}$ 4% ，TNT 11% ，经过计算 1kg 2 号岩石炸药的爆破热为 3 676.24 kJ。

炸药爆破散热量

$$Q_B = q_B \frac{A}{8} \quad (\text{kcal/h}) \tag{7-15}$$

式中： A ——每班平均炸药消耗量，kg/班；

q_B ——单位炸药爆破热，kcal/kg。

表 7-9 各种炸药爆破热（kcal/kg）

名称	硝化甘油	萘胺	硝酸铵	铵萘炸药	铵克炸药	铵锑炸药	2#岩石炸药	铵油炸药
爆热	1 485	1 400	344	945	990	1010	869	815

4）机电设备散热

矿内使用各种机械设备来辅助完成采矿作业，主要的常用机电设备有空压机、凿岩机、电机车、变电柜、提升设备、水泵等，矿内的机械化作业程度越高，机电设备的散热量也越大，对此，在考虑作业点的温升时要特别注意。

用压气作动力的设备（如风钻等）所作的功和摩擦功，是以消耗压气的内部能量进行的，其排气过程为绝热膨胀过程，因此，从该风动机械所发生的热等于压气内部能量的减少，作为整体并没有热的增减，其热量可不考虑。

机电设备给予风流的散热量可按下式计算

$$Q_J = \frac{\psi_1 \psi_2 \psi_3 \tau_R A}{24} N \qquad （kcal/h） \qquad (7-16)$$

式中： N——电动机组的总额定功率，kW；

ψ_1——安装系数（电动机实耗最大功率与额定功率之比），一般可取 0.7 左右；

ψ_2——同时系数（电动机同时使用的额定功率与包括备用在内的机组总额定功率之比）；

ψ_3——负荷系数（电动机平均小时实耗功率与最大小时实耗功率之比），一般取 0.4 ~ 0.5；

τ_R——每日运转时间，h/d；

24——每日小时数，h/d；

A——每千瓦的 kcal/h 数，860。

照明设备给予风流的热量，按期功率全部转化为热量考虑

$$Q_{ch} = \phi_4 NA \qquad (7-17)$$

式中： ϕ_4——实际功率系数。

5. 其他影响因素

1）保持采场通风良好

新鲜风流不仅可以带走烟尘、黄铁矿氧化产生的有毒气体 SO_2，还可及时有效地降低采场温度和采空区热浪的压力，从而降低黄铁矿氧化反应的速度，防止热量、有毒气体和热浪压力的积聚。因此，良好的矿井通风是防止高硫矿山产生高温采场最为有效的措施。

2）及时出矿

矿石爆落后要及时出矿，不能在采场内堆积太多太久。堆积越多越久，氧化产生的热量、毒气积聚越多，采场温度越高，热浪压力越大。采场温度升高使得氧化反应加快，便产生更多的热量和有毒气体，形成恶性循环，产生高温采场和硫尘爆的可能性就越大。

3）控制矿石块度

矿石爆落后的块度不能太碎太小，由于碎矿与空气接触的比表面积更大，氧化产生的热量、毒气也越多，所以适量控制炮孔间距和装药量使爆落后的矿石块度不要过小，以适合出

矿运输即可。

4）喷淋水雾

在通风不良或采场高温难以有效控制时，可在采场矿石堆上喷淋水雾来防止高温采场的形成。但是，在有空气和水的条件下黄铁矿会发生风化反应，产生强酸性水。若矿山没有污水处理设施，不宜采用这一措施。

5）加强支护

对稳固性差的破碎围岩，采用注浆长锚索预控顶技术不仅能有效控制采场顶板的冒落，而且有压注浆使水泥沙浆挤入各种岩体软弱结构面，凝固硬化后封堵断层、节理和裂隙，可防止矿石开采前的早期氧化，降低崩矿后的自燃发生率。

6）灌注泥浆

对自燃着火的高温采场，可采用向采场灌注泥浆的方法扑灭火焰，降低采场温度。

7.4 矿井热污染防治技术及应用

7.4.1 通风降温

加强通风，增加风量，带走井下热量，可以大大降低井下空气的含热量，这是一种有效的降温方法。

当井巷道断面积一定时，水力半径越大的井巷风阻越小，而在各种断面形状中，以圆形断面的水力半径最大，故主要井巷应该尽量设计成圆形断面；井巷的摩擦风阻与井巷断面积的 2.5 次方成反比，因此，刷大井巷断面，可以降低通风阻力；为降低井巷表面摩擦，必要时可采用表面衬砌、光面爆破、清除井巷内堆积物等技术措施。

矿井出现漏风，会降低工作面的有效风量。采用对角式通风系统，后退式开采顺序，进风和回风巷道尽量布置在脉外岩石中，提高通风构筑物的质量，加强其严密性，防止通风构筑物漏风；在风路中安设辅扇、采用降阻调节法调节风量等措施，减少甚至防止井下漏风。

当矿井风阻一定时，风机产生的风量与转数的一次方成正比。因此，调整主扇转速将有利于提高主扇的调控能力和调控效率；调整轴流式风机叶片安装角，叶片安装角越大，风量越大；或采用变频调速技术调整矿井主扇的转速，也有利于改变主扇工作特性，以提高通风机能力。加强通风管理。改善通风系统各组成部分的维护状态，保证漏风和风流循环最小，提高通风系统中各类扇风机的运转效率，针对矿井通风状况，有计划地定期对通风系统及网路进行测定，包括矿井通风阻力、风压、风量等通风技术参数测定和风机性能参数、风筒参数的测定，及时合理地调整通风系统，使其始终处于最优运行状态中。

金属矿山多数采用多阶段同时作业，阶段通风网路结构不同，应以能抑制采空区热风串入工作面和增加工作面有效风量为原则，采场下行通风时，矿岩运输方向与风流同向，这样使矿岩运输过程中放出的热量和水蒸气，以及运输设备的机电设备散热等不再返回工作面，从而大大改善工作面入风流的空气状态。

矿井通风系统与矿床开拓方式密切相关，矿床开拓方式不同，入风线路长度不同，因此，风流到达工作面的风温也不同。一般情况下，采用分区式开拓和对角式通风系统，可以大大缩短入风线路长度，降低入风流到达工作面的温升。

目前国内外很多矿山都普遍采用通风降温治理矿井高温热害。通风降温的实质乃是以增大供风量，使井下作业地点的气温降低到国家有关规程规定的允许温度范围之内，从而创造一个适宜的温度环境。通风降温法在一定条件下是经济、可靠和有效的治理热害的方法，机械通风降温的有效深度可达 17 00～2 300 m。

目前，国内高温矿井的数目越来越多，掘进工作面是井下主要高温工作地点。矿井降温措施主要有人工制冷降温和非人工制冷降温，其中非人工制冷降温措施以通风降温为主，其基本原理是采取适当的通风方式，增大工作面的通风量，依靠风流将井下热量带走。从经济角度来说，通风降温因其投入小，见效快而普遍应用。在我国，除个别工作面出现较为轻微热害，通风降温在相当长的一段时间内还是主要的降温措施。掘进工作面降温的主要技术问题有 2 个：

(1)高温掘进工作面一般为长距离巷道，供风距离长使供风量不足、风筒受热面积大、热负荷增大，热量难以排出。

(2)即使采用制冷降温措施使工作面的风流温度降低，风流在折返流动中受到长距离巷道的围岩散热作用，在掘进巷道的大部分区域风流仍然高温，对工人的身体健康也同样有很大的影响。

因此掘进工作面的降温问题首先是合理供风问题，只有选择了合理的通风方式，供给适当的风量，才可能以最少的降温投入取得最好的降温效果。徐州矿务局三河尖煤矿在高温掘进工作面采用双风机双风筒通风方式，不仅使工作面的风流温度下降，而且使整个新掘进巷道的风流温度都有明显的降低，有效地改善了井下工作环境，取得了显著的经济和社会效益。

7.4.2　天然水湿及干式冷护降温

1.人工制冷水降温技术

从 20 世纪 70 年代，人工制冷水降温技术开始迅速发展，使用越来越广泛、越来越成熟。该种降温技术已经成为矿井降温的主要手段。

该种矿井降温技术主要有井下集中式、地面集中式、井下地面联合集中式、分散式。德国实践表明：负荷小于 2 MW 的矿井，以采用分散式最优；负荷大于 2 MW 的矿井，才采用集中式。集中式的 3 种形式，又以井上、下联合集中系统费用最低，地面集中式系统次之，而以井下集中式系统最高。我国淮南煤田谢桥矿所进行的矿井降温方案的经济技术比较也表明，地面集中式系统的总费用也是最小的(没有考虑井上、下联合集中方案)。上述 2 个案例基本可以说明，在经济上地面集中式和井上下联合集中式具有其优越性。而在技术上 3 种集中式系统各有千秋：井下集中式系统的致命弱点是冷凝热排放困难；地面集中式和井上下联合集中式系统必须使用高低压转换设备，此设备在冷冻水转换过程中会产生 3～4℃的温度跃升。

针对井下系统的冷凝热排放问题和地面系统高低压转换的温度跃升问题，各国研究机构都在进行不懈努力。井下系统的冷凝热排放，经历过用井下回风流排热到井下回风流加喷淋水到利用地面制冷机组的冷冻水排热的过程。地面系统的高低压转换器则经历了储水池、降压阀、高低压换热器到高低压转换器，其转变的过程实际上是尽可能地消除高低压转换器温度跃升的过程，国外研制的一种新型水能回收高低压转换器，其温度跃升可从一般的 4～6℃降低到 0.2℃。

虽然人工制冷水降温技术存在上述有待进一步完善的问题，但经历了几十年的实践，该项降温技术已经是一种比较成熟的矿井降温技术，不论是过去还是将来，都将是矿井降温技术的主流。

2. 人工制冰降温技术

冰冷却降温系统与水冷却降温系统不同之处：

（1）冰冷却降温系统主要是利用冰的融化潜热降温，获得相同冷量所需的冰量仅为水冷系统水量的 1/4～1/5。

（2）冰冷却系统是通过冰与水直接接触换热，换热效率高，可获得 1℃ 左右的低温冷水，送入空冷器的水量相应减少，减少了水泵的输送能耗。南非某矿山研究机构的试验研究表明，井下热负荷为 25 MW 的矿井降温系统，采用冰冷却降温系统，水泵的输送能耗仅为水冷系统的 21% 左右。

冰冷却降温系统由制冰、输冰和融冰 3 个环节组成。

正是由于这 3 个环节还处在研究探讨过程中，使得冰冷却降温系统还没能得到广泛应用。目前，冰的制备不是制约该项技术的问题，国内外都有制造大型制冰机的能力，可以制备各种形状、规格的冰。冰的输送有 2 种形式，水力输送和风力输送。研究表明，风力输送比较有利，水力输送仍然避免不了水冷系统的高静水压力问题。风力输送要解决的关键技术是防止输冰管堵塞。

冰冷却系统与水冷却系统如图 7 - 1 所示。

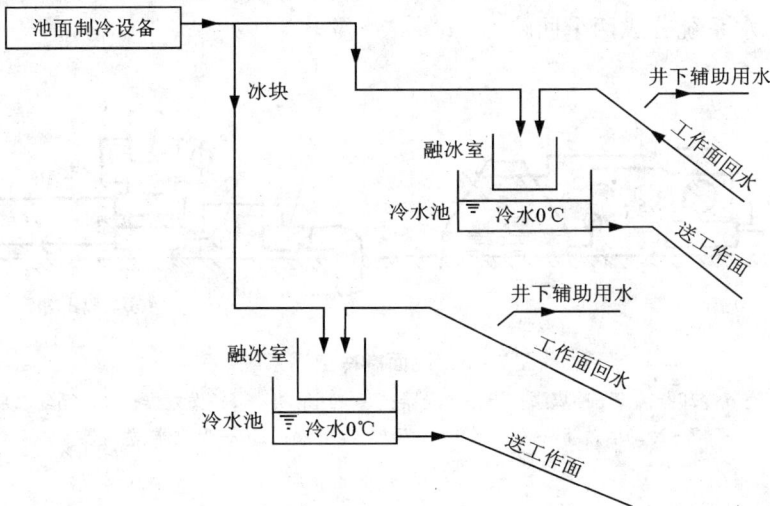

图 7 - 1 冰冷却系统与水冷却系统图

7.4.3 冷冻机制冷降温

1. 典型深井降温系统及特点

1）井下制冷空调系统

井下制冷空调系统（图 7 - 2）就是将制冷站设在井底车场附近，冷凝热的排放可分为地面空气冷却和井下气流或矿井水冷却两种形式。地面冷却方式中，为防止冷却水过高的静压对机组的影响，冷却水系统通常分成一、二次回路，中间设有高压换热器。

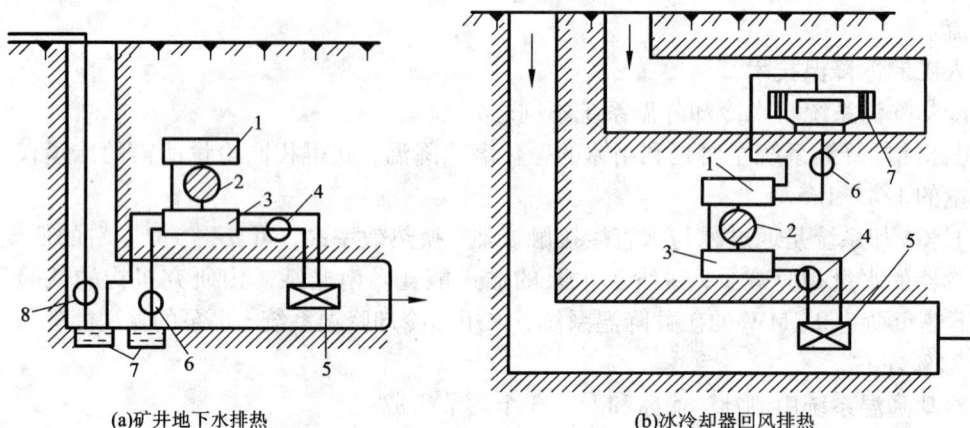

(a)矿井地下水排热　　　　　　　　　(b)冰冷却器回风排热

图 7 – 2　井下排热的井下制冷冷却空气系统

1—冷凝器；　2—压缩器；　3—蒸发器；　4—冷凝器

5—空气冷却器；　6—循环水泵；　7—井下水仓；　8—排水系统

2）地面制冷空调系统

地面制冷空调系统（图 7 – 3）就是将制冷站设于地面井口附近，冷冻水通过井筒冷冻水管道输送至井下各工作面的空冷器。为防止过高的静水压力，在冷冻水管道上设置有高低压换热器，将冷冻水系统分成两个回路。

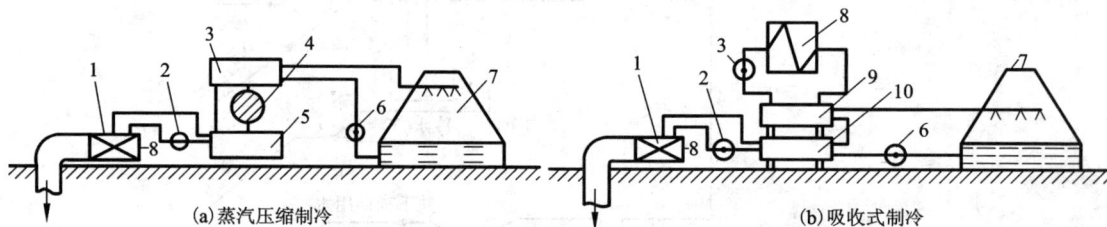

(a)蒸汽压缩制冷　　　　　　　　　　　(b)吸收式制冷

图 7 – 3　地面制冷空调系统

1—空气冷却器；　2—冷媒泵；　3—冷凝器；　4—压缩机；　5—蒸发器；　6—循环水泵；

7—冷却塔；　8—锅炉；　9—发生器、冷凝器；　10—吸收器、蒸发器

3）冰冷却空调系统

冰冷却空调系统就是地面制冰站制出的冰经空气动力输送装置输送到垂直输冰管道入口处，冰依靠自身重力到达井底水平管道口。在水平管道口处冰依靠相互之间的挤压作用使后面冰的势能转变为前面冰的动能，这样冰可在水平管道中继续向前运动，最终被输送到融冰槽，见图 7 – 4。在融冰槽内冰和水进行充分的热交换，产生接近 0℃ 的冷水，被输送到需要冷却的工作面，而循环水中多余的回水被送回地面重新冷却制冰。

4）技术特点比较

井下制冷空调结构紧凑、管路短、冷损失较小，但需开凿大的硐室，而且设备需防爆，冷凝热难以排放。这种系统水泵功率较低，电能消耗少；但硐室费用较高。地面制冷空调设备

无须防爆,冷凝热易于排放,硐室费用低;但结构分散,管路长,冷损失大,需能量回收设备,系统的电能消耗和设备费用投资较大;其次,地面制冷空调会对井下设备产生很高的静水压力。冰冷却系统由于利用冰的融解潜热进行降温,所以,同样冷负荷的条件下,向井下的输冰量仅为输水量的1/4 ~ 1/5,水泵的电耗较低,而且不存在过高的静水压力,不需要井下高低压换热设备。冰冷却系统有很大增容能力和开发潜力,但也存在一些缺点。如设备复杂,制冷效率低,制冰机电耗较大。深井降温具体采用何种系统

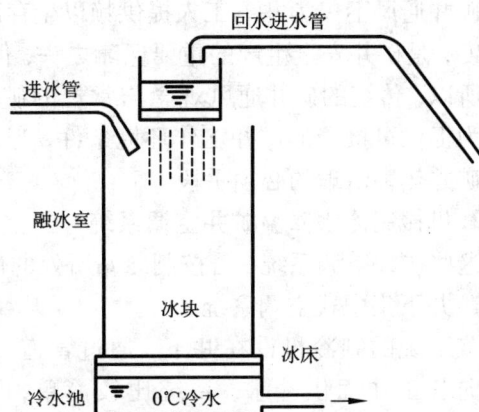

图 7 - 4 融冰装置示意图

方式应根据当地矿井的实际情况和具体结构而定,既要在技术上可行,又要使总投资最小。

由于空气压缩制冷循环的制冷系数、单位质量制冷工质的制冷能力均小于蒸汽压缩制冷系统,在产生相同制冷量的情况下,空气压缩式制冷系统需要较庞大的装置,并且单位制冷量的投资和年运行费用均高于蒸汽压缩式系统,因此,全矿井采用空气压缩式制冷系统降温的矿井是屈指可数的。而压力引射器、涡流管制冷器等装置,实际上仅是一种空气膨胀装置,它必须与地面空气压缩机联合使用。

矿用空冷器主要分为两大类:表面式空冷器和直接接触式空冷器(也称喷淋式空冷器)。表面式空冷器由于结构紧凑、体积小、不污染井下工作环境、适应性强等优点而倍受青睐。表面式空冷器为了提高其换热效率,在肋管上增设翅片以增加换热面积。这种翅片式空冷器由于矿井井下条件恶劣、粉尘浓度高,使其很难发挥应有的效率。

直接接触式空冷器具有换热效率高的优点,但由于其体积较大,不及表面式空冷器布置灵活,因而限制了它的使用。美国的大多数矿井都采用喷淋式空冷器,而且使用效果非常好。现在国内外许多专家又开始致力于研制机动灵活、体积小的喷淋式空冷器,以适应多种场合的需要。

目前,矿井空调系统的空冷器多采用一次水温,即冷水机组出水水温,所有末端空冷器均处于湿工况下运行,既起降温作用,又起降湿作用(图 7 -5)。本书认为,应研究将空冷器改用二次水温,使表面式空冷器在干工况下工作,不产生冷凝水,以延长表面式空冷器的被污染周期。

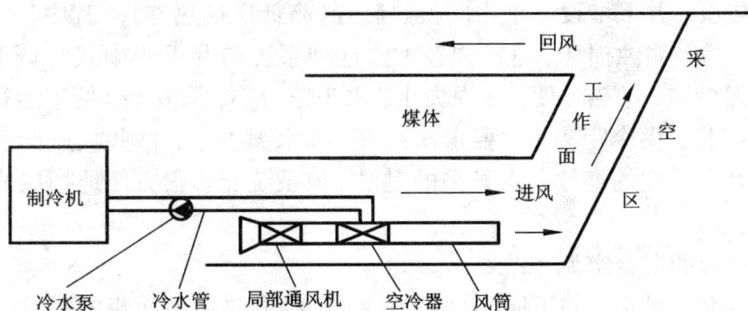

图 7 - 5 冷水机组矿井空调系统送风结构模式

矿井通风不仅为井下工人提供赖以生存的氧气，且可以冲淡井下有害气体浓度，降低井下温度，是矿井安全生产的重要保障之一，但对于高温矿井，只靠矿井通风不能解决高温热害。所以，传统的矿井通风观念与常规的矿井通风方法已不能彻底解决高温高湿的矿井热害。为提供可接受的矿井工作环境条件，当开采深度超过矿床极限开采深度，机械制冷降温成为矿井热害治理的必须手段。

2. 机械制冷水降温矿井空调系统

这些矿井空调系统，若按制冷站所处的位置不同来分，可以分为以下四种基本类型：

1）井下集中式空调系统

该系统的制冷机设在井下，通过管道集中向各工作面供冷水，系统比较简单，供水冷管道短，没有高低压换热器，仅有冷水循环管路。但必须在井下开凿大断面硐室，它给施工和维护带来困难，并且电机和控制设备都需防爆，难度大、造价高。随着开采深度的增加，井下集中空调系统的冷凝热排放则成为突出的问题。这种布置形式只适用于需冷量不太大的矿井。井下集中式空调系统按冷凝热排系统的敷设方式的不同来分类，又可分成四种不同的布置形式：回风流排热、地面冷却塔排热、地下水源排热、几种排热方式混合排热。根据不同的实际情况采用不同的敷设方式。

2）地面集中式空调系统

该系统将制冷站设置在地面，冷凝热也在地面排放，在井下设置高低压换热器将一次高压冷冻水转换成二次低压冷冻水，最后在用风地点上用空冷器冷却风流，见图7-6。这种空调系统有另外两种形式，一种是集中冷却矿井总进风，这种形式，在用风地点上空调效果不好，而且经济性较差；另一种是在用风地点上采用高压空冷器，这种形式安全性较差。实际上后两种形式在深井中都不可采用。井下冷却风流系统，载冷剂输送管道中的静压很大，所以必须在井下增设一个中间换热装置（高低压换热器）。其中，高压侧的载冷剂循环管道承压大，易被腐蚀损坏，且冷损较大。这种系统与井下集中式空调系统比较，制冷机不需要采取防爆措施，排热方便，冷损失小，水头压力小，易安装，便于运行管理。但此系统形式年运行时间长、供冷距离短、要求水量大、冻水温差小，这些缺点严重制约了其在深井的应用。当矿井非预期的继续向下开采的时候，该系统能够很方便地拓展成井下地面联合的矿井空调系统。

3）井上、下联合的混合空调系统

这种布置形式是在地面、井下同时设置制冷站，冷凝热在地面集中排放。它实际上相当于两级制冷，井下制冷机的冷凝热是借助于地面制冷机冷水系统冷却。因井下的最大限度的制冷容量受制于相应的空气和水流的回流排热能力，所以通常需要在地表安装附加的制冷机

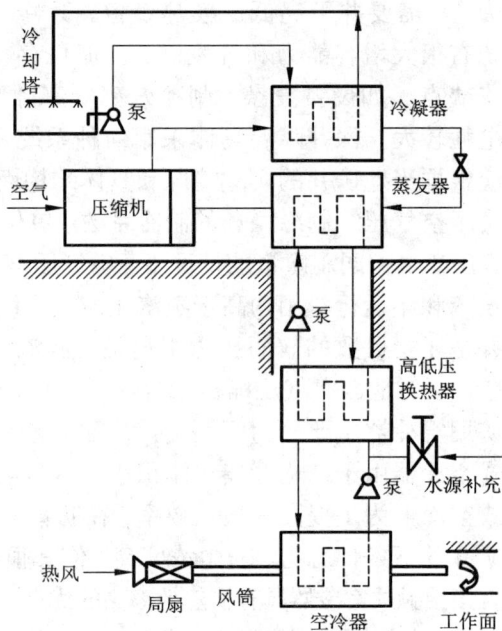

图7-6　冷水机组矿井空调系统结构图

组。这就使得混合系统成为深井冷却降温的必要。地下 5 000 m 处不同采深的矿井采用的矿井冷却空调系统和矿井设计的成本可以被专家确定，这些被确定的成本数据及实践表明深井降温最经济的深井冷却系统是地表制冷机组和地面制冷机组联合的混合冷却系统。该系统中设备布置分散，冷媒循环管路复杂，操作管理不便。但是它可提高一次载冷剂回水温度，减少冷损；可利用一次载冷剂将井下制冷机的冷凝热带到地面排放，这样就决定了此系统能承担较大负荷。这些是井下集中式和地面集中式所缺少的品质。

4）井下分散局部空调系统

从一定意义上讲，当实际矿井工程中只需要在几个点并且点点相隔较远时，如某几个单独的工作面需要降温，这时分散局部空调系统是一种高效经济的降温措施。局部空调系统在我国的应用比较广泛，在平顶山矿区，五矿己二采面采用一台制冷量为 300 kW 的防爆制冷机组向己 15 – 23071 采面供冷，利用井下回风排放冷凝热，效果明显，平均降温幅度 4℃；四矿戊九采面空调系统，采用一台制冷量为 500 kW 的制冷机组向戊九采区的戊 S – 19140 采面供冷，很好地满足了降温需求。新集一矿 210807 工作面降温，都是采用的此系统形式并取得了良好的效果。

3. 冰冷却矿井空调系统

由于机械制冷水系统的水路系统的大压力的局限性，近年来国内外使用了新型的冰冷却矿井空调系统。所谓冰冷却空调系统，就是利用地面制冰厂制取的粒状冰或泥状冰，通过风力或水力输送至井下的融冰装置，在融冰装置内，冰与井下空调回水直接换热，使空调回水的温度降低。冰冷却降温系统由制冰、输冰和融冰三个环节组成。该系统有其独特的优点。首先，从井下用泵打回的水量只是水冷却系统水量的 1/4，这大大节约了成本。其次，输送到空气冷却器的水和冰直接热交换，具有很高的热交换效率，能产生 1℃ 的冷水，这样输送到空气冷却器的水量需求明显减少，从而减少了冷冻水泵的输送能耗。最后，能够很顺利地克服常用矿井空调系统的高静水压力和冷凝热排放困难等问题。

4. 空气压缩式制冷矿井空调系统

空气制冷空调有涡轮式空气制冷、变容式空气制冷、涡流管式空气制冷和压气引射器制冷等形式。由于后三种形式使用的局限性，使得涡轮式空气制冷是目前最常用的矿井空调系统，见图 7 - 7。空气压缩制冷循环的制冷系数、单位质量制冷工质的制冷能力均小于蒸汽压缩制冷系统，在产生相同制冷量的情况下，空气压缩式制冷系统需要较庞大的装置，并且单位制冷量的投资和年运行费用均高于蒸汽压缩式系统。因此，全矿井采用空气压缩式制冷系统降温的矿井很少。

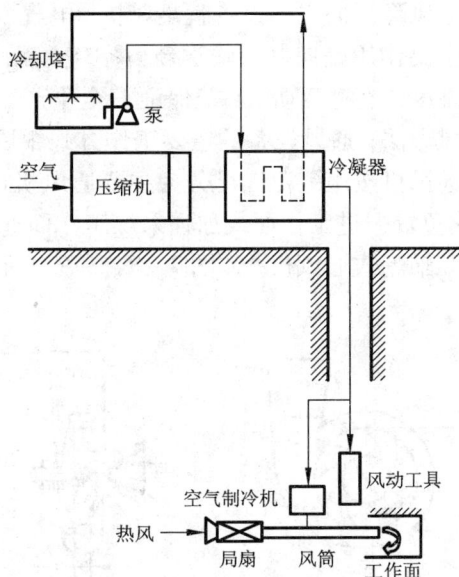

图 7 – 7　涡轮式空气制冷矿井空调系统示意图

7.5 热污染防治常用设备

根据热污染防治原理和方式的不同，热污染的防治设备也不尽相同。

7.5.1 通风降温设备

通风降温的主要设备就是风机、电气设备、扩散器及反风装置等，通风设备在矿山生产中的主要作用是向井下输送新鲜空气，稀释和排除有毒、有害气体，调节井下所需风量、温度和湿度，改善劳动条件，保证安全生产。通风方法主要有自然通风、机械通风、二者相结合通风方法；通风设备的主要工作方式主要有抽出式和压入式两大类。

通风机按服务范围可分为主要通风机（它负责全矿井或某一区域通风任务）和局部通风机（它负责掘进工作面或加强采煤工作面通风）；按气体在叶轮内部流动方向可分为离心式通风机和轴流式通风机，如图7-8、7-9所示。

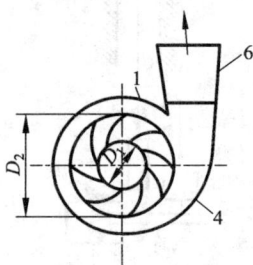

图7-8 离心式通风机简图
1—叶轮； 2—轴； 3—进风口；
4—机壳； 5—前导器； 6—扩散器

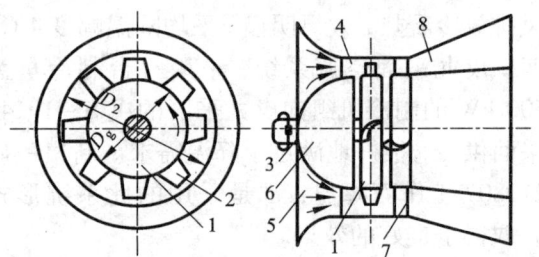

图7-9 轴流式通风机简图
1—叶轮； 2—叶片； 3—轴； 4—外壳；
5—集风器； 6—流线体； 7—整流器； 8—扩散器

20世纪50年代初至70年代末，我国矿山使用的矿井轴流主扇几乎都是仿制前苏联BY型的2BY、70B2和K70等型风机（统称70B2型）。在20世纪70年代沈阳鼓风机厂研制出了62A型单级主扇，其全压、风量参数基本上适合我国的矿井通风网络，在中条山有色金属公司和邯邢矿山管理局的一些风井上使用。20世纪80年代至今又研制出了一系列的风机，比如K系列风机、FS系列矿用风机。

7.5.2 水湿及干式降温设备

1. 水湿降温系统

水湿降温系统主要包括地面的供水设施（水泵）、输送设施（管道）、井下的喷淋装置以及中间的加压装置。

2. 干式降温系统

干式降温系统主要是冰降温系统，主要包括地面制冰设备（制冰机）、空气动力管道（VPVC管道）以及井下的融冰设备。

7.5.3 冷冻制冷降温设备

一般制冷机的制冷原理压缩机的作用是把压力较低的蒸汽压缩成压力较高的蒸汽,使蒸汽的体积减小,压力升高。压缩机吸入从蒸发器出来的较低压力的工质蒸汽,使压力升高后送入冷凝器,在冷凝器中冷凝成压力较高的液体,经节流阀节流后成为压力较低的液体,再送入蒸发器,在蒸发器中吸热蒸发而成为压力较低的蒸汽,再送入蒸发器的入口,从而完成制冷循环。

单级蒸汽压缩制冷系统,是由制冷压缩机、冷凝器、蒸发器和节流阀四个基本部件组成。它们之间用管道依次连接,形成一个密闭的系统,制冷剂在系统中不断地循环流动,发生状态变化,与外界进行热量交换。

液体制冷剂在蒸发器中吸收被冷却的物体热量之后,汽化成低温低压的蒸汽,被压缩机吸入,再压缩成高压高温的蒸汽后排入冷凝器、在冷凝器中向冷却介质(水或空气)放热,冷凝为高压液体,经节流阀节流为低压低温的制冷剂再次进入蒸发器吸热汽化,达到循环制冷的目的。这样,制冷剂在系统中经过蒸发、压缩、冷凝、节流四个基本过程完成一个制冷循环。

在制冷系统中,蒸发器、冷凝器、压缩机和节流阀是制冷系统中必不可少的四大件,这当中蒸发器是输送冷量的设备。制冷剂在其中吸收被冷却物体的热量实现制冷。压缩机是心脏,起着吸入、压缩、输送制冷剂蒸汽的作用。冷凝器是放出热量的设备,将蒸发器中吸收的热量连同压缩机做功所转化的热量一起传递给冷却介质带走。节流阀对制冷剂起节流降压作用,同时控制和调节流入蒸发器中制冷剂液体的数量,并将系统分为高压侧和低压侧两大部分。实际制冷系统中,除上述四大件之外,常常有一些辅助设备,如电磁阀、分配器、干燥器、集热器、易熔塞、压力控制器等部件组成,它们是为了提高运行的经济性、可靠性和安全性而设置的。

空调机根据冷凝形式可分为水冷式和空冷式两种;根据使用目的可分为单冷式和制冷制暖式两种。

思考题

1. 引起矿内空气温度变化的主要原因是什么?
2. 简述人体的热平衡与矿井环境质量的关系。
3. 矿井热污染产生的原因是什么?其危害有哪些?
4. 矿井热污染防治主要有哪些方法?其特点是什么?
5. 矿井气候条件的监测方法有哪些?
6. 解释卡它度的含义。它反映了哪些因素对气候条件的影响?
7. 简述影响矿内气温的因素。
8. 试说明通风降温的特点。
9. 简述通风降温的有效性和局限性。
10. 简述常用冷冻机制冷降温原理及常用矿井降温系统的类型。

第8章　矿业其他污染及其防治

内容提要：本章介绍了矿业中的其他污染及其防治技术，主要包括电磁辐射的产生、危害，射频污染源的种类、传播途径，电磁辐射污染的防治技术；放射性污染的来源、危害及其防治技术；光污染的性质、来源、危害及其防治技术。

8.1　电磁辐射污染与防治

8.1.1　电磁辐射的危害

1. 电磁辐射污染源的种类

电磁辐射污染源主要包括两大类，即天然电磁辐射污染源和人为电磁辐射污染源。天然电磁辐射污染源主要来自于地球的热辐射、太阳热辐射、宇宙射线、雷电等，是由自然界某些自然现象所引起的，如表8 – 1所示。在天然电磁辐射中，以雷电所产生的电磁辐射最为突出。

表8 –1　天然电磁辐射污染源分类

分类	来源
大气与空气污染源	自然界的火花放电、雷电、台风、寒冷雪飘、火山喷烟……
太阳电磁场源	太阳的黑点活动与黑体辐射……
宇宙电磁场源	银河系恒星的爆发、宇宙间电子移动……

人为电磁辐射污染源产生于人工制造的若干系统、电子设备和电气装置，主要来自于广播、电视、雷达、通讯基站及电磁能在工业、科学、医疗和生活中的应用设备。人为电磁场源按频率不同又分为工频场源和射频场源。工频场源（数十至数百赫兹）中，以大功率输电线路所产生的电磁污染为主，同时也包括各种放电型场源，如切断大电流电路时产生的火花放电，由于电流强度的瞬时变化很大，产生很强的电磁干扰，它在本质上与雷电相同，只是影响的区域较小。射频场源（0.1 ~ 3 000 MHz）主要指由于无线电设备或射频设备工作过程中所产生的电磁感应和电磁辐射。射频电磁辐射频率范围宽，影响区域大，对近场区的工作人员能产生危害，是目前电磁辐射污染环境的重要因素，人为电磁辐射污染源如表8 – 2所示。

2. 电磁辐射污染的影响和危害

电磁辐射不仅对物质、装置和设备产生影响和危害，而且对人体有明显的伤害和破坏作用，严重时会引起死亡。

1）电磁辐射对物质、装置和设备的影响和危害

射频设备和广播发射机振荡回路的电磁泄漏，以及电源线、馈线和天线等向外辐射的电

磁能，不仅对周围操作人员的健康造成影响，而且可以干扰位于这个区域范围内的各种电子设备的正常工作，如无线电通讯、无线电计量、雷达导航、电视及各种电子系统。

电磁辐射对易爆物质和装置产生危害。火药、炸药及雷管等都具有较低的燃烧能点，在辐射能量作用下，可能发生意外的爆炸。

电磁辐射对挥发性物质也可能产生危害。一些挥发性液体和气体，如酒精、煤油、液化石油气和瓦斯等易燃物质，在高频电磁感应和辐射作用下可能发生燃烧现象，特别是静电危害方面尤为突出。

表 8－2　人为电磁辐射污染源分类

分类		设备名称	污染来源与部件
放电所致场源	电晕放电	电力线（送配电线）	高电压、大电流而引起静电感应、电磁感应、大地漏泄电流所造成
	辉光放电	放电管	白炽灯、高压水银灯及其他放电管
	弧光放电	开关、电气铁道、放电管	点火系统、发电机、整流装置……
	火花放电	电气设备、发动机、冷藏车、汽车……	整流器、发电机、放电管、点火系统……
工频感应场源		大功率输电线、电气设备、电气铁道无线电发射机、雷达……	污染来自高电压、大电流的电力线场电气设备广播、电视与通风设备的振荡与发射系统
射频辐射场源		高频加热设备、热合机、微波干燥机、……	工业用射频利用设备的工作电路与振荡系统
家用电器		微波炉、电脑、电磁灶、电热毯……	功率源为主……
移动通信设备		手机、对讲机	天线为主……
建筑物反射		高层楼群以及大的金属构件	墙壁、钢筋、吊车……

2）电磁辐射对人体健康的影响

电磁辐射对人体健康的危害因受体的心理学状态、性别、年龄和人体个异性等而表现出不同。主要表现在以下几个方面：

（1）电磁辐射的致癌和治癌作用。大部分实验动物经微波作用后，可以使癌的发生率上升。调查表明，在 2 mGs（1 Gs = 104 T）以上的电磁波磁场中，人群患白血病的为正常的 2.93 倍，肌肉肿瘤的为正常的 3.26 倍。

（2）对视觉系统的影响。眼组织含有大量的水分，易吸收电磁辐射功率，而且眼的血流量少，故在电磁辐射的作用下，眼球的温度易升高，温度升高是产生白内障的主要条件。强度在 100 mW/cm^2 的微波照射眼睛几分钟，就可以使晶状体出现水肿，严重的则成为白内障。强度更高的微波则可能造成失明。

（3）对生殖系统和遗传的影响。长期接触超短波发生器，男性可能出现性机能下降，女性可能出现月经周期紊乱。

（4）对血液系统的影响。在电磁辐射的作用下，周围血像可出现白血球不稳定，主要是下降倾向，红血球的生成受到抑制，出现网状红血球减少。

（5）对机体免疫功能的危害。电磁辐射的作用使身体的抵抗力下降。动物实验和对人群受辐射作用的研究和调查表明，人体的白血球吞噬细菌的百分率和吞噬的细菌均下降。

（6）引起心血管疾病。受电磁辐射作用的人，常发生血液动力学失调，血管通透性和张力降低，由于植物神经调节功能受到影响，多以心动过缓症状出现，少数呈现心动过速。

（7）对中枢神经系统的危害。神经系统对电磁辐射的作用很敏感，受其低强度反复作用后，中枢神经系统机能发生改变，会出现神经衰弱症候群，主要表现为头痛、头晕、无力、记忆力减退和睡眠障碍等。

此外，电磁辐射还可能导致儿童智力残缺，对内分泌系统、听觉、物质代谢、组织器官的形态改变等，产生不良影响。不同波长的微波对人体的影响如表 8 - 3 所示。

表 8 - 3　微波对人体作用的主要效应

频率/kHz	波长/cm	受影响的主要器官	主要效应
< 100	> 300		穿透不受影响
150 ~ 1 200	200 ~ 15	体内各器官	过热时引起各器官损伤
1 000 ~ 3 000	30 ~ 10	眼睛晶状体和睾丸	组织加热显著、眼睛晶状体混浊
3 000 ~ 10 000	10 ~ 3	表皮和眼睛晶状体	伴有温热感的皮肤加热、白内障患病率增高
> 10 000	< 8	皮肤	表皮反射，部分吸收而发热

8.1.2　电磁辐射对生物体的作用机理

电磁辐射对生物体的作用机制，大体上分为热效应和非热效应两大类；电磁辐射的危害分为电离辐射和非电离辐射两类。目前研究的电磁辐射对人体的危害，主要是属于非电离辐射的工频场和射频电磁场的危害。工频场的电磁场的场强度达到足够高时，会对人体产生危害作用。从事射频作业时，直接对身体产生作用的不是射频电流而是射频电磁辐射，当机体处在射频电磁场的作用下时，能够吸收一定的辐射能量，从而产生生物学作用，主要是热作用。

热作用的机理，是因为人体组织中含有的电介质可分为两类：在一类电介质中，分子在外电场不存在时，其正、负电荷的中心是重合的，称为非极性分子；另一类电介质中，即使没有外电场的作用，其正、负电荷的中心也不重合，则称为极性分子。在射频电磁场作用下，非极性分子的正、负电荷分别朝不同的方向运动，致使分子发生极化作用，被极化的分子称为偶极子。极性分子发生重新排列，这种作用为偶极子的取向作用。由于射频电磁场方向变化极快，致使偶极子发生迅速的取向作用。在取向过程中，偶极子与周围分子发生碰撞而产生大量的热。所以，当机体处在电磁场中时，人体内的分子发生重新排列。由于分子排列过程中的相互碰撞摩擦，消耗了场能而转化为热能，引起热作用。此外，体内还有电介质溶液，其中的离子因受到场力作用而发生位置变化。当频率很高时将在其平衡位置附近振动，也能使介质发热。同时，体内的某些成分为导体，比如体液等，在不同程度上具有闭合回路的性质，这样在电磁场作用下也可产生局部性感应涡流而导致生热。由于体内各组织的导电性能不同，电磁场对机体各个组织的热作用也不尽相同。

通过上述分析可以得出：当电磁场强度愈大，分子运动过程中将场能转化为热能的量值愈大，身体热作用就愈明显与剧烈。也就是射频电磁场对人体的作用程度是与场强成正比的。因此，当射频电磁场的辐射强度在一定量值范围内，它可以使人的身体产生温热作用，而有益于人体健康。这是射频辐射的有益作用。然而，当射频电磁场的强度超过一定限度时，将使人体体温或局部组织温度急剧升高，破坏热平衡而有害于人体健康。随着场强度的不断提高，射频电磁场对人体的不良影响也必然增加。

8.1.3　矿业射频污染源的种类和传播途径

1.矿业射频污染源的种类

矿山的很多系统、电气设备和装置可能产生放电导致污染，如送配电线可能产生电晕放电，电气铁路，开关等可能产生弧光放电，电气设备、发动机等可能产生火花放电。矿用的很多设备具有大功率电机，如露天矿装备的牙轮钻机、潜孔钻机、电铲等设备，地下矿装备的凿岩机、采矿台车、电动铲运机、混凝土喷射车等设备，选矿装备的球磨机、高压辊磨机、高压电选机等设备，其周围存在着工频交变磁场，会产生一定的电磁辐射污染。矿用的各种高频设备、热合设备、干燥设备等还是射频辐射场源，也会产生电磁辐射污染。另外，矿用的各种通讯设备设施也是电磁辐射污染的来源之一。

2.电磁污染的传播途径

电磁辐射造成的污染途径大体上可以分为空间辐射、导线传播和复合污染三种。

1）空间辐射

由射频设备所形成的空间辐射分为两种：一种是以场源为中心，半径为一个波长之内的电磁能量传播是以电磁感应方式为主，将能量施加于附近的仪器仪表、电子设备和人体上。另一种是在半径为一个波长之外的电磁能量传播，以空间放射方式将电磁波施加于敏感元件和人体之上。

2）导线传播

当射频设备与其他设备共用一个电源供电时，或其间有电器连接时，电磁能量（信号）就会通过导线进行传播。另外，信号的输出和输入电路、控制电路等也能在强电磁场之中"拾取"信号，并将所"拾取"的信号再进行传播。

3）复合污染

当空间辐射和导线传播同时存在时所造成的电磁污染称为复合污染。

8.1.4　电磁辐射污染防治技术

1.电磁辐射防护基本原则

制定电磁辐射防护技术措施的基本原则是：①主动防护与治理，即抑制电磁辐射源，包括所有电子设备以及电子系统。具体做法是：设备的合理设计；加强电磁兼容性设计的审查与管理；做好模拟预测和危害分析工作等。②被动防护与治理，即从被辐射方着手进行防护，具体做法有：采用调频、编码等方法防治干扰；对特定区域和特定人群进行屏蔽保护。

2. 高频设备的电磁辐射防护

高频设备的电磁辐射防护的频率范围一般是指 0.1 ~ 300 Hz，其防护技术有电磁屏蔽、接地技术及滤波等几种。由于感应电流是和频率成正比，低频时感应电流很小，所产生的磁感线不足以抵消外来电磁场的磁感线，因此电磁屏蔽只适用于高频设备。

1）电磁屏蔽

屏蔽是指采取一切可能的措施将电磁辐射的作用与影响限定在一个特定的区域内。

电磁屏蔽机理主要是依靠屏蔽体的反射和吸收起作用。当入射电磁波遇到屏蔽体后，由于两者波阻抗不一致而使一部分电磁波被反射回空气介质中，但仍有一部分穿透屏蔽体。穿透的电磁波由于屏蔽体在电磁场中产生的电损耗、磁损耗以及介电损耗等而消耗部分能量，即部分电磁波被吸收，吸收后剩余的电磁波到达屏蔽体另一表面时，同样由于阻抗不匹配又会有部分电磁波反射回屏蔽体内，形成在屏蔽体内的多次反射，而剩余部分则穿透屏蔽体进入空气介质。

电磁屏蔽室是按统一规格制造，便于拆装运输的电磁屏蔽包围物，按其结构可以分为两类：第一类是板型屏蔽室，由若干块金属薄板制成，对于毫米波段，只能采用这类屏蔽室；第二类是网型屏蔽室，由若干块金属网或板拉网等嵌在金属骨架上装配或焊接制成。电磁屏蔽室屏蔽效果不仅与屏蔽材料的性能、屏蔽室的尺寸和结构有关，也与到辐射源的距离、辐射的频率以及屏蔽封闭体上可能存在的各种不连续的形状（如接缝、孔洞等）和数量有关。屏蔽室的结构的设计一般要求如下：

（1）屏蔽材料的选择。由于各种材料对电磁波的吸收和反射效果不同，材料的选择成为屏蔽效果好坏的关键。材料内部电场强度 E 与磁场强度 H 在传播过程中均按指数规律迅速衰减，电磁波的衰减系数 α 值越大，衰减得越快，屏蔽效果越好。屏蔽材料必须选用导电性和透磁性高的材料，由中波与短波各频段实验结果可知，铜、铝、铁均具有较好的屏蔽效能，可结合具体情况选用。对于超短波和微波频段，一般采用屏蔽材料与吸收材料制成复合材料来防止电磁辐射。

（2）屏蔽结构的设计。设计时，要求尽量减少不必要的开孔及缝隙以及尖端突出物。电磁屏蔽室内通常有各种仪器设备，工作人员需要进出，因而要求屏蔽室设有门、通风孔、照明孔等配套设施，这会使屏蔽室出现不连续部位。孔洞上接金属套管可以减少孔洞的影响，套管与孔洞周围要有可靠的电气设备连接；孔洞的尺寸要小于干扰电磁波的波长。另外，屏蔽室的每一条焊缝都应做到电磁屏蔽。

（3）屏蔽厚度的选用。一般认为，接地良好时，屏蔽效率随屏蔽厚度的增加而增高。但鉴于射频（特别是高频波段）的特性，所以厚度无须无限制地增加。由实验可知，当屏蔽厚度达 1 mm 以上时，其屏蔽效果的差别不显著。

（4）屏蔽网孔大小（目数）及间距的确定。如选用屏蔽金属网，对于中、短波，一般目数小些就可以保证屏蔽效果；而对于超短波、微波来说，屏网目数一定要大。由实验得知：①屏蔽网的网孔越密，网丝的直径越粗，其屏蔽效果越好；②对于相同直径的网材，铜网的屏蔽效率大于相同规格的铁网；③一般随频率增高，屏蔽材料的屏蔽效率也相应增大，当频率达到 3×10^8 Hz 左右时出现最大屏蔽效率，而后随频率增高呈急剧下降趋势；④一般双层金属网屏蔽效率大于单层网，当金属网间距在 5 ~ 10 cm 以上时，双层网的衰减量相当于单层网的 2 倍。

一般情况下，屏蔽间距越大，电磁场强度的衰减就越快。为了提高屏蔽效果，需确定适当的屏蔽体与场源的间距。间距太小，很可能达不到要求的屏蔽效果；间距过大，一方面屏蔽失去意义，另一方面会增加不必要的空间体积，给工作带来不便。一些常用设备主要部件的屏蔽间距为：①高频输出变压器的水平屏蔽间距为 20 ~ 30 cm，垂直间距为 50 ~ 60 cm；②在能保证屏蔽体有良好的高平电气接触性能与射频接地的条件下，振荡回路的屏蔽间距可缩小到 10 ~ 20 cm；③基于输出馈线是一个强辐射体，为了保证馈线输出匹配良好，一般将屏蔽馈线所用的屏蔽馈筒到传输线之间的距离选择为工作波长的 1/4。

2）接地技术

接地有射频接地和高频接地两类。射频接地是将场源屏蔽体或屏蔽体部件内感应电流加以迅速引流形成等电势分布，避免屏蔽体产生二次辐射所采取的措施，是实践中常用的一种方法。高频接地是将设备屏蔽体和大地之间，或者与大地上可以看作公共点的某些构件，采用低电阻导体连接起来，形成电流通路，使屏蔽系统与大地之间形成等电势分布。

3）滤波

滤波是抑制电磁干扰最有效的手段之一。滤波是在电磁波的所有频谱中分离出一定频率范围内的有用波段。线路滤波的作用是保证有用信号通过的同时阻截无用信号通过。滤波主要由滤波器实现。滤波器是一种具有分离频带作用的无源选择性网络，所谓选择性是它具有能够从输入端（或输出端）电流的所有频谱中分离出一定频率范围内有用电流的能力。即在一个给定的通频带范围内，滤波器具有非常小的衰减，能让电能（电流）很容易通过。电源网络的所有引入线在屏蔽室入口处必须进行单独滤波。在对付电磁干扰信号的传导和某些辐射干扰方面，电源电磁干扰滤波器是相当有效的器件。

4）其他措施

此外，电磁辐射防治还可采用其他方法，如：①采用电磁辐射阻波抑制器，通过反作用场的作用，在一定程度上抑制无用的电磁辐射；②新产品和新设备的设计制造时，尽可能使用无辐射产品；③从规划着手，对各种电磁辐射设备进行合理安排和布局，并采用机械化或自动化作业，减少作业人员直接进入强电磁辐射区的次数或工作时间，另外，加强个体防护和安排适当的饮食，也可以抵抗电磁辐射的伤害。

3. 微波设备的电磁辐射防护

为了防止和避免微波辐射对环境的"污染"而造成公害，影响人体健康，可采取相应的防护措施。

1）减少辐射源的直接辐射或泄漏

根据微波传输原理，合理设计微波设备结构并采用适当的措施，完全可以将设备的泄漏水平控制在安全标准以下。在微波设备制成之后，应对泄漏进行必要的测定，达到安全标准的产品才能投放市场。

2）屏蔽辐射源

将微波辐射限定在一定的空间范围内，可采用反射型和吸收型两种屏蔽方法。

反射微波辐射的屏蔽：使用板状、片状和网状金属组成的屏蔽壁来反射、散射微波，可较大幅度地衰减微辐射。板、片状的屏蔽壁效果较好；也有人用涂银尼龙布来屏蔽，效果亦不错。

吸收微波辐射的屏蔽：微波辐射也常利用吸收材料进行微波吸收加以屏蔽。微波吸收材料是一种既可有效吸收微波频段电磁波又对微波段电磁波的反射、透射和散射都见效的电子材料。目前电磁辐射吸收材料可分为谐振型和匹配型两类。谐振型吸收材料是利用某些材料的谐振特性制成的,其特点是材料厚度小,对较窄频率范围内的微波辐射有较好的吸收效果;匹配型吸收材料则是通过某些材料和自由空间的阻抗匹配以吸收微波辐射能。

微波吸收的常见方式有两种:一是仅在罩体或障板上贴附吸收材料,将辐射电磁波吸收;二是在屏蔽材料罩体和障板上都贴附吸收材料,以进一步削弱电磁波的辐射。

3)屏蔽辐射源附近的工作地点或加大工作点与场源的距离

微波辐射能量随距离加大而衰减,且波束方向狭窄,传播集中,遇到对场源无法进行屏蔽的情况时,就要采取对工作点进行屏蔽。也可通过加大微波场源于工作人员或生活区的距离,来达到保护人民群众身体健康的目的。

4)微波作业人员的个体防护

对于必须进入微波辐射强度超过照射卫生标准的微波环境操作的人员,可采取下列防护措施:

(1)穿微波防护服:根据屏蔽和吸收原理设计而成的三层金属膜布防护服,其内层是牢固棉布层,可防止微波从衣缝中泄漏照射人体;中间为涂有金属的反射层,可反射从空间射来的微波能量;外层用介电绝缘材料制成,用以介电绝缘和防蚀,并采用电密性拉锁,袖口、领口、裤脚口处使用松紧扣结构。也有用直径很细的钢丝、铝丝、柞蚕丝、棉丝等混织金属丝布制作的防护服。现在出现了使用经化学处理的银粒,渗入化纤布或棉布的渗金属布防护服,使用方便,防护效果较好。其缺点在于银的来源困难且价格昂贵。

(2)戴防护面具:面部的防护可采用佩戴面具的方法。面具可做成封闭型(罩上整个头部),或半边形(只罩头部的后面和面部)。

(3)戴防护眼镜:眼镜可用金属网或薄膜做成风镜式,较受欢迎的是金属膜防护镜。

4.静电防治

频率为零时的电磁场即为静电场。静电场中没有辐射,然而高压静电放电也能引爆引燃易燃气体和易燃物品,对人体健康、电子仪器等产生重大危害。当静电积累到一定程度并引起放电,且能量超过物质的引燃点时,就会发生火灾。

防止和消除静电危害,控制和减少静电灾害的发生主要从三个方面入手:第一是尽量减少静电的产生;第二是在静电产生不可避免的情况下采取加速释放静电的措施,以减少静电的积累;第三是当静电的产生、积累都无法避免时,要积极采取防止放电着火的措施。

8.2 放射性污染与防治

8.2.1 放射性及其危害

1.环境中的放射性的来源

天然辐射主要来自宇宙辐射、地球和人体内的放射性物质,这种辐射通常称为天然本底辐射。在世界范围内,天然本底辐射每年对个人的平均辐射剂量当量约为 2.4 mSv(毫希),有些地区的天然本底辐射水平比平均值高得多。

对公众造成自然条件下原本不存在的辐射的辐射源称为人工辐射源,主要有核试验造成的全球性放射性污染,核能、放射性同位素的生产和应用导致放射性物质以气态或液态的形式释放而直接进入环境，核材料贮存、运输或放射性固体废物处理与处置和核设施等则可能造成放射性物质间接地进入环境。

2. 辐射对人体的危害

辐射对人体的危害主要表现为受到射线过量而引起的急性放射病，以及因辐射导致的远期影响。

1）急性放射病

急性放射病是由大剂量的急性照射所引起，多为意外核事故、核战争造成的。按射线的作用范围，短期大剂量外照射引起的辐射损伤可分为全身性辐射损伤和局部性辐射损伤。

2）远期影响

辐射危害的远期影响主要是慢性放射病和长期小剂量照射对人体健康的影响，多属于随机效应。

慢性放射病是由于多次照射、长期积累的结果。受辐射的人在数年或数十年后可能出现白血病、恶性肿瘤、白内障、生长发育迟缓、生育力降低等远期躯体效应；还可能出现胎儿性别比例变化、先天畸形、流产、死产等遗传效应。慢性反射病的辐射危害取决于受辐射的时间和辐射量，属于随机效应。

长期小剂量照射对人体健康的影响特点是潜伏期较长，发生概率很低，既有随机效应，也有确定性效应。因此，要估计小剂量照射对人体健康的影响，只有对人群众多的群体进行流行病学调查才能得出有意义的结论。表 8-4 所示为来自各类天然和人工辐射源辐射的集体剂量的估计值。

表 8-4　各类天然和人工辐射源辐射的集体剂量的估计值

来　源	集体剂量/（人·Sv·a^{-1}）
所有的天然辐射源	10 000 000
宇宙射线：飞机旅行	2 000
燃煤电站	约 2 000
燃煤的家庭烹调及取暖	100 000
地热能源	6 人·Sv/（GW·a）
磷盐工业	6 000
磷石膏	1977 年为 300 000
工业化国家的 X 射线检查	每百万人为 1 000，即 1 600 000
核武器试验	在最高年份为 400 000（1962—1963）
	所有时间共计 30 000 000
核电（不包括废物处置）	1980 年为 500，在 2000 年为 1 000
核电（职业辐射）	2 000
夜光钟表	2 000

8.2.2 矿业放射性污染的来源

放射性元素在自然界中广泛存在，它们在地球中的总储量约为 2.7×10^{23} t，平均含量为百万分之二点八。铀矿山在开采、冶炼过程中产生的放射性"三废"严重地影响工农业生产和人们的身体健康，不以开采铀为主要目的的非铀矿山（煤矿、金属矿和非金属矿），其矿物组分中也含有微量的放射元素铀。在开采过程中会产生辐射危害。

铀矿山开采产生的坑道废水、水冶废水、尾矿废水均含有害物质，若不经处理直接排放至农田，会影响农作物的生长。坑道、尾矿等废水不仅影响农田土地，也会渗入地下造成对地下水的污染。

铀矿山开采过程中，凿岩、爆破、放矿、矿石装卸和运输过程等生产环节产生的铀矿尘会带来大量的粉尘污染；铀矿尘呈细散状颗粒，并长时悬浮在矿井空气中，部分被吸入到人体内。开采铀矿最主要的废气是氡气。氡是镭的衰变产物，属放射性气体。在含铀矿岩石内部产生的氡，从高浓度的地方向低浓度的地方扩散，经一段距离迁移后，只有一部分氡从矿岩的微细孔隙或裂隙扩散到空气中，其余仍留在矿岩内部继续衰变。大量辐射流行病学调查结果表明，长期在氡浓度较高的井下作业会引发肺癌致死，非铀矿山也会产生氡及其子体。

铀矿山还会产生大量的废渣，一个年产 10 万吨矿石的铀矿山，每年约产出 10 万 ~60 万吨废渣。废渣堆在山洪冲刷和风化的作用下，放射性核素等有害物质会不断淋浸和析出，其污染范围不断扩大。部分矿山对废石管理不严，居民用其做建筑材料、铺路垫道，造成环境污染，使民房内 γ 辐射水平和空气中氡浓度大大超过正常范围。在铀矿区的公路和铁路沿线，由于矿石和废石在运输中撒漏，使两侧路基和农田土壤中含铀，严重污染环境。浸铀过程中也会产生大量的废渣，这些废渣通过化学作用会产生大量的放射性物质。

8.2.3 放射性污染的防治技术

1. 一般放射性防护技术

1）外照射防护

外照射的防护方法主要包括时间防护、距离防护和屏蔽防护。

（1）时间防护。人体所受的辐射剂量与受照射的时间成正比，熟练掌握操作技能，缩短受照时间，是实现防护的有效办法。

（2）距离防护。点状放射源周围的辐射剂量与离源的距离平方成反比。因此，尽可能远离放射源是减少吸收剂量的有效办法。

（3）屏蔽防护。在放射源和人体之间放置能够吸收或减弱射线强度的材料，达到防护目的。屏蔽材料的选择及厚度与射线的性质和强度有关。

2）内照射防护

工作场所或环境中的放射性物质一旦进入人体，就会长期沉积在某些组织和器官中，既难以探测或准确监测，又难以排出体外，从而造成终生伤害。因此，必须严格防止内照射的发生。具体方法有：制定各种必要的规章制度；工程场所通风换气；在放射性工程场所严禁吸烟、吃东西和饮水；在操作放射性物质时要戴上个人防护用具；加强放射源的管理；严密监视放射性物质的污染情况，发现情况尽早采取去污措施，防止污染范围扩大；布局设计要合理，防止交叉污染等。

2. 矿业放射性防护技术

1）地面总体布局的防护要求

有放射性辐射危害的铀、钍矿山及非铀金属矿山，必须建立完善的安全卫生防护设施。

矿山地面布置的防护原则是建立"卫生防护带"。首先居民住宅、矿工家属区应安置在远离矿山工业广场的地区，且应在矿井出风井口的上风侧，整个工业广场亦应在居民集中地的下风侧。矿山地面总布置基本上是将污染区（工作区域）和清洁区（生活区域）分开。后者应处于该地区地势较高的、常年风向的上风侧。

放射性矿山属于辐射范围，卫生防护带间距实行第一级矿山企业标准，如居民区设施在距污染区 1 km 以外。

为防止进风井所送入井下的新鲜空气被污染，应将选矿厂和废石堆设在入风井口的下风侧。入风井应布置在排风机的上风侧。入风井周围不得设矿仓和废石堆，这些污染源必须距入风井 100 m 以上。

在污染区不应设置休闲场所和与生产无关的建筑物。在有放射性粉尘、污水、尾矿、坑内排出水等污染的区域中，应禁止种植粮、菜、牧草和果树。

2）开拓与采矿的安全要求

（1）矿山设计时，选择开拓方案和采矿方法都必须立足于局限放射性辐射的空间范围，并创造有利于防护的条件。主要着眼点应放在减少氡及其子体的来源，有利于强化通风，迅速排氡、降低产尘量。

（2）在矿石富集地带，应尽量减少巷道探矿，用孔探代替坑探，以减少岩矿暴露表面。

（3）采准、开拓用巷道应布置在矿脉以外的围岩之中，即采用"脉外开拓"，以减少在放射性矿脉之内的掘进工程量。

（4）集中进行采掘作业，限制同时开采的中段数目，同时作业的中段数不应超过 4 ~ 5 个，其中包括探矿中段、采准中段、回采中段、回收矿柱或充填中段。限制同时开采的采场数目，防止"遍地开花"、到处设置采矿点、停停打打、分散作业的紊乱局面，有利于控制氡的析出。

（5）严格开采顺序，推行"从上向下、从里往外"的开采顺序；严格采用"后退式开采"，即从矿井边界向中心井筒子方向开采，采完一个区段，立即与采空区密闭隔绝，及时封闭采空区，以减少氡从采空区涌出。

（6）优选采矿方法，除根据矿床特征、顶底板围岩性质选择采矿方法以外，必须选择那些使矿体暴露面积为最小、矿石损失复化率低、矿石破碎率低、矿石在采场停留时间短、有贯穿风流的采矿方法。

（7）采用大直径钻孔通风。美国缓倾斜矿体铀矿，当采掘深度不很大时，采用 1.5 m 直径的大钻孔作通风道，将新风从钻孔送入，实现分区通风，减少污染。我国近年已批量生产了天井牙轮钻机，有的也可以钻到 800 mm 到 1 m 孔径的通风井，实现了天井通风机械化，对防氡有重要意义。

（8）堵塞采准区，隔绝新矿岩暴露面。为了控制氡的析出率和氡的涌出量，除对采空区及时封闭外，对已经掘进完毕的采准巷道和尚未开采的工作面要暂时封闭；用不透气的材料密封，将通风巷道与之隔绝。对暂时用不上或尚未着手开采的新矿层暴露面以及含有放射性矿物的巷道，应喷上泥浆等防氡保护层。理论证明，矿壁上覆有 2 mm 厚的某种物质的膜，能使氡的析出率降低 50% 以上。

(9)密闭采空区，防止入风污染。

(10)推广装运机械化，对已采落的矿石应尽快尽早从坑道内运走；对凿岩台车、装矿机、电耙采用遥控，以减少工人数量，推行"距离防护"。多装快运少滞留矿石于井下，减少氡从碎石中析出。

(11)巷道排水沟应设置盖板，并将矿井水及时排到坑外，以减少氡从井下水中析出。

3)加强通风是防氡的主要措施

降低并排除氡及其子体的基本方法是加强通风。建立合理的通风系统，选择正确的通风方式，供给足够的有效风量，是防止矿工放射病，防止粉尘和放射性气溶胶的危害，稀释井下有毒有害气体，改善铀矿及含铀金属矿的井下劳动条件，保证安全生产的主要措施。

铀矿通风要遵循下述 5 项原则：

(1)铀矿必须设置强力的通风机设备，禁止采用自然通风。

(2)通风机必须连续运转不能中途停风。

(3)建立合理的通风系统。

(4)铀矿通风应优先采用压入式通风。

(5)加强独头巷道掘进时的局部通风。

4)防止粉尘和放射性气溶胶危害的措施

(1)减少粉尘的生成。采用深孔凿岩代替浅孔凿岩，从而减少钻孔和爆破的工作量，从根本上控制粉尘的发生量；采用生成粉尘最少的钻孔工具，如采用小直径钻头，应用高风压凿岩机等等；改造垂直溜矿井的结构，以减少溜井放矿时飞石扬尘，控制放矿粉尘生成量。这些都是减少粉尘的办法。

(2)在产生矿尘的地点就地降尘。凿岩机必须装设给水套等供水喷水装置，以便一律采取湿式凿岩。在所有的固定放矿漏斗、溜井、矿仓、地质刻槽等处都应设置喷雾设备，以便各生产环节全部推行湿式作业。防止沉尘二次飞扬，设置巷道水幕及专用巷道洗壁洒水车。

(3)通风排尘。只要采取强力通风按铀矿通风 5 项原则，满足排出氡及子体的通风量和各项通风要求，一般都可同时满足排尘的需要。

(4)过滤含尘和含气溶胶的空气。基于氡子体和高分散度的气溶胶相结合，而气溶胶状的微粒粉尘和游离 SiO_2 共同作用的危害更大，所以在加强通风排氡和排尘以外，在推行湿式作业的同时，国外近年都推行化学纤维、无纺布与喷雾相结合起来的水膜捕尘器。我国东北大学、武汉安全环保研究院已制成这类防尘装置。

5)矿工个体防护

(1)矿工佩戴高效防尘口罩。

(2)班后洗涤、全身淋浴。

(3)严格控制井下饮食。

(4)高品位铀矿应限制矿工劳动时间。

(5)井下中心硐室，如变电所、水泵房、机修路、行车调度室、井下卫生站等应设置在入风井底风流新鲜的地方，硐室内应设喷浆或砌碹的防护层，以防射线的外照射。

(6)矿井地面应设置粉尘理化实验室，用以定期测尘，测氡子体的剂量。对井下空气含铀量、含尘量、铀及镭气溶胶含量、游离 SiO_2 含量要定期检测。

（7）卫生通道内的剂量监督室，应每天检测个人佩戴的剂量仪，如用 α、β 计数器等检查外照射剂量。

对工人进行定期身体检查，及时发现放射病的初期征兆；定期检查工人体内镭的含量和测定尿中的铀和钋。

3. 放射性废物处理技术

1）放射性固体废物处理技术

放射性固体废物种类繁多，可分为湿固体（蒸发残渣、沉淀泥浆、废树脂等）和干固体（污染劳保用品、工具、设备、废过滤器芯、活性炭等）两大类。为了减容和适于运输、贮存和最终处置，要对固体废物进行固化、压缩、焚烧等处理。

（1）固化技术。放射性废液处理产生的泥浆、蒸发残渣和废树脂等湿固体和焚烧炉灰等干固体，都是弥散性固体，需要固化处理。固化是在放射性废物中添加固化剂，使其转变为不易向环境扩散的固体的过程，固化产物是结构完整的整块密实固体。

通常，固化的途径是将放射性核素通过化学转变，引入到某种稳定固体物质的晶格中去；或者通过物理过程把放射性核素直接掺入到惰性基材中。此外，沾污的废过滤器芯子、切割解体的沾污设备装在钢桶或箱中，用水泥沙浆或熔融态沥青灌注填充空隙，进行固定处理。

固化的目标是使废物转变成适宜于最终处置的稳定的废物体，固化材料及固化工艺的选择应保证固化体的质量，应能满足长期安全处置的要求和进行工业规模生产的需要，对废物的包容量要大，工艺过程及设备应简单、可靠、安全、经济。对固化工艺的一般要求，高放废物的固化应能进行远距离控制和维修；低放、中放废物的固化操作过程应简单，处理费用应低廉。理想的废物固化体要具有阻止所含放射性核素释放的特性，其主要特性指标如下：

①低浸出率。浸出率为确定固化产品中放射性核素在水或其他溶液中析出情况的指标。低浸出率使放射性污染的扩散减至最小，固化体可长时间存放在地下处置库或水中。

②高热导率。高热导率特性使得整个固化体因内部温度过高而损坏的可能性减至最小，因而容许固化高浓度的放射性废物，又不致产生过高的内部温度。

③高耐辐射性。这种特性保证固化体不致由于放射性废物产生的辐射而损坏。

④高生化稳定性和耐腐蚀性。这种特性保证了固化体不致由于周围环境介质的腐蚀或本身所含有的化学物质的腐蚀而损坏。

⑤高机械强度。具有足够的机械强度。这种特性保证了固化体在装卸、运输、处置期间的结构完整性，而不致出现破裂或粉碎。

⑥高减容比。最终的固化物体积应尽可能小于掺入的废物体积，减容比的大小实际上取决于能嵌入固体中的废物和可以接受的水平。减容比是鉴别固化方法和衡量最终处置成本的一项重要指标。

常用固化方法有：

①水泥固化。水泥固化是基于水泥的水合和水硬胶凝作用而对废物进行固化处理的一种方法。水泥固化适用于中、低放废水浓缩物的固化。泥浆、废树脂等均可拌入水泥搅拌均匀，待凝固后即成为固化体。目前进行水泥固化的放射性废物主要是轻水堆核电站的浓缩废液、废离子交换树脂和滤渣等及核燃料处理厂或其他核设施产生的各种放射性废物。

水泥固化的优点是工艺、设备简单，投资费用少，既可连续操作，又可直接在贮存容器中固化。缺点是增容大（所得到的固化物体积约为掺入废物体积的 1.67 倍），反射性核素的浸出率较高。

②沥青固化。在一定的碱度、配料比、温度和搅拌速度下，放射性废液与沥青发生皂化反应，冷却后得含盐量可高达60%的均匀混合物。适宜于处理低、中放射性蒸发残液、化学沉淀物、焚烧炉灰分等。沥青固化的产物具有很低的渗透性以及在水中很低的溶解度，与绝大多数环境条件兼容，核素浸出率低，减容大，经济代价较小。但沥青中不能加入强氧化剂，如硝酸盐及亚硝酸盐，沥青固化温度不超过 $180 \sim 230℃$，否则固化体可能燃烧。放射性废物沥青固化的基本方法有高温熔化混合蒸汽法和乳化法两种。

③塑料固化。塑料固化是将放射性废物浓缩物(如树脂、泥浆、蒸残液、焚烧灰等)掺入有机聚合物而固化的方法。用于废物处理的聚合物有脲甲醛、聚乙烯、苯乙烯 – 二乙烯苯共聚物(用于蒸残液)、环氧树脂(用于废离子交换树脂)、聚酯、聚氯乙烯、聚氨基甲酸乙酯等。与沥青固化相比，塑料固化的优点是处理过程在室温下进行，水可与放射性组分一同掺和入聚合物；对硝酸盐、硫酸盐等可溶性盐有很高的掺和效率；固化体浸出率低，并与可溶性盐的组分关系不大；最终固体产品的体积小，密度大，不可燃。缺点是某些有机聚合物能被生物降解；固化物老化破碎后，可能造成二次污染；固化材料价格昂贵等。

④玻璃固化。玻璃固化是以玻璃原料为固化剂与高放射性废物以一定配料比混合后，在高温($900 \sim 1\,200℃$)下蒸发、煅烧、熔融、烧结，废液中的所有固体组成都在高温下结合入硼硅酸盐玻璃基质中，装桶后经退火处理就成为稳定的玻璃固化体。高放射性废液的比活度高、释放量大和放射性大，其处理和处置难度极大。玻璃固化已经成为处理高放射性废液的标准工艺流程，有一步法和两步法。一步法是将废液直接注入熔融的硼硅酸盐玻璃中，称为液体进料的陶瓷(或金属)熔炉法；两步法是先使高放射液废液蒸发和煅烧，然后将烧结后的残渣融入硼硅酸盐玻璃中，称为煅烧—熔融法。

与玻璃固化类似的高放固化工艺还有陶瓷固化和人工合成岩固比。陶瓷固化添加的是黏土页岩，人工合成岩固化添加的是锆、钛、钡、铝的氧化物。

表8 – 5 对几种主要固化方法进行了比较。

表8 – 5　几种主要固化方法的比较

项目	水泥固化	沥青固化	塑料固化	玻璃固化	陶瓷固化
干废物包容量/% (质量百分数)	$5 \sim 40$	$30 \sim 60$	$30 \sim 60$	$10 \sim 30$	$15 \sim 30$
密度/ $(g \cdot cm^{-3})$	$1.5 \sim 2.5$	$1.1 \sim 1.9$	$1.1 \sim 1.5$	$2.5 \sim 3.0$	$2.5 \sim 3.0$
浸出率/ $(g \cdot cm^{-2} \cdot d^{-1})$	$10^{-4} \sim 10^{-1}$	$10^{-5} \sim 10^{-3}$	$10^{-6} \sim 10^{-3}$	$10^{-7} \sim 10^{-4}$	$10^{-8} \sim 10^{-5}$
抗压强度/ MPa	$10 \sim 30$	塑性	$20 \sim 100$ (或塑性)	脆性	高
耐辐照/Gy	约 10^8	约 10^7	约 10^7	约 10^7	约 10^7
投资	低	中	中	高	高
操作和维修	简单	中等	中等	复杂	复杂
适用性	低、中放废物	低、中放废物	低、中放废物	高放、α 废物	高放、α 废物
应用状况	工业规模	工业规模	工业应用	工业应用	研究开发

（2）压缩技术。压缩是依靠机械力作用，使废物密实化、减少废物体积。虽然压缩处理可获得的减容倍数比较低（2~10），但与焚烧处理相比，压缩处理操作简单，设备投资和运行成本低，所以压缩处理在核电厂应用相当普遍。

（3）焚烧技术。焚烧是将可燃性废物氧化处理成灰烬（或残渣）的过程。焚烧可获得很大减容比（10~100 倍），可使废物向无机化转变，免除热分解、腐烂、发酵和着火等危险，还可以回收钚、铀等有用物质。

焚烧分为干法焚烧和湿法焚烧两大类，前者如过剩空气焚烧、控制空气焚烧、裂解、流化床、熔盐炉等；后者如酸煮解、过氧化氢分解等。对放射性废物焚烧，要求采用专门设计的焚烧炉，炉内维持一定负压，配置完善的排气净化系统，经焚烧，70% 以上放射性物质进入炉灰渣中，对焚烧灰渣应进行固化处理或直接装入高度整体性容器中进行处置。

2）放射性废液处理技术

各类放射性废液的比活度、含盐量差别很大，处理方法也不一样。放射性同位素应用产生的放射性废水一般比活度低，核素的半衰期也比较短，经过衰变贮存，检测放射性物质浓度合格后作为工业废水处理。核工业放射性工艺废液一般需要多级净化处理，低、中放废液常用的处理方法有许宁沉淀、蒸发、离子交换（或吸附）和膜技术（如电渗析、反渗透、超滤膜）。高放废液比活度高，一般只经过蒸发浓缩后贮存在双壁不锈钢贮槽中。常用放射性废液处理技术的去污系数列于表 8-6。

表 8-6　常用放射性废液技术的去污系数

处理技术	去污系数	使用对象
絮凝沉淀	1~10	低、中放废液，洗衣、淋浴水
蒸发	103~106	低、中放废液，高放废液
离子交换	10~100	低、中放废液（低含盐量）
反渗透	10~40	低、中放废液，洗衣、淋浴水

（1）絮凝沉淀。放射性核素污染物质通常以悬浮固体颗粒、胶体或溶解离子状态存在于废水中。向废水中投放一定量的化学絮凝剂（如硫酸锰、硫酸钾铝、铝酸钠、硫酸铁、氯化铁、碳酸钠等），絮凝剂水解，生成带正电荷的胶体粒子，缓慢搅拌下，胶体凝聚长大，污染物质就其吸附载体，除去絮状矾花，即可达到净化放射性废水的目的。废水的碱度、絮凝剂用量、混合均匀程度和废水温度对絮凝进化效果都有影响。

絮凝沉淀工艺多用于处理组分复杂的低、中、水平放射性废水。该法简单，成本低廉，在去除放射性物质的同时，还去除悬浮物、胶体、常量盐、有机物和微生物等，一般与其他方法联用时作为预处理方法。缺点是放射性去除效率较低，一般为 50%~70%，去污因数最多只有 10 左右，且产生含大量放射性的污泥。

（2）蒸发。蒸发工艺较多用于高、中水平放射性废液的处理，其主要目的是将放射性物质浓缩、减少废液的体积，以便降低贮存或后处理的费用。在某些情况下通过蒸发操作还可回收有用的化学物质（如硝酸等），而二次蒸汽的冷凝水若放射性相当低，则可直接排放或经其他方法处理后排放。蒸发法的突出优点是净化效率较高，一般去污系数（DF）可达到 10^5。

但蒸发不适合处理含易起泡物质和易挥发核素的废水，且蒸发耗能大，处理费用较高。

（3）膜分离和过滤。膜分离是指借助膜的选择渗透作用，在外界能量或化学位差的推动下对混合物中溶质和溶剂进行分离、分级、提纯和富集。与其他传统的分离方法相比，膜分离具有过程简单、无相变、分离系数较大、节能高效、可在常温下连续操作等特点。由于膜材料、操作条件和物质通过膜传递的机理和方式不同，可分为反渗透、电渗析、微滤和超滤等。

过滤是指含有放射性颗粒的水被收集在澄清槽内，当槽中水充满后，经过一段时间（数小时至数十小时），颗粒物就沉降下来。上清液分离处理或排放，槽底部的水可用作水泥固化时的供水。在蒸发和除盐处理之前除去悬浮的固体微粒，蒸发器将减少结垢，而离子交换树脂的交换容量也会提高。

过滤介质一般用砂、活性炭、滤布、玻璃纤维、金属丝和其他各种材料制成。如果在过滤介质表面预先涂上一层不可压缩的大颗粒材料，如硅藻土，则可提高过滤速率。

（4）离子交换和吸附。凡属带有可交换阳离子的载体称为阳离子交换剂，带有可交换阴离子的称为阴离子交换剂。在处理中、低放射性废水时，离子交换树脂对去除含盐类杂质较少的废水中放射性离子具有特殊的作用。

3）放射性废气处理技术

（1）放射性粉尘的处理。一般的工业除尘设备均可用于处理含有放射性粉尘的气体。干式除尘器如重力沉降室和旋风分离器常用于去除粒径大于 60 μm 的粉尘颗粒。湿式除尘装置常用于去除粒径为 10~60 μm 的粉尘颗粒，净化气粉尘浓度一般不大于 100 mg/m³。去除粒径小于 10 μm 的粉尘颗粒，常用装置为布袋式除尘器、填料及油过滤器，净化烟气粉尘浓度为 1~2 mg/m³。新型的静电除尘器对微米粒径颗粒物的去污效率可达 99% 以上。

（2）放射性气溶胶的处理。捕集放射性气溶胶粒子最有效的过滤装置是高效微粒空气过滤器（HEPA），这种过滤器具有很高的除微粒效率，对于粒径小于 0.3 μm 的颗粒，去除效率大于 99.97%，广泛用于几乎所有的核设施内。HEPA 的滤芯由玻璃纤维、石棉、聚氯乙烯纤维或陶瓷纤维构成，滤膜是以孔径为 1~4 μm 的织物为基质材料的亚微孔纤维织物，层间用有机黏合剂黏合。滤膜厚度仅为 4 μm，质量厚度为 80 g/m³，因此，质地脆弱易碎，是一种一次使用失效后即行废弃的干式过滤器。在很多情况下，在 HEPA 过滤器之前都要安装预过滤器，以除去废气中的大颗粒固体。

（3）放射性气体的处理。放射性气体处理的常用方法是吸附，对 ^{85}Kr、^{133}Xe、^{222}Rn、^{41}Y 等惰性气体核素一般可采用活性炭滞留、液体吸收、低温蒸馏装置及贮存衰变等方法去除。

活性炭滞留床是利用活性炭的吸附特性，将放射性废气中的惰性气体在活性炭滞留床中滞留一定的时间，使惰性气体核素衰变到所要求的水平。活性炭对 ^{85}Kr、^{133}Xe 有良好的吸附选择性，滞留床为常温操作，操作压力低，保持干燥状态的滞留床可长期使用，不需再生和更换活性炭。

液体吸收装置利用各种气体成分在有机溶剂中的溶解度不同，使用制冷剂吸收溶解度较高的惰性气体，再用洗涤法从中回收惰性气体。这一方法制冷成本低，溶剂价廉易得，稳定性好。

低温分馏装置是将气载废物在 -170℃ 低温下液化，通过分馏使惰性气体从气体中分离并得以浓集，这种方法对 ^{85}Kr 的回收率大于 99%。

核电厂废气中大多数放射性核素的半衰期小于 1d，通过贮存衰变，可使惰性气体核素的活度水平大为降低。贮存 30 min，惰性气体混合物的活度可降低 50 倍；贮存衰变 3 d，对 ^{85}Kr 去污系数达 10^3；衰变 35 ~ 40 d，对 ^{133}Xe 的去污系数也可达 10^3。贮存衰变对于短寿命放射性核素是有效、经济的处理方法。

（4）废气的排放。放射性废气净化达标后，一般要通过高烟囱（60 ~ 150 m）稀释扩散排放。烟囱的高度根据排放方式、排放量、地形及气象条件等实际情况设计，并选择有利的气象条件排放。排放口要设置连续监测器。

8.3　光污染与防护

8.3.1　光污染的性质与危害

1. 光污染

光污染是现代社会中伴随着新技术的发展而出现的环境问题。当光辐射过量时，就会对人们的生活、工作环境以及人体健康产生不利影响，称之为光污染。

光污染属于物理性污染，其特点是光污染是局部的，随距离的增加而迅速减弱；在环境中不存在残余物，光源消失，污染即消失。

2. 光污染的分类

目前，一般把光污染分成三类，即白亮污染、人工白昼和彩光污染。

1）白亮污染

阳光照射强烈时，城市里建筑物的玻璃幕墙、釉面砖墙、磨光大理石和各种涂料等装饰反射光线，明昼白亮，眩眼夺目。长时间在白色光亮污染环境下工作和生活的人，视网膜和虹膜都会受到不同的损害，使人出现头昏心烦、失眠、食欲下降、情绪失落、身体乏力等类似神经衰弱的症状。

2）人工白昼

夜间的广告灯、霓虹灯和强光束等照明过度，使得夜晚如同白天一样，即所谓人工白昼。在这样的环境里，人们夜晚难以入睡，白天工作效率低下。人工白昼还会伤害鸟类和昆虫，强光可能破坏昆虫在夜间的正常繁殖过程。

3）彩光污染

黑光灯、旋转灯、荧光灯以及闪烁的彩色光源构成了彩光污染。黑光灯所产生的紫外线强度大大高于太阳光中的紫外线，且对人体的有害影响持续时间长。彩光污染不仅损害人的生理功能，还会影响生理健康。

3. 光污染的危害

光污染的危害主要体现在对人的活动的影响和对动植物的影响两个方面。

1）对人的影响

对居民的影响：当商业、公益性广告或街道和体育场等处的照明设备的出射光线直接入侵附近居民的窗户时，就很可能对居民的正常生活产生负面影响。

对行人的影响：当道路照明或广告照明设备安装不合理时，会对附近的行人产生眩光，导致降低或完全丧失正常的视觉功能，这一方面影响到行人对周围环境的认可，同时增加了交通事故的危险性。

对交通系统的影响：各种交通线路上的照明设备或附近的体育场和事业照明设备发出的光线都会对车辆的驾驶者产生影响，降低交通的安全性。

2）对动植物的影响

很多动物受到过多的人工光线照射时生活习性和新陈代谢都会受到影响，有时会因此引发一些异常行为，如马和羊等牲畜的繁殖具有明显的季节性，当人工光线的照射使它们失去对季节的把握时，其生殖周期就会被破坏，无法正常繁殖；光污染改变了鸟类的生活习性，影响鸟的飞行方向；田地、森林或河流湖泊附近的人工照明光线会吸引更多的昆虫，从而危害到当地的自然环境和生态平衡；在捕鱼业中经常使用人工光来吸引鱼群，过量光线对鱼类和水生态环境也会造成影响。

当植物在夜间受到过多的人工光线照射时，其自然生命周期受到干扰，从而影响到植物的正常生长。

8.3.2 光污染的来源

一般的光污染主要来自两个方面：一是指城市建筑物采用大面积镜面式铝合金装饰的外墙、玻璃幕墙所形成的光污染；二是指城市照明所形成的光污染。此外，由于家庭装潢引起的室内光污染也开始引起人们的重视。

矿业中的光污染主要来自于各种大功率高强度的照明灯，以及利用红外线的各种探测、监视设备。

8.3.3 光污染的防护

光污染按照光波波长分为可见光、红外线污染和紫外线污染三类，分别采用不同的防治技术。

1. 可见光污染防治

可见光污染中污染最大的是眩光污染。眩光污染是城市中光污染的最主要形式，是影响照明质量最重要的因素之一。

眩光程度主要与灯具发光面大小、发光面亮度、背景亮度、房间尺寸、视看方向和位置等因素有关，还与眼睛的适应能力有关。所以眩光的限制应分别从光源、灯具、照明方式等方面进行。

限制直接眩光主要是控制灯源在 γ 角为 45°~90° 范围内的亮度。一般有两种方法，一种是用透光材料减弱眩光；一种是用灯具的保护角度加以控制。此两种方法可单独采用，也可同时使用。透光材料控制法如采用透明、半透明或不透明的格栅或棱镜将光源封闭起来，能控制可见亮度。用保护角可以控制光源的直射光，做到完全看不见光源，有时也可把灯安装在梁的背后或嵌入建筑物等。限制眩光通常将光源分成两大类：一类亮度在 2×10^4 cd/m² 以下，如荧光灯，可以用前述两种方法；但由于荧光灯亮度较低，在某些情况下允许明露使用。另一类亮度在 2×10^4 cd/m² 以上，如白炽灯和各种气体放电灯。当功率较小时，以上两种控制眩光方法均可使用。但对大功率光源几乎无例外地采用灯具保护角控制。此时不但要注意亮度，还应考虑观察者视角的照度。保护角与灯具的光通量、安装高度有关。

还可以通过增加眩光光源的背景亮度或作业照度的方法控制直接眩光。当周围环境较暗时，即使是较低亮度的眩光，也会给人明显的感觉。增大背景亮度，眩光作用就会减少。但当眩光光源亮度很大时，增加背景亮度已不起作用，它会成为新的眩光源。因此，为了减少灯具发光表面与邻近顶棚间的亮度差别，适当降低亮度对比度，建议顶棚表面有较高的反射比，可采用间接照明，如倒伞型悬挂式灯具，使灯具有足够的上射光通量。经过一次反射后使室内亮度分布均匀。浅色饰面通过多次反射也能明显地提高房间上部表面的照度。

高亮度光源被光泽的镜面材料或半光泽表面反射，会产生干扰和不适。这种反射在作业范围以外的视野中出现时叫做反射眩光；在作业内部呈现时叫做光幕反射。防止反射眩光，首先，光源的亮度应比较低，且应与工作类型和周围环境相适应，使反射影像的亮度处于容许范围，可采用在视线方向反射光通量小的特殊配光灯具。其次，如果光源或灯具高度不能降到理想的程度，可根据光的定向反射原理，妥善地布置灯具，即求出反射眩光区，将灯具布置在该区域以外。如果灯具的位置无法改变，可以采取变换工作面的位置，使反射角不处于视线内。但是，这种条件在实际上是难以实现的，特别是在有许多人的房间内。通常的办法是，这种条件是不把灯具布置在与观察者的视线形同的垂直平面内，力求使工作照明来自适宜的方向。再次，可增加光源的数量来提高强度，使得引起反射的光源在工作面上形成的照度，在总照度中所占的比例减少。最后，适当提高环境亮度，减少亮度对比同样是可行的。

光幕反射是目前被普遍忽视的一种眩光，它是在本来呈现漫反射的表面上又附加了镜面反射，以致眼睛无论如何都看不清物体的细节或整个部分。

光幕反射的形成取决于反射物体的表面（即呈定向扩散反射，如反射的纸、黑板及油漆表面）、光源面积（面积越大，它形成光锥的区域越大）、光源、反射面、观察者三者之间的相互位置以及光源亮度。为了减少光幕反射，不要在墙面上使用反光太强烈的材料；尽可能减少干扰区来的光，加强干扰区以外的光，以增加有效照明。干扰区是指顶棚上的一个区域，在此区域内光源发射的光线经由作业表面规则反射后均可能进入观察者视野内。因此，应尽量避开在此区域布置灯具，或者使作业区避开来自光源的规则反射。

眩光是环境是否舒适的重要因素，应按照限制眩光的要求来选择灯具的型号和功率，考虑到它在空间的效果以及舒适感，使灯具有一定的保护角，并选择适当的安装位置和悬挂角度，限制其表面亮度。同时把光引向所需的方向，而在可能引起不舒适眩光的方向则减少光线，以创造一个舒适的视觉环境。

2. 红外线、紫外线污染防治

红外线是一种热辐射，会在人体内产生热量，对人体可造成高温伤害，其症状与烫伤相似，最初是灼痛，然后是造成烧伤。还会对眼底视网膜、角膜、虹膜产生伤害。人的眼睛若长期暴露于红外线中可引起白内障。

过量紫外线使人的免疫系统受到限制，从而导致疾病发病率增加。紫外线对角膜、皮肤的伤害作用十分严重。此外，过量的紫外线还会伤害水中的浮游生物，使陆生物（如某些豆类）减产，加快塑料制品的分解速度，缩短其室外使用寿命。

对这两种类型的污染的控制措施有两方面：一方面是对有红外线和紫外线污染的场所采取必要的安全防护措施。加强管理和制度建设，对紫外消毒设施要定期检查，发现灯罩破损要立即更换，并确保在无人状态下进行消毒，更要杜绝将紫外灯作为照明灯使用。对产生红外线的设备，也要定期检查和维护，严防误操作。另一方面要佩戴个人防护眼镜和面罩，加强个人防护措施。对于从事电焊、冶炼等产生强烈眩光、红外线和紫外线的工作人员，应十分重视个人防护工作，可根据具体情况佩戴反射型、光化学反应型、反射—吸收型、爆炸型、吸收型、光电型和变色微晶玻璃型等不同类型的防护罩。

思考题

1. 简述电磁辐射对人体的影响和危害。
2. 电磁辐射防治有哪些措施？各自的适用条件是什么？
3. 简述放射性污染对人体的影响和危害。
4. 矿业中的放射性污染来源有哪些？
5. 简述放射性污染的主要防治技术。
6. 什么是光污染？光污染的防治措施有哪些？

参考文献

[1] 李秋元,郑敏,王永生. 我国矿产资源开发对环境的影响. 中国矿业,2002,11(2):47-51

[2] 王雪峰,邓锋. 国外矿山环境治理的启示. 山东国土资源,2007,4(23):11-13

[3] 王永生. 有政策讲规范重技术——国外矿山地质环境治理集粹. 国土资源,2007,66(1):60-61

[4] 高晴. 加拿大的矿业环境保护. 资源产业,2003,4(5):19-23

[5] 樊秀莉. 矿业开发对环境的影响及对策. 有色金属(矿山部分),2004,56(6):44-46

[6] 戚开静,姚海明,郝海周. 矿业开发环境问题与对策. 资源与产业,2006,2(8):85-87

[7] 郭路,李云峰,姬亚东. 矿业开发与环境保护关系综述. 西北地质,2005,38(2):94-97

[8] 朱建新,李肖锋,邓华梅. 我国矿山环境治理的必要性及对应策略. 中国矿业,2006,8(15):17-19

[9] 李祥仪,李仲学. 矿业经济学. 北京:冶金工业出版社,2001

[10] 赵淑芹,黄增国. 走出资源和环境瓶颈的可行之路. 资源与产业,2006,8(4):117-120

[11] 牟全君. 循环经济与我国矿业的可持续发展. 中国矿业,2003,12(6):21-24

[12] 汤万金,吴刚. 矿区生态规划的思考. 应用生态学报,2000,11(4):637-640

[13] 张军营,孔小卫,徐莉,等. 矿业开发与生态环境一体化. 河南地质,2001,19(3):226-231

[14] 姜福兴,耿殿明. 基于可持续发展的"绿色矿区"模式. 科技导报,2002,(2):54-56

[15] 倪师军,张成江,滕彦国,等. 矿业环境影响的地球化学研究. 矿物岩石,2001,21(3):190-193

[16] 张应红,文志岳. 矿山环境综合治理政策研究. 中国矿业,2002,11(6):57-60

[17] 刘艾. 矿井粉尘分布规律及防治措施. 煤矿安全,2003,34(7):45-47

[18] 杨胜强. 粉尘防治理论及技术. 徐州:中国矿业大学出版社,2007

[19] 何争光. 大气污染控制工程及应用实例. 北京:化学工业出版社,2004

[20] 陈箱筑. 环境工程基础. 北京:高等教育出版社,2003

[21] 宁平,易红宏,周连碧. 有色金属工业大气污染控制. 北京:中国环境工业出版社,2007

[22] 马中飞. 工业通风与防尘. 北京:化学工业出版社,2006

[23] 孙宝林,赵容,王淑荪. 工业防毒技术. 北京:中国劳动社会保障出版社,2007

[24] 王九思,陈学明,肖举强,伏小勇. 水处理化学. 北京:化学工业出版社,2002

[25] 陆柱,蔡兰坤,丛梅. 给水与用水处理技术. 北京:化学工业出版社,2004

[26] 罗固源. 水污染物化控制原理与技术. 北京:化学工业出版社,2003

[27] 徐晓军等. 化学絮凝剂作用原理(第二版). 北京:科学技术出版社,2007

[28] 国家环境保护总局《水和废水监测分析方法》编委会编. 水和废水监测分析方法(第四版). 北京:中国环境科学出版社,2002

[29] 孙春宝. 环境监测原理与技术. 北京:机械工业出版社,2007

[30] 韦冠俊. 矿山环境工程. 北京:冶金工业出版社,2001

[31] 杨正全,李晓丹,高波. 矿山废水污染与防治. 辽宁工程技术大学学报,2002,21(4):523-525

[32] 刘志勇,陈建中,康海笑,等. 酸性矿山废水的处理研究. 四川环境,2004,23(6):50-53

[33] 杨根祥,沙日娜,乌云高娃. 酸性矿山废水的污染与治理技术研究. 西部探矿工程,2000,67(6):51-55

[34] 张世雄. 矿物资源开发工程. 武汉:武汉工业大学出版社,2000

[35] 闪红光. 环境保护设备选用手册 - 水处理设备. 北京:化学工业出版社,2002

[36] 朱蓓丽. 环境工程概论(第 2 版). 北京:科学技术出版社,2006

[37] 罗仙平,谢明辉. 金属矿山选矿废水净化与资源化利用现状与研究发展方向. 中国矿业,2006,15
(10):51 - 55

[38] 洪建军,罗建中,陈敏,凌定勋. 清洁生产技术在选矿废水净化处理中的应用. 矿业安全与环保,
2004,31(2):33 - 35

[39] 陈家栋,潘协文,胡厚勤. 某铅锌矿高铅高 pH 值尾矿废水治理. 有色金属,2002,52(2):108 - 110

[40] 董丽芳. 浅谈金属矿山选矿尾矿及废水处理. 云南金属,2001,30(2):61 - 64

[41] 覃朝科,李艺,韦松,黄广宇. 阳朔铅锌矿的环境现状与尾矿废水处理模式分析. 矿产与地质,2005,
19(1):99 - 102

[42] 李明俊,孙鸿燕,史少欣,等. 环保机械与设备. 北京:中国环境科学出版社,2005

[43] 孟祥和,胡国飞. 重金属废水处理. 北京:化学工业出版社,2000

[44] 潘科,李正山. 矿山酸性废水治理技术及其发展趋势. 四川环境,2007,26(5):83 - 86

[45] 张景来,王剑波,常冠钦等. 冶金工业污水处理技术及工程实例. 北京:化学工业出版社,2003

[46] 邵青. 水处理及循环再利用技术. 北京:化学工业出版社,2004

[47] 周彤. 污水回用决策与技术. 北京:化学工业出版社,2002

[48] 雷乐成,杨岳平,汪大翚,等. 污水回用新技术及工程设计. 北京:化学工业出版社,2002

[49] 冯秀娟,刘祖文,朱易春. 混凝剂处理选矿废水的研究. 矿冶工程,2005,5(4):27 - 29

[50] 王方东,苏立华,孟媛. 黑色矿山选矿水处理技术的改进. 工业用水与废水,2007,37(3):52 - 53

[51] 谢光炎,孙水裕,宁寻安,等. 选矿废水的回用处理研究与实践. 环境污染治理技术与设备,2002,3
(2):67 - 70

[52] 汪幼民. 石灰 - 絮凝沉降法处理选矿废水. 湖南有色金属,2005,21(2):32 - 33

[53] 许国强. 高悬浮物选矿废水处理技术研究与工程实践. 矿冶,2005,14(2):28 - 32

[54] 林绍华,沈现春. 硅线石选矿废水处理. 黑龙江环境通报,2007,31(3):92 - 93

[55] 罗凯,张建国. 矿山酸性废水治理研究现状. 资源环境与工程,2005,19(1):45 - 49

[56] 钟常明,许振良,方夕辉. 超低压反渗透膜处理矿山酸性废水及回用. 水处理技术,2007,33(6):77 -
80.

[57] 李争流,曾光明,李倩. 有色金属矿山坑道酸性废水的处理及综合利用研究. 湖南大学学报,2003,30
(6):78 - 81

[58] 闫善郁,王洪德. 矿山废水控制与处理. 煤矿安全,2005,36(7):27 - 29

[59] 王建斌,刘运杰,杨荣耀,等. 某浮选厂废水净化回用的试验研究与工业实践. 矿产综合利用,2003,5
(1): 14 - 17

[60] 王巧玲. 铜矿工业废水回用研究. 企业技术开发,2007,26(3):32 - 34

[61] 马尧,胡宝群,孙占学. 矿山废水处理的研究综述. 铀矿冶,2006,25(4):199 - 203

[62] Feng, D. Van Deventer, J. S. J., Aldrich, C. Removal of pollutants from acid mine wastewater using
metallurgical by - product slags. Separation and Purification Technology, 2004,15(1):61 - 67

[63] Dobson, Rylan S., Burgess, Joanna E. Biological treatment of precious metal refinery wastewater. A review.
Minerals Engineering, 2007,20(6):519 - 532

[64] 赵由才. 固体废物处理与资源化. 北京:化学工业出版社,2006

[65] 庄伟强. 固体废物处理与利用. 北京:化学工业出版社,2001

[66] 徐惠忠. 尾矿建材开发. 北京:冶金工业出版社,2000

[67] 杨国清. 固体废物处理工程. 北京:科学出版社,2000

[68] 王亚军. 光污染及其防治. 安全与环境学报,2004,4(1):56 - 58

[69] Tchobanoglous, George. Integrated solid waste management. 北京:清华大学出版社, 2000

[70] 王成庆. 尾矿库安全监督管理规定与尾矿库安全管理技术、工程设计实施手册. 北京:中国知识出版社, 2006

[71] 孙秀云, 等. 固体废物处置及资源化. 南京:南京大学出版社, 2007

[72] 李鸿江, 刘清, 赵由才. 冶金过程固体废物处理与资源化. 北京:冶金工业出版社, 2007

[73] 徐晓军, 管锡君, 羊依金. 固体废物污染控制原理与资源化技术. 北京:冶金工业出版社, 2007

[74] 牛冬杰, 孙晓杰, 赵由才. 工业固体废物处理与资源化. 北京:冶金工业出版社, 2007

[75] 朱能武. 固体废物处理与利用. 北京:北京大学出版社, 2006

[76] 汪群慧. 固体废物处理及资源化. 北京:化学工业出版, 2004

[77] 武强, 刘伏昌, 李铎. 矿山环境研究理论与实践. 北京:地质出版社, 2005

[78] 李华锋, 等. 矿山环境工程地质系统研究. 上海:同济大学出版社, 2006

[79] 郭生茂, 芦世俊. 连续回采阶段充填采充工艺实践. 有色金属(矿山部分), 2003, 55(2):2－3

[80] 冯长根, 李俊平, 晏鑫. 采空场处理与利用. 工业安全与环保, 2002, 28(4):23－24

[81] 郝树华. 探索循环经济新途径实现尾矿废石资源化. 中国矿业, 2008, 17(1):37－39

[82] 黄志伟, 张炳旭. 金尾砂分级充填新工艺的研究. 金属矿山, 2004, 336(6):64－66

[83] 张常青, 谢开维, 林松, 等. 金牛矿业金尾砂胶结充填技术可行性研究. 矿业研究与开发, 2007, 27(1):7－8

[84] 金钟集, 石明. 现代尾矿设施设计与管理维护技术及尾矿资源综合利用使用手册(第四册). 北京:当代中国音像出版社, 2003

[85] 王绍文, 梁富智, 王纪曾. 固体废物资源化技术与应用. 北京:冶金工业出版社, 2003

[86] 彭长琪. 固体废物处理工程. 武汉:武汉理工大学出版社, 2004

[87] 中国安全生产科学研究院编. 金属非金属矿山安全培训教程. 北京:化学工业出版社, 2006

[88] 王剑, 董峻岭, 史飞君, 等. 井下尾矿库的建设与应用. 矿业安全与环保, 2002, 28(4):23－24

[89] 曾懋华, 颜美凤, 奚长生, 等. 从凡口铅锌矿尾矿中回收硫精矿的研究. 矿冶工程, 2007, 27(1):35－39

[90] 刘俊, 王代军, 龚文琪. 从铁尾矿中综合回收铜硫精矿的试验研究. 矿冶工程. 2008, 28(1):40－42

[91] 宋彬, 杨保俊, 郝建文, 等. 蛇纹石尾矿制备高纯氧化镁工艺条件的研究. 合肥工业大学学报(自然科学版), 2008, 31(1):150－153

[92] 郭玉娟, 连芳, 徐利华. 尾矿作硅酸盐原料及回收充填应用的研究进展. 硅酸盐通报, 2008, 27(1):100－105

[93] 陈典助, 罗立群. 选铜尾矿中高硫铁资源的综合回收. 中国矿山工程. 2005, 34(3):17－20

[94] 潘仲麟, 翟国庆. 噪声控制技术. 北京:化学工业出版社, 2006

[95] 白中科, 赵景逵. 工矿区土地复垦与生态重建. 北京:中国农业科技出版社, 2000

[96] 李庆华. 矿山复垦技术. 云南环境科学, 2003, 22(1):46－48

[97] 孔令伟, 宋丽丽. 模糊评价在土地复垦效益中的应用. 煤炭技术, 2007, 26(3):104－106

[98] 杨福海, 李富平. 铁矿生态复垦模式优化. 环保与复垦, 2001, 33(1):23－27

[99] 黄铭洪, 骆永明. 矿区土地修复与生态恢复. 土壤学报, 2003, 40(2):161－169

[100] 马洪康. 淮北市采煤塌陷区复垦研究主要模式. 能源与环境保护, 2007, 10(1):48－50

[101] 文衍科, 杨海洋, 程运村. 平果铝土矿采空区的工程复垦技术. 金属矿山, 2006, 21(8):48－50

[102] 周连碧. 矿山复垦与生态恢复. 有色金属工业, 2004, 7(6):19－21

[103] 杨洪新. 低温岩层预冷入风流技术研究与应用. 金属矿山, 2001, 251(1):52－53

[104] 王景刚, 冯如彬. 粒状冰的融解实验研究. 暖通空调, 2001, 31(2):5－8

[105] 蔡美峰. 中国金属矿21世纪的发展前景评述. 中国矿业, 2001, 10(1):11－13

[106] 王林,秦跃平,张海波. 基于 Maplnfo 的通风安全信息系统的设计和实现. 有色金属(矿山部分), 2004,56(1):37 - 39

[107] 何政伟,黄润秋,许强,等. 基于 ARCGIS 的地质灾害防治信息与决策支持系统的研制. 吉林大学学报(地球科学版),2004,34(4):601 - 606

[108] 张宝杰,乔英杰,赵志伟. 环境物理性污染控制. 北京:环境科学与工程出版中心,2003

[109] 高艳玲,张继有. 物理污染控制. 北京:中国建材工业出版社,2005

[110] 孙宇新. 电磁辐射对环境的污染及防护措施. 工业安全与环保,2001,27(12):1 - 4

[111] 李玉文,齐宇勃. 电磁辐射污染与防护. 环境科学与管理,2006,31(4):65 - 68

[112] 郭怀成,陆根法,韦进宝. 环境保护基础知识. 北京:中国环境科学出版社,2000

[113] 帅震清,温维辉,赵亚民,等. 伴生放射性矿物资源开发利用中放射性污染现状与对策研究. 辐射防护通讯,2001,21(2):3 - 7

[114] 隋鹏程. 放射性矿山安全防护(上). 现代职业安全,2008,82(6):90 - 91

[115] 张利成,白丽娜,王灵秀. 白云鄂博矿开发利用中放射性废渣对环境的污染及防治. 内蒙古环境保护,2001,13(1):39 - 43

[116] 陈志东,林清,邓飞. 广东省伴生放射性矿资源利用过程辐射水平调查. 辐射防护通讯,2002,22(5):29 - 32

[117] 苏永杰,封有才. 我国伴生放射性矿环境管理中存在问题的讨论. 辐射防护通讯,2007,27(1):23 - 27

[118] 熊正为,喻亦林,游猛. 云南省煤的放射性污染调查分析. 煤炭学报,2007,32(7):762 - 766

[119] 刘福东,潘自强,刘森林. 全国煤矿中煤矸石天然放射性核素含量调查分析. 辐射防护,2007,27(3):171 - 180

[120] 吴林燕,夏菲,吴为荣. 铀矿山环境污染治理及对策. 地质学报,2008,28(1):41 - 43